建筑与个性
——对文化和技术变革的回应

（原著第三版）

国外建筑理论译丛

建筑与个性
——对文化和技术变革的回应
（原著第三版）

[澳]克里斯·亚伯　著

杨　芸　张金良　杨翔麒　译

中国建筑工业出版社

图书在版编目（CIP）数据

建筑与个性：对文化和技术变革的回应：原著第三版 /（澳）克里斯·亚伯著；杨芸，张金良，杨翔麒译 . —北京：中国建筑工业出版社，2019.10
（国外建筑理论译丛）
书名原文：Architecture & Identity: responses to cultural and technological change，3e
ISBN 978-7-112-24285-6

Ⅰ.①建… Ⅱ.①克…②杨…③张…④杨… Ⅲ.①建筑艺术 – 研究 Ⅳ.① TU-80

中国版本图书馆 CIP 数据核字（2019）第 211531 号

Architecture & Identity: responses to cultural and technological change, 3e/Chris Abel, 978-1138206564

责任编辑：董苏华 责任校对：张惠雯

国外建筑理论译丛
建筑与个性——对文化和技术变革的回应（原著第三版）
[澳] 克里斯·亚伯 著
杨 芸 张金良 杨翔麒 译
＊
中国建筑工业出版社出版、发行（北京海淀三里河路9号）
各地新华书店、建筑书店经销
北京雅盈中佳图文设计公司制版
北京中科印刷有限公司印刷
＊
开本：787×1092毫米 1/16 印张：25$\frac{1}{2}$ 字数：509千字
2019年11月第一版 2019年11月第一次印刷
定价：**79.00**元
ISBN 978-7-112-24285-6
（34678）

谨以本书献给我们的学生们；过去，现在和未来

目　录

第一部分　科学与技术　　　　　　　　　　　　　17

前　言

　　本书第一次出版是在 1997 年，随后于 2000 年又发行了第二版，其中包含两个新增的章节。这两个版本的序是相同的，都由阿卡汗建筑奖（Aga Khan Award for Architecture）执行总监苏哈·厄兹坎（Suha Ozkan）撰写，而我同厄兹坎是在我当初参加竞赛的过程中有幸相识的，后来又在其他一些项目中有所接触。在第一版发行之前，苏哈·厄兹坎为我撰写了一篇长文作为序，对这本书进行了详细的评论；而由于前两个版本的出版时间非常接近，所以我最后决定不再单独针对第二版进行介绍了。

　　但是，现在距离首次出版已经过去了 20 年的时间，在这 20 年中，建筑领域无论是在理论上还是实践上都发生了巨大的变化，现在我们有必要对新版的内容进行一次全新的概述。这次扩充的第三版中，除了新收录的六篇文章以外，我还写了一篇导言，旨在将这些新的文章同原有的内容组织贯穿在一起，确保本书通篇都有一个统一的主题思想。而且在过去的十年间，我以更为广阔的视角来审视建筑这个行业，从而获得了巨大的启发，并编撰了另外一本书《扩展自我——建筑、文化基因和思维》（The Extended Self：Architecture，Memes and Minds）。这本书意在寻求一种可行性的理论，促使我们的思想、身体、技术以及我们的建设对环境所造成的影响能够共同良性进展。在后续工作中，总结出了很多基础性的思想和理论，而且有些理论是在学术界首次提出的，我将这些基础理论也引入本次出版的第三版当中，作为本书架构的理论基础。虽然每一版书都是独立存在的，但是在很大程度上它们彼此之间也可以互为补充：早期的文章提供了重要的历史理论，而后期的文章则更多为一般性的理论，这些理论的发展都有追根溯源的脉络可依，并可以引导我们触类旁通地接触到最近发展起来的神经科学以及其他的一些学科领域。除此之外，第三版也在理论部分针对前两版进行了扩充。三个版本随着时间的推移，并且从不同的角度，将这些年来很多持续发展并密切相关的思想和理论汇整在一起。

　　在六个新增加的章节中，既包含了几篇近期的文章，其中有一些新的重要概念，还包括两篇我早期撰写的文章，在编写第一版和第二版的时候我忘记了将其纳入进去，但是这两篇文章对于填补我们所提出的"整体发展"理论当中一些重要的空缺是非常有帮助的。第 1 章"进化的规划"，首次发表于 1968 年，代替了第一版和第二版中"城市的混沌或自组织？"一章。那一章中包括一部分早期出版的内容，以及另外一篇于 1969 年撰写的文章，题目就叫作"城市的混沌或自组织？"。但是，对于城市系统自我组织的概念，我认为这篇文章的表述不够清晰。相对而言，我在 1968 年所发表的那篇文章应该更为适用。

第二部分新增的文章也是同时期的，"文化是个复杂的整体"（第 9 章），首次出版于 1972 年。这篇文章更加专注于对文化理论的扩展，在文中"文化被视为思想形成过程中的一种表现"。这篇文章涵盖了一些有关意识的议题，是后面其他一些章节的理论基础，其中就包含了对模因论（memetics）和涉身心智（embodied mind）的概述。第一部分的修订还增加了一篇以前从未发表过的文章，名为"技术上的自我体现"（第 8 章）。这篇文章是专为这次的第三版而写的，其中摘录了《扩展自我》一书当中一些关键性的内容，并进一步探讨了网络时代虚拟自我的发展，以及这些技术对于社会心理的影响。此外第三版中还增加了后记。后记的内容来自 1982 年我为之前一本没有完成的论文集而收集的笔记，我将这部分内容纳入进来，旨在为本书提供更为明晰的哲学基础。

为了避免重复，在这一版修订中，我删掉了前两版中有关高层办公建筑演变的"基本物体"一章，因为这次新增的一篇文章"重塑垂直田园城市"当中，已经涵盖了这部分相关内容（第 22 章）。第三版的修订，同前两个版本一样将全书分为三个部分，并继续沿用之前的标题，"科学与技术"、"批判理论"以及"地方主义与全球化"，而新文章的选择则需要考虑到对每个部分都要有加强论述的效果。每个部分所包含的各个章节，也同前两版一样，按照年代顺序进行排序。有少数的几个地方，我在原来文章的后面又增添了副标题，以便更清楚地明确主题。同样，我还变更了几个章节的标题，这样阅读起来会更加清楚。例如第 3 章，现在的标题为"科学与设计中的移情作用"；第 6 章的标题改为"虚拟工作室"；还有第 12 章，标题改为"建筑创作中的隐喻"。在这几个修改的部分，新的章节中均以注释的形式列出了原来的标题以及资料来源。

这样，全书建构起来的系统非常方便读者查阅参考，就像我之前介绍过的，每一篇文章都像是拼图游戏中的一小块，它们汇总在一起就形成了一幅完整的图画，引导我们去广泛探索，深入了解建筑在文化和社会发展中所起到的作用。其中富有挑战性的差异就在于，知识本身是不断进步的，所以整体情况也会随着时间的推移不断变化，而其中某些部分所受到的影响会相较于其他部分更为明显，这就是我们进行第三版修订的必要性。虽然其中一些具体的技术性论述现在看来可能已经过时了，但是它们所依存的理论基础却依然是适用的。在本次修订中，我们尽量保留了第 2 章和第 4 章的"控制论技术生产"，还有第 19 章的"适用性技术"，技术的发展历史及其理论成因，相对于具体的技术细节来说，其重要性更为显著。除了对个别地方进行了细微的修正以外，我尽可能尊重原文，避免对早期文章中有关技术性的描述以及其他类似的内容进行更新，而相关的技术更新内容是在后面的部分单独撰写的。

我认为最为重要的是如何解决问题，而不是在寻求真理的道路上踌躇不前地探索，而我和其他一些评论家们所描述的那些令人着迷的议题，对于某些后现代主义的作家来说却是相对陌生的。我希望广大读者们能够体会到，本书所提出的思想是比较清晰的。在某一些章节，比如说第 1 部分"科学与技术"当中，就包含了好几篇文章的内容，而当我们在对模因论和控制论进行讨论的过程中，难免会涉及一些专业术语，我们对这些专业术语进行了尽可能清楚的解释，以便让更多的读者能够阅读和理解。

最后，就整体发展而言，在这些论文中所记载的持续探索与发现的过程，同那些更为具体的结论相比，是同等重要的。无论如何，倘若读者们能够从这本书中有所收获，哪怕只有很少的一点，那么我所付出的心血就是有价值的。

于卡里克弗格斯（Carrickfergus）

2016 年 6 月

致　谢

下文中所列出的，既包含在第一版和第二版的编写过程中为本书提供支持的个人和相关机构，也包含在这次第三版的修订工作中贡献心力的朋友们，虽然他们中的一些人现在已经离开了我们，但是他们为本书的出版所作出的贡献是值得大家永远铭记的。

首先要感谢的，是那些在我刚刚开始步入自己的职业生涯时，为我开辟出新的道路并创造机会的恩师们。其中特别值得感谢的，是英国建筑联盟学院（简称 AA 建筑学院）的罗伊·兰多（Roy Landau）教授，他引导我要以更广阔的视角来看待建筑学，将其视为城市与环境议题中的一部分。在我的学生时代，AA 建筑学院由兰多教授组织开展的跨学科专题讨论会是当时的一大教学亮点，参加研讨会的人员有从哲学家到各个不同领域的领军人物，这样的教学方式启发我日后也以同样跨学科的模式来开展自己的研究工作。在 1967 年梅尔文·韦伯（Melvin Webber）至伦敦访问期间给了我一些建议，为我日后在其他学科的探索提供了巨大的动力；而我在 AA 建筑学院就读的最后一年，戈登·帕斯克（Gordon Pask）教授鼓励我要富有开拓探索的精神，而且在我毕业之后，他也一直支持我的研究工作，多年以来我通过他的教导受益良多。我还要感谢的是 AA 建筑学院的院长阿尔文·博雅斯基（Alvin Boyarsky），以及我的五年级项目导师彼得·库克（Peter Cook），感谢他们能够认可我独辟蹊径地将一篇纯理论的文章作为毕业设计，让我顺利地获得学位。

接下来，我要感谢一些人，正是因为他们的存在，才令我有机会周游世界、开展研究工作，这些游历以及工作的过程在我的文章当中都有相关的描述。第一个要感谢的人是安吉拉·施韦策（Angela Schweitzer），他曾在智利大学任教。1977 年，他来到朴次茅斯建筑学院参观，而我当时刚好在这所学院任教，从而与他相识。他对我的研究非常感兴趣，并为我安排到他所在的学校去演讲，这是我第一次离开北半球来到南美洲，使我对于建筑世界的认知产生了很大的改观，意识到它具有跨文化的复杂性。第二个要感谢的人是雷·卡佩（Ray Kappe），他是位于洛杉矶的南加州建筑学院（Southern California Institute of Architecture，简称 SCIARCH）的创始人兼主任。在 1979 年的春天，他聘请我为客座教授，组织一场关于哲学与建筑的研讨会，这是我在美国获得的第一次任教的机会。就是在这段时期，以及后续在得克萨斯理工大学任教的两年间，我首次将自己的想法同语言类推，以及其他一些哲学议题联结在一起，这些内容在本书收纳的文章中都可以找到相关的描述。

　　下一位我要感谢的人是法维扎·卢卡斯（Fawiza Lucas），他是我之前在朴次茅斯建筑学院任教时的学生，后来在马来西亚槟城的科技大学建筑系任系主任。1981 年，他邀请我去该所大学任教，从而为我开启了另一片充满魅力的世界，直至今日我仍然对其着迷。就在那个时期，我遇到了马来西亚建筑师杨经文（Ken Yeang），他有关"生物气候建筑"的设计作品和著作一直以来都是我研究工作灵感的源泉，对我来说他的价值是无法估量的。还要感谢利雅得沙特国王大学（King Saud University）建筑学院院长兼系主任萨利赫·艾尔－哈索尔（Saleh Al-Hathloul）先生，他给了我下一个任教的机会，同时也为我打开了通往中东的大门，使我收获了无限的建筑财富源泉。我特别感谢他支持我在基础项目的设计中融合伊斯兰的设计传统。有关于此，我在其他的文献作品中有相关的介绍。后来，我又在新加坡国立大学（National University of Singapore），以及安卡拉中东科技大学（the Middle East Technical University）得到了任教的机会，在这些地方，在这些文化的发源地，我得以进一步对自己的知识进行了扩展，无论是历史传统还是现代的发展，这些成果都在本书中进行了介绍。

　　就是在这个时期，我开始接触参与阿卡汗建筑奖并获得提名，而此后很多年我都一直从事着相关的工作，衷心感谢苏哈·厄兹坎让我有机会参与到这个重要而又杰出的机构。这段经历，大大增强了我对于伊斯兰建筑的认识，并更深入了解到这些发展中国家复杂的经济与文化状况。这个地区汇集了很多获奖的优秀作品——在我的很多篇文章中都对这些宝贵的知识进行了详细介绍。

　　1989 年我再次回到英国，满怀热情地投入到诺丁汉大学的教学和研究工作中。在这段时期，我重新燃起了早期研究先进建筑技术的热忱，最后组织了生物技术建筑研讨会，相关的内容在本书第一部分会作详细的介绍。这个研讨会是进行多学科研究与教学的一次尝试，有很多专业技术人员都参与了这次活动，其中包括建筑系的戴维·尼科尔森－科尔（David Nicholson-Cole）、医药工业信息中心主任法尔杭·达埃米（Farhang Daemi），还有很多诺丁汉大学周围的专业技术人员，他们的名字以及所提供的技术资料在那篇文章中都有记录。同时参与这次活动的还有伦敦的建筑业者，我们一起合作完成具体的建设项目。最后，我还要把我最诚挚的感谢献给我的学生们，正是他们不辞勤苦的工作——他们所做的远远超过了我对他们的要求——才使得研讨会得以成功举行。

　　迄今为止，我开展研究工作所涉及的所有背景知识都已经收录在这本论文集当中了。本书第一版发行之后，在 1997 年我就从诺丁汉大学提前退休了，之后我回到了位于马耳他的家中开始了单纯的写作生涯。自从 1983 年开始，我都陆陆续续在那里生活。在马耳他的日子是相对安静的，在这段时期我开始着手撰写一系列的实践专栏，后来我又移民到澳大利亚去寻求新的机会与发现。正是由于这些原因，我欠了哈利·塞德勒（Harry Seidler）一份特殊的人情债，他帮我办理移民手续，并为我引荐了汤姆·赫尼根（Tom Heneghan），悉尼大学建筑学院院长。在那里我第一次为学生们讲解我的垂直建筑工作室，相关内容在本书中也有介绍。

2012 年我得偿夙愿，在悉尼大学拿到了建筑学博士学位，从而有机会进一步完善我文章中涉及的一些关键的理论。我觉得是时候要结束我在澳大利亚的探险之旅了，于是重新回到英国定居。所以，最后这份迟到的感谢我要献给我的论文导师克里斯·史密斯教授（Chris Smith），感谢他一直以来对我的支持与悉心教导——并不仅仅是像我自己作为老师那样，只是帮助学生"成熟"起来而已。而我在 2015 年由曼彻斯特大学出版社出版的包含一些原则性理论的节略版本，也已收录到第三版中。

除了上文中所列举的需要感谢的各位朋友之外，对任何一个作者来说，编辑的工作都是至关重要的，而我有幸遇到了一些非常出色的编辑，为我提供了优质的服务。本书所收集的原始文章的责任编辑，包括《建筑设计》（Architectural Design）刊物编辑莫妮卡·碧瑾（Monica Pidgeon）和罗宾·米德尔顿（Robin Middleton）；《建筑协会季刊》（Architectural Association Quarterly）编辑丹尼斯·夏普（Dennis Sharpe）；《设计研究》（Design Studies）刊物编辑奈杰尔·克劳斯（Nigel Cross）；《建筑评论》（The Architectural Review）编辑彼得·戴维（Peter Davey），以及《建筑与城市化》（Architecture and Urbanism）编辑中村敏男（Toshio Nakamura）。还有托马斯·劳伦斯（Tomas Llorens）和詹姆斯·鲍威尔（James Powell），我之前在朴次茅斯建筑学院任教时的同事，后来成为很多专业学术刊物的责任编辑，他们两位在 20 世纪 70 年代末到 80 年代初这段时间，协助我出版了一些其他的学术文章，本次第三版中也收录了其中的两篇。

尼尔·沃尔诺克－史密斯（Neil Warnock-Smith），他既是建筑出版社的发行商，同时也是本书第一版的责任编辑，而接下来第二版的责任编辑是迈克·凯什（Mike Cash）。我深深地感激他们，赋予了这些文章又一次新的生命。他们相信我的研究具有长久的研究价值，而现在这份信任又延续到了负责第三版发行的劳特里奇（Routledge）出版社，他们获得了这本书的版权。而对于在新的出版商，劳特里奇出版社工作的弗兰·福特（Fran Ford）女士，再多的语言也无法表达我对她深深的谢意，感谢她和她的同事们，尤其是特鲁迪·瓦尔钱纳（Trudy Varcianna）和阿兰娜·唐纳森（Alanna Donaldson），第三版的顺利发行离不开他们热情的支持以及过硬的专业素养。

还有两个人我需要感谢。自苏哈·厄兹坎从阿卡汗建筑奖（AKAA）执行总监的位置退任之后，他的继任者法鲁希·德拉克沙尼（Farrokh Derakhshani），不仅允许我可以继续参与该奖项的相关工作，还在本书进行到最后准备工作期间，协助我借阅 AKAA 资料室以及日内瓦总部的一些藏书和资料，并对我其他的研究工作也给予了极大的支持，为此，我衷心向他表达感谢。最后，经过几年的时间全情投入写作，我还要感谢彼得·沃克（Peter Walker），北爱尔兰首府贝尔法斯特的阿尔斯特大学建筑学院（Architecture School at Ulster University Belfast）的院长，他在我的新家附近组建了一个学术基地，这样我就会常常想到自己遍及全世界的学生们，我所做的一切都是为了他们，而这本书就是要献给他们的。

导　言

　　第三版的修订，除了一个章节被删掉以外，涵盖了第二版中的所有文章，此外又增加了六个新的章节。这些文章在地域上和时间上的跨度都非常大，其中很多标题和内容都来自一些常见的思想和理论，而下面所列举的这些思想和理论都是贯穿全书的。这些文章所涉及的学科门类非常多，但是再多的分支也总是有一个相同的主干。任何一位编者其实都会像我自己写作一样，想要探寻出路，就要同时向外拓展疆界以及向内深掘根基。

　　大体上来说，本书中所概述的研究，既包含了半个世纪以来那些探索的个人记录，也包含了同时期关于建筑理论与评论的变化趋势。首先介绍的是最基本的概念"系统"，它也是贯穿全书三个部分的一个概念和方法。下文主要介绍了各篇文章彼此之间的相互联结，特别是那些将它们密切结合在一起的思想和理论。"个性"（identity）这个主题也同样是贯穿全书的，所以我在本篇导言中也给了它一定的篇幅，以确保这个概念对几个相关章节的重要性，特别是有关于文化和社会议题的章节。这也就是说，凡是可以反映出复杂性以及一致性的主题思想，我都将其摘录出来在导言中进行了介绍。有的时候，一些特定主题的介绍可能会暂时被其他概念所取代，而后由于理论和实践发展的需要，这些概念有可能又在其他的地方出现以引起读者的重视。如果将所收录的文章按照发表时间排序，读者可能会不太方便检索到，到底哪篇文章最能恰当地诠释某一些理论，所以我按照主题来进行分类。一篇文章出现在一个主题当中，而在另一个主题的论述中，很可能会再次引用到同样的文章。文中涉及很多观点，而比这些观点更为重要的是发展性的论述，其内容随着文中思想与技术的改变而不断进化。

系统

　　系统论本身深深植根于生物学和进化论，并在 20 世纪 60 年代首次对建筑理论产生了影响。那个时候，本书所收录的最早一批文章刚刚发表，而现在这个概念多是被放在"自生系统"（self-producing systems）或"显现"（emergence）目录之下，例如我曾发表过的一本书《扩展自我》（The Extended Self）[1]。1967 年，我与梅尔文·韦伯（Melvin Webber）初次会面，他向我介绍了系统论的方法。韦伯发现我对于在建筑设计中进行生物学类推特别感兴趣[2]，于是建议我去读一本名为《人居环境》（Living systems）[3]的书，作者是 J·G·米勒（J.G.Miller），在两年前刚刚出版。我在大英博物馆的图书馆里找到了这本书，之后的很多年间，我都是在这个威严的穹顶之下进行研究工作的，我追随着一位又一位学术领军人物的脚步：路德维希·冯·贝塔朗菲（Ludwig von Bertalanffy）的一般系统理论，诺伯特·维纳（Norbert Wiener）和罗斯·阿什比（Ross Ashby）的控制论以及跨学科思想的新世界，这些理论中的绝大部分都是在那十年间出现的。[4]

经过几年的研究厚积薄发，终于浓缩成为我最后一年的学位论文："适应性城市形态：一个生物学模型"（Adaptive urban form : a biological model）[5]。在这篇论文中，我应用了从阿什比与其他理论家的著作里学到的自组织系统[6]，阐明了现代分散型城市的成长模式。那段时间我还有一个重大的发现，那就是斯塔福德·比尔（Stafford Beer）的论文"信息化控制的工厂"（Towards the cybernetic factory）[7]，以及被命名为"24 系统"的全世界首个由计算机控制的柔性制造系统（flexible manufacturing system，简称FMS），由英国的一位工程师在伦敦东部的一座工厂设计并制造。[8] 我在比尔的论文和 24系统中寻求类似的证据，希望可以证明在系统构建之间存在着越来越多的联结，而这种联结对很多类型的结构系统都会形成分散性的影响，其中也包含各种城市系统，它们会对变化更为敏感，最后我终于找到了适合我自己理论的模型。比尔的论文提供了控制论的组织，而 24 系统是一套用计算机控制的机器，它的出现实现了比尔关于适用性生产系统的设想：我将其称为"定制型自动化"（customized automation）。

不仅如此，信息化控制的工厂的概念除了撼动了整个传统现代主义技术的合理性，而现代主义是建立在标准化和大规模生产的基础之上的，也就是我们通常所说的"福特主义"（Fordism），同时也直接驳斥了由彼得·库克（Peter Cook）以及建筑电讯派其他成员所构想的"插件城市"（Plug-in City）——他们这一批人那个时期都在 AA 建筑学院担任教授——其灵感也同样来源于大规模的生产技术。[9] 通过对复杂的系统进行简单易懂的类推，信息化控制的工厂的模型为我提供了一种概念，这个概念超越了建筑电讯派的机械论，可以在未来将建筑生产真正的落实。在论文的结尾部分，我谈到了像 24 系统这样由计算机控制的制造系统对未来所产生的影响，在论文中我是这样写的："影响可能是各种各样的，但唯独不会是标准化。"富有个性的，"定制的"产品在未来很有可能会成为常规，而非特例。[10]

接下来的几年，我陆续在《建筑设计》（Architectural Design，简称 AD）杂志上发表了几篇文章，这几篇文章都来自同一篇论文。《建筑设计》杂志的主编是莫妮卡·碧瑾（Monica Pidgeon），这是当时唯一一本国际性的建筑期刊，致力于探索新的思想和技术，并为胸怀抱负的理论家们提供了一个开放性的交流平台。本书第 1 章，"进化的规划"是1968 年发表在《建筑设计》杂志上的一篇文章，那个时候我刚刚毕业六个月，本次将这篇文章收录进来，只做了一些细微的修改。受到韦伯"现代城市分散型模式"[11] 研究中"结构要素理论"的启发，再综合我自己对自组织系统的研究，我提出与理想化的紧凑型城市相对比，现代城市所表现出来的分散形态，其实准确地反映出了现代社会的分裂，我这个观点得到了很多建筑师与城市设计师的追随。[12] 在本书后面的几篇文章中，石油输出国组织（the Organization of Petroleum Exporting Countries，简称 OPEC）在 1973—1974 年的禁运政策，以及随之而来的对燃油价格的影响，使我不得不重新思考城市密度和车辆运输系统的相关问题。[13] 但是，正如下文中所介绍的，尽管我摒弃了建筑电讯派项目中过于浪费的、"抛弃型"的消费文化，但是近期在研究超级建筑设计创新的过程中，我还发现了超级建筑概念的一个变体。[14] 关于系统性作用，我得出的结论是：新的通信和数据系统正在改变城市整合的进程，这种影响会从局部区域逐渐扩大范围，全球化的进程就已经充分验证了这一点。

生产

接下来的一年，《建筑设计》杂志刊登了我的长篇论文"摆脱恐龙避难所"（第 2 章），在这篇论文中，我解释了即将到来的控制论改革对建筑设计和生产可能会造成的影响。在文中我提出论点，认为建筑师之所以会沉迷于建筑标准化和大批量生产，究其原因其实是源于意识形态的逻辑思考，而不是对传统工厂实际生产方式的专业理解，更不要说与计算机系统控制有什么相关了。

但是，我们目前的建筑制造业仍然相当保守，要期待数字革命对这个行业产生冲击和影响，改变现在既有的模式，可能还需要很多年的时间。20 世纪 80 年代中期，中国香港汇丰银行总部大楼开始设计建造，诺曼·福斯特（Norman Foster）和他的合作团队利用全新的数字技术，创造出了一栋外观复杂的金属帷幕建筑，整个设计和建造过程一气呵成；而若是沿用传统的设计与施工方法，那么这样的建筑造价可能会非常昂贵，甚至根本就没有办法实施。[15] 我在 1986 年的一篇论文"回归手工艺制造"（第 4 章）中，提到了关于建筑制造业的一些革新，而这些新的高水平的制造工艺，帮助建筑师们按照具体的项目特性与业主的需求，量身定制地进行设计与建造。

第 5 章"可见和不可见的复杂性"、第 6 章"虚拟工作室"，还有第 7 章"基因设计"，分别从不同的角度，讨论了在建筑设计和建造当中使用数字技术所带来的积极的和消极的影响。第 5 章的文章讨论了数字技术的流行使用和误用问题，通常仅仅是为了任意形式的制作，其理由往往是通过引用抽象的、最可疑的性质的理论论据来辩护（或不辩护），关于这个更广泛问题的结论在导言的最后部分。在第 7 章"基因设计"中，也提出了在设计过程中使用遗传算法的类似问题。在那篇文章中，我借鉴了理查德·道金斯的模因（meme）概念，主张在设计中使用模因算法，而不是遗传多样性。前者提供了一种更准确的文化艺术品如何演变的表示，包括建筑设计，而不是后者。[16] 在我最初撰写会议论文时，我才意识到相关的研究事实上是作为遗传模型的一个可行的替代品而被引入记忆算法的，这可能被视为我的论点的支持依据。[17] 更积极的是，第 6 章介绍了生物技术建筑研讨会，具体讨论了有关环境和教育的议题，发出了更具有适用性并促进生态健康发展的声音，将建筑引领到更加健康的方向。

虽然上述的这些技术革新，都是发生在发达的工业化国家，但是在第 19 章"迈向全球化的生态文化"中，我也对广大发展中国家的生产系统进行了讨论。文章所涉及的领域非常广，从最简单的"适用性技术"到所谓的"混合技术"，既包括传统的材料和技术，也包括材料与技术的创新，还包含基于计算机技术的设计方法等内容。

个性

无论是"进化的规划"，还是其他早期关于建筑生产中数字技术运用的论文，都在追求一种更加自由与包容性的建筑和城市价值观。我们可以将其理解为对后来出现的后现代主义运动的赞同。但是，我很快就意识到，除了一些真正的发展进步以外，正统的现代主义的普遍性主张，正在被一种相反的，但却同样极端的相对主义所取代。从第 10 章"建筑的语言游戏"开始，基于奥地利哲学家路德维希·维特根斯坦（Ludwig Wittgenstein）的理论，我提出了一种更为合理的方法来阐述文化之间的差异性，我把它称为"批判相对主义"。极端相对主义是只允许在特定的某一种文化论述中进行批判，而批判相对主义则鼓励对比不同的价值体系及标准，以寻求最适合现实状况的方法。以"古典"和"有机"的建筑传统和风格，以及一些相关的评论为例，我认为假如抛弃派系纷争，我们完全有可能接受文化价值观上的巨大差异，甚至可能会进入到一种真空的领域，认为万物平等，或者说根本就没有所谓的价值。此外，正如很多建筑师在各式各样的文章中所写的，有一种体现对环境议题和价值观敏感性的设计——现在我们一般称之为"永续设计"——绝不应该被归结为某一种建筑风格，无论是有机还是其他的什么风格。

我通过早期对于数字化设计与建造的探索，在正统现代主义的核心部分揭露出了一个巨大的漏洞。现代主义运动的创始人，一直都将现代主义理论和设计中普遍存在的张力，同现代大批量生产技术和标准联系在一起，就像是现代主义建筑大师勒·柯布西耶所宣称的：人类社会现在已经发展到了一个"标准化的等级，根据功能和需求产生出标准化的产品"。[18] 然而，很多年过去了，在越来越多的社会失败和工业无能的事实证据面前，现代主义教条终于崩塌了。当建筑师们最终承认了这个失败之后，除了几个极个别的少数，大多数建筑师开始拿起折中的后现代主义旗帜，放任自己沉迷于对建筑表象的钻研，殊不知革命已经悄无声息地全面兴起，甚至于已经超越了先进工业化的范畴。这样的现况导致的结果，就是很多建筑师丧失了自己更为重要的社会责任，他们所做的无非就是在传统的建筑设计与构造上面添加上一些装饰性的树叶，对于这种流于表象而肤浅的做法，我在"必要的张力"（第 13 章）以及"可见和不可见的复杂性"（第 5 章）两篇文章中进行了相关的评论。

更为重要的一点是，我们要摒弃正统的现代主义教条，鼓励那些更加坚定的建筑师们去探索发现地域与文化的特性，以及在全世界各式各样的建筑形式中找到自己适当的表现手法，这些都是非常重要的，反观那些比较乡土的建筑工人，他们在这方面就做得很好，他们总是可以根据具体的气候条件以及景观特点做出恰当的回应。另外还有一点同样重要，那就是建筑形式和建造技术会随着文化的交流而逐渐发展变化，影响的因素有很多，包括区域间的贸易和思想的交流、人类居住地的迁徙，还有几个不同历史时期帝国主义的征战，特别是近几个世纪以来西方殖民主义的影响。

我第一次发现这一点是在 1978 年，那个时候我来到位于瓦尔帕莱索（Valparaiso）的智利大学开始任期几周的客座教授。[19] 在那里我注意到，这个国家的很多城市和小镇的建筑，都受到了西班牙殖民时期建筑的影响，这些舶来的建筑形式与技术同本土的建筑形式与技术交互影响共生，特别是在一些小型教堂和其他类型的建筑上表现得更为明显。同年晚些时候，我离开英国来到美国——这是我第一次到国外进行考察——曾先后在洛杉矶和得克萨斯州任教，因此获得了很多机会去观察西班牙殖民主义在美国西南部地区对建筑的影响。这些经历促使我撰写了"作为个性的建筑"（第 15 章）这篇论文，这是我在 1980 年美国符号学协会年度会议上提交的一篇论文，文中解释了在区域个性形成的过程中建筑所起到的作用。

一年之后，我受邀来到马来西亚槟城的科技大学任教，在这里我获得了更多的机会，来研究欧洲殖民主义在世界上另一个完全不同的地方对建筑产生的影响，以及这些殖民者的建筑师们来到新的环境，如何大量借鉴当地建筑元素，以适应热带性的气候条件。研究的成果我整理成了另一篇会议论文，名为"生活在一个混杂的世界"（第 16 章）。文章介绍了在发展中国家存在的多样性与融合的建筑形式，在那片土地上，不同文化的存在导致了建筑呈现出混杂的特性，而相关内容的文章还有另外几篇，也一同收录在本书中。1982 年起，我来到沙特阿拉伯首都利雅得的沙特国王大学（King Saud University），开始了为期三年的教学生活，那里的伊斯兰建筑为我展现了一个完全不同的建筑历史以及跨文化交流的典范，令我眼界大开。[20]

然而，当时的地区主义辩论中的思想仍然被纯本土建筑和外来建筑（即西方进口建筑）之间以欧洲为中心的两极分化所影响。[21] 在我 1986 年撰写的一篇名为"地方主义的转变"（第 17 章）的论文中，根据历史调研以及我个人的研究，发现文化的交流与建筑形式的混杂，根本不是最近才出现的现象，纵观世界建筑发展史，这种现象一直都是普遍存在的，而究其原因并不仅仅是西方殖民主义的文化渗透这一个因素，自古以来随着贸易发展、征战或是宗教信仰的传播，使得建筑思想与建筑形式一直都处于不断变化当中。在历史建筑和当代建筑中有很多这样的案例，我的论文中列举的是位于利雅得，由丹麦亨宁·拉尔森（Henning Larsen）建筑事务所设计的沙特阿拉伯外交部大楼。[22] 经过调研我惊讶地发现，它的平面造型竟然来源于印度的泰姬陵（Taj Mahal 至少有四分之一圆的部分是来源于泰姬陵，后来为了主入口的空间需求而取消了）。在那篇论文中我对建筑形式的演变是这样描述的："一系列的先例和后来的变异都混杂在一起（……）每一种形式又都变成了一种实际的或是潜在的模型，并且仍然保持变化"[23]，在我后来的著作《扩展自我》[24] 中对"自生系统类型"也有相关的描述。

　　后面还有另外一篇相关内容的文章"本土化与全球化"（第 18 章），提出有一类建筑的出现是对文化的响应，是现代技术和理念同地区传统之间创造性的融合，在全世界每一个地方都可以找到这样的案例。基于这些现状和其他一些良性的趋势，我在"迈向全球化的生态文化"这篇文章中（第 19 章），提出了在未来的建筑业大环境中要将三个重要的方面联系在一起，这三个方面包括对生态敏感的系统，也叫作"生态发展"，以及适用技术和地方主义。在"亚洲城市的未来"（第 20 章）一文中我也提出了类似的观点，文中介绍了四位杰出的亚洲建筑师和城市规划专家的作品：查尔斯·柯里亚（Charles Correa）、郑顺庆（Tay Kheng Soon）、杨经文（Ken Yeang），以及刘太格（Liu Thai Ker），在他们的作品中可以体现出设计与城市发展的原则。在这章的最后部分"城市发展模式"中，我对第 1 章中提到过的关于"有计划的"和"无计划的"城市发展议题进行了修正，提出了一种有计划的但又灵活多变的城市建设框架，这样的做法既可以应对不可预期的变化，又能够确保达成永续发展的目标。

　　有一篇比较新的文章"脆弱的居所"（第 21 章），记录了我在澳大利亚七年多的执教生活中，对这个国家具有争议的居住状况的印象。尽管我承认澳大利亚的建筑设计师们对于自然条件的挑战作出了自己的回应，但是我要强调的是，假如低密度住宅类型以及人们的生活方式一直都会对自然环境造成破坏的话，那么就算是展示再多的案例表明对自然环境的敏感性也是枉然。

移情作用

　　早期对不同领域的观察，让我了解到在理解人类观点差异性的问题上，移情作用是非常重要的。第 3 章"科学与设计中的移情作用"，概述了有关文化理论和科学的方法论，这个理论起源于 18 世纪的两位伟大的哲学家乔瓦尼·巴蒂斯塔·维科（Giovanni

Batista Vico）和哥特弗雷德·赫尔德（Gottfried Herder），就像以赛亚·伯林（Isiah Berlin）后来所描述的 [25]，直到近年来随着环境科学的发展，才带动建筑行业也出现了相应的发展。现代主义正统的思想在很大程度上忽视了他人的价值观，或是将其归入集体或意识形态的保护伞之下，而摒弃上述这些现代主义的教条思想，不仅在文化层面上提出基本的问题，同时也在个人层面上提出了关于心理和社会本质的问题，这些问题是同样重要的。无论我们谈论的是一个地区的个性还是一种建筑形式的个性，抑或是个人还是社会族群，个人所拥有的移情能力都取决于他的社会背景与文化背景。在"建筑的语言游戏"（第 10 章）这篇文章中我得出结论，建议建筑学的学生们在学习一种特定的建筑思想学派的同时，也要获得其社会与文化的认同感："建筑学习的过程其实就是一种文化同化的过程，这同我们学习语言是一样的道理。" [26] 每一位学生都被教授同样的设计方法，这样会限制他们对于不同方法与观点的领会，进而可能会妨碍到他们未来职业生涯的发展——更不要说那些要一生从事设计工作的人们了。

在更深层面上，伴随着社会化与文化同化的过程，有关人类自身以及人类思想的本质和形成，以及它们的界限在哪里这些基本问题也浮现出来。在"作为个性的建筑"（第 15 章）这篇文章的结尾部分，我引用了戈登·帕斯克（Gordon Pask）的作为一种分布现象的思想激进理论。[27] 类似于控制论专家格雷戈里·贝特森（Gregory Bateson）所提出的"精神的生态学"（ecology of mind）[28]，帕斯克的理论同样预测了理查德·道金斯的"模因"（meme）概念，并帮助我为自己的理论"扩展自我"找到出路。关于这一理论，上文中已经做了相关的介绍，我将其核心内容浓缩为第 8 章"技术上的自我体现"。后面的这篇文章把本书中另外几条重要的线索都联结在一起。不同于大众传统的认知，认为自我是单一的、独立存在的个体，我认为个体是现代人类与科技共同进化过程中的产物：这是一个客观存在的领域，其中既包括文化产物，同时也包括心理因素和社会因素。这篇文章还提出了另外一个话题，那就是格雷戈里·贝特森有关精神的生态学著作中提到的，个人和社会群体越来越着迷于网络空间中的虚拟世界，包括自定义的角色扮演（虚拟自我），比如那些社群网站上的在线游戏"第二人生"。

意识

任何对人类精神的本质和活动所做的研究，都会与复杂而又晦涩难懂的意识问题有着千丝万缕的联系，我在 1972 年的一篇论文"文化是个复杂的整体"（第 9 章）中首次讨论了这个问题。这也是我对认知维度的第一次探索，它是在文化进化中的一个相当重要的课题。后来我还有很多篇关于这个议题的论文，最后推导出我自己的理论"扩展自我"。在那篇论文中，有一个争议的焦点就是克里斯托弗·亚历山大（Christopher Alexander）所绘制的关于意识的二元图示[29]，即不具有自我意识的传统社会与具有自我意识的现代社会。在前一种情况下，他认为传统社会的"自然的"自组织结构能够自然而然地在环境中实现生态平衡。而相反的，现代社会则不同，更高的教育水平以及现代社会的自我意识穿插在社会和环境之间起到了阻碍的作用，使得两者都没有办法达成永续均衡的发展。对于亚历山大所提出的这种进退两难的处境，解决的方法就是忽视"武断的"现代概念，在现代社会中强制性执行一种所谓的环境决策的客观体系，并使用以计算机为基础的分析技术。

亚历山大的自组织理论是特别针对传统社会而言的，我认为这与阿什比等人提出的原始理论相悖，于是我为自组织系统寻找属于自己的发展之路，它要有更加广泛的适应性，正如后续实际的发展。[30] 同样，亚历山大的二元论，以及对于非自我意识的社会和自我意识的社会的简单区分同样也具有争议性；这些都是现代社会中缺乏自我意识思想和行动力的表现。

在我的论文中采用了不同的论证方法，我引用了人类学家们的相关工作，还有瑞士心理学家让·皮亚杰（Jean Piaget）关于人类发展的研究，这些研究既包含个人层面的内容，也涉及文化层面的内容。我以这些资料为论据，证明不管是在传统社会还是现代社会，人类有自我意识的行为与没有自我意识的行为之间，并没有像亚历山大所描述的那样明确的区分。总之，我认为假如想要解决环境问题，毫无疑问这些环境问题也都是我们自己造成的，我们需要的是更多的自我意识来反思，而不是尽量减少自我意识。

在人类的思想和行为领域，有意识和无意识之间并没有一条明确的分界线，有关这个议题在我 1981 年撰写的一篇文章"隐性认知在设计学习中的作用"（第 11 章）中，进行了更为深入的表达。这篇文章的写作灵感来源于迈克尔·波兰尼（Michael Polanyi）的哲学理论——1978 年，当我在洛杉矶的一家书店中看到他的富有开创性的著作《隐性维度》（The Tacit Dimension）[31] 后，便马上被这本书吸引了，它对我的文章写作产生了很大的影响——这本书着重介绍了波兰尼有关认知扩展的议题，同时也涉及了建筑教育以及区域个性的相关议题。引用波兰尼的一句格言："我们所知道的要比我们所能讲出来的多"（We know more than we can tell），我认为这个原则不仅适用于科学家以及那些从事于复杂的概念和技巧的专业人员，同样也适用于建筑系的学生们获取知识的过程。我提出的一个观点得到了托马斯·库恩（Thomas Kuhn）[32] 的支持，而托马斯·库恩和波兰尼一样，都认为与那些抽象的规则条文相比，具体的实践和真实的范例才是掌握知识的关键所在。

波兰尼的"隐性认知"理论同其他的认知理论相比，区别在于前者在同样一个"内心"活动的过程中，将人的思想和身体合二为一，在这种情况下，一个人全身心地投入一项工作中，而这可能仅仅是意识的一部分而已。[33] 同样的，波兰尼也解释了我们是如何以类似的方法吸收使用得最多的工具,毫不夸张地说,这些工具甚至可能成为我们自身的扩展——这样的实例随处可见,比如说体育运动或是其他人类的技能,都是需要将人的思想、身体和目标融合为一体的活动。在"技术上的自我体现"(第 8 章)一文中,我还记录了在神经科学方面的一些新的研究,即人类的思想、身体和身体的扩展之间无意识的共生关系,这些新的研究大部分都是与波兰尼的理论相互吻合的。我对于第 11 章文章的总结,也预示了后文将要论述的关键论点:

> 　　我们可以推测,"场所个性"本身就有隐性认知(tacit knowing)的功能,通过这种功能,人们居住在一个地方,他们不仅仅是自己的身体居住在这个地方,而且通过类推作用,他们身体的扩展也同样会处于那个地方。通过暗示,人们彼此之间的交往与互动在很大程度上是依靠他们使用建筑物而达成的,对建筑物的使用就像是人们对自己身体的使用,我们用以描述这种情况最为接近的词就是"隐性认知"。

创新

　　下面谈到的是我最后一个整合的理念,在"建筑的语言游戏"(第 10 章)的开头,我引述了亚瑟·库斯勒(Arthur Koestler)和其他几位作家的作品,解释了类推思想在创新中更为广泛的作用。有意地或是无意地,我们在两个不同的概念之间建立起一种比喻的关系,拿一个概念的某一个重要的方面——通常是人们比较熟悉的概念——"借来"解释另外一个相对来说比较不为人所知的概念,以产生新的见解,而且在这个过程中又常常会创造出新的概念。在建筑的语言类推中,我特别提出维特根斯坦对于人类语言行为的看法,来解释建筑风格的各异,比如说维特根斯坦的"语言游戏"就体现出文化的价值,而这种文化价值又塑造了建筑师对于现实的看法;正是出于这个原因,我在前文中提到了关于建筑学学生教育的一些问题,可能会导致在某些方面出现一些无意识的、但却十分严重的职业偏差。

　　在下一篇文章"建筑创作中的隐喻"(第 12 章),我用了更长的篇幅来解释在建筑创作领域的类推思想,即隐喻在几个不同方面的运用,包括文学以及建筑评论,但其中最重要的是新的建筑与城市概念的产生——包括建筑电讯派所提出的"插件城市",他们是借用了汽车和一次性消费品的图片来进行说明的。这些文章所要揭示的道理是,文化的创新与发展过程远比人们想象的要微妙得多,这个过程更像是新的生物物种循序渐进的进化过程,而不是像现代主义的历史学家所描绘的那样,与过去完全彻底的决裂。在"传统,创新和连环式的解决方案"(第 14 章)一文中,我引用了乔治·库布勒(George Kubler)"连环式的解决方案"（linked solutions）的进化理论，以及库恩（Kuhn）科学发现的相关理论，进而提出自己的论点，但凡新的思想产生，都是来源于既有思想的组合与重组，这是一个创造性的过程，而不是与过去的传统决裂，思维模式在过去和现在之间是有连续性的："革新者的工作是揭示一种新的秩序，而这种新的秩序一定在某种程度上根植于当地的传统，而非与过去割裂。"[34]

接下来的一篇文章"重塑垂直田园城市"（第22章）[35]，反映了我对于石油输出国组织颁布的禁运法令和城市密度问题之间关系的反思，这次禁运事件第一次暴露出了低密度、仰赖汽车交通的这种城市增长模式的脆弱。文中收录了近年来高层建筑领域一些激进的创新，也记录了我自己"垂直建筑工作室"（简称 VAST）的研究，这个工作室自 2006 年起，已经在澳大利亚和美国的高校运作了多年。成立于悉尼大学的第一间工作室在一个半公共性质的项目中尝试采用了与以往不同的设计方案，将水平向的空间同垂直空间相互碰撞，从而产生出一种新的多维度的空间和拓扑配置，将社会的领域向外部延展。后来，工作室又研究了"垂直农场"的项目整合工作，在综合用途的开发项目中使用新的生产技术，提高对水资源和能源的利用率，而我们进行这项研究的出发点在于美国和澳大利亚城市人口暴增，随之而来的环境问题也越来越严重，在未来有可能会出现食物和水源短缺的危机。

现实

最后，我们来讨论一个棘手的问题，也就是建筑理论和我们生活的这个世界之间的联系。世界是复杂的，问题丛生，环境问题越来越严重，很多都与全球变暖有关。人类进入信息时代已经有半个多世纪的时间了，全球化和气候的改变已经从根本上改变了我们对于自然和建筑环境的看法。本书中所收录的文章就是针对这种环境需求的回应，并给予了一些实践性的指导意见，希望情况可以逐渐好转，避免可能会出现的灾难，当然也为了满足读者们对学术研究的兴趣。因此多年以来，在我的相关出版物中囊括了世界各地的优秀作品，归纳出具有可操作性的永续规划设计模式，其中也包括一小部分案例是由我自己的设计工作室完成的。

同样，读者们可能会发现我早期的论文和近期的论文在语气上发生了明显的变化。在早期的论文中，我采用的是非批判性的模式，提出新的技术可能存在的潜力，创造出更能回应环境问题的建筑。从 20 世纪 80 年代开始，我慢慢越来越清楚地意识到，我们所生活的这个复杂的世界需要有一个更大的社会和环境框架来约束。在"回归手工艺制造"（第 4 章）这篇文章中，我谈到了在建筑施工领域越来越多地使用机器人，会对人类的就业产生负面影响，这个问题在其他的行业里也同样存在，我以一种低调的叙述方法来引起读者的注意：

举例来说，我们应该谨慎地区分，有哪些工作确实存在熟练技工严重短缺的现象，抑或是哪些工作环境过于恶劣，人工操作存在着难以承受的危险性，如果不是这些因素，那么使用自动化所带来的社会成本会比经济收益更为重要。

这本书编写的另外一个目的，就是要在一般性和特殊性之间找到一个合理的平衡点，并从不同层次的视角提出相关的见解——有些问题可能只有从哲学的层面上着眼才能解决。通过阅读这篇导言，读者朋友们应该会注意到，尽管我一直批评自己正统的现代主义和理念，但是我又与很多后现代主义的建筑师、作家和评论家们宣扬的极端相对主义有很大的分歧。分歧的焦点不仅是虚无主义和现实的纷争，还有很多作家故意模糊的写作手法，好像这样做就可以凸显出他们对这一切都觉得无所谓的态度。在雅克·德里达（Jacques Derrida）和其他一些欧洲哲学家和理论评论家的影响下，这个群体所热衷的含糊晦涩的表达方法影响到了跨学科思想的整体目的，在这种风气的影响下，新的思想之间被树起很多障碍，使得它们无法顺利交流并被大众接受。尽管值得庆幸的是，这种风气已经日渐衰落，但是就像是著名规划师和作家彼得·霍尔（Peter Hall）所讲的，这种方式在某些圈子里还是有一定的影响力：

> 后现代主义者似乎认为，现实不再是真实的（……）所以，这些新兴的激进的知识分子，就后现代主义的意义问题展开了无休止的辩论：抓住建筑、电影、电视，以及任何有可能出现文件或会议记录的机会展开辩论。这些作品都采用一种非常奇怪的而又封闭的写作风格，其读者是一小群特别的群体，这类文章一个明显的特征，就是会加注一些个人化的语言文字技巧，比如说在括号中增加一些音节，类似于"（un）inspiring"，或是"（un）original"等等。这样的做法并没有产生什么真知灼见和启迪。[36]

从某种意义上来说，这一小部分族群的陈词滥调，以及霍尔所描述的那种晦涩的语言风格，都在"建筑的语言游戏"这篇文章中有所介绍，这是一小部分社会族群的表达，他们有自己的语言规则。对于这种族群的行为，我们在巴兹尔·伯恩斯坦（Basil Bernstein）的文章中也可以发现类似的解释。伯恩斯坦是一位著名的社会语言学家，我在同一篇文章中也引用了他的研究成果。他描述了在同一种语言文化背景中，某种特定的社会族群和阶级会使用专属于他们自己的语言"代码"，并以此来区分哪些人是属于这个族群的，而又有哪些人是不属于这个族群的。[37] 换句话说，霍尔所描述的后现代主义者，他们进行这场建筑的语言游戏，其目的就在于确认他们自己的身份和学术地位，而不是要解决世界上真实存在的问题，就像是霍尔所谴责的，这些世俗的问题对他们来说根本就是无关紧要的。[38]

正如"建筑的语言游戏"一文中所描述的那样，批判相对主义为我们提供了一种可能更有成效的途径，来探索人类体验和认知的多样性，同时也规避了霍尔指出的极端相对主义可能导致的危险。[39] 第三版的后记，"关于同一性的场论笔记"概述了与哲学同根的概念"内在关系"（internal relations），以及所有的事物最终都会与其他的事物发生相互联结的原则，这是一个非常复杂的议题，我们目前也只能领略其中一二。我对扩展自我议题的研究最早开始于 20 世纪 80 年代初期，而第 8 章中的结论就是对这部分思想的总结。

最后，在总结性质的"必要的张力"（第 13 章）中，我提出了对现代性的另外一种解释，它同时包含了现代和后现代主义运动的要素，并且拒绝那些流于表象的肤浅：

> 然而，还有另外一种不确定性的存在：它并非来源于对建筑形式过分而狭隘的关注而产生的表面张力，而是存在于在传统和现代互补的各个方面之间的本质的张力，并且这种张力还会一直存在下去。在过去、现在与未来无休止的取舍转化过程中，社会、文化和环境问题也都一直层出不穷，而这些问题不可能靠着后现代主义建筑那种四面受敌的心态而得到解决。尽管现代主义建筑的确存在着种种不足之处，但它们的创作根源是开放的思想，并重视实践，最大限度地运用现有的知识，而不论知识出自何方。在其盛期，这是一次彻底的解放运动。正统的现代主义者的错误之处，不仅在于他们不切实际地选择了标准的形式，还在于他们对现代科学与技术狭隘的解释，并以此作为他们验证美学的标准，而这样的标准是有偏颇的。真正的现代科学与技术，同很多建筑师头脑中简单的神话不同，它不仅能够对复杂的人类生存状态做出更为有效的回应，而且还会比那些正统的现代主义者或后现代主义者曾经梦想过的东西更加有趣。[40]

注释

1 Abel, C. (2015). *The Extended Self: Architecture, Memes and Minds.* Manchester University Press, Manchester. Especially Chapter 5, 'Rethinking evolution'.

2 和大多数建筑学专业的学生一样，我第一次接触生物学类推这个概念，是通过弗兰克·劳埃德·赖特撰写的"有机建筑"及其他的一些资料。在那个时候，除了一些规范性的理论以外，其他的理论是不受支持的。

3 Miller, J. G. (1965). 'Living systems: basic concepts'. *Behavioural Science*, Vol. 10, No. 3,pp. 193–237.

4 For systems theory see Bertalanffy, L. von (1950). 'The theory of open systems in physics and biology'. *Science,* Vol. 111, No. 13, January, pp. 23–29. Also Bertalanffy, L. von (1968). *General System Theory: Foundations, Development, Applications.* George Braziller, New York. For cybernetics

see Weiner,N. (1961, 2nd edn). *Cybernetics: or Control and Communication in the Animal and the Machine.* The MIT Press, Cambridge, MA. Also Weiner, N. (1968). *The Human Use of Human Beings: Cybernetics and Society.*Sphere Books, London. Also Ashby, W. R. (1964). *An Introduction to Cybernetics.* Methuen, London.

5 Abel, C. (1968a). *Adaptive Urban Form: A Biological Model.* Unpublished thesis, AA School of Architecture.

6 Ashby, W. R. (1962). 'Principles of the self-organizing system'. In *Principles of Self-Organization*(Von Foerster, H. and Zopf, Jr., G. W. eds), pp. 255–278, Pergamon Press, London.

7 Beer, S. (1962). 'Toward the cybernetic factory'. In *Principles of Self-organization* (Von Foerster,H. and Zopf, Jr., G. W. eds), pp. 25–89.

8 Williamson, D. T. N. (1967). 'New wave in manufacturing'. *American Machinist*, 11 September,pp. 143–154.

9 对于年轻的读者和 AA 建筑学院的崇拜者来说，他们可能会对 AA 建筑学院处于行业尖端的工作室和数字化实验室感到惊奇，但是却对该院校在 20 世纪 60 年代提出的系统理论和控制论鲜有所闻，而对于其严谨的学术研究，或是学术以外的传统历史研究工作更是知之甚少。这所学院和任教的老师为学生们提供了一种无形的，但却是无价的自由探索新思想的方法——当然，这些一直都要受到著名的 AA "评委会"严格而繁琐的审查，工作室的研究工作也会聘请专门的评论家来审查。为了宣传 AA 的文化，以及庆祝该校教师和近年来毕业生的作品，康韦（Conway, D.）在 1969 年受邀编写了 "What did they do for their theses? What are they doing now?"，发表在《建筑设计》杂志，Vol. XXXIX, 3 月，第 129–164 页。其中收录了自 1967 年起 AA 建筑学院学生们的作品，还有我在同年的作品 "移动学习站(Mobile Learning Stations)"(参见第 5 章)，以及我后期的一些论文和思想的简要介绍。

10 Abel, C. (1968a). *Adaptive Urban Form*, p. 24.

11 Webber, M. M. (1964). 'The urban place and the nonplace urban realm'. In *Explorations into Urban Structure* (Webber M. M. *et al.*, eds), pp. 79–153, University of Pennsylvania Press, Philadelphia.

12 The essay also anticipates the argument against conventional urban planning advanced by Reyner Banham et al., published the following year: Banham, R., Price, C., Hall, P. and Barker, R.(1969). 'Non-plan.' *New Society*, 21 March 20, pp. 435–443.

13 在那个时期，我在 "适宜的住宅形式"（appropriate housing forms）一文中所提出的见解，相较于之前有关 "城市分布"（urban dispersal）的论文来说更为细腻，其中列举了我自己设计的低层、高密度的庭院式住宅系统。参见 Abel, C.（1965）. "Expanding house system". *Arena : The Architectural Association Journal*, Vol. 81, December, pp. 140‒141.

14 See my work with the Vertical Architecture STudio (VAST), Chapter 22.

15 Abel, C. (1986a). 'A building for the Pacific century'. *The Architectural Review,* Vol. CLXXIX, April, pp. 54–61.

16 模因作为基因的文化等价物这一概念，最早是由 R·道金斯（Dawkins, R.）（1989 年）在《自私的基因》（The Selfish Gene）一书中提出的。牛津大学出版社，牛津。

17 例如，参见 J·史密斯（Smith, J.）著（2007 年）, "共同演进的模因算法：回顾与发展报告"（Coevolving

memetic algorithms: a review and progress report）。选自电气与电子工程师协会（IEEE）系统管理与控制论刊：B 部分，第 37 卷，第 6-17 页。

18　勒·柯布西耶（Corbusier, Le），1927 年，《走向新建筑》（Towards a New Architecture）。建筑出版社，伦敦，第 126 页。在第二次世界大战之后，柯布西耶本人的设计路线发生了明显的改变，最终，他通过一些激进的建筑作品将自己的艺术冲动释放出来，例如著名的朗香教堂，令他那些教条的追随者们大失所望。

19　这次出任客座教授，是受到瓦尔帕莱索的智利大学的直接邀请，这所大学对我的研究工作非常熟悉，此举也得到了英国议会的大力支持。

20　关于伊斯兰建筑的不同含义和特征的讨论，请参见 Grube, E.J.（1978）.《伊斯兰世界的建筑：它的历史和社会意义》（Architecture of the Islamic World：Its History and Social Meaning）一书中"伊斯兰建筑是什么？"（What is Islamic architecture?）一文（Mitchell, G.ed），第 10-14 页，William Morrow 出版社，纽约。这本书中描述了与伊斯兰文化相结合的建筑传统形式与空间特征，按照这样的说法，"罗马建筑"也同样是与历史文化和传统联系在一起的。

21　例如，在肯尼思·弗兰普敦（Kenneth Frampton）第一篇批判地域主义的论文中，他单纯以欧洲为中心，描述了现代建筑与地方传统之间的关系，并列举了欧洲地方主义的一些实例作为典范。参见肯尼思·弗兰姆普敦 1983 年论文"走向批判的地域主义：抵抗建筑学的六要点"（Towards a critical regionalism：six points for an architecture of resistance），节选自《反美学：后现代文化论文集》（The Anti-Aesthetic：Essays on Postmodern Culture），（Foster, H.ed.），第 16-30 页，海湾（Bay）出版社，华盛顿。直到后来，弗兰姆普敦才承认："所有的文化，无论是过去的还是现代的，似乎都要通过与其他的文化相互交融后才能获得本质的发展。"（Frampton, K.，1992 年，第三版）节选自《现代建筑：一部批判的历史》（Modern Architecture：A Critical History）。泰晤士和哈德逊（Thames and Hudson）出版社，伦敦，第 314-315 页。正如弗兰姆普敦后来所承认的，最早提出批判地域主义概念的是早期的两位评论家，他们评论的对象是希腊建筑的发展。参见 Tzonis, A. and Lefaivre, L.（1981 年）. "The grid and the pathway：an introduction to the work of Dimitris and Susana Antonakakis"，节选自《希腊建筑》（Architecture in Greece），15，p.164-178。

22　Abel, C. (1985). 'Henning Larsen's hybrid masterpiece'. *The Architectural Review*, Vol. CLXXVIII, July, pp. 30–39.

23　参见第 17 章。

24　Especially Chapter 7 in that book.

25　Berlin, I. (1976). *Vico and Herder*. Random House, London.

26　参见第 10 章。

27　根据帕斯克的理论，一个"精神上"的个体可能会扩展到不同的身体上的个体，例如，我们所说的"几个人"，指的是一种分散的群体思维，而不是靠人脑识别出来的单纯的个体。参见 Pask, G.（1976）.《会话理论》（Conversation Theory），Elsevier 出版社，阿姆斯特丹。

28　Bateson, G. (1972). *Steps Towards an Ecology of Mind*. Ballantine Books, New York.

29　Alexander, C. (1964). *Notes on the Synthesis of Form*. Harvard University Press, Cambridge.

30　For example, see Mingers, J. (1995). *Self-producing Systems: Implications and Applications of Autopoiesis*. Plenum Press, New York.

31　Polanyi, M. (1966). *The Tacit Dimension.* Doubleday, New York.

32　Kuhn, T. S. (1977). *The Essential Tension.* University of Chicago Press, Chicago.

33　正如文章中所解释的，库恩（Kuhn）对在科学教学中复制重要的实验也持赞同的态度，透过这些实验，学生们获得了很多深刻的见解，而若单单凭借明确的规则条例，是不可能获得这些见解的。

34　参见第 14 章。

35　See also Abel, C. (2003b). *Sky High: Vertical Architecture.* Royal Academy of Arts, London.

36　Hall, P.（2014, 4th edn）. *Cities of Tomorrow：An Intellectual History of Urban Planning and Design Since 1880.* Wiley-Blackwell, Oxford, pp. 408-409. 在与后现代主义相关的问题上，哲学家约翰·格雷（John Gray）做出了简要的评论：

　　后现代主义者将他们的相对主义视为一种优越的谦卑——谦卑地承认自己并不能拥有真理。事实上，后现代对于真理的否定才是最糟糕的一种傲慢。后现代主义者否认自然世界是独立于我们的信仰而存在的，并且拒绝对人类的抱负和野心作出任何限制（……）后现代主义只不过是人类中心主义的一种最新潮流。

　　　　——Gray, J.（2002）. *Straw Dogs：Thoughts on Humans and Other Animals.* Granta Books, London, pp. 54-55

37　Bernstein, B. (1970). *Class, Codes, and Control: Vol. 1.* Routledge & Kegan Paul, London.

38　爱德华认为，很多小团体中流传的学术评论都是一些陈词滥调，早期的后现代主义评论家和读者形成了一个封闭的小圈子，而所谓的作者和读者都不过就是圈子里的这一小群人。他很好奇，到底是哪些人会去阅读这些"高深的文艺评论专业书籍"，这类书籍在他自己看来是非常"晦涩难懂的"，他在一次文学会议上向一位大学出版社的代表提出了这个问题。这位代表向他解释说，写这些评论文章的人都会"忠实地阅读彼此的作品"，因此可以确保拥有一个最低限额的销售量，从而维持一个利基市场。赛义德（Said, E.W., 1983 年），参见"对手，听众和赞助商"（Opponents, audiences, constituencies），节选自《反美学：后现代文化论文集》（Foster, H.ed, ），第 137-138 页，海湾出版社，西雅图。赛义德解释说，具有讽刺意味的是，虽然法国和美国所谓的新批评派的支持者们最初的想法是要消除这些"专业的垃圾"，但是他们实际的做法却适得其反："这两个类型的新批判主义所做的，也无非就是撰写了一些评论文章来反映小众群体的认知，他们根本就没有扩大受众的范围，就更不要说面向社会大众了。这样的状况实在是太反常了。"参见赛义德（同上），第 139-140 页。

39　在我的《扩展自我》的后记中，我引用了杰里·吉尔（Jerry Gill）的文章"深入后现代主义"（deep postmodernism），旨在倡导一种更加积极与开放的后现代主义哲学。参见 Gill, J.H.（2010 年），"Deep Postmodernism: Whitehead, Wittgenstein, Merlau-Ponty, and Polanyi"，Humanity Books 出版社，纽约。根据标题中提到的四位哲学家的著作以及 J·L·奥斯汀的著作，吉尔认为，他们在拒绝现代主义的天真客观主义的同时，在寻求"真理"的过程中，提出了一种替代性的、更具建设性的哲学。他们都有许多共同的关键思想，而无论真相如何多变和难以捉摸。针对这个议题，我自己又添加了贝特森（Bateson）和乔治·赫伯特·米德（George Herbert Mead）相关的论述。

40　参见第 13 章。

第一部分　科学与技术

在这个电子时代，我们的中枢神经系统通过技术性的手段被放大扩展，使我们置身于全人类的范围内并与之融为一体，我们所作所为而产生的后果，也必然会深深地影响到我们自己。

——马歇尔·麦克卢汉（Marshall McLuhan），1964 年

科技进步改变了我们的生活，这种改变不仅体现在我们的行为上，还体现在我们的思考方式上。它改变了人们对于自身的认识，也改变了人们对自己与世界之间关系的认知。

——雪莉·特克（Sherry Turkle），1984 年

第 1 章　进化的规划

首次发表于《建筑设计》杂志，1968 年 12 月 [1]

　　有很多建筑师和规划师们都喜欢宣称自己的项目具有"发展的"潜能与"适应性"。但是这样的评价常常显得很牵强，甚至根本就是名不副实。之所以会出现这样的状况，就是因为缺乏坚实的理论体系作为衡量标准。

　　但是，这样的状况应该不会维持太久。类似于一般系统理论和控制论 [2] 这样的新领域知识，正在向一些比较老的学科领域扩展延伸，这就代表城市设计与规划行业最终也将会被注入新鲜的血液。这样，就会逐渐发展出一整套的理论模型，而这些理论模型对城市系统的运行状况不仅可以作出解释，甚至还可以作出预测。

生物模型

　　这些模型一旦成熟，它们就会与所有同进化系统相关的法则共享很多的基本使用前提和特征。城市系统将会被纳入"生命系统"的一般类别当中，这就类似于以生物学模型为基础的分类。[3]

　　对建筑或是规划概念来说，生物模型并不是什么新生事物。[4] 但是，新方法的运用提高了它们的可靠性，因此更加值得我们关注。在其核心，系统理论和控制论都与进化和适应性行为的模式密切相关，无论是人工系统还是生物系统：前者解释的内容是随着成长，在结构和形式上所发生的变化，而后者关注的重点在于同样的原则基础上，有关控制功能的科学技术发展。

　　我们经常讨论的城市原型有两类，通过新的视角对它们进行对比分析是非常有帮助的。第一种是典型的分散式城市发展模式，大多出现在工业水平高度发达的国家。第二种模式是紧凑型的——因此也被称为"超级城市"（megastructure），它在空间的利用上与前者相反——这种发展模式是由日本的新陈代谢派以及他们在英国的同行——建筑电讯派所倡导的。虽然后一种模式只有一个真正实施完成的案例（图 1.1），但我们还是可以在"有计划的"和"无计划的"城市发展模式之间看到明显的区别。前面这种无计划的城市发展，源于技术、收入和社会水平、家庭状况以及消费者品位等根本的变化；而城市人口流动性的不断增加又加剧了这种分散发展的趋势。[5] 这种模式的空间特点就是典型的低密度，郊外住宅区和商业建筑随机分布，并利用公路以及高速公路网络松散地结合（图 1.2）。相比之下，超级城市模式则表现为密集、完全一体化集成的基础设施和功能元素，城市中每一个构件都是经过精心设计的，以确保它们彼此组织在一起，可以达到多层次框架的预期效果。

　　虽然类似这种城市扩散发展的模式在世界各地的工业化地区都随处可见，但是直到近期，城市发展理论家和规划者们才开始认识到，这样凭借自身能力扩散的模式是一种可行性的城市发展模式，值得更深入地研究与了解。[6] 同样的，如果我们现在可以确定城市的扩散是一种真实存在的发展模式，而不是偶然出现的，那么对于有关城市规划的目标和意义的议题也就有必要提出质疑并重新思考了。而且，在现代随着新的通信技术的发展，社会与空间需求也在发生变化，而城市发展对于这些变化而作出的反应也越来越灵活与开放，因此我们也一样有必要对那些预先设定好的超级城市发展模式提出质疑。

自组织系统

　　想要正确理解这种一般类型的城市发展模式，唯一的方法就是要将城市系统视为一个整体来分析，而在宏观行为的层面上，想要洞悉在城市发展之下建筑的改变，那么生物模型是一种非常有效的工具。

图 1.1　日本山西（Yamanishi）通信中心，甲府市（Kofu），丹下健三（Kenzo Tange）设计，1967 年。该作品是丹下健三狂热追求的超级城市概念下唯一彻底完成的项目。资料来源：丹下健三事务所 / 讲谈社（Kodansha Ltd.）

图 1.2　纽约州长岛（Long Island）拿骚县（Nassau County）的城市扩展，约 1960 年。资料来源：© 费尔恰尔德（Fairchild）航空勘测公司

　　由于大型的城市系统就是一个生命体系，所以我们必须要从一个控制论中的术语"自组织系统"[7]的角度来思考城市系统。举例来说，我们知道，所有的生命系统都会表现出适应性的行为。这也就是说，它们有能力以某种方式对环境状况作出反应，并且在一定程度上有利于系统的持续性发展。因此，一个自组织的系统是通过与它们所处的环境之间持续互动来维持存在的。在系统的内部，或是在更大的全世界范围内发生的变化，都会引起一种自发的反应，其目的就是要在内部状况和外部条件之间恢复某种有利的平衡，或者说叫作"内平衡"（homeostasis）。而在一个生命体系中，这

个平衡点也会随着系统的发展而不断变化。无论是在系统还是环境当中，这种不断发展的状态就会导致不可逆转的变化发生。如果系统要生存，那我们就必须要考虑并吸收这些变化。这个过程是周而复始的：生命系统会一直从一种初始的状态向前发展。

　　这里我们要注意的关键问题在于整个过程的自发性，以及它所固有的复杂性。这些特征并不仅仅局限于生物系统。例如，梅森·海尔（Mason Haire）[8] 在研究产业组织的成长过程中，记录了系统对内部以及外部条件变化而自发表现出来的适应性。海尔在不同的员工群体之间追踪了一段时间的定量关系。第一组员工主要关注公司的内部职能，而另外一组则负责公司和外部的调和工作。他调查了很多家公司，这些公司的职能特性和目标都各不相同，但是他却发现上述两种群体之间的关系总是一个恒定的比例。这个发现就意味着，在涉及面非常广的社会有机体内部，确实存在着一种最优化的结构。

　　海尔的发现，对于他们研究社会组织来说是非常有趣的，而他们的研究和我们今天所讨论的课题之间的联系，就在于这种最优化的结构并不是提前规划设计出来的。在海尔进行这项研究之前，公司的管理层对这种关系一无所知，这完全是一种"自然法则"的运作结果，只是后来回顾总结的时候才被大家认识到。

　　在描述控制论系统的关键特征时，英国的控制论专家斯塔福德·比尔（Stafford Beer）[9] 强调了这种系统运作的复杂性，无论是在自然系统还是人工系统当中都同样蕴含这种复杂性：

> 　　一个控制论的系统具有三个显著的特征。第一，它会非常复杂：复杂到我们连它们彼此之间的相互连接状况都无法精准地确定。第二，它具有非常高的概率性：它的构造复杂到难以区分出差别，而每一条轨迹的出现都是相同概率的。对于这样的系统，任何人想要通过强行制定一些规则，从外部对它进行控制都是不现实的（本书作者强调）；因为这个系统复杂到无法进行分析，所以我们也无法找到一个起点，进而利用足够的规则来进行判断。因此，控制论系统的第三个特征，就是它所表现出来的基本组织是由内部产生的：这就是我们所说的"自组织"。[10]

　　至于像城市这种非常复杂的人类系统，对它的规划控制不可避免会存在局限性。城市进化发展的过程太过微妙又太过随意，以至于很难实现那些专业的城市规划师和设计师，以及规划机构所设想与追求的那样，获得理想状态的和谐。

城市模式

　　然而，人类系统的进化成功与否，取决于参与者的选择——有意识的或是无意识的选择——以及对一个目标，或是符合既有社会与文化规范的一套目标的认同。在这方面，系统集成度或是"连通性"（connectivity）的相对程度是至关重要的因素。例如，就像海尔研究的那些产业组织，它们也同其他的社会组织一样，其发展也要依赖于成员们的兼容性以及共同目标的树立。但是，在典型的多层次的现代城市系统当中，不同的元素相互影响构成整个系统，那么就有必要进行一些大尺度的分割。举例来说，多元化社会目标的差异，导致了需要为不同的社会群体提供必要的自主权，从而使每个社会群体都可以按照自己的价值观来规划自己的工作与生活。[11] 在广阔的城市和地区范围内，社会与功能要素的分离或分散发展，也能使整个系统更有能力抵御创伤。[12]

　　这里我们要强调的是，对子系统的分离一定要适度，其原因在于"硬币的另一面无疑是没必要强调的"。如果分离的程度太过，那么功能自治就可能会导致子系统变得对特别的环境过分挑剔，从而不能适应任何环境变化。长此以往，整个系统的生存也会受到威胁。

　　在一个系统中建立起具有兼容性的目标，以及这些目标彼此之间的相互联系与交流，这两个因素是密切相关的。目标标准化的程度，可能会对自治或整合的过程造成一定的影响。反过来，这些不同的过程可能会同时进行，并且一直进行下去，这就保证了系统可以以一种稳定的状态存在下去，这就类似于人体的合成代谢（建立起复杂的有机物质）和分解代谢（分解这些物质）。

　　在城市系统中一体化的模式一直在改变，根据不断变化的增长速度，我们可以识别出城市系统当中相类似的双向过程。随着城市发展速度的不断加快，次级系统之间相互依赖的程度也会相应发生变化。初期的变化周期是缓慢的，局部地区会呈现一体化的状态而整个地区则是独立的，其特征就是紧凑型的中世纪城市（图 1.3），而到了后期，发展变化的周期逐渐加快，局部地区整合，而整个区域却随着发展而变得越来越分散，这个时候的特征就是现代的，有卫星城市的分散型的大都市，而且其通信系统的覆盖面是非常大的。在任何一种进化的系统中，网络效应都是一种明显的趋势，这种趋势加深了整个系统的多层次性和复杂性，但是其中单个的组成部分也许会表现得并非如此。

　　赫伯特·甘斯（Herbert Gans）在美国城市郊区进行了人口调查研究，如果从自组织系统的角度重新审视这项研究，我们就会在其中发现新的意义。[13] 甘斯声称，在郊区模式中隐含的社会目标与现行的规范一致，这对于一个不断发展的体系来说是必要的，针对这一论点，他提出了很多实验性的论据。我们可以将爱德华·霍尔（Edward Hall）有关"地域性"（territoriality）[14] 的概念融合到甘斯的论点当中，以适应对于独立性的追求。我们所看到的这种分散发展的形式，是城市系统一种特定的自身调节的产物。这也就是说，现代大型组合型城市正在通过同样自然的方式，寻找适合于自己的发展与整合模式，而这正是海尔所描述的产业组织的发展结构。

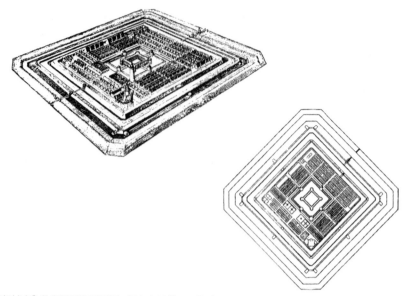

图 1.3　"理想城市"的鸟瞰图和平面图，阿尔布雷特·丢勒（Albrecht Durer）设计，1527 年。资料来源：G·阿尔甘（Argan, G.）（1969 年）

城市扩散发展的特征结构，体现在其组成以及通信系统的性质和形态的不断变化。就建筑形式而言，城市模式由最初的紧凑型城市逐渐发展为分散型城市，其功能与空间状态也都相应地发生了改变，每一个组成部分都会对其他组成部分产生影响。因此，从相对封闭的广场和街道，到分散的郊区住宅，城市的功能与空间束缚力一直在下降。现在各种各样的移动工具充斥着我们生活的方方面面——其中就包括最不可缺少的汽车——这些都与灵活的城市结构密不可分，而这种结构有利于加速城市活动与建筑形式和分布的改变。

假如一个城市系统的整合模式既能符合短期目标，又能支持长期生存，那么这个系统就可以被视为是有效的。不管它被描述为"有计划的"还是"无计划的"，都与我们这里提出的进化标准无关。所谓有计划和无计划之间的差别，不过只是为了方便规划者们区分他们的工作，有哪些如预期产生了效果，又有哪些很遗憾没有达成目标而已。

超级建筑和分散式建筑的对比

相对于自组织的城市扩散发展模式，我们现在可以提出一个新的概念：为特定目标而设计的城市超级建筑。超级建筑一个最为关键的特征，就是结构性元素与功能性元素相互依存，二者紧密结合在同一个完全集成化与高度服务化的框架之内。正如建筑电讯派所描绘的未来主义构想"插件城市"（Plug-in City，图 1.4），其主要特征就是包含一个由铰接方式连接的框架结构，其高度是可变的，在这个框架的内部，不同的高度上安装着各种带有沟槽的功能性构件。这个核心的框架除了为各个构件提供结构支撑以外，它同时又是一个服务与循环系统，便于所有的构件被送达指定的位置并开始运作。同核心的框架结构相比，其他功能性构件的使用寿命相对较短，它们彼此间紧密结合在一起，并依靠主要框架运作，"超级建筑"（megastructure）的名字就是由此而来的。它给人整体的外观感觉就是高密度、复杂多层次和"一体化的"结构。

当我们评估这些设计的时候应该谨记，它们的出现是因应城市环境变化的结果。[15] 超级建筑整个系统的内部是高度集成的，尽管一些功能性组件的使用寿命可以调整，但是我们还是很难想象假如不对原始设计和核心框架进行修改的话，这种超级建筑如何能适应人类居住形态或是其他城市功能的任何变化与更新。从更实际的层面上来讲，由坎迪利斯（Candilis）、若西克（Josic）和伍兹（Woods）设计的柏林自由大学扩建项目（图 1.5），被普遍认为是未来灵活城市的典范，该项目全部都是由预制构件的模块系统组成的。这个项目以低层为主，所有的构件都紧密结合在一起，整体呈现出一种整齐的岛状形态，与中

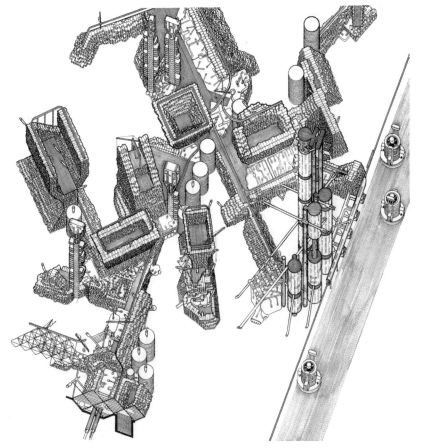

图 1.4 "插件城市"鸟瞰（轴测）图，彼得·库克（Peter Cook）设计，资料来源：© 建筑电讯派（Archigram），1964 年

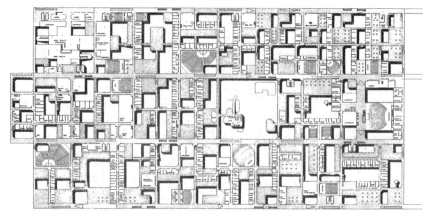

图 1.5 柏林自由大学首层平面图，坎迪利斯（Candilis）、若西克（Josic）、伍兹（Woods）和谢德海姆（Manfried Scheidhelm）设计，1963 年。资料来源：瓦尔特劳德·伍兹（Waltraude S.Woods）/艾弗里（Avery）建筑美术图书馆

图 1.6 蒙特利尔世博会生境馆，萨夫迪（Safdie）、戴维（David）、巴罗（Barrott）和布尔瓦（Boulva）设计，1967 年。施工中的预制住宅单元。资料来源：© 萨夫迪建筑师事务所 / 蒂莫西·赫斯利（Timothy Hursley）

世纪典型的城市建筑风格是完全不同的。但是这种紧凑型的结构所能允许的任何变化，都会受到很大的限制，不同的活动可能会由此而重叠在一起，所以所有变化都必须要受到相同的结构和空间的约束。同上文中描述的其他超级建筑一样，我们很可以想象这样一个紧密结合具有超级凝聚力的组织，在不被严重破坏的前提下是很难做到自我更新的。

通过对比建筑电讯派的插件城市，与 1967 年加拿大蒙特利尔世博会上由萨夫迪（Safdie）设计的生境馆项目（图 1.6），可以引起我们对这一类建筑和城市设计概念的关

注；生境馆也被认为是一个超级建筑的典范。尽管这两个项目在建筑技术上存在有明显的区别——插件城市使用的是钢材和其他轻质材料，而生境馆则是钢筋混凝土设计——但是它们所呈现出来的外观却是非常相似的。二者都有高度集成的提供支撑作用的基础设施，以及预制模块系统，这就是它们共同的特点。在这两个项目中，整体造型都是完全协调一致的，具有各自的技术特色。

正是这种对美学和功能一致性的强烈渴望与追求，使得设计师不得已牺牲了建筑对城市系统的适应性，以及能够真正吸收变化和改变建筑形式的能力。因此，这种超级建筑的概念不大可能在整个城市范围内大规模地实践，它只是存在于城市的一角。人们真正生活的城市一定具有自我组织的特性，而这种特性势必会击败任何一种"强加的规则"。当环境发生改变的时候，城市系统必须要有能力吸收这些变化，并作出相应的回应与妥协，这就意味着城市系统永远都不可能如规划者所预期的那样拥有可以控制的形式。

在对整体凝聚力的追求过程中，超级建筑的拥护者们却忽略了城市扩散发展的经验。分散型的大都市与超级建筑是不同的，超级建筑的内聚力仅仅局限在自身构件上，而大都市的内聚力则会扩及整个地区的层级。新体系的建立，以及通过通信和数据网络不断发展形成新的链接，都会促使城市系统朝着更为复杂化的方向迈进。尽管每一个子系统的局部空间和功能都是彼此独立的，但是整个城市系统却在变得越来越一体化，这样才能适应更广泛的文化与技术环境中的各种不确定因素，并保证其组织内部在面对变化的时候具有足够的灵活性。早期紧凑型的城市形态塑造了超级建筑的概念，而这种新型的系统化组织模式又是对前者的逆转。对于有追求的规划师和设计师来说，他们概念中的城市形态应该是更加"整齐的"，而这样的城市发展模式可能会显得有些"混乱"，但这才是城市进化过程更为真实合理的表现。

因此，对城市规划师们来说，城市系统自组织的发展状况可能为城市形态提供了一份更加可靠的指南。如果规划师们希望在未来能够更有效地引领城市发展，那么他们就必须要适应这项自然法则。根据定义，城市规划的进化方式，就是建立共同的目标并维持整体的模式，而这些目标和模式是相互一致的，整个城市要发展成一个富有活力的、持续进化发展的有机体。这种方法反过来要求城市规划者们要对城市系统可能出现的适应性发展给予足够的包容与接受，他们不能奢望自己可以预见或是支配未来。

注释

1　Abel, C. (1968b). 'Evolutionary planning'. *Architectural Design*, Vol. XXXVI, December, pp.563–564.

2　Bertalanffy, L. von (1968). *General System Theory*. George Braziller, New York. Ashby, W. R.(1964).

An Introduction to Cybernetics. Methuen, London. Also Weiner, N. (1968). *The Human Use of Human Beings.* Sphere Books, London.

3　　Miller, J. G.（1965）.'Living systems : basic concepts'. *Behavioural Science*, Vol. 10, No. 3, pp. 193–237.

4　　For an historical account, see Collins, P.（1965）. *Changing Ideals in Modern Architecture, 1750– 1950.* Faber & Faber, London.

5　　Gottman, J. (1961). *Megalopolis.* The MIT Press, Cambridge. Also Gottman, J., ed. (1967). *Geographers Look at Urban Sprawl.* Wiley & Sons, Chichester. Also Hall, P. (1966). *The World Cities.* Weidenfeld & Nicholson, London.

6　　Webber, M. M. (1964). 'The urban place and the nonplace urban realm'. In *Explorations into Urban Structure* (Webber, M. M. *et al.*), pp. 79–153, University of Pennsylvania Press, Philadelphia.Also Webber, M. M. (1968). 'The post-city age'. *Daedalus*, Vol. 97, No. 4, pp. 1093–1099.

7　　Ashby, W. R. (1962). 'Principles of the self-organizing system'. In *Principles of Self-organization*(Von Foerster, H. and Zopf, Jr., G. W. eds), pp. 255–278, Pergamon Press, London.

8　　Haire, M. (1959). 'Biological models and empirical histories of the growth of organizations'. In *Modern Organization Theory* (Haire, M. ed.), pp. 272–306, Wiley & Sons, New York.

9　　Beer, S. (1962). 'Toward the cybernetic factory'. In *Principles of Self-organization,* pp. 25–89.

10　 Beer, S. (1962), p. 25.

11　 Lindblom, C. E. (1959). 'The science of "muddling through"'. *Public Administration Review,*Vol. 19, No. 2, pp. 79–88.

12　 Etzioni, A. (1962). 'The dialectics of supranational unification'. *American Political Science Review*, Vol. 56, pp. 927–935.

13　 Gans, H.（1967）. *The Levittowners : Ways of Life and Politics in a New Suburban Community.* Pantheon Books, New York. See also March, L.（1967）. 'Homes beyond the fringe'. *RIBA Journal*, Vol. 74, No. 8, pp. 334–337. 文化上的偏见，有可能会造成对洛杉矶这样分散型的城市产生一定程度上的反感。See Worthington, J.（1967）. 'What's wrong with the American city is that we view it through European eyes'.Arena, March, Vol.82, No.910, pp. 210–213.

14　 Hall, E. T. (1959). *The Silent Language. Doubleday*, New York.

15　 日本的新陈代谢派，这个流派的名字就暗含了他们所崇尚的理念，尽管实际的作品与理想尚且存在差距。他们城市理念的基础就在于永恒的变化以及生物的适应性。

第2章 摆脱恐龙避难所

首次发表于《建筑设计》杂志，1968 年 8 月[1]

几乎没有人承认，建筑业已经进入了制造业的时代，尽管这个术语的意义本就如此。对比其他的工业部门，建筑业的产品看起来好像永远都跟不上时代的步伐，无法反映出新的先进技术和生产方式。

对大多数关心这个问题的建筑师来说，前进的道路是明确的。雷蒙德·威尔逊（Raymond Wilson）题为"理想的建筑企业"（Ideal Building Corporation）的模拟报告为这个公认进步的公式作出了很好的诠释。[2] 威尔逊的这篇论文出版之前，刚好约翰·肯尼思·加尔布雷斯（John Kenneth Galbraith）在 BBC 英国广播公司一年一度的里斯讲座（Reith Lectures）上作了名为"新工业国家"[3] 的演讲，通过加尔布雷斯的分析，使得威尔逊关于他理想中的企业成功条件的描述获得了更多人的认同。他所描述的成功的条件，其核心就是要确立大规模生产的主导地位，拒绝消费者导向的神话，并否认市场的指导作用。传统大规模生产的复杂性意味着每一种产品都必须是预先计划好的，甚至早在面世之前的几年就设计好了（图 2.1）。产品一旦投入市场，由于大规模生产线操作具有严格的纪律，而且投入的资本额巨大，所以整个操作流程基本上没有整改的空间，除非对系统进行大修，而这种造价是非常昂贵的。所以，这就等于我们已经接受了这样的假设：工业化对产品的设计一定要满足大批量生产的需要，而产品构件的设计一定要做到标准化。

工业化有各种各样的形式，虽然加尔布雷斯的理论对于工业化的某些形式来说是有效的，但是对于后工业化的很多新兴产业来说，这套理论并不适用。在未来，有一些因素可能会对建筑师和其他设计师的工作产生影响，概括起来主要就是"在管理和生产过程中自动化与计算机控制的应用"。[4] 后工业化要求产品的设计和制造都要运用新的方法，建筑行业也同样包含在内。

性能标准

尽管我们已经为工业的现代化付出了努力，但是到目前为止还没有取得什么进展。建筑师和营建商都没有掌握工业化生产的基本要领。其中的原因值得我们去探究。虽然很多

图 2.1 传统的大规模汽车生产线，约 1960 年。资料来源：英国福特汽车公司

后工业化生产的结构特征与传统工艺不同，但是两者基本的性能标准仍然可以拿来进行对比。因此，建筑师和其他相关人员在他们自己的专业领域内如何理解这些标准，对这个问题的了解是非常重要的。

雷纳·班纳姆（Reynar Banham）[5]对威尔逊所倡导的"工业化建筑"（industrialized building，简称 IB）运动提出了质疑，他联合一小部分的设计师提出，真正来自大规模生产的美学，同"通用的"建筑语汇之间是存在差异的（图 2.2）。然而，班纳姆的这种主张似乎并没有起到什么作用。关于工业化建筑的文献作品，很少会偏离模数协调和标准化这两条教义。[6]而且，我们一直坚信这两条原则就是大规模生产过程中的基本原理。事实并非如此。就像班纳姆所暗示的，这些原则并不是真正的制造业的产物，它们其实是一种思维模式——其终极目标就是"风格的统一"。这样的思维模式受到一种建筑传统的制约，这种传统认为建筑的秩序来自几何学。抱持这种观点的代表人物是 P·H·斯科菲尔德（P. H. Scholfield）[7]，他主张：

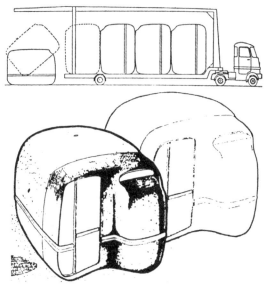

图 2.2　雷纳·班纳姆所描述的真正大规模生产美学的范例。塑胶汽车旅馆单元，设计师：约内尔·沙因（Ionel Schein）、马格南特（Magnant）和库隆（Coulon），1956 年。资料来源：雷纳·班纳姆（1960a）

　　　　如果一栋建筑每一个部分的形状都各不相同，那么其视觉效果很有可能就是无序的，甚至可以说是混乱的。秩序来自相似形状的重复，当我们使用尽可能少的形状，尽可能多的重复，我们就能获得最强烈的秩序感。[8]

　　伊兹拉·伊汉克朗茨（Ezra Ehrenkrantz），工业化建筑运动的元老，他认为所谓的建筑工业化，就是对大规模生产的建筑构件进行系统化设计的方法，他的解释使得这个概念更加趋于理性。在他的著作《模块化的数字模式》（Modular Number Pattern）[9] 中，伊汉克朗茨为工业化建筑制定了严格的标准：标准化，以有限的尺寸类型的构件去组合；模数协调，为这些标准化的尺寸提供度量标准。书中声称，只有通过这种方式才能在大规模生产的同时实现产品的多样性。类似的概念在建筑界也是被广泛接受的，因为这样的做法可以使设计师有更多的选择，并能够方便地替换局部构件。

神话和误解

　　这种关于标准化的流行观念实际上是对制造过程根本的扭曲。J·F·艾顿（J. F. Eden）[10] 认为，那些工业化建筑运动狂热的信徒们所吹捧的尺寸协调的标准，其实是让人们"少跟工程打交道"。[11] 艾顿指出，在工程学的尺寸控制发展史中，从来都不曾以模数协调为目的。相反，公差控制才是确保一套组件可以被交换或替换的关键所在，而这种控制并不需要尺寸标准化："在机械工程中，*并不需要模数*（本书作者强调）就已经实现了构件的可替换性。"[12]

关于在建筑行业中推广标准化的其他一些观点，似乎也同样是建立在这种神话和误解的基础之上。其中最常见的就是这样一种简单的观念：一种构件生产的数量越多，对大规模生产而言就会越经济。于是，"我们应该将各种建筑类型加以归纳整理，以保证建筑构件市场的最大化"这样的想法应运而生。

同样，这种政策多年来被当作信条高高地奉于神龛之上，并被应用于很多公共部门的建设项目，比如说学校和其他类型的项目，但是它在工业领域却是毫无意义的。尽管要证明这种方法的合理性，确实会对生产量制订一个最低限度的要求，但事实的情况并非是增加产量就能降低生产成本这么简单。大规模生产会受到很多方面的制约，并不仅仅是生产线上产品数量这么单纯的一条。一旦重型机械根据产品的需求安装到位开始生产，之前的资金投入就开始收到回报，生产初期由于机械折旧和运行的成本都比较低，因此生产成本也会大幅度的降低。在经过第一次成本骤降之后还能不能持续下降，就要取决于当初产品设计的经济性，以及更有效地使用材料，或是提高其他的性能标准。因此，对任何一种产品的经济性而言，性能规范和设计才是决定性的因素，而非产品的数量。

整体设计

在工业化建筑运动狂热的追随者们看来，高效设计的适宜条件终于就要来临了，虽然它的脚步有些缓慢。尽可能扩大所生产的建筑构件的适用范围，同时又要满足具体的建筑项目结构性能的要求，这两者之间不可避免存在着矛盾。如果一个产品的设计目的在于追求经济效益的最大化，那么它的各个组成构件就要以*最接近整体性能标准的方式整合在一起*，这就是生产制造的一项基本原则。这一点不仅适用于传统生产，也同样适用于后工业化的生产。但是，这样重要的一条标准却没有受到工业化建筑追随者们的重视，他们只是一门心思地沉迷于开放系统。

有一位杰出的设计师与其他的人不同，他就是著名的法国设计师让·普鲁韦（Jean Prouve）。[13] 普鲁韦是为数不多的全身心致力于运用工业化技术进行建筑设计的建筑师之一（图 2.3），他的作品完美地表达了自己的理念："很少有机器是从不同的地方搜罗零件然后组装而成的；它们一定是作为一个整体设计出来的。"[14] 他的经验是：在产品制造中的可互换性，一定是发生在有限的构件范围内。而且，这些构件之所以具有兼容性，这与它们的尺寸大小无关，而是因为它们当初在设计的时候就是被视为一个整体的。

出于这个原因，制造商应该在整个设计和生产过程中都尽量加强控制。这种策略可以为企业带来双重的收益。他们既能从整体设计中获得最大化的效率，又能在必要的时候进行调整——这是一种非常重要的战略，可以为公司带来长期持久的成功。科技常会朝着不

图 2.3　金属屋，Les Jours Meilleurs，让·普鲁韦（Jean Prouve）设计，1955 年。原型树立于塞纳河畔，巴黎。
资料来源：© 蓬皮杜艺术中心 / 康定斯基图书馆 / 让·普鲁韦

可预知的方向发展，这个道理是众所周知的。但是，如果制造商对自己的产品疏于控制，那么他们就无法对这些发展变化作出有效的回应。即使是在现有的条件下，在技术许可的范围内，企业中所蕴含的变革的力量也一直在发挥着作用。

　　但是，如果建筑师们都坚持运用通用的标准，那么就不太可能超出这些标准而对任何构件进行迅速调整。按照这种逻辑，我可以得出这样的结论：除非对整个行业所有相关的构件都进行修改，否则我们就不能对其中任何一个构件进行比较大的调整。这并不是夸大其词。正统现代主义的目标就是要进行明确的设计，确保整个建筑行业的严格统一，并将欧洲市场一同纳入统一之中。然而，这种理想状态的实现就意味着我们要在最原始的标准范围内止步不前，因为在进行整体改革所要付出的巨大代价面前，任何人都会望而却步，无论是在技术还是其他的方面。这种标准化的概念将会使建筑行业局限于单一的技术，而且还是一种很原始粗陋的技术限制当中，而与此同时我们会看到，其他的行业无论是在技术上，还是消费者的需求上，都在持续的变革之中。

可变性生产

　　后工业化生产的新方法有助于促进为特定的性能标准而进行整体化设计，然而工业化建筑运动的追随者们却没有领会到这一点。直到不久前，工业生产都一直仰赖于两种截然不同的生产标准，即大批量生产（mass production）和批次生产（batch production）。前者一般以自动化流水线为核心（图 2.4），即一组多环节的机器，需要加工或组装的产

图 2.4 发动机组大规模生产流水线的一个环节。资料来源：英国福特汽车公司

品和零件在整个生产流程中，始终被固定在流水线上，并被自动地在一道道加工环节之间传送。[15] 这种传送机械构成了工业机械化（也就是我们平时所说的自动化）的主干，并为加尔布雷斯和其他分析家们提供了大规模生产系统的模型。就其本质来说，这类机械化总是会涉及一些特殊用途的机器：一种机器只能生产一种构件或产品，充其量可以生产一组构件。另一个规模生产的极端是通过批次生产的方式，实现多类型小批量的生产。这种生产方式需要投入大量的人工操作，因为简单的机械操作是有局限性的、不连续的，所以需要以人工的方式将产品在机械之间传送。

现在看来，这两种替代方法都不能满足工业的快速发展以及产品的多样性需求。消费品制造商发现，他们过去可以一次生产大批同样的产品，但是现在却要缩减每个批次的产量，以适应产品多样化的需求。这种趋势已经在制造业的众多领域造成了广泛的影响，而不仅仅局限在汽车制造领域。显而易见，常规的批次生产的方式，由于其产出速度过于缓慢，已经不能适应时代的需求。

于是，在传统的两种极端生产方式之间，就出现了一种新的机械生产模式，它兼具了自动化和可变性两种优势。随着这一类机械迅速的推广应用，根据不同的工业生产部门各种机械的具体作用不同，其性能的灵活程度与复杂程度也各不相同。有一些种类的机器可以适用于针对同一种产品进行不同的操作，例如，对板材进行切割与成型。而另外一些种类的机器则可以对很多种完全不同的产品进行极为多样化的操作。

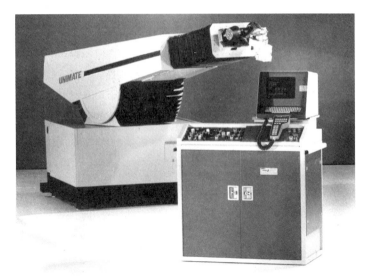

图 2.5　通用机械手机器人。资料来源：GKN 通用机械手部门

在后一种类型的机器中，最为特别的例子就是可以编程控制的工业机器人（图 2.5），它拥有相当先进的控制技术和记忆系统。[16] 当机器人完成了一种工作之后，它还可以被教授其他的操作技能，如果有需要，它甚至还可以很方便地被转移到工厂其他部门工作。大多数机器人都可以模拟人类的手臂或手进行类似的操作，如果我们为之配备了特殊的夹持器或操作配件，它们也可以拿起一些传统的手工工具进行操作，比如说喷枪以及其他类似的电动工具。与真人的操作相比，差别之处在于机器人对恶劣的环境毫无感觉，也不会对工作感到丝毫的疲劳和厌倦。机器人技术已经在很多行业内得到了广泛的运用，不久的将来它们就会变成一种"通用传输设备"。

数控机床

但即使是复杂的机器人，也是有其局限性的。基本上，在整个生产过程所涉的一系列操作中，它们也只能在某个环节提供多样化的自动化操作。这一类单变量机器可以帮助企业度过生产中的某些瓶颈，或是在那些枯燥而又危险的工作中代替人工，但它们能够完成的任务是有限的，对于集成领域就比较没有用武之地。它们确实提高了机动灵活性，但是一个企业的产量和整体效益还是主要取决于生产集成化而积累的效应。

想要超越这一点，就必须在集成化持续可变的生产过程中，找到一些方法来控制这些灵活的机械。在这个领域，机床制造工业起到了引领的作用。利用机械设备对金属构件进行切割与成型，这就是工业生产的一个主要部分，而且这部分工作一般都是采用传统的批次生产技术进行的。但是在最先进的国家，机床制造业为我们提供了一种实现生产多样化的模式，这就是未来完全自动化工厂的雏形。

这些新发展的基础，就是要对机床进行数字化控制。[17] 在数控机床 [numerically controlled（简称 NC）machine] 中，所有机床的操作都受数字化信息控制，而这些数字化信息是根据工件自身的尺寸计算而来的。操作过程中，相关的信息也会反馈到机械控制部门，便于他们对自动化工具进行调整，以适应不同的操作需求。机械运转具有不同的复杂程度——以及由此产生的产品形状的复杂程度——可以用机械借以操作的"轴"的数量来表示：2 轴、3 轴等等，最复杂的机械可以达到 6 轴。这些机械天生就具有灵活性，能够高速应付多样化的操作，并可以加工那些形状特别复杂、人工难以完成的构件。同一台铣床，可能前一分钟还在生产空气涡轮机的叶片，后一分钟就能马上转而生产无线电探测器。

尽管自身具有高度的灵活可变性，但是单个的数控机床仍然不能对整个工厂的整体生产效率带来很大的提高。而且，我们将不同复杂程度的很多种操作都汇集于一台机器，但这些极其复杂而造价高昂的机器却常常被用来执行一些相对简单的工作。莫林斯（Molins）机械公司是一家位于伦敦东部的英国公司，他们将很多台不同的、而性能互补的数控机床结合在一起，形成一个数控的"综合机器"，并被命名为 24 系统（图 2.6），这一构思才是真正的突破。24 系统的发明者是莫林斯公司的首席工程师威廉

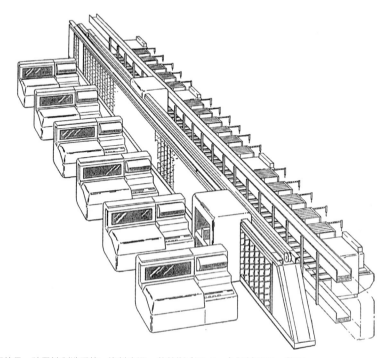

图 2.6　24 系统是一种柔性制造系统。资料来源：莫林斯（Molins）机械公司，英国

姆森（D. T. N. Williamson）[18]，这个系统是一个完全集成化的柔性操作系统（flexible manufacturing system，简称 FMS）——顾名思义——它可以一天 24 小时不间断地运转。迄今为止，局限在石油化工和钢铁冶炼这一类行业，这种新的方法已经将持续的过程控制理论直接带入生产当中。采用全自动化的生产线，通过计算机网络控制，这种组合实现了一种灵活、自动化的流水线。例如，由 6 台机器组合而成的系统，每天可以生产 2000—20000 个产品，而且这些产品在配置和尺寸上都有很大的变化。其结果就是一个具有革命性的工业生产系统，它结合了大规模生产中大容量和高速的特点，并能够满足日益增加的产品多样化的需求。

信息化控制的工厂

用这样的方式来改变生产的能力，将企业对生产过程的控制水平带到了一个新的高度，与过去陈旧的技术相比具有天壤之别。对英国著名控制论专家斯塔福德·比尔（Stafford Beer）[19] 来说，当务之急需要思考的问题是这种能力已经从生产车间的层面，向上扩展到了企业的中央控制机构。比尔认为传统公司的生存都依赖于大量的广告投入，他们所关注的问题都是非常愚蠢的。"（工业）有机体没有办法适应环境的变迁，他们就尽量减少这种变迁。这就好比假如恐龙已经没有办法继续存活于世，那么整个世界就都要变成一个恐龙的避难所。"[20]

比尔的观点同加尔布雷斯的分析是非常吻合的，但是加尔布雷斯消费者至上的假设，却总是与大规模生产及其所有的弊端联系在一起，而比尔则开启了一个完全不同的视角。比尔观点的不同之处在于，他的控制论是对工厂整体的控制，由此就将制造业从工业化时代提高到了后工业化时代："信息化控制的工厂会寻求一种具有更高的适应性，以及对变化能更迅速作出反应的系统，这样的系统有能力控制任何一种类型的公司。"[21]

比尔所描述的可适应性工业有机体的概念，是一套具有控制功能的"神经系统"，这个系统是全面自动化的，它所适用的范围并不仅仅局限于生产车间，这一系列集成计算机辅助操作技术，会扩展到遍布整个企业的组织机构，最终直达董事会议室。比尔设计了一套包含五个层级的系统，来实现信息化控制的工业结构（图 2.7a 和图 2.7b），其基础是一套被称为"基本控制部件"（basic cybernetic component）的流水线。[22] 最初建立的综合系统本身包含三级命令层级结构，构成了"第一系统控制器"。这样，数控生产机械的操作就可以处于计算机的监控之下，并由计算机生成控制带，而这台计算机又由另外一台计算机控制。第二台计算机负责协调很多台这样的机器，并监控与生产相关的输入和输出信息，并将这些信息反馈到更上一级的工业机构。最后的一层连接是通过部门管理实现的，它将特定的生产线同市场的需求与限制联系在一起，这样就完成了"第一系统"。层

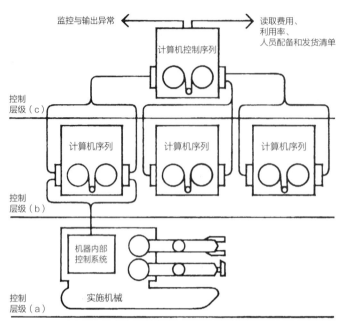

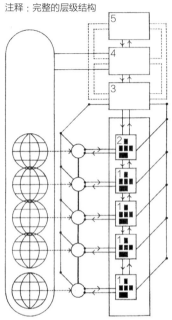

注释：完整的层级结构

图 2.7a "信息化控制的工厂"中"第一系统"构成图解，斯塔福德·比尔设计。图中展示了一组由计算机控制协调的机器。资料来源：斯塔福德·比尔，由利物浦约翰·摩尔斯大学收藏

图 2.7b "信息化控制的工厂"图解，斯塔福德·比尔设计。图中展示了一系列的柔性制造系统（1 和 2），每一组都符合与自身相关的外部世界（relevant external world，简称 REW）的效益。通过计算机控制系统的分级控制，它们彼此之间相互协调，实现了由上级到下级的管理（3,4,5）。资料来源：斯塔福德·比尔，由利物浦约翰·摩尔斯大学收藏

级越高，其所建立起来的控制功能就越复杂。因此，"第二系统控制器"的职责在于，在大型企业的各个基层部门之间保持资源需求的平衡；"第三系统控制器"则根据公司总体战略方针的方向，再对这种平衡进行调整。最后，"第四系统"在外部环境对企业整体产生影响的时候，负责提供相关的信息，而"第五系统"则在企业战略调整的时候，提供可能对未来产生影响的相关信息。

　　每个企业为了生存，其管理层都必须在一定程度上执行这些，或是其他类似的一些控制工作。但是比尔的研究向世人展示了，通过将其数字化，这些工作就可以转化成为能够用计算机辅助手段解决的问题；每一个层级的控制都可以在现有的操作性研究技术中找到其对应的内容。反过来，控制论又向我们展示了如何将这些技术整合在一起，从而为整个企业提供一套整体集成化的控制系统框架。通过这样的做法，为企业的管理者提供了一套极为灵敏的机制，协助其作出决策，并提供不断更新的信息，说明这些决策会对公司的各个方面产生怎样的影响。

改变人类的角色

似乎是为了配合技术上发生的变革一样，相应的改变也发生在工人和管理者所扮演的角色方面。尽管自动控制对工厂的影响带来了翻天覆地的变革，但是也不太可能会导致手工劳动的彻底消失。无论如何，出于经济方面的考量，总是会有一些装配工作不太适合以自动化的方式操作。这些更为复杂的工作仍然是人工操作者们的特权。在这里，传统也正在被重新评估。当我们向团队装配转变的时候发现了一种新的方法，这种方法的灵活性甚至可以匹敌生产线。大规模生产所使用的传统流水线作业，其实是对人工操作者的大材小用，他们被限制于一成不变的、没有任何创造性的工作中，日复一日年复一年，就像是生产线的奴隶。在产品被运送至下一个加工环节之前，每个操作工人的工作都是非常有局限性的，其他操作工人的工作或许不同，但是也同样非常受限。

一家美国的公司推出了一种新的系统，名为"非线性系统"（Non-linear Systems），其中团队装配的概念同流水线的生产方式截然相反。装配工作由一些小型的团队来执行（每个团队包括 1 至 10 人不等，具体的人数视产品复杂程度而定），每种产品从始至终所有的装配工作都由同一组团队完成。事实证明，这种新的方法对比传统的流水线作业而言，可以提高劳动者的工作热情，同时还会提高产量和品质，降低废品率。这种方法成功的根源，就在于它更能发掘出劳动者最大的价值——也就是人类探索的天性。对于小批量生产以及中等批量生产来说，这种方法的优势就表现得更为明显。由于对产品装配工作的整体控制更为严密，操作工人更容易了解与适应他（她）们工作内容的变化，同时也能更好地控制生产过程中所发生的变数。

类似的改变也会对企业管理层的工作模式造成影响。如果有一种方法，能够使管理者更清楚地认识到不同职责之间的相互关系，那么我们就可以期望通过这种认识，使管理者的角色得到更准确的定位。在加尔布雷斯的理论中，认为大型企业的管理层必须专业化，企业所有的决策都应该由专家小组来制定，这一点的正确性也是值得怀疑的。因为当企业所面临的问题是更为宏观的发展问题时，这种方法并不会有什么效果。而对流水线上操作工人的专业化要求，也会使他们面对日益加剧的工业环境变迁的大环境时，大大降低个人的适应性。

另一方面，在信息化控制的企业结构当中，他们所使用的操作研究方式更看重的是具有多方面知识与经验的通用人才，而非某一领域的专家。[23] 后工业时代的工厂若想要充分发挥新技术的效益，那么就需要寻求一种更为灵活的管理模式。正如我们所看到的在生产车间已经开始发生了变化，同样，管理方式也会出现新的方向。这种新的管理方式被一些咨询顾问命名为"自由形式管理"（free-form management）。这种方法旨在将专业化的管理者从他们狭隘的专业领域解放出来，同时将通用人才引进到企业的管理层当中。迄今为止，企业的战略制定、生产作业以及一般性的行政管理往往各司其职，呈现一种杂乱无章的状态，而自由形式的管理可以将它们都整合在一起，形成一种灵活的管理模式。

面向专门市场的通用机械

面对大环境的变化，我们现在有了可以作出灵敏反应的生产工具，也有了可以作出回应控制的组织和个人，所有这些因素汇集在一起，就可以将制造业从现在的枷锁中解放出来。有了上述机械所具有的高度灵活的特性，制造厂商就不必再被动地依赖市场来确保高效生产线的合理性。我们可以针对特定的需求进行高效的生产，而不必再受到传统大规模生产标准化要求的限制。

通过计算机的分级分析和控制，信息获取量和敏感度都有了很大的提升，进而促进了各项技术的发展，我们也因而逐渐掌握了后工业化生产的核心。制造商可以加强对生产过程的控制，而不是去控制消费者的需求。过去我们执行通用的标准，机器只能生产单一的产品来供应驯服的消费市场，而现在我们拥有了通用机械——可以将由计算机控制的工厂整体视为一部"机械"——我们就可以根据变幻莫测的专业化市场需求及时地作出调整。

后工业时代，信息化控制的工厂有效地颠覆了传统制造业所关注的问题，转而主动为社会体系服务。社会体系有一个特征，同时也是一切进化的系统所共有的特征，那就是为了生存，会从以下两种策略当中选择其一。系统既可以通过相互给予和接受、重组和学习新的行为模式来应付来自环境的压力；也可以寻求控制环境的方法，从而减少外部压力，满足自身的需求。其中后一种方法，我们已经了解，其实就是传统的消费主义。在任何社会环境中，我们都不难找到恐龙的避难所，虽然它们可能在一段时间内能够控制来自各方的压力，但是从长远来看，这种方法一定是靠不住的。

尽管存在上述这些缺点，大规模生产的流水线还是被发展缓慢的建筑业视为灵丹妙药。他们如此热衷于将自己困于技术的桎梏之下，仅仅是为了将那些连自己都有所怀疑的所谓视觉秩序强加给消费者，这对于任何设计行业来说都是一种悲哀。同时也是非常短视的。现在我们可以不再让消费者去适应机器，而是反过来让机器来适应消费者的需求。即使假设建筑设计师最终能够成功地适应大规模生产技术，这也不过是一种方向的误导。人工环境的设计师为了一种本不该存在的动物而妥协，他们应该意识到这其中的荒谬。

注释

1　Abel, C. (1969b). ‘Ditching the dinosaur sanctuary’. *Architectural* Design, Vol. XXXIX, August,pp. 419–424.

2　Wilson, R. (1967). ‘Annual report January 1984: ideal building corporation’. *Architectural Design*,Vol. XXXVII, No. 4, pp. 158–159.

3　Galbraith, J. K. (1966). ‘The Reith Lectures, 1: the new industrial state’. *The Listener*, 17 November, pp. 711–714. The same lectures were subsequently published in Galbraith, J. K.(1967). *The New Industrial State*. Mentor, New York.

4　Kahn, H. and Wiener, A. J. (1967). ‘The next thirty-three years: a framework for speculation’. *Daedalus*, Vol. 96, No. 3, pp. 705–732. Quote from p. 712.

5　Banham, R. (1969). ‘Pop-non pop 2’. *Architectural Association Quarterly,* Vol. 1, No. 2, pp. 56–74.

6　See, for example, International Council for Building Research, Studies and Documentation-CIB, eds (1966). *Towards Industrialized Building: Proceedings of the Third CIB Congress, Copenhagen,1965,* Elsevier, Amsterdam.

7　Scholfield, P. H. (1958). *The Theory of Proportion in Architecture.* Cambridge University Press,Cambridge.

8　Scholfield, P. H. (1958), p. 6.

9　Ehrenkrantz, E. D. (1956). *Modular Number Pattern.* Alec Tiranti, London.

10　Eden, J. F. (1967). ‘Metrology and the module’. *Architectural Design*, Vol. XXXVII, March,pp. 148–150.

11　Eden, J. F. (1967), p. 149.

12　Eden, J. F. (1967), p. 150.

13　See Davidson, C. (1965). ‘Jean Prouve: 1’ habitation de notre epoque’. *Arena: Journal of the Architectural Association*, Vol. 81, December, pp. 128–129. Based on the talk given by Prouve at theArchitectural Association, London, on 14 October 1965.

14　Prouvé, J. (1966). ‘Address delivered at the symposium of the Union Internationale des Architects, Delft, The Netherlands, 6–13 September 1964’. In *Towards Industrialized Building* (International Council for Building Research, Studies and Documentation-CIB, eds), p. 95,Elsevier, Amsterdam.

15　Woolard, F. G. (1952). ‘The advent of automatic transfer machines and mechanisms’.*Mechanical Handling*, Vol. 39, No. 5, pp. 207–215. Also Woolard, F. G. (1957). ‘Automation and the designer’. *Engineering Designer*, March, pp. 11–15.

16　Ballinger, H. A. (1968). ‘Machines with arms’. *Science Journal*, Vol. 4, No. 10, pp. 58–65.

17　Brewer, R. (1964). ‘Where numerical control stands in industry today’. *New Scientist*, Vol. 22,No. 397, pp. 794–797. Also Iredale, R. (1968). ‘Putting artisans on tape’. *New Scientist*, Vol. 37,No. 584, pp. 353–355.

18　Williamson, D. T. N. (1967). ‘New wave in manufacturing’. *American Machinist*, 11 September,pp.

143–154. Also Williamson, D. T. N. (1968). 'A better way of making things'. *Science Journal*,Vol. 4, No. 6, pp.53-59.

19　Beer, S. (1962). 'Towards the cybernetic factory'. In *Principles of Self-Organization* (Von Foerster,H. and Zopf, Jr., G. W. eds) pp. 25–89, Pergamon Press, London.

20　Beer, S. (1962), p. 28.

21　Beer, S. (1962), p. 27.

22　Beer, S. (1968). 'Machines that control machines'. *Science Journal*, Vol. 4, No. 10, pp. 89–94.Also Beer, S. (1967). *Cybernetics and Management*. The English Universities Press, London.

23　Abel, C. (1969a). 'A comeback for universal man?' *Architectural Design*, Vol. XXXIX, March,pp. 124–125.

第 3 章　科学与设计中的移情作用

首次发表于 R·雅克（R. Jacques）、J·鲍威尔（J. Powell）编著，《设计、科学、方法》（Design : Science : Method），原标题为"维科与赫尔德：多元方法论的起源"（Vico and Herder : the origins of methodological pluralism）1981 年 [1]

科学知识的价值区别于其他形式的知识，就在于科学知识拥有自己的体系，大多数人都能够认识到这一点；传统概念中，科学家的研究目标，就是要从大量观测数据中提炼出自然的普遍定律，包括自然法则以及人类行为的通用法则。[2] 因此，对一种知识理论的评价依据，就是看它对我们关于自然和人类社会的知识统一体有什么样的贡献。科学是一种文化的表现形式，依照其系统的标准，科学所有分支的语言和方法论也都会同时向前发展。[3]由此可见，在正统的科学中，对自然现象的研究与对人类的研究并不存在方法论上的根本差异。

自 19 世纪 60 年代设计方法运动（design methods movement）开始以来，科学为很多设计研究者提供了基本的理论模型和研究方法。因此，设计研究的目的就在于要在各式各样的设计活动中找到通用的原则。关于这个主题，早期有一篇论文，其作者布鲁斯·阿尔彻（Bruce Archer）是系统设计运动的发起人，他在文中的观点很具代表性："在建筑设计、平面设计和工业设计之间并没有什么本质的区别。本文所提出的论点在于，任何领域的设计活动在逻辑上都是相同的。"[4]

布鲁斯·阿尔彻的论点同刚刚描述的正统的科学经典是一致的，因此设计方法运动的主旨，就是要将建筑学纳入科学的范畴。但是，在这种方法中，有一些前提是建立在对人类科学现状错误认识的基础之上的。而且，建筑是与其所处的位置以及周围环境息息相关的，在设计的过程中仅仅依靠通用的模式，是否能充分理解建筑设计的全部内涵，这个问题还有待商榷。

理论知识

人类科学的新图景，来源于乔瓦尼·巴蒂斯塔·维科（Giovanni Batista Vico，1688—1744 年）和约翰·哥特弗雷德·赫尔德（Johan Gottfried Herder，1744—1803 年）在 18 世纪提出的历史和文化相对主义。在他们那个年代，这两位历史哲学家针对人类科学与文化的本质问题，引发了一场思想的革命，而这种思想的深远意义，直到最近才被现代的科学家们所认识。

以赛亚·伯林（Isiah Berlin）[5] 在他的传记著作《维科与赫尔德》（Vico and Herder）中解释道，这两位思想家的理论之所以经过这么久才得到认同，主要是由于在那个年代，笛卡儿的思想（Cartesian thought）具有压倒性的强势地位。当时流行的观念认为，理性的概念——比如说科学的思想以及方法——与数学推导中严格的逻辑过程是等同的概念。因此，真正的知识建立在永恒的真理基础之上，以真理为出发点进行推论，那么所得到的结论也势必是真实的。鉴于这样的观念，所谓真正的科学只能有一种，而其他任何形式的知识，只要与之不符，就会被贬斥为"不科学的感官印象、胡言乱语、虚构的神话、无稽之谈、旅行者的传说、风流韵事、诗歌以及无聊的猜测等等。"[6]

无论是笛卡儿对真实科学模式的认识，还是启蒙运动对人类文化的藐视，维科与赫尔德都持不赞同的态度。他们基于对人类文化所表现出来的多样性和完整性的尊重，建立了一种新的知识理论。对这两位学者来说，只有人类文化的形式才是评价知识价值的标准，而非那些抽象的，或是理想化的理性逻辑模型。这些关于知识和人类文化的理论是对过去传统全方位的逆转，以往那些被认为没有价值的东西，如今却被发现了其中最大的价值。

维科最重要的思想，即我们今天所说的"语言相对论"（linguistic relativism），也就是说，人的"思想世界"或"人生观"（Weltanschauung），与其言谈之间存在着某些积极的联系，维科就是这一理论的创始人。单单凭借这一理论，就足以令维科在人类思想史中占有一席之地，因为他驳斥了笛卡儿所有的基本教条，特别是他的一个观点——至今仍然被语言学家们广泛支持——所有的人类语言都可以转化成相同的通用模式。[7] 但是维科认为，每一种文化所特有的语言、思想和现实之间的关系都具有独特性，因此不同文化的历史发展模式也是各不相同的。笛卡儿认为，所有文化的历史都可以向前追溯到一个理想的原始状态，而维科却认为历史不存在单一的蓝图，生活在每一种文化背景之下的人们都在遵循着自己的道路，并书写自己的命运。

维科关于人类知识与科学本质的观点——也就是关于我们认识自然和人类世界的方法——即使在今天也是非常激进的，更不要说是在他当时的时代。根据维科的说法，人类与生俱来就拥有一种天赋，使他们可以认识自己以及自己所处的文化环境，至于这种天赋的方法本身，人类永远也无法了解，也没有必要去尝试了解。维科认为，自然科学家其实就是一些超然事外的观察者。他（她）们可以记录、分类和归纳，利用这样的方式，他们可以了解运用自己的技巧能产生什么样的结果，但是对于自然的本质，这是他们永远也不可能掌握的议题。与自然科学家超然旁观的研究方式不同，人类科学家的研究工作一定要深入到人类行为的现象和产物当中去进行,这也就是维科所谓的"理解"(understanding)的概念。根据仍处于研究阶段的"行为人"(human agents)理论的观点,人类文化只能从"内部"来理解。这种对于人类行为的研究是通过想象的方式来实现的,维科把它称为"幻想"(fantasia)。与自然科学家所使用的逻辑推理模式不同,人类科学家只有通过"幻想",才能够理解另一个时间和地点的文化,并感知他人的行为动机。所以,有史以来第一次,自然科学(Naturwissenschaft)与人文科学(Geisteswissenschaft)的方法与目标——自然科学与人文科学是不同的——以及知识(Wissen)和领会(Verstehen),认识(knowing)和理解(understanding),这些概念有了清晰的区别定义。

特殊主义(Particularism)

赫尔德之所以拥有显赫的声望,很大程度上得益于他站在了法国启蒙运动的支持者以及他们在德国的众多弟子的对立面。他对于理性主义、科学方法,以及笛卡儿哲学的绝对权威性都进行了尖锐的批评。在这个过程中,他被誉为特殊主义的主要倡导人,提倡国家和文学,以及宗教与政治上的非理性主义。随着民族主义在欧洲的出现,其中就包括后来引起了巨大麻烦的德意志民族主义运动,赫尔德也开始受到了一些历史学家的关注。但是,正如伯林所说,单凭这些就对赫尔德作出这样的评价过于简单,并不正确。在伯林看来,赫尔德的创新之处就在他为三种重要的思想和运动勾勒了雏形,而这三种思想和运动最终塑造了现代文化:

- 民粹主义(Populism):信仰群体或是一种文化的价值,这种思想,至少对赫尔德来说是非政治性的,甚至在某种程度上是反政治性的,它与民族主义不同,甚至是相对立的。

- 表现主义(Expressionism):总体来说,这种思想认为人类的行为,特别是艺术,表达了个人或是群体的整体人格,而且只有到达它的等级,才能对它有所认知。具体来说,表现主义认为所有人类的作品首先表达的是一种声音,是与其制造者不能分割的,是一个个活生生的人之间交流的过程,而不是什么独立存在的物体,无论美丑,有趣还是乏味。外部观察者会以冷静的态度,不带有任何感情色彩地对它进行审视,就像是科学家——或是任何人,除了泛神论者和神秘主义者——观察自然对象那样。

- 多元论(Pluralism):对于不同的文化和社会的价值,多元论的信仰不仅在于其多重性(multiplicity),还在于不可比性(incommensurability),而且,同样合理的理想之间可以是互不相容的,这种思想隐含了具有革命性的推论:关于理想化的个人及社会的传统观念,就其本质来说是不合逻辑的,毫无意义。[8]

场所感

与维科一样，赫尔德也同样认为自然科学家都是以一种置身事外的理性分析方法来进行科学研究的，但是文化的产物却不能用这样的方法来研究与理解。我们所需要的是一个识别群体生命和情感的过程，赫尔德把它称作"情愫"（Einfuhlen），这个词的含义与"移情作用"（empathy）相类似。按照伯林的说法，赫尔德具有"很强烈的场所感"[9]，这是对一个人以及他的文化"天赋"高度的赞美。赫尔德认为，人类科学家应该把人类文化的多样性当作研究的重要素材，并据此选择合适的研究方法，而不该试图在这种多样化的人类文化上强加某些一致性的概念。举例来说，既然每种文化都有自己的"中心"，并受其自身目的的指引发展，那么在各式各样的文化中就不可能存在什么通用的评判标准，无论是科学的还是道德的评价标准，这个观点对所有的文化都是适用的。因此，对于人类的研究，也同样不存在任何标准的方法，以及分析与描述的通用语言。每一种文化，每一个族群，都必须通过其自身的标准、逻辑和目标来理解。所以赫尔德认为，对于科学研究与评估来说，所谓绝对而又通用的标准是不存在的，至少对人类文化和人工产品来说是不存在的。

当时流行的学说认为，人类科学研究应该要仿效自然科学研究，而维科和赫尔德不仅向这种绝对权威的教条发起了挑战，他们还挑战了认为科学知识凌驾于一切知识形式之上的这种假设，甚至时至今日，还有相当多的人认为科学知识具有绝对的优势地位。在这两位学者的著作中，他们都在呼吁科学家们要尊重人类的行为，并要尝试了解人类行为的"本来面目"，而不要总是试图将自己的研究结果，硬生生地塞进某些先入为主的科学模式当中，因为这些模式当初根本就不是为了人类研究而设计的。他们都认为，各种不同形式的人类文化以及他们的产物，都有其存在的合理性，只有通过情感共融的观察（sympathetic insight），我们才能理解其内涵。因此，如果想要对人类的状况进行全面的了解，那么就需要开创一种专门的人类科学，它将会是比科学家以及其他人所认为的"科学"更为灵活的研究工具。此外，人类文化的差异如此之大，我们不该尝试将这些不同的文化逐一归纳整理并形成一般化的概念，而是应该根据它们各自的状况，尽量理解和接受每一种文化。

新范式的人类科学

虽然维科和赫尔德在很久之前就提出了他们的学说，但是直到最近才终于出现了一种同他们的学说较为相符的人类科学"新范式"，在笛卡儿主义单一的理性科学绝对统治下异军突起。

在最具影响力的社会科学新思想学派中，由赫伯特·布鲁默（Herbert Blumer）[10]领导的"符号互动论"（symbolic interactionist）派，以乔治·赫伯特·米德（George

Herbert Mead）[11] 的理论为基础，建立了自己的研究方法。布鲁默对正统的社会科学家提出了批评，举例来说，他认为这些科学家们总是喜欢用标准化的观察与评估方法，去对待复杂多变的人类行为，他的这种批评论调与早期的两位思想家（维科与赫尔德）所提出的观点是非常一致的。布鲁默认为，正统科学家们对人类行为的观察，常常关注的重点都在于科学家自己所喜爱的某种方法论的特点，而不是去研究人类现象的内在本质。布鲁默和米德一样，他们的论述都与两位前辈的观点非常相似，布鲁默建议社会学家们应该扮演成和他们的人类研究对象相同的角色，并真正地"进入"现实的世界，用这些人的感知去认识世界，而非用科学家自己的身份去感知。因此，所谓人类学研究真正的经验主义，在于其知识的获得来源是经验世界，而但凡是凡夫俗子的解释就难免会有偏差，所以它并不一定会符合正统科学家对事物理性秩序的预设立场。

戈登·帕斯克（Gordon Pask）[12] 在对学习方式的研究中，详细阐述了瑞士心理学家让·皮亚杰（Jean Piaget）[13] 开创的认知发展研究的会话方法（conversational methodology）。他们二人都强调了"参与观察者"（participant observer）的重要性，并认为心理学家应该将观察的框架进行一定的调整，使之适应被观察对象自己所喜爱的学习方式。皮亚杰和帕斯克在工作过程中都会与对象进行交谈，而谈话的主题以及表达形式，所使用的都是一种能够被观察者和研究对象（不像正统的科学实验中那样，只是使用观察者的语言）共同接受并进行相互交流的模式。

根据同样的理念，R·D·莱恩（R.D.Laing）的人际关系心理学及方法论（interpersonal psychology and methodology），清晰地论述了不同的人之间如何针对共同的问题交换意见，并由此鼓励不同的学派之间通过辩论的方式来阐述自己的观点，并最终达到相互理解。[14] 与之类似，乔治·凯利（George Kelly）的个人构念理论及方法论（personal construct theory and methodology）意在阐明个人的感官世界，更加关注的是自我理解而非"结果"。[15] 另外还有欧文·高夫曼（Erving Goffman）提出的社会行为戏剧化的模式 [16]，其中一个重要的特征就是要以人自身的视角，用情感共融的模式去观察与认识世界，它强调了人类身处不同的环境时，人类的角色以及对自我的认知也会随之发生改变。

竞争理论

在科学哲学领域，托马斯·库恩（Thomas Kuhn）[17] 和保罗·费耶阿本德（Paul Feyerabend）[18] 师承维科与赫尔德，他们二人都强调了科学理论与范式的相对性。费耶尔本德的观点建立在本杰明·沃尔夫（Benjamin Whorf）[19] 的语言相对论基础上，而后者的理论来源也同样是意大利与德国的这两位前辈。这两位哲学家都对这样一种观点持反对态度，即认为存在一种超理性的标准，而这样的标准甚至可以成为相互对立思想的评判标准。他们同样强调科学思想发展历史进程的重要性，以及影响其成功的社会与意识形态要素。

但是，库恩和费耶阿本德的相对论，特别是后者，同维科与赫尔德的极端相对主义是不同的，二者不该被混为一谈。两位早期哲学家所谓的相对主义，认为对所有的文化系统以及信仰来说，除了其内部自身的标准以外，根本就不存在任何其他的标准可以对其进行评价。而库恩和费耶阿本德则强调借由不同理念之间的相互竞争，可以生成一种外部的评价标准，他们所奉行的是一种批判的相对主义，认为可以通过类推的方法进行考证，这也就是说，在某种程度上，一种科学理论可以通过另外一种科学理论进行评判。[20] 但是库恩强调，只有在科学"革命"的巨变关头，这种外部的标准才会发生作用，而费耶阿本德则认为，要想驳倒一种理论，就必须要从与之相对立的理论当中去寻找论据。因此，科学家应该持续性地进行"反归纳"（counter-inductively），在现行完善的理论中引入一些与之对立的假说。

环境对话

所有这些激进的新方法，都没有忽略对经验观察的重视。相反，他们对人类行为的经验事实——也就是实际的经验——表现出了相当程度的尊重，这也可以说是新的人类科学的一大特点。比如说，最近出现的环境科学的主要创始人哈罗德·普罗夏斯基（Harold Proshansky）[21]，他建议为了了解人与其生活其中的建筑物之间相互关系的内在本质，科学家应该摒弃自己先入为主的观念与方法，特别是那些人为控制下来自实验室的经验，因为它们当初的设计目的以及存在背景根本就与现在的研究毫不相关。相反的，他们应该尽可能密切关注人们在其习惯的环境当中的行为。由此，普罗夏斯基得出的结论，是一种与现在的主流研究方式大相径庭的环境研究模式：

> 我们在研究的过程中，很少去关注环境的控制问题，我们的注意力多放在那些"正在发生的事件"（本书作者强调）的内容、发生时间，以及描述的方法。之所以会出现这样的状况，可能是因为我们没有去寻找那些彼此独立的，或是非独立的变量之间的相互关系。与此相反，我们所探究的是一种模式，即被观察与被描述的物质环境的特性，以及被观察与被描述的人对上述环境所作出的反应，这二者之间的关联模式。我们的论点是，要理解人和物质环境之间相互适应的问题，从理论与经验的角度来讲，只有这些关联的模式才是唯一有意义的。要使用这样的研究方法，就必须要摒弃掉对于"一个独立的变量是如何影响另一个变量的"这一类问题的过分关注。[22]

接下来普罗夏斯基指出，这种新方法所带来的结果之一，就是传统的人类学家所关注的焦点在于寻求"永恒不变的通用法则"，也就是研究人和物质环境之间的相互关系；而现在我们将这种传统的焦点抛弃，取而代之的是一种更具描述性的方法，关注于在特定的时间和地点人类行为的特点：

> 任何一种通用法则出现，我们都必须要将其放在当今的社会结构与发展进程的大背景中去看待，而这些大的背景就是当今社会的特征。如果大环境发生了改变，那么不仅这些所谓的通用法则将不再适用，未来的观察者们还要对变化之后的社会基本属性重新定义，这样才能建立起一套新的准则。对我来说，*环境心理学是一门社会历史的行为科学*（本书作者强调）。我们今天所发现的，也许与100 年后的社会之间并不存在什么因果关系。[23]

共同的焦点

鉴于现代主义者对他们那个时代科学的迷恋，我们就不难理解他们，以及当代的追随者们为何在设计方法运动中拒绝承认建筑学的特殊性，而偏爱与正统科学理想化的理性相一致的设计流程，也就是通用的设计流程。但是，我们今天的人类科学，与 20 世纪上半叶处于支配地位的人类科学相比已经是大不相同了。如果诸如社会历史文脉、意义、个人的阐述以及场所的关联性这些因素都可以作为特定的人类定义的限定标准（这里所说的人类是相对于自然而言的），那么，这就是一种新的范式——这种范式将上述所有因素全都纳入考量，相对于笛卡儿主义，它是一种更为真实的人类科学。

因此，"移情作用"（empathy）的概念既是对建筑师角色的诠释，同时也是对新科学的诠释，对这二者来说都是非常重要的，是这两个领域共同的焦点，也是它们相互联系的桥梁。[24]建筑师要对人类以及人类所生活的场所有所领悟，这样才能塑造场所的个性。新一代的人类科学家或环境科学家要对他（她）们的研究对象有所领悟，这样才能理解、描述与解释这种身份的认同感，及其背后心理和社会的发展过程。新一代的科学家要让自己身处于一种特定的环境与文化之中，进而才能去理解它。建筑研究与创作也是一样的道理，我们不仅要关注一般化的人类属性，同时也要去关注不同的人以及不同的场所之间的差异性。

注释

1　Abel, C.（1981c）.'Vico and Herder : the origins of methodological pluralism'. In *Design* : *Science* : *Method*（Jacques, R. and Powell, J. eds）, pp. 51–61, Westbury House, Guildford.

2　Barbour, I. G.（1974）. *Myths, Models and Paradigms*. Harper & Row, New York.

3　恩斯特·卡西尔（Ernst Cassirer）在他的"符号形式的哲学"（philosophy of symbolic forms）一文中表述了他的信念，认为人类文化的一些主要形式都是按照其各自不同的目的进化而来的：人类一个突出的特点，也是他与众不同的标志，并非他形而上的天性，也非他形体上的特性——而是在于他的工作。正是他的工作，也就是人类的行为系统，描述与决定了"人性"的范畴。语言、传说、宗教、科学、艺术和历史等等都是其组成部分，是这个大范畴当中不同的组成部分……我们必须要去探寻的对象，是语言、传说、艺术和宗教的基本功能，而非它们不计其数的形式和表达方式。在最后的分析中，我们必须要尝试追溯到一个共同的起源。Cassirer, E.（1962）. *An Essay on Man*. Yale University Press, New Haven, p. 68. Also Cassirer, E.（1955）. *The Philosophy of Symbolic Forms*. Yale University Press, New Haven.

4　Archer, B.（1968）. 'Extracts from the structure of the design process'. Unpublished paper, Royal College of Art.

5　Berlin, I.（1976）. *Vico and Herder*. Random House, New York.

6　Berlin, I.（1976）, p. 10.

7　Steiner, G.（1975）. *After Babel*. Oxford University Press, Oxford.

8　Berlin, I.（1976）, p. 153.

9　赫尔德的文章中，一直都在表述他对于场所的敏感性："必须要融入（一个人所处的）时间、场所和完整的历史；必须要'感觉他自己'已经融入了一切。"引自 Berlin, I.（1976）, p. 186.

10　See Blumer, H.（1969）. *Symbolic Interactionism*. Prentice-Hall, Englewood Cliffs. Also Meltzer, B. N., Petras, J. W. and Reynolds, L. T.（1975）. *Symbolic Interactionism*. Routledge & Kegan Paul, London.

11　Mead, G. H.（1934）. *Mind, Self and Society : From the Standpoint of a Social Behaviourist*, ed. Charles W. Morris, University of Chicago Press, Chicago.

12　Flavell, J. H. (1963). *The Developmental Psychology of Jean Piaget*. Van Nostrand Reinhold, New York.

13　Pask, G. (1976). *Conversation Theory*. Elsevier, Amsterdam.

14　Laing, R. D., Phillipson, H. and Lee, A. R. (1966). *Interpersonal Perception*. Tavistock Publications, London.

15　Kelly, G. (1963). *A Theory of Personality: The Psychology of Personal Constructs*. W. W. Norton, New York.

16　Goffman, E. (1967). *Interaction Ritual*. Doubleday, New York.

17　Kuhn, T. S. (1962). *The Structure of Scientific Revolutions*. University of Chicago Press, Chicago.

18　Feyerabend, P. (1975). *Against Method*. Verso, London.

19　Whorf, B. L. (1956). *Language Thought & Reality*. The MIT Press, Cambridge, MA.

20　参见第 10 章。

21　Proshansky, H. M.（1976）. 'Environmental psychology and the real world'. *American Psychologist*, Vol. 31, No. 4, pp. 303–310.

22　Proshansky, H. M.（1976）, p. 309.

23　Proshansky, H. M.（1976）, p. 310.

24 这里所使用的"移情作用"（empathy）一词的含义，来自汉斯·格奥尔格·伽达默尔（Gadamer, H. G.）在《哲学解释学》（Philosophical Hermeneutics）（1976 年，加利福尼亚大学出版社，伯克利）一书中的解释。根据伽达默尔的说法，解释学的观点否定了客观主义者和极端相对主义者所抱持的，解释者的角色应该要保持完全的中立或是部分中立的观点，并代之以一种辩证的交流过程，从而将解释者自身的背景与研究对象的文化一起呈现出来。这样的诠释或"解释学情境"的移情作用就会对不同的世界观进行调和——解释者的世界观与研究对象的世界观——而这两者都在相互调和的过程中发生了改变。

第 4 章　回归手工艺制造

首次发表于《建筑和结构中的计算机辅助设计与机器人技术》（CAD and Robotics in Architecture and Construction），1986 年，原标题为"摆脱恐龙避难所：17 年以来"（Ditching the dinosaur sanctuary : seventeen years on）。并以同样标题发表于《建筑师杂志》（The Architects' Journal），1988 年 4 月 20 日 [1]

自 19 世纪以来，机械化开始对建筑业产生了巨大的影响，建筑师们的工作同建筑及其构件的生产系统之间渐行渐远。英国的工艺美术运动（English Arts and Crafts Movement）就是在这种发展趋势下爆发出来的怀旧反应，其组织者威廉·莫里斯（William Morris）等人认为，这种怀旧的情怀可以说是在工业化社会中普遍存在的人类异化的症候群。[2] 此后，沃尔特·格罗皮乌斯（Walter Gropius）对这个问题有着不同的看法，并在包豪斯学院（Bauhaus School）中探索一种更有建设性的方法。但是，这样的探索其实在某种程度上也不过是一种权宜之计，因为他的目的在于使包豪斯早期的手工业定位，同学院后期所强调的工业设计能够尽量相互和谐。[3] 为了缩小二者之间的差距，格罗皮乌斯找到了一种折中的方法，对于长期进行手工艺训练的必要性，他是这样描述的：

> 之所以要进行手工艺的教学，是在为今后大规模生产的设计做准备。从最简单的工具以及最易于操作的工作开始，学生可以逐渐掌握解决更复杂问题的能力，以及同机器一起工作的技能。同时，学生们还可以从始至终接触到完整的生产过程。[4]

其中的含义在于：无论是手工业制造还是工业化的生产，都有一个从简到繁的跨度。这种表述的基本思想是正确的，但是他却掩盖了二者之间存在的一些重要的区别。手工业制造和工业化生产之间的区别不仅表现在生产规模上，还有在大规模生产的过程中设计师的人为控制程度，以及最终产品可能表现出的个性化的程度。

缩小差距

很多年之后，建筑师才开始重新接受挑战，并努力掌握制造工艺。在很短的时间里，格罗皮乌斯教学计划的精髓就在德国南部乌尔姆（Ulm）的设计艺术大学（Hochschule for Gestaltung）复兴，在那里，他们鼓励学生们设计适合大规模生产的产品设计模型（图 4.1）。[5] 但是事与愿违，学生们创造出来的作品很少能真正进入市场，甚至没有一个按照战前标准化与大规模生产的概念设计出来的住宅原型真正的付诸实践。最终在市场上占主导地位的大规模生产系统，所使用的技术相当原始与粗笨，与曾经激励了格罗皮乌斯和其他现代主义幻想家们的发达的工业化制造方法完全大相径庭。

直到 20 世纪 60 年代末，随着更加灵活的计算机辅助生产系统的出现，手工制造与工业化生产二者之间才有可能真正地获得平衡。[6] 新式"信息化控制的工厂"真正的非凡之处在于：之前格罗皮乌斯的构想当中不合理的地方消失了，从手作工具到自动化工具，表现出了真正的连续统一。"工厂制造"和"定制"曾经是一对矛盾，而现在，我们能以工厂制造的方式，根据特定的设计生产出定制的零部件，并使用在特殊的建筑上。这也就是说，信息化控制工厂的潜力在于：建筑设计师重新掌握了对整个生产过程的控制，而在从前，若想要达到这样的控制水平，就只能采用手工制造的模式。

巨大的潜力确实存在，但是目前建筑专业——以及同等重要的建筑学院校——并没有好好利用这摆在眼前的重大机遇。格罗皮乌斯和他的追随者们曾经致力于去寻找一种"工业和手工艺合作的新模式"[7]，但却以失败告终。即使建筑师们尝试利用传统的工业力量

图 4.1 "Z"形建筑结构系统，由贝恩德·穆尔（Bernd Meurer）带领德国乌尔姆设计艺术大学三年级的学生共同设计，1950—1960 年。结构模型的测试。资料来源：乌尔姆设计艺术大学

来生产系统建筑，他们也没有掌握住制造业的精髓。[8] 概括来说，建筑师们已经接受了将自己的工作定义为"造型设计者"（form makers），从而受到越来越多的限制，对大多数建筑师来说，从产品目录上摘选零部件，这就是他们与机械化的建筑产业联系的唯一方式。对于新构件的生产，建筑师所能参与的工作也仅限于编写设计说明而已。

设计的发展

也有一个特例值得关注的，那就是福斯特建筑事务所（Foster + Partners）的作品。在早期的设计中，他们主要都局限于使用现成的构件，尽管他们通过自己对工业化材料的理解而将其进行了组装，但是却很少注意细节问题。然而，在中国香港汇丰银行总部大楼（图 4.2）的项目中，福斯特建筑事务所展现了一种非常与众不同的设计，该项目的设计

图 4.2　中国香港汇丰银行总部大楼，福斯特建筑事务所设计，1986 年。资料来源：©Ian Lambot

与建造过程都需要一整套新的方法。[9]建筑中所使用的构件全部由福斯特建筑事务所自行设计，并与产品制造商方面的设计师以及生产人员密切配合——从始至终，包括对所有样品模型的制造和测试。

正是在设计与制造用于钢结构中特殊铝面板的过程中，福斯特建筑事务所取得了他们在工业化建筑技术中最重要的突破（图4.3）。独特的悬挂构件中的杆件、桁架、吊杆以及交叉支撑，这些构建的表面都需要涂布多层的防腐以及防火涂料，而且还都需要进行免维护的表面处理。为了使这些外部保护层之下的结构构件尽可能在外观上表现出来，所以要求外层的铝饰面板必须紧密地包覆各种形状的结构构件。随着楼层升高，纵向的荷载逐渐减少，结构断面也应该相应地不断减小，这就使问题变得更加复杂了，他们必须要设计与制造数千块装饰面板，而几乎每一块的尺寸和形状都各不相同。在某些地方，几何造型的复杂程度甚至难以想象，就更不用说制造出来了。

智能工具

要解决以上这些难题，就需要对制造工具进行大幅改进重组，最终项目组选定了一家美国的公司 Cupples Products 来配合这项工作，其中包括采购由计算机控制的变频冲压机，还需要很多台焊接机器人来加工固定饰面板的钢桁架（图4.4）。公司为这项新技术投入了大量的资金，也取得了很大的收益：节省了几个月的人工制图成本，免去了使用传统冲压机所需要的重新组装调试，也避免了在焊接的过程中造成的桁架变形。不仅如此，考虑到项目的特殊性以及对工期的限制等制约因素，如果没有这些智能工具的辅助，依照传统的设计与建造方法根本就不可能完成这样一项特殊的任务，这一点毋庸置疑。

图 4.3　中国香港汇丰银行总部大楼，预制铝饰面板的测试装备。资料来源：©Cupples Products（左）
图 4.4　中国香港汇丰银行总部大楼，尤曼特焊接机器人正在加工竖向桁架。资料来源：©Cupples Products（右）

迄今为止，这栋建筑是单体项目中使用计算机化生产机具最多的案例。但是其中最值得我们深入研究的课题，还是福斯特及其设计团队所使用的设计方法，同这些特殊的机具之间独特的关系。格罗皮乌斯曾经的设想——手工艺同现代工业的统一——只有采用新的技术才有可能实现，现在我们拥有了第一个真正成功的案例。有一点要再次强调，从这个案例中我们要学习的内容包括：在设计、测试、生产以及组装整个过程中，建筑师团队都与工业生产单位密切配合、协同作业，各种各样的建筑构件不计其数，而且这些构件都是为这个项目而量身定制的，整个生产过程都使用了全自动化且灵活的生产工具。以上这些因素汇聚在一起就形成了一种大规模的工艺技术，它彻底颠覆了那些由现代主义运动教条支撑起来的工业发展概念，因为这样的工业发展方式只会使建筑师与建筑业的生产工具以及产品逐渐脱节。

因为这个项目的造价非常高，所以有人提出质疑，是否成本的超支应该归咎于过于复杂的技术，而出现这样的质疑也是情理之中的事情。即使不考虑业主提出的高标准要求，总体来说，这个问题的答案也是否定的——尽管特殊的生产机器初期制造成本确实很高。在整个项目中，关于自动化生产线的性质和成本的普遍认知被推翻了。举例来说，假如仍然使用那种传统固定用途的自动化机器来生产发动机组，那么可能需要生产几十个甚至成千上万组才能满足这个项目的需求，而这样的造价将是比现在更加高昂的。Cupples Products 公司采购的计算机控制的生产设备虽然初期投入比较大，但是它可以进行灵活的调整，适用于很多种类似的生产。因此，最初的采购成本无须通过提高相同产品的产量来弥补，但是可以通过广泛的应用来分摊。[10]

CAD+CAM= 工艺技术

除了成本问题以外，还有另外一个问题：假如设计团队没有那么强的责任感，业主没有那么坚定的态度，配合厂商也没有那么富有冒险精神，那么即使像福斯特团队一样投入如此多的时间与精力，他们也一样能完成这样一个项目吗？答案是不确定的，我们可能还要再等上一段时间才能获得计算机辅助设计的进一步发展，而且只有在这种制造工艺进一步发展之后，这样的操作模式才可能被大部分人所接受。如果这种设计建造方法想要在将来得到更广泛的运用，那么福斯特团队以及配合的生产厂商在这个项目中所使用的独特技术，可能有一部分，或者是很大一部分都会被自动化的"专业系统"以及人工智能（artificial intelligence，AI）[11]方面的进步所取代。

也许有人会提出质疑，计算机化的长足发展是否会使人类丧失控制的优势，继而导致上面所描述的以技术为导向的设计与制造模式的衰退，但是这样的担心大可不必。我们也许应该以控制论专家以及人工智能研究者的角度来看待这些辅助工具，它们只是人类智慧的延伸而已。[12]只有我们认识到，所谓工艺就是智慧与技术完美的结合时，我们才会真正了解到其中的内涵。那么同样，我们也可以将计算机辅助设计（CAD）和计算机辅助制造（CAM）的发展，视为人类对最终产品控制能力的延伸。

除了这些革新以外，最近我们还可以看到机器人技术已经在很多建筑施工现场得到了应用。[13] 目前已被研发出来的机器人有很多种类型，可以在建筑工地执行不同的任务。其种类有负责建筑结构构件组装的机器人、负责绑钢筋和浇筑混凝土的机器人、负责室内装饰的机器人（混凝土板表面处理并喷防火涂料），以及负责建筑物外立面装饰的机器人，还有在繁重的挖掘与土木工程中负责钻孔和切割的机器人等。

从相对安全、突发状况比较少的工厂车间，到环境更加严酷而多变的建筑工地，反映出社会对机器人技术迅速发展的需求，特别是工业领域对于感应能力与耐久性的要求。越是条件艰苦的环境，机器人技术的优势就表现得越为明显，因为使用机器人代替人工可以减少安全事故的发生率并改善工作环境，在提高生产力的同时也能提高产品质量。初步研究表明，在建筑施工的很多环节中使用机器人技术，不仅在技术上是可行的，同时在经济上也是合理的。[14]

毫无疑问，对一种完全集成化的、计算机化的建筑设计、产品制造与建造过程的前景，激发了我们极具挑战性的愿景，这种愿景的最高境界，就是在施工现场作业的机器人，汇聚了上述所有人工智能以及工艺技术的优势。然而与此同时，在整个制造与建造过程中，机器人的使用也引发了劳动力重新分配的问题，而这个问题在那些早就已经实现了自动化的行业内也是同样存在的。[15] 举例来说，我们应该谨慎地区分，有哪些工作确实存在熟练技工严重短缺的现象，抑或是哪些工作环境过于恶劣，人工操作存在着难以承受的危险性，如果不是这些因素，那么使用自动化所带来的社会成本会比经济收益更为重要。很明显，这就是一个潘多拉的盒子，但我们最好现在就将它开启，因为这样我们还有时间去仔细考虑所发现的问题，若是开启得过晚，届时的影响可能是我们无法应付的。

应答式建筑

所有这一切都指向了一种全新的现代建筑，它同我们通常与工厂生产方式联系在一起的那些东西完全不同。被称为"高技派"建筑师的福斯特，很多人认为他仍然抱持着现代主义者的钟爱——追求通用性的解决方案，而对于这种追求，后现代主义者们避之唯恐不及。但是，这样的评论只能适用于福斯特早期的作品，如果用同样的眼光去看待中国香港汇丰银行以及他后期的其他作品，那就大错特错了。中国香港汇丰银行总部大楼项目中"第二个机器时代"（Second Machine Age）的技术也许是全球化的，但是其结构的表现主义以及空间的品质即使没有很精准地表现出在地文化，也仍然可以看出典型的东方风格：轻巧浮动的楼板和精致透明的幕墙，依附于厚重而咄咄逼人的支撑结构，就像蝴蝶夫人

图 4.5　中国香港汇丰银行总部大楼室内效果。资料来源：©Ian Lambot

（Madam Butterfly）与哥斯拉怪兽（Godzilla）的相遇（图 4.5）。

　　具有如此品质的作品揭示出一种很有说服力的方法，但这种方法在过去却被视为与建筑的发展趋道而驰。它从使用现成的构件，转变为一种以技术为导向的方法，更适合应答式建筑的需要。和其他运用现代化工具的大师一样，伦佐·皮亚诺（Renzo Piano）和福斯特设计团队都反复强调：在建筑制造业艺术与技术处理的重要性，这同其他任何一种终端产品都是一样的。我们可以从更高的层次，将这种转变解释为一种新的、更为平衡的现代主义哲学，它使建筑师对于场所和地域的特有属性给予了应有的尊重，并可以充分利用目前所有工业化国家共享的技术文化。虽然说多变的生产技术本身并不能保证高品质的设计，甚至也不能给予文化和地域特色更多的尊重，但是它一定能促使那些优秀的建筑师对这些问题作出回应。

为真正的现代建筑运动而战

简而言之，对于当代的技术革新所展现出来的重大意义与机会，我们可以通过上述的分析窥见一斑。对于这种变革，我们不应该过分地高估其影响力。在这些技术进步所代表的"后工业时代"，建筑师在建筑教育与建筑实践领域都应该经历一场类似的革命，这样才能解决后工业时代所面临的问题。如果这样的变革真的发生了，我们就必须要对那些现代主义英雄们所极力鼓吹的早期革命进行重新评价，因为那其中在很大程度上都存在着误导。尽管打着各种理性的，或是科学的旗号作为装饰，但是正统现代主义的核心——机械化的理想确实已经破灭了；它们充其量不过是通向一个不同的机器时代的补给站。这场为真正的现代运动而打响的关键战役才刚刚开始，在这场战役中，建筑师以及全体人类将最终掌握他们的机器，并使它们为人类所驱使。

注释

1　亚伯，C.（1986b），"摆脱恐龙避难所：17 年以来"（Ditching the dinosaur sanctuary：seventeen years on），见《建筑与结构中的计算机辅助设计与机器人技术》（CAD and Robotics in Architecture and Construction）。1986 年 6 月 25 日至 27 日在马赛举行的国际会议记录，Kogan Page 出版社，伦敦，第 123-132 页。第二版见亚伯，C.（1988c），"回归手工艺制造"（Return to craft manufacture）。*The Architects' Journal：Information Technology Supplement*，4 月 20 日，第 53-57 页。

2　Heskett, J. (1980). *Industrial Design*. Oxford University Press, Oxford.

3　Banham, R. (1960b). *Theory and Design in the Machine Age*. The Architectural Press, London.

4　Quoted in Banham, R.（1960b），p. 281.

5　Abel，C.（1966）. 'Ulm HfG, Department of Building'. *Arena：The Architectural Association Journal*，Vol. 82，September，pp. 88–90.

6　参见第 2 章。

7　Gropius, W. (1964). '1926: principles of Bauhaus production (Dessau)'. In *Programs and Manifestos of Twentieth Century Architecture* (Conrads, U. ed.), pp. 95–97, The MIT Press, Cambridge,MA. Quote from p. 96.

8　参见第 2 章。

9　Abel, C. (1986a). 'A building for the Pacific Century'. *The Architectural Review*, Vol. CLXXIX,April, pp. 54–61.

10　参见第 2 章。

11　Feigenbaum, L.（1986）. 'Advances in computer science and technology'. 新加坡国立大学演讲，未公开发表，3 月 24–25 日。

12　See, for example, Beer, S. (1967). *Cybernetics and Management*. The English Universities Press,London.

13　Whittaker, W. L. (1986). 'Construction robotics: a perspective'. In *CAD and Robotics in Architecture and Construction*, pp. 105–112.

14　Suzuki, S., Yoshida, T. and Veno, T. (1986). 'Construction robots in Japan'. Paper presentedat The Second Century of the Skyscraper: Third International Conference of the Council on Tall Buildings and Urban Habitat, Chicago, 6–10 January.

15　关于在工业中使用机器人的优点和缺点，可参考 Froehlich, L. (1981). 'Robots to the rescue'. Datamation, Vol. 27, January, pp. 84–96.

第 5 章　可见和不可见的复杂性

首次发表于《建筑评论》(The Architectural Review)，1996 年 2 月 [1]

在 20 世纪 90 年代，很多建筑明显的特征就是非常复杂，这种复杂来自建筑师自身对于复杂性的偏爱，而且主要表现在建筑形式上。抛弃了早期现代主义的简约，也抛弃了后现代主义的折中——这种变化本身倒是健康的——很多建筑师和建筑专业的学生转而迷上了不规则形体，以及由很多种几何造型混杂在一起而形成的难以度量的特殊造型，建筑的外立面或支离破碎，或交叉重叠，还有很多其他的抽象设施。[2] 设计图纸，本来应该能够体现出项目具体的特性与价值，却经常被故意处理得晦涩不清，让人看后感觉一团混乱。[3] 通常，这种混乱而含糊不清的做法会被解释为"对方案、环境，甚至是现代生活复杂性的反映"，但是这样的解释往往并没有什么说服力。他们有意抬高自己的层次，通过借鉴一些文学理论和批判的标准 [4]，甚至利用最近出现的一种研究自身复杂性的科学理论，来证明自己的合理性。[5] 偶尔，也许这是一种更为公正的说法，建筑师所关注的是在他（她）的设计中所表现出来的审美价值，因为这就是那个时期的职业风尚。

巧合的是，在这股建筑表面复杂化风潮的同时，还有一种更为深刻的复杂性力量，正在塑造着我们的建筑环境。这些就是看不见的电子通信和生产系统，它们正在改变着建筑设计的构思与建造的方式。虽然不像之前的运动那样有实实在在的建筑物案例，或是有白纸黑字的宣言那么切实，但是我们还是应该承认，这些无形的人类创造带来了更加适应21 世纪的新兴建筑。更重要的是，在未来建筑发展进程议题上，他们对建筑师的角色定位问题提出了挑战。

自适应性的机器

这场建筑行业的革命起源于相关的科学、技术和建筑理论方面的一系列创新，主要集中在 20 世纪 40 年代后期到 20 世纪 70 年代中期这段时间。所有这些领域的发展都围绕着一个共同的核心，那就是计算机技术，这是一种前所未有的机器。在此之前，所有的机器都是为了某种特定的用途而制造的，设计师将其设计出来，是为了处理一些之前就设定好了的工作，并且这种工作的每一个生产流程都是固定不变的，一环扣着一环，直到指定的任务完成为止。我们常常会用"像机器一样"来形容一个人的冷漠，这是一种非常可怕的

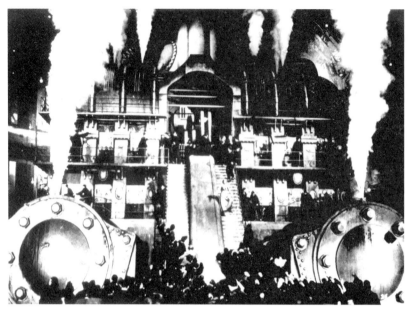

图 5.1　选自弗里茨·朗（Fritz Lang）1925 年导演的科幻电影《大都会》（Metropolis）。电影描绘了机器对人类的奴役。
资料来源：© 英国电影协会

不人性、不自然的印象（图 5.1）。第一次工业革命的成果就这样被硬生生地插入到人类和自然环境中，彼此之间几乎没有交流，它们确实解决了很多问题，但是带来的麻烦也不少。

　　第一台能够完全运转的电子计算机诞生于 1945 年，标志着"通用机器时代"开始，它们不再是为了某种具体的工作而专门设计制造的，而是可以按照操作者的意志行事。[6] 有一点特别重要，计算机采用二进制的设计原理，而这同人类的大脑神经元和神经网络的工作原理是一样的。大约在同一时期，一套以计算机技术为基础的新科学，即控制论也发展了起来，它所关注的对象是决策与控制系统，特别是那种自我调节或自我组织的系统，而这正是有机生命体的特征。[7] 这些科学与技术的革新汇聚在一起，为我们带来了一个具有划时代意义的产物，那就是具有信息反馈能力的机器：自适应性的机器能够对不断变化的任务和形势作出回应，甚至能够通过自我学习而提高自身的性能。

　　因此，机器的含义，以及机器与人类和自然环境之间的关系都彻底地改变了。人类和自然环境不再需要像之前那样削足适履地去适应固定用途的呆板机器——这种态度，就好像是把整个世界都看成了一座规律运行的时钟[8]——现在，我们可以利用已知的自然法则，以有机化的进程去设计高端的机器。

人机对话系统

　　到了 20 世纪 60 年代中期，新时代开始向建筑师招手，在英国、法国和美国，都陆续出现了一些行业的先锋，他们进行了一系列实验性质的创作。最早出现的是"娱乐宫"（Fun Palace）（它是法国巴黎蓬皮杜艺术中心的原型）以及"思想带"（Potteries Thinkbelt），这是一所分散布局，在一定程度上可以移动的大学，建筑师塞德里克·普赖斯（Cedric Price）深入研究了信息技术对于建筑的不确定形式的影响，他认为这种不可见的影响是非常重要的，甚至于比那些实体的、造型上的东西还要重要。[9] 部分受到普赖斯作品的影响，在伦敦的英国 AA 建筑学院的学生们提出了"计算机社区"以及分散式的城市教育网络构想，意图拓展社区接触新资源的途径。[10] 深化设计阶段，他们研究的课题包括由计算机控制的"移动学习站"（图 5.2），这是在此之前的一个项目，可以同时适用于新老建筑，并按照不同的空间功能需求编程，非常简便。基于生物学与控制论的概念，设计师设计了一种被称为"工作站 – 空间"（stations-cum-space）的单元，这是模拟活体细胞的模块，这些模块既可以结合在一起，也可以剥离开来，就像是真正的有机体的运作。[11]

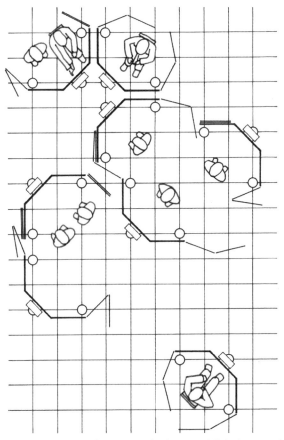

图 5.2　移动学习站项目，设计师克里斯·亚伯（Chris Abel），英国 AA 建筑学院，1967 年。学习站单元的空间形式各不相同，它们通过地板上的电子网格控制其移动，以满足不同的功能需要。资料来源：© 本书作者

1975 年，尤纳·弗里德曼（Yona Friedman）在巴黎提出了另一种新的构想，即灵活性的信息技术。[12] 对弗里德曼来说，住宅的形式并不该由特定的某一些人来决定。他认为在一个大型的、开放式的结构和服务框架体系之内，普通人也可以利用新的技术来设计属于自己的家。与其他超级建筑的建筑师不同，弗里德曼对通过软件来建立并维持系统正常运作更感兴趣，而前者关注的焦点则是硬件部分。他用一种新的方法来代替传统的设计与建造过程，建筑师不再是一个项目的决策者，取而代之的是利用大量的信息技术、计算机辅助设计以及适应性很高的建筑结构，将用户的需求反馈给开发商。他还设想了整个城市范围的计算机基础设施，这些基础设施可以监测城市结构的变化以及交通系统的状况，而他的住宅就是整个城市信息反馈系统中的一部分。

就在所有这些憧憬都还处于思想探索阶段的时候，麻省理工学院的一群年轻的建筑师和计算机专家已经在追求一种更加严谨、更具有实践性的方法来达成类似的目标。在尼古拉斯·内格罗蓬特 [13]（Nicholas Negroponte）的带领下，组建了一个号称"建筑机器小组"的团队，他们的目标是要通过计算机的力量来创造出一种真正的人机对话系统。这个团队的研究主要集中于三种课题：第一种是人机界面技术的进步，特别是图形技术，它有助于提高职业设计师的技能；第二种是人性化的用户界面技术，它可以帮助非专业的人士成为自己的建筑师；第三种是个人化的"智能"环境以及"柔性建筑机器"（soft architecture machines），它可以对居住者个人的奇思构想以及环境的需求作出回应。这三种课题的探索都是基于麻省理工学院以及其他大学针对人工智能以及机器认知技术而同步展开的前沿研究，而这些前沿研究的基础则是对人类认知的研究。[14] 在英国控制论学者及认知学科学家戈登·帕斯克（Gordon Pask）的带领下，他们形成了这样的观点：即人类和机器环境可以共同形成一个互动的学习系统，无论是他、她还是它，都可以从对方身上获得对自己知识的扩充。[15]

复杂的时代

同一时期，建筑理论也同样经历着翻天覆地的变化，从一种带有"艺术 - 历史"倾向的评论家的狭隘领域，扩展为一个富有活力的跨学科论坛，在这个论坛中，科学再一次发挥了主导性的作用。但是，不同于正统现代主义者所青睐的确定性的科学，现在引起如此强烈兴趣与探讨的科学，是战后关于复杂系统的新科学：控制论及其相关的一系列理论，包括信息理论、一般系统理论以及自组织系统理论。

从 20 世纪 60 年代末开始，在一些不那么保守的建筑期刊上，开始出现了一些关于环境问题的论文，包括对自组织特性的探讨，以及未来分散式的城市发展方向——在那个时代，这种城市发展形态的构想备受嘲讽。[16] 在 1969 年和 1972 年，英国 AA 建筑学院的著名教授罗伊斯顿·兰道（Royston Landau）[17] 在《建筑设计》杂志上编发了两期特刊，从而对这些零星的个人尝试给予了很大的支持。在这两期特刊中，罗伊斯顿·兰道教授收集、汇整了很多篇论文，涵盖了哲学分析、抽象概念，以及涉及新科学与建筑、规划和计算机辅助设计的相关议题，在当时非常具有挑战性。这些新的理念对于传统的建筑设计以及城市规划发起了双重的冲击，它所表达的最重要的信息就是：在自然界和人类进化的过程中，不确定性、变化和冲突都是不可或缺的特征。这是一个"复杂的时代"[18]，建筑师和城市规划师若还希望自己能够对社会继续作出贡献的话，就必须要勇往直前接受挑战。

定制化的设计与制造

经过一段时期的酝酿，创新的步伐在 20 世纪 80 年代又一次加快了，预示着很多早期的构想与创意都将会真正付诸实践。一小群英国的建筑师，联合了一些富有开拓精神的工程师以及营建厂商通力合作，开始使用更为复杂的新方法来进行定制化的设计与建造，而在这个过程中，信息技术与柔性制造系统扮演了关键性的角色。智能工具在当时已经应用于很多其他行业了，而在建筑界却还是一片空白。福斯特及其合作团队开创性地将智能工具应用于雷诺中心（Renault Centre）项目（图 5.3，图 5.4）独特的钢结构构件，以及中国香港汇丰银行总部大楼项目特制的帷幕面板的生产当中。[19] 同汇丰银行一样，由理查德·罗杰斯（Richard Rogers）团队设计的位于伦敦的劳埃德总部（Lloyd's HQ）项目也是最早的几栋专门为信息时代而设计的办公建筑之一。在这个项目中，首次配备了高架地板，这是为计算机中心的发展而特别开发的。这两个项目也都最早引入了完整的计算机建筑管理系统（computerized building management systems，简称 BMSs），该系统可以 24 小时监控建筑的能源使用情况以及设备运转和维护状况。除了这些不大显眼的系统之外，中国香港汇丰银行还在建筑物的外部配备了一种由计算机控制的阳光侦测装置（sunscoop），可以追随日照的方向移动，以便将阳光导入建筑内部，为其内部壮观的"中庭"提供自然采光。

从这些早期的突破开始，有关"自动调节"、"智能建筑"的构想开始广泛传播，甚至进入了流行文化领域。科幻小说作家菲利普·科尔（Philip Kerr）[20] 在他的小说《橄榄球》（Gridiron）中描写了一位建筑师带着一群客人来参观他设计的智能建筑，结果这栋智能建筑却突然失去了控制，向人们发起攻击，并杀死了建筑师的故事。这种想法很有趣，但它还只是遥不可及的幻想。在小说中，除了"建筑管理系统"以外，还描写了建筑有很多比较亲善的特征，比如说可以吸收或产生和分配能量的感应式的建筑外壳[21]，还有根据模糊逻辑设计的可以根据使用状况自我调节的自动电梯系统等。展望未来，理查德·罗杰斯建筑事务所的合伙人迈克·戴维斯（Mike Davies）[22] 也描绘了一幅场景，它比科幻小说更加令人鼓舞：

图 5.3　计算机控制的等离子弧形切割机被用于雷诺零部件配销中心的钢构架制作，英国，福斯特建筑事务所，1983 年。
资料来源：Arup/Harry Sowden

图 5.4　雷诺零部件配销中心，英国。钢结构立面。资料来源：丹尼斯·吉尔伯特（Dennis Gilbert）

　　我认为建筑物都应该有自己的感觉。这样的建筑就是智能建筑；从根本上说，就是一栋有自我意识的建筑；它能够感知到自己的外壳接收到的能量；感知到能量穿过外壳；也能感知到建筑内部的人们以及他们的需求。[23]

　　在计算机辅助设计与制造领域，其特性、分布以及实用性都出现了更为爆炸性的变革。最先进的多用户系统，例如雷丁大学（Reading University）研发的"知识型工程系统"（knowledge-based engineering，简称 KBE）[24]，可以参与到整个设计、制造与施工的整个环节当中，便于设计师、营建业者以及使用者能够及时地对不同的方案进行比较。毫不夸张地说，虚拟现实技术已经为设计、制造和施工过程拓展出一片新的天地，使业主与未来的使用者可以像建筑师一样，在建筑真正开始建造之前就有机会"漫步其中"，身临其境地检验每一个设计概念的优劣。相关的"虚拟原型"（virtual prototyping）研究技术的发展，不仅可以提高设计与制造的速度，而且最关键之处在于，可以使整个执行过程更加开放，便于更多的人参与检验。还有一些其他的创新，比如说"快速成型技术"（rapid prototyping）（图 5.5），以及日本"无库存制度"（just-in-time）的生产方式，这些新技术在其他领域的运用，已经缩小了传统供求之间存在的鸿沟，虚拟现实技术标志着建筑领域朝着面向客户的方向迈出了重要的一步。[25] 在建筑研究的最前沿，能够对结构与环境条件改变作出回应的定制化"智能机器"的发展，预示着完全定制化建筑的前景，届时定制的对象将会从现在的局部扩展到建筑的方方面面。[26]

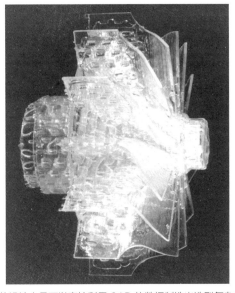

图 5.5　快速成型的激光技术，使设计人员可以直接利用 CAD 的数据制造出造型复杂的产品，例如图示中这个涡轮增压器风扇。资料来源：诺丁汉大学创新制造中心（IMC）

虚拟城市

对于这种电子化建筑在未来的形式以及影响，或许我们可以通过互联网以及其他共享计算机网络的飞速发展而窥见一斑。内格罗蓬特（Negroponte）[27]，麻省理工学院媒体实验室主任，同时也是一位著名的网络专家，他说互联网（Internet）是"网络中的网络"，它的存在改变了计算机用户之间的交流模式，人们可以在其中编织更小型的网络，将世界各地的人们联系在一起，如果不是通过网络世界，那么这些人可能根本就不会有任何的交集。在这个过程中，一种专业人员与非专业人员相互协作的新模式出现了，并对社会各个层面都产生的重大的影响。凯文·凯利（Kevin Kelly）等学者提出了更为激进的观点[28]，他们认为互联网具有完整的自我组织的特性，类似于生物，或者更准确地说，是一群有机体。凯利把这种现象比作一群蜜蜂在寻找安置蜂巢的新地点。"侦察兵"会去找出很多可供选择的地点，并努力吸引蜂群的注意力，使它们关注这些选择。通过某种方式，整个蜂群最终会对选址问题达成一致意见，尽管在这个过程中它们不可能追踪到之前侦查到的任何信号。

同样，互联网很可能已经通过某种方式改变了人类交往的本质，而这种方式我们无法通过系统的特定用途和功能来进行预测，但它还是有自己的发展方向。[29] 正在不断发展的半自治化的智能代理程序，也可以称为"超级密友"（alter-egos），这种技术可以帮助使用者在网络的世界漫游，并为它们的主人发掘信息。[30] 这些先进的技术宣告着，网络的进化丝毫不逊于人工智能的发展，只不过是形式不同罢了。

按照之前预测的方向，自组织的网络与代理程序逐渐扩展延伸到城市生活的方方面面，这不过是时间的问题，而且应该不会让我们等待太久。新加坡已经建成了一套完全集成化的交通控制系统，它可以通过网络监控道路的交通荷载状况，并据此调整城市各处的交通信号灯，来缓解局部交通的压力。卫星导航系统的使用也相当普遍，它通过特定的接收器，向司机提供车流量信息以及不同道路的交通状况。

其他一些以社区为基础的不同形式的网络也在迅速发展。在美国，有一个词被大家用来描述网络空间，那就是"新边疆"（New Frontier，美国肯尼迪时期的一项施政方针——译者注）。其中一个具有代表性的例子就是美国弗吉尼亚州的布莱克斯堡（Blacksburg）电子村（Electronic Village），这个项目由布莱克斯堡管理部门、贝尔大西洋公司（Bell Atlantic）以及美国弗吉尼亚理工大学合作完成，将大学校园同城镇的商业、市民和学生都联系在一起，同时为他们提供互联网，使他们可以接触到更广阔的世界。[31] 同当初的殖民者开辟新世界一样，这些新的移民通常都会继续沿用一些他们之前所熟悉的名称。在欧洲，阿姆斯特丹的虚拟城市中包含有一套完整的城市职能空间："虚拟的市政府"、"社交中心"、"社区"以及一些其他的"场所"，居民可以通过网络的世界对地方事务发表意见、进行社交

图 5.6　诺丁汉"网吧"的标志。资料来源：诺丁汉网吧

活动，或是任意闲逛以及网上"冲浪"，这同遍及世界各地不计其数的公共场所没什么两样（图 5.6）。这个项目是针对城市网络和公民参与的一次探索实验，除了常驻居民以外，还为成千上万的游客提供城市相关信息以及服务资讯。[32] 在 20 世纪初期，随着汽车和远程通信行业的发展，城市的模式也发生了一系列的变化，而如今网络技术的发展又加速了城市的变化，为城市生活和城市形态提供了全新的架构。[33]

　　共享网络在建筑实践领域的意义也是同样深远的。英国建筑业的"超级高速公路项目"（Superhighway Initiative）是一个由英国电信（BT）、惠普（Hewlett Packard）和"建筑信息点播"（On-Demand Construction Information）三家公司合作的项目，现在可以为行业内的所有人员提供全方位的信息服务。一些高性能的模拟与测试工具，例如 Cham 公司推出的计算机流体动力学程序（PHOENICS Computerized Fluid Dynamics，简称 CFD），可以运用仿真技术来模拟环境特征，现在都可以为建筑师们共享使用，而不再需要进行昂贵的软 / 硬件投资。即使是最小型的建筑事务所，也可以共享这些尖端的远程信息，再加上其他的 KBE 系统和 CAD 软件包，他们也完全有潜力去设计、测试和交付更大型、更复杂的项目。鉴于英国超过半数以上的建设项目都是由一到两家私人事务所操作完成的，这种小型、虚拟化的操作模式可能会在未来成为新的标准，在必要的时候，不同的专业公司可以通过线上合作的方式联合作业。出于同样的原因，专门为非专业人士设计的人性化的服务，可能会使权利的天平向着自建者的方向偏移，至少对于住宅和简单的建筑类型来说是这样的，使弗里德曼（Friedman）"自建社区"的构想又朝着现实迈出了一步。

伪复杂性

　　所有这些创新和发展的本质，以及由此产生的组织和社会的复杂性，就在于其中涵盖了非常多的人的因素与技术性的因素，它们全都混杂在一起并且无法预测结果。没有任何一个设计师或是设计团队可以代替这种复杂性，因为它是多方因素交杂在一起的，一种自然发生而又不可控制的结果。但是，正是这样的复杂性却成了很多建筑师所追求的时髦效果，他们矫揉造作地进行了很多的尝试。表面上看，他们好像是在对这些时代的问题作出自己的回应，但实际上，这些建筑师不过是在继续执着于对造型的迷恋而已。

　　蓝天组（Co-op Himmelblau）的作品就是这股风潮中最为典型的案例。他们早期在维也纳——维也纳这座城市素来以其杂乱无章的潜意识而著称——的一个项目中充满着躁动不安的情绪，建筑的外形暴露出设计者潜意识中的粗暴，他们将这个项目命名为"刺穿胸膛的建筑"（architecture of the spiked chest）。[34] 他们拒绝更为理性的设计方法，却喜欢采用一种"自发性"的技术来创作。位于荷兰的格罗宁根艺术博物馆（Groninger Museum）（图 5.7）就采用了这样一种"蒙住眼睛画草图"的设计方式,他们公然宣称:"我们不怎么关心空间的功能问题。"[35] 有的时候，像伯纳德·屈米（Bernard Tschumi）在巴黎设计的拉维莱特公园项目 [36]，有意复杂化的设计手法却产生了一种意想不到（大概也非其所愿）的简单结果。在总平面图中,屈米使用了当时还很新奇的"叠加"（superimposition）技术，也可以称为"叠加"，也就是根据不同的排序系统和特性，分别绘制三张各自独立的平面规划图，之后再将它们叠加在一起形成一个复合的设计方案（图 5.8）。屈米认为，这是不同于西方传统以理性为中心的设计手法，这种方法就是要意图粉碎任何预设的秩序。虽然屈米的设计同蓝天组相比，其结构会显得稍微有条理一些，但是在最终定案设计中，叠加过程中由于分歧而造成的"错误"也像蓝天组一样被小心地保留了下来，其目的就是为了让以后的游客们能够以自己的方式去解决这些目的不明和意义混乱之处。

图 5.7　格罗宁根艺术博物馆（Groninger Museum），荷兰，蓝天组（Co-op Himmelblau），1995 年。资料来源：© 阿里斯泰尔·加德纳（Alistair Gardner）

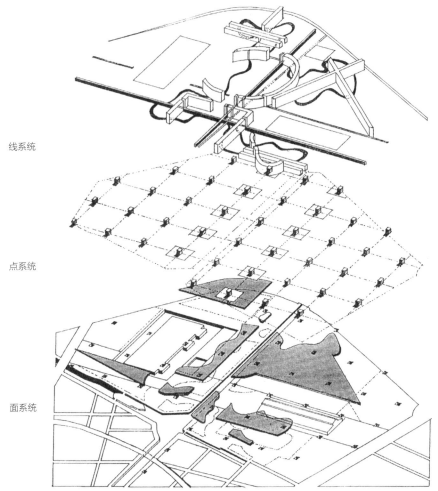

线系统

点系统

面系统

图 5.8　拉维莱特公园，巴黎，伯纳德·屈米（Bernard Tschumi）设计，1982—1985 年。叠加的概念性平面图。资料来源：P·约翰逊（Johnson，P.）和 M·威格利（Wigley，M.）编（1988 年）

　　然而，屈米想要表达的秩序与混乱之间的张力根本就没有表现出来，建成后的公园竟然呈现出一种秩序井然的法国风格，几乎没有什么明显的含糊之处。其中部分原因应该归咎于公园中有三个主体建筑，分别是科学技术展览馆（Museum of Science and Industry）、大厅（Grande Halle，之前是市场），以及音乐厅（Zenith Concert Hall），这三栋建筑的体量都非常巨大。另外还有一些辨识度非常高的标志性建筑，比如横穿公园中心的笔直的运河，以及深红色的"点景"（Follies，原意为"疯狂物"）构成了规整的网格系统，整体呈现出来的是一套清晰的坐标系统以及巴洛克式的景象，人们置身其中，很容易就可以获得整体的印象，就像在法国的凡尔赛宫和花园那样。那些名为"Follies"的点景（图 5.9a 和图 5.9b），它们本来的设计意图在于颠覆形式与功能之间的传统联系，

图 5.9a　拉维莱特公园。一些"点景",比如说参观潜水艇的这个警卫室,我们可以很容易分辨出它是具有功能性的。
资料来源：© 本书作者

图 5.9b　拉维莱特公园。"非功能性的点景"之一。资料来源：© 本书作者

但实际上，我们却可以根据其体量和空间构成，很容易地区分出哪些是可以进入并具有一定功能性的，而哪些完全没有功能性。实际的建成效果与建筑师当初所宣称的目标恰恰相反，因此通过这个案例，我们可以清楚地看到，随意的设计手法并不一定能确保其作品可以呈现出复杂与含糊的特性。

　　和屈米一样，另外一位建筑师彼得·埃森曼（Peter Eisenman）将他的理论研究方法建立在德里达（Derridan）的文学理论，以及其他非建筑学的理论基础之上，认为通过这样的方法，就可以获得批判性的洞察力，进而摆脱掉那些过时的传统。[37] 但是这些还是不能掩盖这位多思的建筑师天性中对抽象构图和造型的终极热爱，这种偏颇的态度常常会扼杀掉那些富有价值的跨学科思想的应用，这是非常遗憾的。在法兰克福附近的雷伯斯托克公园（Rebstockpark）住宅区（图 5.10）项目设计中，设计师在基地上覆盖了一套正交的网格系统，并在几个维度上对其进行了扭转，由此产生的曲线贯穿整个方案，使得本来中规中矩的传统住宅社区变得扭曲变形。[38] 每一个住宅单元从外观上看就像是刚刚经历了地震，无论当初引导设计的是一套什么样的秩序，最后都消失得无影无踪。更糟糕的是，埃森曼在日本东京 Alteka 办公楼的设计中采用了一种名为"崩塌"的手法（图 5.11），而当地属于地震多发区，面对这种致命的威胁，这样的设计暴露出了理念与现实严重的脱节。

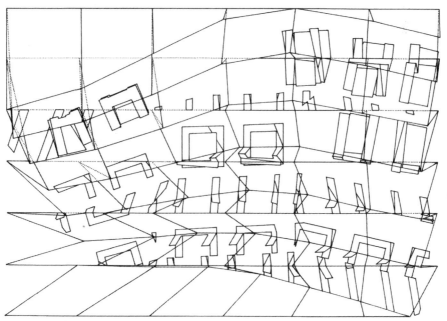

图 5.10　雷布斯托克公园（Rebstock Park）住宅区，法兰克福，彼得·埃森曼设计，1992 年。"折叠的"概念性设计。
资料来源：根据建筑师总体规划设计再行加工，P·埃森曼（1993 年）

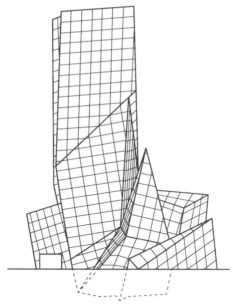

图 5.11　Alteka 办公大楼,东京,彼得·埃森曼设计,1993 年。资料来源:根据建筑师的设计再行加工,P·埃森曼(1993 年)

　　"一切以人类为中心",在这种对待自然的态度指引下——最好的结果,就是像拉维莱特公园那样,只不过是一种另类的创作。而像扎哈·哈迪德(Zaha Hadid)的位于中国香港的山顶俱乐部项目(图 5.12)则非常糟糕,她对于自然所抱持的是一种全盘否定的态度——无论是前者还是后者,都同样揭示了这股风潮背后所遵循的优先法则和内在矛盾。

图 5.12　山顶俱乐部项目总平面图,中国香港,扎哈·哈迪德设计,1982 年。资料来源:哈迪德建筑师事务所

扎哈·哈迪德为了她的参赛设计作品能够呈现出更理想的效果，竟然提出要将山顶上一片由植被覆盖的坡地彻底铲除再进行重整，来适应自己设计中抽象的水平构图：

> 这些自然的山丘地貌都需要重整，上面覆盖的植被都要被铲除并一直向下挖掘到岩石层，再利用这些挖掘出来的岩石仿造出一组人工悬崖，这个仿造的悬崖要仔细地雕琢，来模糊"人工制品"（man-made）和"仿制品"（artificial）之间的差别。这片基地被重新塑造成了一个巨大的、抽象的、精心雕琢的几何图形。[39]

假象

无论如何，不管是在设计过程中有意识地放任自由，还是运用复杂的形体变形技巧，抑或仅仅是故意忽视传统的尺度感和功能性，这些建筑师所做的一切，都不过是试图用一种虚假的手段来重现真实世界中的复杂性。尽管手法如此的随意，但他们的客户却还是认为他们的设计非常合理，甚至于比运用理性的方法做出的设计还要出色。但是，由此产生的建筑作品同现实世界的复杂性根本就没有什么关联，特别是真正的城市，它们都是经由那些平凡而又真实与复杂的决策过程逐渐形成的。

有一款非常流行的电脑游戏叫作"模拟城市"，它对这一系列的过程进行了描绘。这款游戏所使用的软件技术最早由"人工智能"的研究人员设计开发，精准地再现了城市发展与变迁的复杂过程。[40]细胞自动机（cellular automata）模拟城市中存在的不计其数的冲突，每一种冲突都会引发出一种基本类似的决策，但是当无数种因素都汇集在一起的时候，就会产生非常复杂的结果。比尔·埃里克森（Bill Erickson）是这样解释的：

> （这款游戏）强调了这样的一个事实：设计城市，不单单是用规划去引导和强制，城市的形态不仅来源于整体规划，同时也是当地居民行为的结果。[41]

在模拟城市中，就像在现实世界中一样，其复杂性来源于许许多多简单的事件。在上文介绍的所有案例中，所缺少的正是这些大量个体的抉择、冲突，以及不同的个体与利益群体之间的对话，而这些就是现实生活中城市发展的基础。雷姆·库哈斯（Rem Koolhas）、杰弗里·基普尼斯（Jeffrey Kipnis）以及其他很多怀有理论抱负的建筑师，他们都喜欢在设计中运用"叠加"一类的手法，但是叠加并不能掩盖建筑师思想中孤傲的本性，这些都是由其专业领域的意识形态以及对美学的偏见所决定的，与那些以理性为核心的设计手法并没有什么不同。查尔斯·詹克斯（Charles Jencks）赞美叠加的设计手法是一种"极致的民主"[42]手法，但事实并非如此，整个设计过程的主导者仍然是建筑师自己，外界的价值观并没有渗透到设计当中来。这样的方法并不是源于任何一种人类活动自发生成的模式，与此相反，它们暴露出了建筑行业一些严重的缺失。这些建筑师不能放弃自己的精英意识和主角心态，不能容忍他们曾经拥有的掌控城市形态的权利受到任何影响和削弱，他们不过是设计了一些复杂的假象，来掩盖自己狭隘的担忧。我们得到的并不是人类真实的发展与对话，而是一个糟糕的替代品，它通常使用晦涩难懂的语言来抵制检测，让人难以了解其本质。这股风潮曾经宣扬的是一种更加开放的设计过程，但事实恰恰相反，我们看到的只是愈发的故弄玄虚与自我痴迷。

包容性的方法

在这个开放、资源共享的互联网时代，我们很难想象，建筑专业凭借着这种恣意妄想与欺骗的手段还能维持多久。弗里德曼（Friedman）和内格罗蓬特（Negroponte）提出了一种非常极端的构想，他们认为以计算机技术为基础、排除建筑师参与的民主的建筑将会在未来成为一种选择。但是，假如那些很有天赋的建筑师，因为无法丢弃他们根深蒂固的一些阶级性的恶习而逐渐丧失了创造性的话，那将是一个悲剧。其他一些建筑师，比如费恩卡洛·德·卡洛（Giancarlo de Carlo）[43]，拉尔夫·厄斯金（Ralph Erskine）[44]，卢西恩·克罗尔（Lucien Kroll）[45]，甚至是著名的后现代主义建筑师查尔斯·摩尔（Charles Moore），在他早期位于加州的一个项目[46]中，都选择了一种更加真实、开放与包容性的方法，鼓励这些住宅项目以及其他类型建筑未来的使用者积极参与设计的过程。对于建筑复杂性真正的来源，德·卡洛（De Carlo）的解释非常清楚："在现代生活中，只有将建筑完全暴露于复杂的人类活动当中，才能重塑建筑并使其恢复活力。"[47]以同样的理念为出发点，著名芬兰建筑师阿尔瓦·阿尔托（Alvar Aalto）的"斜交规划法"（heterotropic planning technique）为我们提供了一种不朽的模式，使建筑师可以应付复杂的项目中相互冲突的各种需求，而不必总是寄希望于灵感的闪现。[48]特别是，上述大多数建筑师都具备了对地域性差异的敏感，并将其视为设计方法中重要的组成部分。所谓"高技派"的建筑师们（大多数被贴上这种标签的建筑师都并不认可这种狭隘的描述）也以他们自己的方式，实现了职业的开放性。他们跨越职业的界限，创造出一种合作的、以工艺为基础的建筑学，深深地根植于工业和技术的大环境中。[49]在这些建筑师的推动下发展起来的智能建筑的概念，也为建筑业的复兴作出了很大的贡献，这种建筑能够对自然及其人类使用者的需求作出回应。不久前，像是"未来系统"（Future Systems）建筑事务所的作品[50]，以及马来西亚建筑师杨经文（Ken Yeang）在远东的"生物气候学"（bioclimatic）摩天大楼[51]（图5.13），这些先进的设计使建筑拥有了出色的性能，它们是名副其实的绿色机器。相较于"高科技"（Hi-Tech），他们更为注重的是"生态技术"（Biotech），这些建筑师已经转向，真正投身于这个充满着复杂性的年代。

图 5.13　梅那拉·梅西加尼亚大楼，马来西亚吉隆坡，T·R·哈姆扎和杨经文建筑师事务所设计，1992 年。资料来源：©T·R·哈姆扎和杨经文建筑师事务所

地域空间，全球意识

　　日本的空间概念，同屈米等人想要摆脱掉的，以理性为中心的西方观念截然不同，非常具有研究与学习的价值。[52] 在西方巴洛克风格，以及新古典主义呈现几何构图的传统空间当中，设计师所假设的观察者在一定程度上可以说是被动的，只能从一种单一的、静态的视角去把握整个空间的概念。设计师自己的视野是完整全面的，而观察者则只是去分享这个已经由他人预先决定了的空间。相比之下，日本传统的"流动空间"对观察者的假设

是运动的，他会不断地变换不同的视角。与过去单一不变的视觉概念不同，日本传统茶室风格的住宅和庭园带给参观者的是一系列连续的空间体验，其中的空间关系总是会被一些不连贯的，或是穿插其中的事物所打断，从而变得模糊。[53] 参观者可以知道自己现在何处，但是却不知道自己接下来要去往何处。日本式的建筑营造了一种不完整的世界，邀请体验者参与其中。流动的空间既存在于观察者的头脑之中，也存在于设计者的头脑之中，如果没有前者的参与，那么后者的工作也将会毫无意义。值得注意的一点是，上述所有这些空间的塑造，都是通过一种基本而简单的矩形模块——榻榻米，以随意而不规则的形式布置完成的（图5.14）。日本式的建筑既不会假装八面玲珑去讨所有人的欢心，也没有被其蕴含的复杂的宇宙哲学所压垮。每一栋建筑或庭园都会使参观者深深地感受到当地的文化，尺度适宜的设计，在普遍性和特殊性二者之间形成了一种微妙的互补关系。

　　虽然西方的现代主义建筑师们受到了日本建筑风格的影响，但是他们大多数人的作品中都没有表现出日本建筑中"非中心化"的空间品质，其中就包括弗兰克·劳埃德·赖特。他将自己喜爱的水平分层构图的形式和价值观强加于建筑设计之中，从而失去了他曾经追

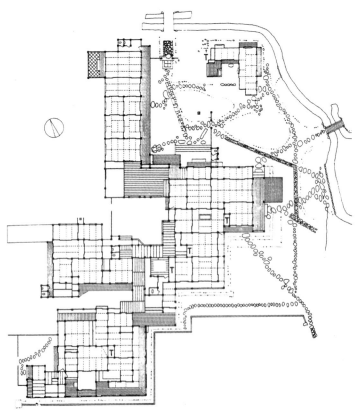

图5.14　桂离宫平面图，日本东京，1624年。资料来源：根据 W·格罗皮乌斯，丹下健三与石元泰博（Ishimoto, Y.）绘（1960年）

求的开放性的品质。汉斯·夏隆（Hans Scharoun）再现了战后现代主义的流动空间理念，创造出一系列复杂的连续空间，参观者只有穿行其中才能体会到设计师的意图。由于对非正交几何形状的偏爱，所以在他所塑造的这些空间中，仍然存在着很多的规则和限制，甚至并不比传统形式的建筑少。[54] 不久前，冈特·贝尼施（Gunter Behnisch）也尝试使用了类似的手法[55]，发明出一种不同以往的更为轻巧的技术，塑造出一系列通透而又富有层次感的复杂空间，同样充满活力，比较接近于日本式的建筑（图 5.15）。

夏隆和贝尼施的空间表达了一种从西方到东方的概念转变，而安藤忠雄（Tadao Ando）的作品则与之相反，它所表现出来的是从东方到西方的概念转变。[56] 安藤对流动空间的把握以及对自然的敏感得益于其日本传统，但是他近期的作品与两次世界大战之间俄罗斯构成主义和至上主义的作品有着很强的相似性（图 5.16）。就像切尔尼科夫（Chernikov）、列奥尼多夫（Leonidove）或马列维奇（Malevich）一样[57]，安藤也很喜

图 5.15　大学图书馆，德国艾希施泰特县（Eichstatt），冈特·贝尼施（Gunter Behnisch）设计，1986 年。资料来源：© 贝尼施建筑师事务所 / 克里斯蒂安·坎德齐娅（Christian Kandzia）

欢利用简单的形状自由组合（图 5.17）。他作品当中所表现出来的复杂性和动态特性，就来源于纯净而简洁的长方形和圆形之间所形成的张力，这些不同的建筑元素自由并置、相互穿插，常常会打破简单的秩序。但是，不同于西方的"解构主义"（deconstructionists）或是"反构成主义"（deconstructivists），尽管他们也宣称使用类似的手法，安藤在设计中会根据项目的尺度来控制建筑元素破碎的程度，尤其注意与周围环境的协调——环境中的所有因素都会在他的建筑中找到相互呼应的表达。

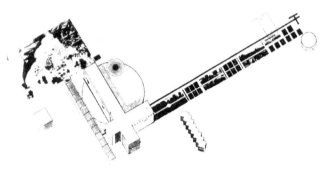

图 5.16　索夫基诺电影工作室（Sovinko Film Studios）平面图，伊凡·利奥尼多夫（Ivan Leonidov）设计，1927 年。资料来源：Cooke, C.（1988 年）

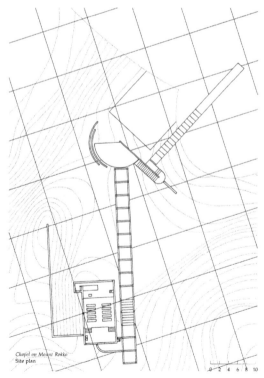

图 5.17　风之教堂（六甲山小教堂，Chapel on Mount Rokko），神户（Kobe），安藤忠雄设计，1986 年。资料来源：安藤忠雄

　　就像其他现代地域主义建筑师的杰作一样，在安藤的设计作品中，既能反映出当地的自然空间特色，也能反映出人类文化的全球性思维，而在后者当中，互联网和虚拟空间正是其中两个快速发展的关键因素。所有这些技术、社会和文化的发展结合在一起会产生什么样的建筑对话，我们拭目以待。值得注意的是，日本的流动空间和虚拟空间在拓扑学上是具有同一性的，它们二者都会为参观者带来一系列连续的体验，从已知到未知，只有完整地经历过之后再回头来看，才能理解其中的意义。[58] 但是，就目前而言，安藤利用简单的形状创造出复杂的空间关系，我们由此可以联想到人类生活其中的变化万千的世界，以及世界不断进化发展的过程，这是一种恰如其分的隐喻。

注释

1　Abel, C. (1996b). 'Visible and invisible complexities'. *The Architectural Review*, Vol. CXCIX, February, pp. 76–83.

2　相关运动的概述，参见 Johnson, P. and Wigley, M., eds（1988）. *Deconstructivist Architecture*. The Museum of Modern Art, New York. Also Papadakis, A. C., ed.（1988）. *Deconstruction in Architecture*. Architectural Design Profile No. 72. Also Lynn, G., ed.（1993）. *Folding in Architecture*. Architectural Design Profile No. 102.

3　一种具有时代代表性的回应，参见 Manser, J.（1995）. 'Hadid bemuses New Yorkers'. *Building Design*, No. 1207, 10 February, p. 17. 图纸以自我表现作为终极目标的这种倾向，最早开始于20 世纪 70 年代，代表作就是当时被称为 "纽约五人组" 的几位建筑师的作品，按照柯林·罗（Colin Rowe）的说法，他们 "有时候会认为建筑是为图纸服务的，而不是图纸应该为建筑服务"。Rowe, C.（1975）. *Five Architects：Eisenman, Graves, Gwathmey, Hejduk, Meier*. Oxford University Press, Oxford, p. 8.

4　伯纳德·屈米以及其他的一些建筑师的作品，常常会跟雅克·德里达（Jacques Derrida）的解构主义哲学与评论联系在一起。例如，参见 Benjamin, A.（1988）. 'Derrida, architecture and philosophy', in Papadekis, A. C., ed., pp. 8–11. 但是有一点值得注意的是，同样是这一批建筑师，有的时候又会被称为 "反构成主义者"，暗示着他们的作品可能在很大程度上，都受到了来自建筑文化内部的影响。例如，参见 Johnson, P. and Wigley, M., eds（1988）.

5　Jencks, C.（1995）. *The Architecture of the Jumping Universe*. Academy Editions, London.

6　ENIAC 被公认为是第一台电子计算机。由宾夕法尼亚大学研发，并于 1945 年 12 月投入使用。这台机器有一个房间大小，重达 30 吨，包含 18800 个真空管。参见 Goldstine, H. H.（1972）. *The Computer from Pascal to von Neumann*. Princeton University Press, Princeton.

7　Weiner, N.（1948）. *Cybernetics*. The MIT Press, Cambridge, MA. 其他早期重要的作品，参见 Von Foerster, H. and Zopf, Jr., G. W., eds（1962）. *Principles of Self-organization*. Pergamon Press, London.

8　Turbayne, T. M.（1971）. *The Myth of Metaphor*. 南卡罗来纳大学出版社，哥伦比亚。

9　Landau, R.（1968）. *New Directions in British Architecture*. Studio Vista, London.

10 Conway, D., guest ed. (1969). 'What did they do for their theses? What are they doing now?' *Architectural Design*, Vol. XXXIX, March, pp. 129–164.

11 Abel, C. (1969c). 'Mobile learning stations'. *Architectural Design*, Vol. XXXIX, March, p. 151.

12 Friedman, Y. (1975). *Toward a Scientific Architecture*. The MIT Press, Cambridge, MA.

13 Negroponte, N. (1970). *The Architecture Machine*. The MIT Press, Cambridge, MA. Also Negroponte, N. (1975). *Soft Architecture Machine*s. The MIT Press, Cambridge, MA.

14 For key early works, see Feigenbaum, E. A. and Feldman, J. (1963). *Computers and Thought*. McGraw-Hill, New York.

15 Pask, G. (1975). 'Aspects of machine intelligence'. In Negroponte, N. (1975), pp. 6–31.

16 参见第 1 章。

17 Landau, R., guest ed. (1969). 'Despite popular demand… AD is thinking about architecture and planning'. *Architectural Design*, Vol. XXXIX, September, pp. 478–514. Landau, R., guested. (1972). 'Complexity'. *Architectural Design*, Vol. XLII, October, pp. 608–647. 接下来在"建筑设计"上发表的两篇文章同样涉及复杂性的议题，但没有被纳入这两期特刊当中。

18 Quoted by Landau, R. (1972), p. 608, from Kohl, H. (1965). *The Age of Complexity*. Mentor,New York.

19 Abel, C. (1991a). *Renault Centre: Norman Foster*. Architecture Design and Technology Press,London. Also Abel, C. (1989a). 'From hard to soft machines'. In *Norman Foster, Vol. 3* (Lambot, I.ed.), pp. 10–19, Watermark, Chiddingfold. Also Luggen, W. W. (1991). *Flexible Manufacturing Cellsand Systems*. Prentice-Hall, Englewood Cliffs.

20 Kerr, P. (1995). *Gridiron*. Chatto & Windus, London.

21 Campagno, A. (1995). *Intelligent Glass Façades*. Artemis, Zurich. Also Harrison, A. (1994). 'Intelligence quotient: smart tips for smart buildings'. *Architecture Today*, No. 46, March, pp. 34–41.Also Pepchinski, M. (1995). 'The building breathes'. *Architectural Record*, No. 10, pp. 70–71.

22 Davies, M. (1994). 'Changes in the rules'. In *Visions for the Future*, Architectural Design Profile No. 104, pp. 20–23.

23 Davies, M. (1994), p. 23.

24 Fisher, N.（1993）. 'Construction as a manufacturing process'. 在雷丁大学的就职演讲,5 月 18 日。

25 有关虚拟样机以及它在协作作业模式中的影响，参见 Bricken, M.（1994）. 'Virtual worlds：no interface to design'. In *Cyberspace*：*First Steps*（Benedikt, M. ed.）, pp. 363–382. Also Barrett, T. and Pruitt, S.（1994）. 'Corporate virtual space'. In Benedikt, M. ed.（1994）, 383–409. For rapid prototyping see Dickens, P. M.（1994）. 'Rapid prototyping – the ultimate in automation'. *Journal of Assembly Automation*, Vol. 14, No. 2, pp. 10–13. Also Dickens, P. M.（1992）. 'Rapid prototyping'. 未公开发表的论文，快速成型系统机械工程师研讨会，伦敦，12 月 18 日。

26 "智能材料"类似于"智能系统"，泛指某些材料和技术，它们通过设计可以感知环境的变化，并通过自身特性或组织的某种适应性调节，来对这些变化作出回应。参见 Antonelli, P.（1995）. *Mutant Materials in Contemporary Design*. The Museum of Modern Art, New York. Also Sheenan, T.

（1996）.'The smart option'. *Building Design*, No. 1267, 31 May, p. 28. 教育意义参见第 6 章。

27　Negroponte, N.（1995）. *Being Digital*. Hodder & Stoughton, London, p. 181.

28　Kelly, K.（1994）. *Out of Control*. Fourth Estate, London.

29　在一些改变当中, 过度地宣导了计算机网络化的民主作用。相关实例参见 Katz, J.（1995）.'The age of Paine'.*Wired*, Vol. 1, No. 1, pp. 64–69.

30　Lawrence, A.（1995）.'Agents of the net'. *New Scientist*, 15 July, pp. 34–37.

31　Seaman, B. (1995).'The future is already here'. *Time Special Issue: Welcome to Cyberspace*, Spring,pp. 30–33.

32　Hinssen, P.（1995）,'Life in the digital city'. *Wired*, Vol. 1, January, pp. 53–55.

33　信息化的领军人物, 如威廉·米歇尔（William Mitchell）认为, 计算机网络可能在不久的将来就会取代很多类型的传统建筑的功能。尽管这样的说法过于简单化, 他忽视了各类建筑所包含的象征意义以及社会意义, 但是毋庸置疑, 计算机革命确实对传统的工作与交流模式带来了很大的影响与改变, 而且这些改变或许是不可逆转的。参见 Mitchell, W. J.（1995）. *City of Bits*. The MIT Press, Cambridge, MA.

34　在"荒芜之诗"中, 建筑师宣扬一种"猝死于路边的建筑。被长矛刺穿胸膛而死。"Co-op Himmelblau（1983）. *Architecture is Now*. Rizzoli, New York, p. 115. 这样的美学意味着什么, 在建筑师于 20 世纪 70 年代晚期的作品中得到了充分的说明, 比如说"矢量"（Vector）和"炙热的平台"（Hot Flat）这些项目, 它们都表现了被长矛穿刺的建筑形象。

35　Rattenbury, K. (1995).'In glorious technicolour'. *Building Design*, No. 1205, 27 January,pp. 12–14. Quote from p. 12.

36　Tschumi, B. (1988).'Parc de la Villette, Paris'. In Papadakis, A. ed. (1988), pp. 33–39.

37　Benjamin, A.（1993）. *Re-working Eisenman*. Academy Editions/Ernst & Sohn, London.

38　Eisenman, P. (1993).'Folding in time: the singularity of Rebstock'. In *Folding in Architecture* (Lynn, G. guest ed.), pp. 22–27, Architectural Design/Academy Editions, London.

39　Johnson, P. and Wigley, M., eds（1988）, p. 68.

40　Erickson, B. (1995).'The rules of transformation'. *Building Design*, No. 1208, 17 February,p. 19.

41　Erickson, B.（1995）, p. 19.

42　Jencks, C.（1995）, p. 79.

43　Zucchi, B.（1992）. *Giancarlo de Carlo*. Butterworth Architecture/Elsevier, Oxford.

44　Collymore, R.（1994）. *The Architecture of Ralph Erskine*. Academy Editions, London.

45　Kroll, L.（1986）. *The Architecture of Complexity*. Batsford, London.

46　Allen, G., Lyndon, D. and Moore, C. (1974). *The Place of Houses*. Holt, Rinehart & Winston,New York.

47　Zucchi, B.（1992）, p. 26.

48　Porphyrios, D. (1979).'Heterotopia: a study in the ordering sensibility of the work of Alvar Aalto'. In *Alvar Aalto*, Architectural Monographs 4, pp. 8–19, Academy Editions, London.

49　参见第 4 章。

50　Pawley, M. (1993). *Future Systems: The Story of Tomorrow*. Phaidon Press, London.

51 Yeang, K. (1996). *The Skyscraper Bioclimatically Considered: a Design Primer*. Academy Editions,London.

52 Inoue, M.（1985）. *Space in Japanese Architecture*. Weatherhill, New York/Tokyo. 虽然在著名的桂离宫以及其他经典的宫殿建筑和住宅建筑中，都可以看出与日本传统空间千丝万缕的联系，但是日本的历史传统也发生了很大的变化。就像在江户时代，同时期的建筑形式就有很大的差别，形成了鲜明的对比。参见 Okawa, N.（1975）. *Edo Architecture：Katsura and Nikko*. Translation by Woodhull, A. and Miyamoto, A. Weatherhill/Heibonsha, New York/Tokyo.

53 日本很多建筑师的创作都仍然沿用传统的茶室风格。参见 Futagawa, Y. and Itoh, T.（1972）. *The Classic Tradition in Japanese Architecture：Modern Versions of the Sukiya Style*. Weatherhill/Tankosha, New York/Tokyo. For the Katsura Imperial Palace，which is generally taken as the primary model for the style（see also note 52 above），see Gropius, W., Tange, K. and Ishimoto, Y.（1960）. *Katsura：Tradition and Creativity in Japanese Architecture*. Yale University Press, New Haven.

54 深入研究，参见 Jones, P. B.（1978a）. *Hans Scharoun*. Gordon Fraser, London. 有关夏隆更多的建筑作品，请参见第 10 章。

55 细节参见 Jones, P. B.（1988）. 'University Library, Eichstatt, West Germany'. *The Architectural Review*, Vol. CLXXXIII, No. 1093, pp. 28–40.

56 Ando, T.（1990）. *Tadao Ando*. Architectural Monographs 14. Academy Editions/St Martin's Press, London.

57 See Cooke, C.（1988）. 'The lessons of the Russian avant-garde'. In *Deconstruction in Architecture*（Papadakis, A. ed.），pp. 13–15, Academy Editions, London.

58 Abel, C. (1996a). 'Space, place and cyberspace: metaphorical extensions of mind and body'.Paper presented to the *Design Dialogue II: A Meeting of Metaphors*, University College London,17 May.

第 6 章 虚拟工作室

首次发表于《环境设计》（Environments by Design），1997 年冬 /1998 年[1]

在历史上除了一些特例以外，建筑教育界对建筑师的培养与塑造一直都是按照精英模式进行的，他们将建筑师的身份定义为独立的艺术创作者，从而将建筑的建造过程以及其中所牵涉的诸多因素全部排除在外。[2] 沃尔特·格罗皮乌斯在包豪斯学校中倡导建筑业与工业的整合，虽然对现代主义意识形态确实产生了一定的作用，但是对于教学方法或是建筑学院与外部世界之间的关系，却并没有产生什么实际的影响。相比之下，反倒是另一位包豪斯的教授约翰内斯·伊顿（Johannes Itten），他以内省式的研究方法和高度抽象的基础训练，对设计教育产生了更大的影响，世界各地无论何地，无论何种文化背景，都在纷纷效仿他所设计的"基础课程"。[3]

位于乌尔姆（Ulm）的设计艺术大学（Hochschule fur Gestaltung）曾做了一个大胆的尝试，试图复兴格罗皮乌斯最初的设想，教授设计学专业的学生全方位地掌握现代生产方式及其背后所牵涉的各学科技术，这是战后教育界唯一的一次例外，但是却很快就夭折了。[4] 此后，美国工业设计的先锋沃尔特·多林·蒂格（Walter Dorin Teague）、雷蒙德·洛威（Raymond Loewy）、亨利·德雷弗斯（Henry Drefus）和查尔斯·伊姆斯（Charles Eames）与雷·伊姆斯（Ray Eames）夫妇，重拾起这项建筑业与学院派没有完成的任务，建立起建筑业与工业之间直接的联结。[5] 值得注意的是，关于对工业化技术应该采取何种态度，伊姆斯给后辈建筑师最大的影响并不在于他们大量生产的家具设计，而在于伊姆斯为自己建造的位于圣莫尼卡（Santa Monica）的预制构件的住所。这座住宅完全由预制构件组成，无论是建筑业者还是教育界，都可以从这个项目中看到将构件设计与制造的繁琐工作留给他人处理，这种做法确实是十分方便的。

知识的流失

典型的设计工作室，无论是其组织形式还是具体的运作方式，都仍然沿袭着建筑学教育中所存在的孤立的行业壁垒。一旦被视为教学的范本[6]，那么工作室的运作就会更加脱离真实的世界，而这个真实的世界却正是他们极力想要去模拟的。我们几乎看不到任何形式的团队协作，甚至在建筑学的学生之间也很少会合作，就更不用奢望不同的科系和专业之间的学生们会相互合作了。技术性的知识大多都被强行划分为不同的课程，有关于结构的、材料的，以及在课程设计中穿插了一些针对同一主题的点评，但是对于当代生产方式的了解，无论是材料方面还是构成方面，大多数学校教育都几乎是一片空白。所谓的建筑成果就是一大套图纸，通常都是手绘渲染再加上一些 CAD 绘图作为补充，在最后点评的时候，这些图纸都被贴在一面墙上进行展示，一旁的桌子上放置着项目的实体模型。

对设计过程以及设计思路的说明大多采用类似的形式，也就是由学生在中间阶段性点评以及最后点评的时候，采用语言表达的方式进行说明，并且几乎不需要提出什么技术性的支持。点评的重点常常都会聚焦在表现图这种艺术形式自身的品质上，但却忽略了学生们设计思路和意图的清晰性。设计的点评过程，或者也可以被称为"评审"（jury），评委会由本校的教授和外聘的评论员组成，他们也同样会使用专业的术语进行点评，这些评论对于建筑其他专业的人员来讲都是很难理解的，就更不用说客户或是普通民众这些外行了。通常，这些外聘的业内评委都会把这样的活动当作一次对自己学生时代的怀旧之旅，从而抱着宽容的心态，运用他们学生时代同样的方法和标准去评价现在学生们的设计作品。其他的不足之处暂且不论，这样的方式将有关设计的交流局限在一个"行业内"的小圈子中，并且很难记录或传承，因而导致很多有价值的设计知识和经验每年都在流失。

设计教育的新模式

如今在计算机化生产技术的带动下，先进的建筑实践所表现出来的开放性与协作性[7]，同陈旧的建筑教育制度及其封闭性的本质形成了鲜明的对比。很多公司——并不一定是那些最大型的公司——现在的工作都一定要和工程师以及制造商密切合作，后者负责对建筑师所设计的建筑构件进行加工制造，研究与开发每一种构件以使它们达到所需要的性能标准。[8] 随着项目的发展和变化，建筑生产的模式本身也要不断调整，这样才能确保各个相关专业之间可以继续保持有效的合作。[9]

诺丁汉大学（University of Nottingham）建筑学院的设计研究工作室（The Design Research Studio，简称 DRS），是一系列实验性的设计工作室中成立最早的一个，其创建目的就在于要创造一种能够跟上实践发展脚步的新型设计教育模式，并且有意地去模拟真实的行业内这种运作和交流的特性。1993 年的春天，他们开始了一项关于热带建筑的研究生选题[10]，从这个课题开始，这间设计工作室就在很多方面表现出了与传统工作室的不同之处。就像在包豪斯和乌尔姆学校一样，在这间工作室中，看重的并不仅仅是结果，设计的过程也是同等重要的。但是，之前的学校将设计的过程僵化得等同于大规模生产技术以及"科学的方法论"[11]，而 DRS 则将此过程视为开放的交流与灵活模式的生产。这样，"过程－生产"之间的对应关系，就从之前确定的过程与普遍性的建筑学，转变为一种开放式的过程与特定的建筑学，进而能够适应具体的场所以及特定的目的。

这一阶段主要的交流模式，也就是工作室的主要成果，引起了当代很多业者的纷纷效仿，比如说福斯特建筑事务所以及巴特尔·麦卡锡（Battle McCarthy）工程公司，他们都在使用从工作室中流传出来的"咨询文件"。从专业的角度来看，贯彻始终的重点都是交流的清晰性，其目的就是要揭示出设计方案背后的研究与思考，并在整个设计与生产的过程中保持开放性，促使所有项目相关人员都能参与其中。为了达成这样的目的，他们在一切可能的地方都利用台式印刷技术以获得富有吸引力和专业品质的成果，展现在各个跨学科领域的众多参与人员面前，便于他们理解。项目的复杂性、繁重的研究工作，以及专业化的标准表达，这些因素都迫使所有的学生以小组为单位协同作业，从而模拟了真实世界中的实践模式。通过这样的方法，越来越多的研究和设计的专业知识被收集起来，并可以传承给今后也要从事类似设计研究的学生，为下一个项目提供了有价值的跳板，并由此推动了整个学科领域向前发展。[12]

这些项目本身也有意识地仿效热带地区真实的自然条件（图 6.1），相关的资料来源于马来西亚的吉隆坡和新加坡当地政府代办处所提供的简报信息。[13] 随着项目的深入发展，对方案的要求也变得越来越严苛。邀请参加评审活动的外聘评委包括马来西亚著名建筑师杨经文（Ken Yeang），巴特尔·麦卡锡工程公司的克里斯·麦卡锡（Chris

图 6.1　设计研究工作室（DRS），诺丁汉大学，1996 年春。热带零售与商业中心项目，马来西亚吉隆坡。福根（Forgan）、卢卡斯（Lucas）和赖特（Wraight）设计。模型展示的是通风塔。资料来源：作者／诺丁汉大学

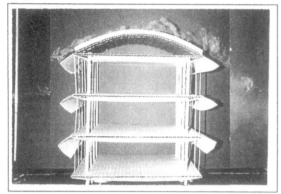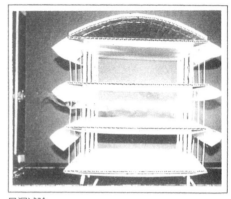

风洞试验　　　　　　　　　　　　　　　　　　　　　　　　　风洞试验

图 6.2　DRS，1996 年春。中学项目，新加坡。巴宾顿（Babington）和翁（Weng）设计。风洞试验模拟了穿过教室剖面模型的气流状态。资料来源：作者 / 诺丁汉大学

McCarthy），以及肖特 / 福特联合事务所（Short，Ford Associates）的布莱恩·福特（Brian Ford），他们每一位都是富有热带地区建筑设计经验的低能耗设计专家。[14] 每一种建筑类型的研究与节能策略都被加以完善，并且按照比例制作了工作模型，来进行风洞试验以模拟自然的通风效果（图 6.2）。学生们的研究报告也变得越来越深入，提供了清晰的样本记录和工作进度，方便以后的学生参考学习，并且以此为基础进行完善，这就类似于研究论文在其他学科领域中的作用。

尽管积累了大量富有价值的设计经验和交流技巧，但 DRS 仍然缺少一个建筑生产的现实范本。特别是，样品的开发与制造被限制于使用传统的材料——通常是木材和金属——制作缩比模型，这样就给测试带来了很多的限制。低速气流状况下风洞测试结果的可靠性也是值得怀疑的，它并不能适用于模拟垂直方向的"烟囱效应"，而这正是热带和其他一些地区被动制冷的一项基本技术。项目自身的复杂性也成为一个限制因素，在每个学期有限的时间内，很难按照生产过程将项目继续深入发展下去。在那个时期的 CAD 发展水平也很有限，通常，受不同的可视化技术所限，所谓"计算机辅助设计"实际上不过就是一种更为精密的绘图工具而已。大家逐渐意识到，为了获得进一步的发展，还需要增加一门新的课程，旨在深化设计、制造模型，并且引进更为先进的以计算机为基础的生产技术。

与此同时，学校还开设了一些探索新的建筑范例和相关学科的演讲和研讨会，而基础理论概念通过这些活动也获得了进一步的完善。[15] 一种名为"生物技术建筑"（Biotech Architecture）的概念应运而生，这种新的构想超越了现在只是对气候条件作出回应的建筑概念，它对建筑完整的生命周期各个阶段都进行了模拟研究——从最初运用柔性制造系统的概念开始，一直到建筑材料最后的循环再利用——基于生物学适应性的原理达成适应环境的目的。

生物技术建筑研讨会

这些评审讨论的结果就是"生物技术建筑研讨会"（Biotech Architecture Workshop），该研讨会于 1996 年至 1997 年在诺丁汉大学举行。和 DRS·热带建筑项目一样，研讨会也是研究生阶段的一个选题课程，其主要特点包括：

- 为特定的场所、用途和气候条件量身定做的设计方案；
- 设计和生产过程的完全整合；
- 先进的信息技术在整个设计阶段的应用；
- 与校内外其他专业及业界的多学科、紧密的团队合作；
- 在最终生产前利用虚拟原型和工作模型进行测试；
- 透明的设计和生产过程。

在项目进行的过程中，这些基本特征以上述原则为基础，不断地以"宣言"的形式进行阐述，表明生物技术建筑的概念和研讨会的立场，以及他们所反对的是什么，这些都是同样重要的。

为了在缩短项目时间的同时还能达到预期的效果，获得高水平的成果，学生们会被要求以一个现有的项目或是已经达到初步设计程度的方案作为出发点，选择方案当中的某个方面或是部分进行深化。这样的做法也同样是对现实工程的模拟，现在建筑事务所经常会将大型的，或是复杂的设计项目中的一部分拆分出来——可能是幕墙系统或是其他部分的子系统——转包给相关专业的其他事务所负责。初步设计的方案可能来自学校之前的设计工作室作品，可能也是 DRS 的项目，但也有可能是其他工作室的作品，还有可能来自校外资源，比如说是一个有合作意愿的建筑事务所正在进行的项目。

就像在 DRS 中一样，这些学生们——他们当中的大部分都已经接受了前期的课程训练——会根据项目选择以及共同利益结成小组协同作业。经过讨论，最终选择了四个项目，其中三个来自伦敦的实际工程，另外一个来自一位参加培训的学生之前的作品，这些项目都有各自不同的特点，以及研究与发展的推动力。三个来自伦敦的实际项目都涉及先进的设计理念，其中包括：来自科斯基（Koski）、所罗门（Solomon）与鲁思文（Ruthven）建筑事务所的可移动的折叠书报亭；一个张拉膜结构屋顶的多重锚固结构节点（图 6.3），这是由阿特利耶事务所（Ateliers One and Ten）与埃娃·伊日奇娜（Eva Jiricna）建筑师事务所合作的项目；一个有中庭的办公建筑（当时已在建）的环境模型，来自 EPR 建筑师事务所。被选中的学生设计方案是一个自动化的户外遮阳系统，包括一个电动模型（图 6.4）。

为了进行样品开发，设计研究工作室与诺丁汉大学的其他科系也建立起了工作链接。

图 6.3　生物技术建筑研讨会，诺丁汉大学，1996 年冬。张拉膜结构屋顶结构性节点的设计与样品开发，周（Chew）、李（Lee）和曾（Tsang）设计。CAD 模型展示了屋顶的连接。资料来源：作者 / 诺丁汉大学

图 6.4　生物技术建筑研讨会，1996 年冬。自动遮阳系统的电动模型，彭戈拉（Bhavra）、清（Ching）和哈特（Hart）设计。资料来源：作者 / 诺丁汉大学

在机械与制造系（Mechanical and Production Engineering）以及土木工程系（Civil Engineering Departments）专业技术人员的指导下，他们拥有了先进的以计算机为基础的制造和测试设备，包括可以适用于所有项目的快速成型技术，以及用于移动式书报亭项目的用复合材料制造的装配式结构。[16] 土木工程系的工作人员还为工作室提供了一种名为"Fluent"的软件，这是用来计算流体动力学（computational fluid dynamics，简称CFD）的程序，以供中庭设计的环境性能分析使用。这个软件是专门为模拟大范围的气流速度和温度变化而研发的，可以将中庭空间中相关条件的变化情况以动态、可视化的方式直观地表现出来。还有另外一种 CFD 模型，可以用来进行结构节点的拉力分析。此外，还有一个来自社会学院的多学科研究团队始终密切关注着工作室的工作，并将其作为他们对合作实践研究课题的一部分观察对象。

其他的对外联系也随着工作室工作的进展而稳步发展，特别是奥韦·奥雅纳（Ove Arup）工程顾问公司的安德鲁·豪尔（Andrew Hall），他之前曾经在诺丁汉大学进行过关于先进的幕墙系统的演讲，现在仍然针对这个课题为学生们提供指导。[17] 保罗·克拉多克（Paul Craddock）和西蒙·卡德韦尔（Simon Cardwell），同样来自奥雅纳工程顾问公司，他们可以在结构节点的设计与装配方面给学生一些专业的建议，此外还有来自阿特金斯（W. S. Atkins）工程软件公司的马丁·冈顿（Martin Gunton），与大家分享了他的公司研发的"CFD 2000"软件使用方面的一些经验。

受相关教学计划的支持[18]，计算机技术与通信技术都得到了迅速的发展，而与之齐头并进发展起来的就是项目的研究与深化。一种以网络为基础的协作式工作模式逐渐建立起来，并且具备了"虚拟实践"（virtual practice）所需要的所有要素。[19] 这一进展的核心就是"虚拟原型"（virtual prototype）[20] 的概念，它既是设计开发不断变换的焦点，也是主要的交流媒介，共享的信息可以通过网络或是磁盘，在学生与其他参与部门以及建筑师之间穿梭传递。学生们根据模拟拉力分析测试的结果，以及其他科系和外聘顾问的建议进行相应的调整，而随着这些调整的进行，屏幕上显示出来的结构节点形状也会相应地发生变化，这就是工作室成果的亮点之一（图 6.5）。同样吸引人的还有从一大桶液态树脂中浮现出来的一个实体的样本，它是根据学生们绘制的 CAD 模型，直接驱动激光束逐层雕琢而成的（图 6.6）。由此，就实现了这样一种"设计开发 – 测试"不断反馈的循环发展，这就是一种可称得上先进的实践过程。头脑中的构思会在电脑屏幕上成型，并在模拟现实的条件下进行测试（图 6.7）。之后测试的结果又反馈给学生们进行下一步的调整，整个过程与最终的结果融为一体不可分割。其中最重要的是对真实的建筑"制造"过程切身的参与感，所有的学生都对此交口称赞，它为设计工作室的理念赋予了新的意义。

图 6.5　生物技术建筑研讨会，1996 年冬。张拉膜屋顶钢结构节点 CAD 模型的演变过程，从最初的设计（左上角）到最终的设计（右下角）。周（Chew）、李（Lee）和曾（Tsang）设计。资料来源：作者 / 诺丁汉大学

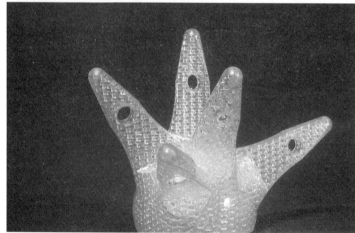

图 6.6　生物技术建筑研讨会，1996 年冬。根据图 6.5 中所展示的 CAD 模型，利用快速成型技术制作的屋顶结构节点实体模型。周（Chew）、李（Lee）和曾（Tsang）设计。资料来源：作者 / 诺丁汉大学

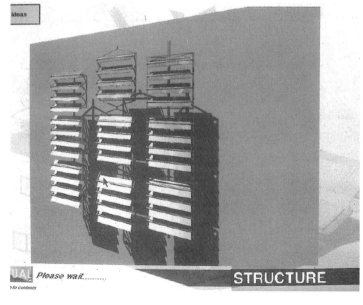

图 6.7　自动遮阳系统中"趋光性"百叶窗的运动由光敏电阻控制。彭戈拉（Bhavra）、清（Ching）和哈特（Hart）设计。模拟性能测试。资料来源：作者 / 诺丁汉大学

异次元空间

关注表达的清晰性，完整地表述设计和生产的全过程，这些适用于 DRS 的标准也同样适用于研讨会。与传统的方式不同，随着项目的发展，所有的相关信息都被记录在磁盘上，而不再使用传统的复印件。有一个工作小组，他们的工作从一开始就在建筑学院网站上进行，试验包括虚拟现实在内的多媒体技术，每一个可以连接互联网的用户都可以通过网络，随着他们的工作进展分享他们的经验成果。后来，其他人也在另外的网页上记录他们的项目方案，或是制作自己的光盘。用户可以通过"鼠标点击"（Point and click）的方式选择自己所要浏览的内容，并可以通过不同的序列来控制自己的路径，这同所有网站搜索引擎的使用都是一样的。所有的个案都有一个共同的目的，那就是为自己的作品制作一种方便易读的记录，如果需要，它甚至可以随身携带。

研讨会临近结束的时候，在诺丁汉大学工业和医学信息中心（Centre for Industrial and Medical Informatics，简称 CIMI）的帮助下，利用他们的"现实中心"（Reality Centre）以及最为先进的虚拟现实设备 [21]，为所有这些项目的发展都提供了巨大的推动作用。在 CIMI 专业研究员和总监法尔杭·戴米（Farhang Daemi）的协助下，学生们拓展了他们的方案成果，引入了虚拟现实技术，研究的成果以更为详尽的方式展现出来，为研讨会增添了一个新的异次元空间。CIMI 还开放了他们的现实中心，供学生们进行他们最后的汇报演示使用，在那里有宽屏幕三重投影仪这样先进的设备。[22] 这些专业级标准的、完全以计算机为基础的动态演示，给由学校教授和外聘的专业人士组成的评审委员会留下了深刻的印象。

网络工作室

尽管项目所用到的所有生产设备都在诺丁汉大学校园内或是附近，但是生物技术建筑研讨会的经验表明，这种空间上临近的关系并不是获得成功的主要因素，同样，实践项目所处的位置也不是成功的决定因素。同其他地方先进的建筑实践一样，通信和软件技术改变了传统设计工作室处于项目核心的地位，取而代之的是虚拟的工作场所以及虚拟的原型。从某些方面说，类似于快速成型技术和虚拟现实技术这些先进技术的综合运用，使学生们甚至成为业内的先行者，因为在当时很少有设计公司真正掌握了这些尖端的先进技术。尽管项目条件有限，但是建筑系的学生们可以将他们的设计理念完全注入整个建筑生产的过程当中，利用先进的技术模拟出项目的方方面面：视觉效果、功能特性、环境因素，甚至是经济方面的因素——这是一个被严重忽略了的要素——伴随着设计的逐步深入，不断对这些因素进行调整，直到获得理想的效果。

随着研讨会的发展，一直以来都存在于建筑教育与建筑实务之间的鸿沟逐渐消失了。

之前除了少数的几所建筑院校会组织自己的校内实践以外，大多数学校学生们的专业实践都是与学校教育割裂开的，有的是安排连续一年的实习期，有的是占用假期进行一次短暂的简单实习活动。相比之下，上述研讨会期间，在学生们与参加活动的伦敦设计公司之间的关系中，对他们的角色最恰当的描述应该是（免费的）"在线设计顾问"。

　　研究和生产设备的使用，以及同执业建筑师积极的接触与沟通，这两个方面无论是对于一般大学的课程安排和时间表来说，还是对于参与这项活动的各个公司与部门来说，都存在着一定的压力。保持灵活性——无论是在工作习惯上还是态度上——就是在这些方面取得成功的关键，其重要性甚至丝毫不逊于新的生产模式。将不同的课程汇整在一起也是很有帮助的，比如说设计研究工作室、生物技术建筑研讨会以及同期的计算机课程，就可以安排在一起综合进行。虽然在实际上研讨会所关注的问题是很有限的，但是并没有充分的理由证明，一个完整而复杂的建筑项目不能通过汇整的课程全面处理，再由学生与教师团队协作完成。计算机流体动力学程序（CFD）以及其他一些类似的软件，它们的操作界面对学生来说都是非常人性化的——同时也是学生们迫切需要的——这些软件的开发也对这样的教学改革起到了推动的作用。诸如此类的发展，最终将会有助于建筑院校的毕业生们获得贯穿全过程的跨学科技能，而这些技能也正是未来生物技术建筑所需要的。

注释

1 Abel, C. (1998). 'Architectural education and the virtual practice'. *Environments by Design*, Winter 1997/1998, pp. 71–85.

2 关于欧美建筑教育状况的一些批判性评价，可参考专题讨论，Davey, P. ed.（1989），*The Architectural Review*, Vol. CLXXXV. No. 1109, pp. 23–87. Also Crosbie, M. J.（1995）. 'The schools : how they're failing the profession'. *Progressive Architecture*, September, pp. 47–51, 94, 96. 后一篇文章指出，美国一些研究表明，建筑院校毕业生在专业素质和技能方面，普遍存在不能适应职业需求的现象。

3 Abel, C.（1995）. 'Globalism and the regional response : educational foundations'. In *Educating Architects*（Pearce, M. and Toy, M. eds）, pp. 80–87. Academy Editions, London.

4 Abel, C.（1966）. 'Ulm HfG, Department of Building'. *Arena : the Architectural Association Journal*, Vol. 82, September, pp. 88–90. 参见第 4 章。

5 Heskett, J.（1980）. *Industrial Design*. Oxford University Press, Oxford.

6 Stringer, P.（1970）. 'Architecture as education'. *RIBA Journal*, Vol. 77, January, pp. 19–22.

7 参见第 4 章、第 5 章。

8 深入研究，可参考 Abel, C.（1991a）. *Renault Centre : Norman Foster*. Architecture Design and Technology Press, London.

9 Muir, T. and Rance, B., eds (1995). *Collaborative Practice in the Built Environment*. E. & F. N. Spon, Oxford.

10 工作室规划的教学基础，包括作者为大学肄业生开设的理论讲座，涉及世界各地不同的建筑，其中就包含了项目所在地东南亚地区的建筑。还有另外一个选修的系列讲座名为"建筑与生产"，同样由作者组织，介绍了创新的生产系统，其中涉及的内容非常广泛，从自助建筑，到机器人以及快速成型技术。

11 在陈旧的科学方法观影响下形成的，战前与战后时期正统的现代主义思想，从那个时期开始得到了很大的调整，变得更加自由与宽容。详见第 3 章。Also Abel, C. (1982a). 'The case for anarchy in design research'. In *Changing Design* (Evans, B., Powell, J. and Talbot, R. eds), pp. 295–302. John Wiley & Sons, London.

12 在教育与实践中范本价值的讨论，详见第 11 章、第 14 章。

13 新加坡公共工程部门的 Phan Pit Li 提供了新加坡一所中学项目的简介。

14 伦敦布莱恩·福特联合事务所的负责人是布莱恩·福特（Brian Ford）。设计研究工作室的其他客座教授还有：皮埃尔·巴洛索（Pierre Balosso, 1995）、马克·休伊特（Mark Hewitt, 1996）。为设计研究工作室以及生物技术建筑研讨会提供一般性指导的，还有诺丁汉大学的教授：约翰·切尔顿（John Chilton，结构）、约翰·维托（John Whittle，环境服务），以及戴维·尼克尔森 - 科尔（David Nicholson-Cole，计算）。

15 由作者开设的相关理论课程包括："建筑外部环境"（Outside Architecture）、"现代建筑新范式"（New Paradigms in Modern Architecture），以及 "现代建筑理论及批判"（Theory and Criticism of Modern Architecture）。

16 菲尔·狄更斯（Phil Dickens），前 "创新制造研究中心"（Innovative Manufacturing Centre，简称 IMC）成员；克里斯·路德（Chris Rudd），复合材料学会成员，他们都为研讨会提供了人员以及设备方面的很大支持。

17 参见 Hall, A. (1996). 'Heralding the intelligent wall'. Building Design, 22 March, p. 20.

18 由戴维·尼克尔森 - 科尔教授的一门选修课程 "计算机建模与表现"，在研讨会同期开设。选修了这门课程的学生可以通过为研讨会项目制作 CAD 和多媒体效果，拿到专门的学分。

19 作者在提出 "生物技术建筑"概念的同时，还提出了另外一个专业术语，那就是"虚拟实践"（virtual practice）。它的含义是设计师和顾问以计算机和网络为基础进行协作作业，其工作的重点就是虚拟原型的设计与开发。同样一个虚拟原型既是来自天南海北的不同团队之间交流的媒介，同时也可以根据设计任务的不同性质，转换供其他的项目使用。

20 一个 "虚拟原型"的制作并不一定要用到虚拟现实技术，这主要取决于它所要模拟的是对象视觉上的效果还是物理特性。根据项目所关注的具体特性，这两个方面都通过生物技术建筑研讨会获得了发展。

21 现实中心的核心包含一台负责图形处理的超级计算机。使用者可以通过交互控制功能，从任何视角观察场景，并可以在模拟的场景当中 "漫游"——图像直接投影在一面大型的曲面银幕上，使用者不必再佩戴耳麦等笨重的设备。

22 诺丁汉大学工业和医学信息中心前运营经理理查德·比德拉姆（Richard Petheram）和研究助理金·维斯曼（Kim Wiesman），他们为最后在现实中心举办的项目汇报提供了很多的帮助，包括从学生个人网页上读取资料，或是通过链接使用学生自己的计算机进行演示。

第 7 章 基因设计：模因的批判

K. Orr and S. Kaji-O'Grady, eds，首次发表于《科技与技术》(Techniques and Technologies)，原标题为"虚拟的进化：对设计中遗传算法的模因批判"(Virtual evolution : a memetic critique of genetic algorithms in design)。悉尼技术大学，澳大利亚建筑学院联盟第四届国际会议记录，2007 年 [1]

本章要探讨的是在设计理论中存在着争议的一些议题，而这些议题都来源于在建筑设计中遗传算法的运用。这种规划方法的基本原理来源于达尔文物竞天择说的迭代过程（即自我循环）。[2] 尽管这些规划的产品在视觉上常常会表现出非凡的吸引力，但是研究人员却很少会去质疑它们背后的生物学模型是否合理。从模因（文化基因）的角度来探讨这个议题，尽管我们接受了"模因"即是文化发展的主要媒介这一基本的观点，但是与理查德·道金斯（Richard Dawkins）之前的认知不同，我认为"模因"（meme）和"基因"（gene）这两个概念之间是存在着根本区别的，前者是文化的复制因子，而后者是生物学的复制因子。因此，以后者为基础而设计的进化模型，特别是那些只能在实验室条件下或是其他人工环境中运行的模型，被拿来用在文化基因领域，就势必会导致错误的结论。

由这两种不同的方法衍生出了很多具有争议的问题，主要涉及定义、传播、体现、选择以及自主性这几个方面。由于文化发展是一个相当复杂的过程，因此对于设计研究而言，更加富有成效的应该是基于文化进程发展起来的模因演算法，而非生物进化过程中的基因多样性。更为重要的是，相较于实验室模拟环境中将所有人为的因素都排除在外的做法，我们提倡的是在现实生活真实的项目中引入设计算法，这样才能找到最为有效的解决方案。

遗传算法

我们首先要谈的是在建筑设计过程中生物学模型的应用和误用，以及在建筑实践当中遗传算法的应用。我们可以将 2004 年格雷戈·林恩（Greg Lynn）在悉尼的一些作品作为实例 [3]，来对这些问题进行说明。林恩的作品来自一次在悉尼举办的关于城市与未来建筑的展览会。顺应这个展会的主题，该作品主要展示的是新型材料对未来居住建筑外形的

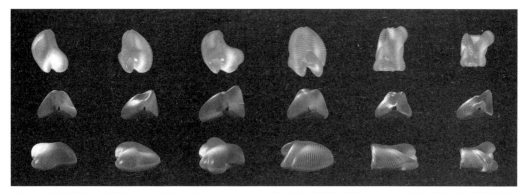

图 7.1　胚胎型住宅。格雷戈·林恩设计，1997—2001 年。利用基因建模技术设计出来的各种异形的作品。资料来源：
格雷戈·林恩 FORM 公司

影响。林恩设计了一系列的"胚胎型住宅"（Embryologic House）（图 7.1），它们是很
多由电脑生成的形态各异而又类似的异形构造，彼此之间存在着一定的关联，林恩详细解
释了它们相互之间的同一性以及差异性。

　　值得称赞的是，林恩并没有试图掩饰他进退两难的处境，而是针对类似于这次展览的
另外一个作品同彼得·埃森曼（Peter Eisenman）交换了意见，而埃森曼批评林恩已经"丧
失了所有的辨识力"。对此，林恩不失幽默地回答道："它们就像是我的孩子一样，我爱它
们每一个，不分彼此"（原文引述）。在林恩早期的论述中，他也描述了新型灵活的生产技
术是如何被应用于制造业，进而生产出不计其数的产品的。这些产品尽管品相各异，但是
它们的基本设计大体上却都是相同的。他举了一个很有代表性的例子，那就是如今市面上
有无数种牙刷可供消费者选择，而这些牙刷根本看不出到底有什么区别。但是，当被问到
他参加展览会的这些弯曲造型的住宅设计背后所隐藏的逻辑时，林恩却连一个字也回答不
出来，无论是设计目的还是材料的特性。我认为，林恩的"胚胎型住宅"就像很多类似的
实验一样，就是我现在所说的"牙刷建筑"中一个完美的实例。

　　以遗传算法为基础[4]，借助于类似的设计方案，林恩所遭遇到的困难其实就是"选择
的问题"。这样的设计方案是效仿达尔文的进化理论进行的，如果说这样的设计方案行之
有效，那么其中选择的标准以及相关的因素就必须以某种有意义的方式接近于现实生活中
的生命过程，而在这个案例中，它意味着文化，而非自然选择。对于我上文中列举的那些
轶事，虽然我们不必过于当真，但是由此却可以证明，我并不是唯一一个对这项作品的理
论基础和发展方向提出质疑的人。在一篇名为"沉醉于科技狂欢"的论文中，作者克里斯·怀
斯（Chris Wise）教授[5]会同英国 AA 建筑协会中倡导"新兴技术与设计方案"（Emergent
Technologies and Design Program）的骨干分子们，指出了在设计策略中也存在着相
同的问题，他们称之为"形态基因"（mor-phogenetic）：

如今，即使有了"绝妙"的计算机技术，我们却还是没有足够的计算能力来研究我们真正想要研究的东西，所以计算机的发展之路也是非常狭隘的。只有听到"停止"的指令之后，它才会停下前进的脚步。效仿达尔文的理论，计算机化的技术带领着设计的进程跳跃、突变，来到一个不同的新天地，希望能够在这里适者生存。但是，我们对于"适应性"的定义往往太过主观武断，所以先进的工具反而变成了它们自身创造力的阻碍。[6]

尽管怀斯教授提出了告诫之言，但是在如今的大环境当中，众多研究员与评论家们都纷纷沉迷于这些产品光鲜亮丽的外表，很少有人会对进化论基本假设的正确性提出质疑。因此，在这个紧要关头，我们有必要再看一看新达尔文主义的模型，就像是怀斯教授所说的，它即使不是灵感的全部来源，也一定是主要的源泉。

模因的观点

我要从模因的角度来讨论这个问题，"模因"这个概念最早由理查德·道金斯提出，后来又有很多学者对其进行了深入的探讨。道金斯在《自私的基因》[7]这本书中指出，达尔文的进化论所涵盖的内容非常丰富，我们不应该仅仅将其限定在自然选择这一个议题上，而是应该扩展到人类文化的范畴。这并不是什么新的话题。从英国著名生物学家查尔斯·达尔文（Charles Darwin）完成了著作《物种起源》（On the Origin of Species）[8]至今，新达尔文主义者就通过类比，将其理论套用于很多流行的领域，其中就包括建筑学与规划。[9]但是，道金斯的研究超越了隐喻性的典故，区分出不同的文化或是细小的分支，他将这些命名为"模因"，取自希腊语"模仿"（mimic）的词根，暗指它们都是以类似的方式复制着自己的基因："如果让我赌，那么我就把我所有的钱都压在一个基本原则上。这是一个自然法则，即所有的生命都是通过复制实体，进而产生细微的差异而逐步进化来的。"[10]

在道金斯的引领之下，哲学家丹尼尔·丹尼特（Daniel Dennett）[11]注意到了达尔文理论当中的抽象特性，这样的特性可以使这一理论超越当初所设定的生物学世界的范畴，扩展到更大的领域。根据丹尼特的说法，自然选择可以归纳为一个简单但却高效的过程，这是一种任何计算机程序员都相当熟悉的过程：

达尔文的抽象理论之所以具有巨大的力量，就在于达尔文清楚地认识到了几个特征，尽管在这方面，达尔文确实优于他的追随者们，但是却始终缺乏明确的术语来描述这些特征。现在，我们所要做的就是用一个单独的术语来概括这些特征。达尔文发现了"算法"（algorithm）的力量。[12]

正如丹尼特所指出的，在达尔文的时代，为人们所熟知的算法都是局限在数学与逻辑程序领域，而艾伦·图灵（Alan Turing）在 20 世纪 30 年代的研究，以及之后计算机科学巨大的进步，证实了逻辑结构具有普遍性的力量。自然选择的工作原理也是同样的简单逻辑法则，只是由于自发性的突变而产生了显著的变化。苏珊·布莱克莫尔（Susan Blackmore）[13]，另一位模因论重要的领军人物，清晰地描述了进化的整个过程：

> 正如达尔文所认识到的，一个简单的重复过程可以创造出最为复杂、实用的设计，这是放之四海而皆准的真理。整个运作的过程是这样的——从某种状态开始；进行大量的复制，并在复制的过程中产生了细小的差异；选择其中的一个（带有差异的）复制品；之后就是重复以上的过程。周而复始，仅此而已。
>
> 这种力量就来自选择 [……] 在这个世界上，食物、生存空间、光照和空气都存在着不足，不可避免地总有一些生物相较于其他的生物拥有更大的优势，不论它们的优势体现在哪些方面，都有助于它们在竞争的生存环境中取胜，并将这种优势传递给它们的下一代，这一过程循环往复、周而复始。所有的特征都会显露出来并且不断进化，比如说眼睛、翅膀、毛发以及牙齿等。这些适应性的特征都帮助动物生存下来，如果它们繁育后代，那么这些特征也将会被传承下去。[14]

有争议的问题

到目前为止，情况都很好。在上述任何一种情况下，都没有人质疑在设计中使用遗传算法的正确性，甚至在其他的领域也是如此。与之相反，毫不夸张地说，任何一个对事物的进化和发展议题感兴趣的人都认为这是合乎逻辑的，无论是生物体的进化还是文化的发展。

然而，正如模因论的相关文献所揭示的[15]，在"基因"与"模因"的对比中存在着很多理论和实证方面的问题。首先，作为文化复制因子的"模因"，它的定义是什么，其中包含哪些因素。众所周知，这是个非常含糊的概念，其中包罗万象，从朗朗上口的乐曲与时尚，到宗教之类的文化形式——这也是道金斯最喜欢的一个议题，或者可以说就是他的研究对象。其次，尽管没有那么严格，但是模因通过深入的研究可以获得更为有效的复制形式，这不同于代代相传的以化学形式进行的精准的基因复制。就像道金斯所描述的，我们很难追踪到模因进化中同样精准的复制过程，这对于所有的人类文化领域都是适用的。

除了本文开头所提到的选择问题以外，我们还有两个存在更大争议的问题需要处理。

根据布莱克莫尔的说法，我把这些问题称为"定义问题"和"传播问题"。但是，我们还有一些其他的理由去质疑基因与模因之间的相似性。正如道金斯所解释的，在"基因型"（genotype）的进化生物学当中有一个明显的特征，那就是一个生物体的所有基因组成，以及生物体所表现出来的所有特征或是"显性"的特征，都是基因所携带信息的产物。自然选择更倾向于那些给予生物体"表型效应"（phenotypic effects）的基因，它们可以使生物体表现出某些方面的优势，而不是那些缺乏相同优势特性的生物体，也就是说，它们的基因影响就没有那么强烈。基因，作为一种有效的复制因子，它其实是通过一代一代的繁殖逐渐传递的，但是基因的影响或是基因为生物体带来的特性，决定了生物体能否在这个优胜劣汰的环境中继续生存下去。

因此，自然选择只能通过它们的表型效应间接地作用于基因。如果说基因与模因之间存在着明确的类比关系，那么在模因和它们自身影响之间也必然存在着类似的区别。我们不仅需要模因来区分不同的文化单元，还需要了解通过模因的影响而间接作用的选择过程。我把这些问题称为"体现的问题"。

最后，同时也是最重要的一点，就是自主性的问题。根据道金斯的理论，有机生物体的身体只不过是一种方便的载体，或者他把它们称为"生存机器"，通过基因的表型效应，将对生物体有益的各种基因汇整在一起。[16] 同样，道金斯认为，自然选择的主要对象既不是物种也不是族群，而是基因本身，这一点也是大多数生物学家的普遍认知。此外，道金斯还指出，基因总是会表现出自私性，可以这么说，它们总是选择在自然界中最有利于自身繁育发展的形式或形态进行复制传递。

在这些论点当中，道金斯强调，尽管模因就像基因一样可能会表现出——至少从语言表述上是这样的——某种具有目的性的行为，但是这只不过是一种隐喻的说法，我们不应该将其视为有意识的方向选择。选择就这样以最简单的方式作用于基因和模因，使得那些最有利于其继续生存的复制因子大量激增，因此，这看起来就好像是它们积极地掌控着自己的命运一般。但是，从道金斯对于"模因 – 基因"这一对概念其他一些方面的分析可以清楚地认识到，他在解释模因的时候以"遗传进化"作为对照，这只不过是一种隐喻的手法，毫不夸张地说，模因就像基因一样，它也同样是严格顺应达尔文的自然选择法则的。

这些争论的核心，就是关于普遍性或是新达尔文主义自身正确性的一些更为根本的问题，以及达尔文的进化论模型如何被广泛应用于生物体和人类文化中诸多形态各异的领域，其中就包括建筑和其他人工产品的进化。我相信，只要我们能够尊重基因和模因之间的差异性与相似性，那么达尔文的理论仍然是适用的。上文中提到了具有争议性的五个主要议题，重点讨论如下。

1. 定义

模因论的学者们普遍认为，人类的进化与其他物种的进化是存在根本区别的，其主要原因就在于人类文化形态的多样性，在获取知识和习惯性行为的过程中，文化逐步被塑造成了占主导地位的一种象征系统。但是除此之外，模因论的学者又划分为两个阵营，针对"模因作为一种文化的实体存在应该如何定义，以及模因是如何运作的"等问题存在着分歧。那些具有心理学背景的学者，例如布莱克莫尔（Blackmore）相信模因是一种精神的实体，随着神经科学的发展，最终将会被定位于大脑的工作当中。另一些学者来自不同的领域，例如丹尼特，他们相信模因只能通过其外在的文化表象来识别，无论它们表现为行为模式、符号系统还是人工制品，都不可能单独地存在。一旦这些文化表象消失了，那么模因也将不复存在。无论是哪种观点，似乎都不太可能像定义基因那样，精准地定义出何为模因。

凯特·迪斯汀（Kate Distin）[17]，关于这一议题的另外一位作家，我赞同他的观点，他认为模因是一种特殊的概念，它涵盖了普遍性适用的概念或是"类型"，例如工具、衣服、游戏、舞蹈、学科，当然也包括建筑类型与风格。但是，"类型"，作为一种象征系统，它只有被放在更广泛的相关思维体系中才有意义。因此，模因作为一种类型的概念，将其视为同"基因"一样的粒子单元的存在，或是可以独立存在的文化单位，这样的定义可能是不恰当的。在这方面，模因与基因之间存在着很大的区别。

2. 传播

为了实现其功能性，它们有效地将信息从一个人传递到另一个人，从一代人传递到下一代人，道金斯所描述的模因就像基因一样，应该具有高度的保真性，对信息进行忠实的复制。因此，很多模因论的学者们普遍认为，模因的传递就像那些现代复制技术的运用，比如说印刷术、摄影、影印以及计算机程序等。但是，文化进化的一般性理论不应该局限于只能通过现代技术进行传播或扩散的模因。

类似于模因的定义问题，为了适应文化传播的复杂性与多样性，我们应该适当放宽对复制绝对保真性的要求。在这方面,我赞同心理学家丹·斯珀波（Dan Sperber）[18]的观点，他认为模因的传播并不是简单的复制，就像是用推理的方法进行重建一样，是一个非常复杂的认知过程，其中涉及意向性的归属以及学习的技巧。虽然这看起来似乎削弱了道金斯关于模因传播的原始理论，但是与斯珀波不同的是，我并不认为它会真正威胁到模因作为复制因子这一基本概念，尽管实际的复制过程可能要比道金斯当初设想的要复杂得多。更加富有创意的推理和重建过程，也为模因的变异和突变提供了更为充足的空间——这也是新达尔文主义模型中的一个基本要素——准确地传递出该种类型的基本特征并使之易于识别，尽管已经发生了变异。

3. 体现

通过推理进行重建，这就意味着在一定程度上，公众对于模因的组成是有一定认识的，这样它才能够被复制。同样的，那些创造出要被他人复制或是重建的形式的个人，或是群体的意图也需要获得公众的认知，这种认知一般是通过观察而获得的，比如说听音乐，或是看到这些人工制品等。在乔治·库布勒（George Kubler）[19]的引领下，我坚持认为任何的人工制品，其中也包括建筑，同其他的文化形式一样，也都是一系列相似人工制品当中的一员，它们都具有相似的主要特性，库布勒将其称为"相关问题的解决方案"（linked problem solutions）。[20]因此，我们可以推断出，要想给模因下一个清晰的定义，单纯一个方面的论据是不够的，必须要从几个不同的方面进行论证，这样才能在它们的变化当中筛选出主要的特征，这就像是生物学家面对不同的物种时，都是根据它们各自的科属进行分辨一样的道理。当我们作为老师或是评论家，向学生或是设计人员解释某种特定的建筑类型或风格的时候，他们想要做的可能就是去复制这种特定的形式，或者至少是了解这种形式。

因此，我们可以看到模因和它们的载体之间的差异，虽然与其他的基因模型也进行了对比，但是这方面的比较我们不必太过重视。因此在这种情况下，我们不能仅仅通过一个单独的范例就识别出一种类型，很显然，有一些类型的概念是超越于这个特定载体的。一种基因一定是以实实在在的化学和物理形式存在于它的载体，但是模因则不同，当模因被从它的几个载体中推断出来并重建之后，它就是一个独立的实体存在。所以，同基因相比，模因更像是一种类似于幽灵的实体，只有在被重建的短暂瞬间才会显露在观察者的面前。

4. 选择

在道金斯关于模因的著作《自私的基因》（The Selfish Gene）最后一章中，他打破了达尔文自然选择理论中普遍存在的消极形象："我们就是被当作基因的机器，以及在文化上被当作模因的机器而被塑造出来的，但是我们有能力去反抗我们的缔造者。遗世独立，我们可以反抗自私的复制因子的暴政。"[21]

然而，道金斯虽然在反对过于消极地看待人类进化方面是正确的，但是他却可能朝着相反的方向走得太远了。道金斯相信人类拥有选择的力量，但是这仅仅是一种信仰的宣言，它的背后并没有概念或是理论论据来支撑（讽刺地说，道金斯的这种宣言，就好像是公然驳斥了宗教信仰一般）。但是很不幸，贾雷德·戴蒙德（Jared Diamond）[22]提出了很多既往文明的命运，这些历史证据表明，道金斯所憧憬的未来或许并没有那么美好。

　　凯文·莱兰（Kevin Laland）和约翰·奥德灵 - 斯米（John Odling-Smee）[23] 在他们的"生态位构建"（niche construction）理论中，提出了一种更为平衡与现实的观点，解释了达尔文的自然选择是如何在自然界以及人类世界中发挥作用的。根据道金斯的说法，一种生物体的表型效应会超越生物体自身，进而影响到整个世界[24]，上述的两位作者指出，海狸会建造堤坝或是其他形式的庇护所，改造它们生活的环境以利于自己的生存，而其他无数种的生物都是如此，它们会明显地影响它们所受到的选择压力，作用于自身的发展，由此增加它们生存下来的机会（图 7.2）。因此从这种观点来看，进化更像是一种双向的过程，而不是传统认为的被动消极的单向过程，只能够听天由命。

　　同样的，通过改变环境，无论是通过农业、通信系统还是建造城市，人类的行为也同样会影响到他们自己所面临的选择压力，并将自身的影响向外扩展，从而在很大程度上使地球按照人类自身的需求而被改造。矛盾的是，无论是好是坏，同样是这种对环境的改变可能又会引发新的选择压力，而这种压力实际上限制了人类的自由，而非创造出更多的选择。

5. 自主性

　　就像道金斯所说的，我们如果想要了解生物进化的方式，就必须改变对生物体传统的一般性看法，并且采用"基因的视角"，同样，他对于文化的进化也秉持相同的观点，认

图 7.2　大自然的土木工程师。怀俄明州大提顿国家公园，一个由海狸建造的大型水坝。资料来源：Fotosearch 摄影公司

为需要从"模因"的角度来思考这个问题。这就意味着在实践中接受了一个难以理解的概念，即模因以及模因的复合体可能具有其自身自主或是半自主性的发展。就像道金斯所描述的："一种文化的特征之所以会逐步进化而来，可能仅仅是因为这种特征对其自身有利。"[25]

类似的自主行为的概念，使人们对于"突现"（emergence）以及"自组织系统"（self-organizing systems）[26]的理论表现出越来越浓厚的兴趣，同时受到关注的还有"遗传算法"的概念，在某些情况下，这些概念之间都存在着一定的相关性。我一直认为，自主性的突现以及文化特征和类型的发展，这些都是正反馈循环的结果，就像是上文中所介绍的"生态位建构"：对环境的改变作用于选择的压力，导致新的特征与类型出现，而这些变化又反过来引起了文化环境进一步的改变，又再一次作用于选择的压力，这样的作用与反作用周而复始无限循环。

从同样的角度来看，我们也可以更好地理解"创新"的概念。我认为创新的过程，其实就是在新的选择压力下表现出来的一种自发性的结果，而不是像过去一般描述的那样，只是因为出现了一个具有创造性的个人。在这个过程中，随着社会和文化环境的改变，就会出现新的思想和新的技术来适应这种改变，进而又会导致新的选择压力出现，周而复始。[27]再结合其他的一些因素，我相信，不同的人在不同的地方分别工作，却会同时发现相同的理论或是发明，在进化生物学的发展过程中有很多这样的实例[28]，而在其他领域也不乏这样的例子，为这一理论提供了充足的论据。

6. 嵌入式算法

鉴于上述所有具有争议的问题，其根源都在于将生物学的进化和文化的进化视为了同样的过程，那么我们必须要提出这样的疑问：以遗传算法为基础的设计进化模型，只是对现实生活中进化发展的抽象概括，这样的方法真的是正确的吗？考虑到生物进化和文化进化二者之间存在着如此大的差异，之前的这种模型会不会从根本上就存在着误解，或者至少是存在着误导呢？

我要补充的是，对于巴洛克艺术形式本身，我个人并没有什么先入为主的成见。总是有设计师会将形式与美学问题放在任何问题之前，不管是有意的还是无意的。林恩对于设计装饰方面浓厚的兴趣就是一个很好的证明。[29]然而，我怀疑遗传算法之所以拥有如此之大的吸引力——无论是对学生还是他们的老师——都是源于这种算法的权威性而产生的错觉，而基因模型，正如我前面所解释的，并非那么适用。

还有一种更加务实的替代性方法，即嵌入式的设计算法被运用在实际的项目中，例如克里斯·威廉姆斯（Chris Williams）[30]，他就将这种方法运用在了大英博物馆巨大的中庭屋顶设计上（图 7.3），展现了面对环境问题，以及文化、材料等众多问题的甄选过程。

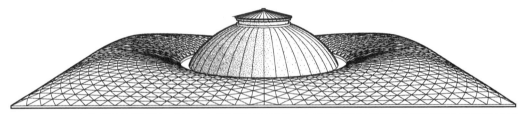

图 7.3　覆盖了大英博物馆前图书馆四周中央公共空间的屋顶结构，由福斯特建筑事务所联合英国奥雅纳工程顾问公司（Arup engineers）设计建造，1994-2000 年。用参数技术设计的钢架系统 CAD 模型。资料来源：© 格雷戈里·吉本（Gregory Gibbon）/ 福斯特建筑事务所

怀斯（Wise）[31] 在本文的前半部分，曾经引述过他对于自主性的数字设计所抱持的怀疑态度，他提出了一种类似的方法，呼吁更多的设计项目来进行相关的实验：

> 到目前为止，那些新兴的技术专家们总是将他们的新技术局限在某一个对象的应用上，而不是运用于整个项目中。一个完整的项目都有其确切的用途，都会有其具体的位置，都会与人互动，与气候互动，与时间互动。与计算机的程序不同，真实的项目都是由不完美的事物与材料组成的，会随着上述的这些互动而发生变化。简而言之，真正的项目是有生命的。[32]

参数建模，在诸如诺曼·福斯特（Norman Foster）和弗兰克·盖里（Frank Gehry）这些先驱者的带领下，已经获得了广泛的运用。[33] 虽然它可以使设计过程中很多复杂而耗时的工作自动化地进行，但是与自发性的遗传算法不同的是，它具有"渗透性"（permeability）的内在优势。这也就是说，在项目开发过程中的任意阶段，它都可以促使和激励外部的人员以及环境因素融入项目设计当中，并根据这些信息的融入对设计参数进行相应的调整。

7. 结论

除了这些个别的发展以外，如果研究人员的认识仅仅停留在基因模型的层面上，我很难想象对于建筑或是其他任何文化形式的进化，能够产生什么突破性的理解。虽然计算机算法的清晰度和准确度这些特征，可能完全能够匹敌基因复制的精确度，但是想反映出人类文化进化既精确而又模糊的特性，恐怕它也是望尘莫及的。总而言之，假如——而且这里是一个大写的"假如"——文化进化与基因遗传过程之间的差异得到了认同，上述存在着争议的问题也得到了解决，那么在设计研究领域所收获的最富有成效的成果，很可能会是"文化基因的算法"，而并非是基因的多样性。同后者相比，尽管它们可能会缺乏神秘感，对于精密的工程学可能略显不足，但是作为人类文化发展的模型，它们更有可能与我们实际的需求息息相关。

注释

1   亚伯（Abel，C.）（2007b）"虚拟的进化：对设计中遗传算法的模因批判"，发表于《科技与技术》。澳大利亚建筑学院联盟第四届国际会议记录，悉尼科技大学，2007 年 9 月 27–29 日（Orr，K. and Kaji-O'Grady，S.eds）。详细内容可参阅网站 http：//epress.lib.uts.edu.au/research/bitstream/handle/2100/461/ Abel_Virtual%Evolution.pdf?sequence=1.

2   参见 Dennett，D. C.（1996）. *Darwin's Dangerous Idea：Evolution and the Meanings of Life*. Penguin Books，London.

3   Lynn，G.（2004b）. 在悉尼市政厅举办的 2004 年建筑环境年会上进行的一场演讲，未公开出版，新南威尔士秘书处主办，9 月 28 日。

4   实例可参考 Leach，N.，ed.（2002）. *Designing for a Digital World*. Wiley Academy，Chichester.

5   Wise，C.（2004）. 'Drunk in an orgy of technology'. In *Emergence：Morphogenetic Design Strategies*（Hensel，M.，Menges，A. and Weinstock，M. eds），pp. 54–57，Wiley Academy，Chichester.

6   Wise，C.（2004），54–57.

7   Dawkins，R.（1989，2nd edn）. *The Selfish Gene*. Oxford University Press，Oxford.

8   Darwin，C.（1859；1972）. *On the Origin of Species*. Atheneum，New York.

9   参见 Collins，P.（1965）. *Changing Ideals in Modern Architecture*. Faber & Faber，London. Also Alexander，C（1964）. *Notes on the Synthesis of Form*. Harvard University Press，Cambridge，MA. 参见第 1 章。

10   Dawkins（1989，2nd edn），pp. 191–192.

11   Dennett，D. C.（1996）. *Darwin's Dangerous Idea：Evolution and the Meanings of Life*. Penguin Books，London.

12   Dennett，D. C.（1996），p. 50.

13   Blackmore，S（1999）. *The Meme Machine*. Oxford University Press，Oxford. Also Blackmore，S.（2005）. *Consciousness：A Very Short Introduction*. Oxford University Press，Oxford.

14   Blackmore，S.（2005），p. 124.

15   相关介绍，可参考 Aunger，R.（2000）. *Darwinizing Culture：The Status of Memetics as a Science*. Oxford University Press，Oxford.

16   对表型效应问题更深入的讨论，可参考 Dawkins，R.（1982；1999）. *The Extended Phenotype*. Oxford University Press，Oxford.

17   Distin，K.（2005）. *The Selfish Meme*. Cambridge University Press，Cambridge.

18   Sperber，D.（2000）. 'An objection to the memetic approach to culture'. In Aunger，R. ed.（2000），*Darwinizing Culture*，pp. 163–173.

19   Kubler，G.（1962）. *The Shape of Time：Remarks on the History of Things*. Yale University Press，New Haven.

20   参见第 14 章。

21   Dawkins（1989）. *Selfish Gene*，p. 201.

22   Diamond，J.（2005）. *Collapse：How Societies Choose to Fail or Survive*. Allen Lane，London.

23　Laland, K. N. and Odling-Smee, J. (2000). 'The Evolution of the Meme'. In *Darwinizing Culture* (Aunger, R. ed.), pp. 121–141.

24　Dawkins (1982；1999), *The Extended Phenotype*.

25　Dawkins (1989), *Selfish Gene*, p. 200.

26　Hensel, M., Menges, A. and Weinstock, M., eds (2004). *Emergence：Morphogenetic Design Strategies*. Wiley Academy, Chichester.

27　参见第 14 章。

28　虽然，大多数人都将"自然选择"理论完全归功于查尔斯·达尔文（Charles Darwin），但是同期，英国自然主义者阿尔弗雷德·华莱士（Alfred Wallace）也独立发现了这一理论。详细内容可参考 Young, D. (2007, 2nd edn). *The Discovery of Evolution*. Cambridge University Press, Cambridge.

29　Lynn, G. (2004a). 'The structure of ornament'. In *Digital Tectonics* (Leach, N., Turnbull, D, and Williams, C. eds), pp. 62–68, Wiley Academy, Chichester.

30　Williams, C. (2004). 'Design by algorithm'. In *Digital Tectonics* (Leach, N., Turnbull, D. and Williams, C. eds), pp. 78–85, Wiley Academy, London.

31　Wise, C. (2004), pp. 54–57.

32　Wise, C. (2004), p. 57.

33　Abel, C. (2004b). 'Electronic ecologies'. In *Norman Foster：Works 4* (Jenkins, D. ed.), pp. 12–29, Prestel, London. Also Glymph, J. (2003). 'Evolution of the digital design process'. In *Architecture in the Digital Age：Design and Manufacturing* (Kolarevic, B. ed.), pp. 102–120, Taylor & Francis, Abingdon. Also Burry, M. (2003). 'Between intuition and process：parametric design and rapid prototyping', ibid., pp. 54–57.

第 8 章 技术上的自我体现

本章简要概括了一部理论著作《扩展自我——建筑、文化基因和思维》(The Extended Self：Architecture，Memes and Minds)[1] 的主要内容，并在结尾部分对 "虚拟自我" 的议题作了进一步的讨论

科技是人类身体与智能的延伸，这种观点在文化理论和哲学领域都有着悠久的历史，正如下文中所引述的。[2] 然而，认知与文化进化的基本过程，将个人和群体同更广阔的人类世界联系在一起，却仍然存在着困惑和不确定性。神经科学领域的研究，也证实了早期的哲学家以及其他一些学者对于人类认知的扩展与属性方面的猜测，驳斥了将 "自我" 视为一种具有自主性的、独立存在的个体这种传统的观念。在下文中，我提出了另一种新的理论叫作 "扩展自我" (extended self)，它是人类与技术共同进化下出现的一种复杂而分散的产物：它是一种 "自场" (self-field)，其中涵盖的内容包括空间环境、人工制品，以及人际关系和群体关系。如今，在潜在的自场当中也包括虚拟自我和网络空间的虚拟世界，以及它们对人类社会心理和文化所造成的影响，不再是传统中总是与物理概念上的 "人" 关联在一起的单一、静止的概念。

工艺与人类

马歇尔·麦克卢汉 (Marshall McLuhan)[3] 在他颇具影响力的著作《理解媒介：论人类的扩展》(Understanding Media：the Extensions of Man) 中写道，在几个世纪之后，居住在地球上的人类先是使用机械，之后又使用电子技术，使自己获得在空间与时间上的扩展，我们现在就进入了这一过程中一个崭新的、甚至是更加激进的阶段：

> 很快，我们就进入了人类扩展的最后阶段——利用技术手段对意识进行模拟，届时，知识的创造过程将会被汇聚起来并扩展到整个人类社会的范围，就好像是我们已经通过各种不同的媒介，将自身的感官和神经向更大的范围扩展一样。[4]

这本著作是在 1964 年出版的，当时人工智能的发展尚处于起步阶段，而如今被大众所熟知的互联网技术也是在之后的很多年才出现的[5]，麦克卢汉的分析具有非凡的前瞻性。

连续经历了两次世界大战，原子弹的首次使用，标志着技术性战争武器的发展达到了顶峰，麦克卢汉也一直都对这个议题保持着高度的关注，常常思考人类的发展方向。但是，有一件事他是可以肯定的："不管人类如何扩展，无论是皮肤、手或是脚，都会对整个心理和社会的复杂性产生相应的影响。"[6]

在麦克卢汉的著作出版仅仅五年之后，人类学家爱德华·霍尔（Edward Hall）[7] 也预见到了这个问题，并且进一步指出，人类的扩展也包括人类文化的基本特征，比如说语言、写作，以及现代科技：

> 关于（人类）同其他动物的区别，麦克卢汉已经作出了详尽的说明，而我把这种特性称为生物体的"扩展"。通过自身的扩展，人类可以提升自己的能力，并能够适应某些特殊的情况。计算机就是人类大脑的部分扩展，电话是声音的扩展，而车轮是腿和脚的扩展。语言是对时间与空间体验的扩展，而写作则是对语言的扩展。[8]

博学多才的控制论专家格雷戈里·贝特森（Gregory Bateson）[9] 在他的著作《逐步迈向精神生态学》（Steps Towards an Ecology of Mind）中提出了更为激进的观点，他认为同样的技术性扩展迫使我们要重新思考人类思维的根本性质，以及它会向何处扩展的问题：

> 我们通常认为，外在的"物质世界"与我们内在的"精神世界"是彼此分开的。我相信，这样的划分是以身体内外的编码与传输的对比为基础的。
>
> 精神的世界——心灵－信息处理的世界——并不会受限于皮肤 [本书作者强调]。[10]

我们现在所面对的是日益严重的气候变化与环境恶化，这些都可能会引发灾难性的后果，人类技术进化的主题，或者叫作"工艺"（technics）已经被大众所熟知[11]，再一次引起了人们的紧迫感。一些著名的思想家试图揭示出这一过程，其中伯纳德·斯蒂格勒（Bernard Stiegler）[12] 在他关于这个主题的三部曲著作中的第一部《技术与时间：厄庇墨透斯的过错》（Technics and Time（I）：The Fault of Epimetheus）里写道，对工艺技术的发明与使用，是在众多生物当中人类所独有的天赋——而且它正是由于拥有这种天赋，我们才能区别于动物而成为人类。追溯从对技术的二元性思考到亚里士多德的哲学，从生物学到人工制品，斯蒂格勒断言，从最初的使用工具和语言开始，生物学个体的任何扩展都有其技术上的因素。技术在其所有的表现形式中，既有简单的也有复杂的，将生物体的能力放大并且使之"外向化"（exteriorization），在这个过程中，"技术的进化源于人类与物质的耦合，这是一种必须要阐明清楚的耦合。"[13]

　　忽略了动物制造或建造工具的证据[14]，斯蒂格勒提出了一个令人信服的理由，证明"智人"（Homo sapiens）和技术的共同进化拥有其不同凡响的诱因。根据斯蒂格勒的说法，大脑和工具的交互发展标志着"epiphy-logenesis"的开始，这是一种人类所独有的更高级的进化，是人类经验积累的一种具体化（externalized accumulation of experience）的表现。表观遗传学的记忆，即其他物种的遗传记忆，它只是局限在每一代的生物个体所携带的遗传信息中，而 epiphy-logenesis 则不同，它能通过这样或是那样的外部形式，将之前所有的信息都传递给未来的世代，因此对未来的发展具有更深远的影响：

　　　　epiphy-logenesis，是一种概括性的、动态的个体经验的（系统性的）积累，代表着生物有机体同环境之间一种新型关系的建立，同时也是一种新的物质状态。如果我们所面临的问题是"是谁"，那么我们可以回答个体是一种有机存在的物质，谈到个体就必然涉及它所生存的环境（这里是广义的物质概念，包括有机的和无机的）；而假如我们所面临的问题是"是什么"，那么我们只能通过一种有组织的、但却属于无机物的推理法，以及一些具有指导意义的工具（其角色就是工具）来获得答案。从这种意义上来说，"是什么"创造了"是谁"，就像是后者是被前者发明出来的一样。[15]

　　在这个基础上，斯蒂格勒断言，如果从历史时期的角度来判断和理解"工艺"这个概念，那么"它并不是在某个历史时期发生的，正确的说法应该是工艺的发展塑造了各个历史时期"[16]。如果人类的行为没有在地球上留下外部的痕迹，那么我们就无法了解我们的过往曾经经历过什么，也无法推测我们的行为会对未来造成怎样的影响。但是，斯蒂格勒也提醒世人，人类技术发明的脚步已经超越了人类文化其他部分的发展。根据贝特朗·吉勒（Bertrand Gille）的说法，现代社会的特征就是"永久的创新"[17]，他指出，不再有任何一个人可以跟上时代发展的脚步，或是掌控所有可能发生的事情，一方面，会有太多的新技术被引进人类社会当中；而另一方面，那些已经过时的技术将被取代并淘汰。简而言之："技术的进步领先于文化的发展。"[18]此外，技术的变革还与逻辑以及动力调节有关，吉勒将其定义为"技术系统"（technical systems）——它是一个综合体，涉及在一段时期占主导地位的工艺、社会和材料等众多因素，所有这些因素汇聚在一起，既形成了一定的限制，同时也提供了相应的机会——并不是个人的某项发明。斯蒂格勒在文中写道，其结果就是："割裂，即便不能说在文化和技术之间存在着割裂，至少在文化进化的节奏与技术进化的节奏之间存在着割裂。"[19]

　　斯蒂格勒的论文在读者中引起了激烈的讨论，有人支持也有人反对，争论的焦点大多集中在斯蒂格勒认为语言具有非凡的重要性，并且将大众媒体作为他的论据。关于这一点，作为他最强烈的批评者，安德烈·瓦卡里（Andres Vaccari）[20] 是这样说的："斯蒂格勒倾向于将技术发展的历史缩减为一种逻辑的轨迹，因而从写作与相关隐喻的角度来思考技术发展的问题。"[21] 瓦卡里认为，斯蒂格勒将关注的焦点都集中在大众媒体以及相关的技术上，例如摄影和电影后期制作等，并且用这些因素来解释技术问题，这样的认知是扭曲的："因此，利用斯蒂格勒的理论框架，我们很难去解释有关于身体、物质以及材料配置这些技术性的问题；这些议题都被明确地排除在讨论范围之外了。"[22]

　　然而，明确地指出书面语言和其他媒体的力量，记录并反映人类的发展，斯蒂格勒对这些议题的关注本是无可厚非的——但就像瓦卡里所说的，斯蒂格勒将关注的焦点都集中在这些议题上，却忽视了一些更大范围的议题，比如在生物学与工艺技术共同进化的过程中 [23]，人工制品的一般性作用，其中就包括人类的居所（图 8.1）。在斯蒂格勒的论文中没有涉及任何认知的因素，他在讨论媒体的时候，对相关的文化传播机构也没有任何的解

图 8.1　图中是一个印第安人的小窝棚，作者迪沃克斯（Duveaux）和皮耶尔顿（Pierdon），选自《Le Tour du Mond》，巴黎，1860 年。最简单的人类居所也有可能改变环境选择的压力，有利于使用者的生存。资料来源：Fotosearch 摄影公司

释。虽然斯蒂格勒清楚地了解到，随着人类技术的发展，人类身体的生理机能也会相应地发生改变，但是他的兴趣主要集中在同其他匍匐于地面的生物相比，直立行走的人类解放了双手与四肢，进而可以完成更精细的工作这些问题上。与此同时，斯蒂格勒还提出了一种更加复杂与模糊的进化，即大脑与身体的进化：

> 同在行进的过程中被"解放"出来的双手一样，人类的面部功能也从其原始的撕咬中解放了出来。双手的解放势必提出对工具的需求；而工具的出现也同样势必会要求面部的语言功能。很明显，在这个过程中大脑确实在扮演着一种角色，但却不再是发出指令的主体：它只是整体器官当中的一个部分[本书作者强调]，尽管它的进化趋向于大脑皮层的发展，但它仍然是整体中的一部分。[24]

认知的主体

在斯蒂格勒的论文中，忽视了对人类认知和文化传播这些问题的思考，在生物学与技术共同进化的过程中，存在着个体自我的存在与地位，以及它在全局中所扮演的角色这些基本问题。莫里斯·梅洛－庞蒂（Maurice Merleau-Ponty）和迈克尔·波兰尼（Michael Polanyi）[25]，他们的著作早于斯蒂格勒很多年，提出工具和人工制品在生物学与技术共同进化的过程中，也同样扮演着重要的角色，并且坚信身体就是所有实践的支柱，从而开拓了现象学当中一个新的领域。对于梅洛－庞蒂来说，身体就是人类存在的核心与源泉：

> 我们的身体并不仅仅是一个富有表现力的空间，因为那只是构造层面的身体概念。它是一切事物的源泉，在我们的手和眼睛的作用下，身体做出具有表现力的动作，才使它们开始拥有真实的存在（……）身体就是我们拥有世界的媒介[本书作者强调]。[26]

他解释道，空间意识以及对空间中物体的认识，都要借助于我们的身体才能进行。举例来说，如果一个人在一个房间或是一所公寓中转来转去，那么他没有办法将所见的不同场景分割为一个个独立的存在，也无法找到不同场景之间的联结物，整个体验过程都是连贯性的，它就源于身体的移动。随着身体的移动，每到一个地方都会体验到对应的场景，而在整个过程中，这些体验过的场景都会保留着各自的印象。类似的，放在桌子上的一个物体，我们可以在上面贴一些抽象性的几何描述，但是如果将其作为一个研究对象，那么我们对它的感受取决于我们与对象之间空间与时间上的相对位置。

身体的作用也并不局限于收集各式各样的感官体验。梅洛－庞蒂在他的著作中写道，一个人要想与其他人分享视野产生关联，那么他的身体就是唯一的，同时也是不可或缺的媒介："说我拥有一种视野，其实也就是说我拥有一个位置，通过这个位置我可以接触并开启一种存在的系统，一种有形的存在。"[27] 他认为，共享相同的基本生理器官与感觉器官，通过自身类似的扩展以及塑造世界的方式，可以使我们获得对他人的认同，因为如果我们每个人都是各不相同的，那么要获得以上的认知恐怕根本就是不可能的。[28] 因此，尽管种族和文化的各种差异可能经常会对这种认同起到阻碍的作用，但是所有的人类都有着类似的身体，这就是一种天然而脆弱的屏障，有了这层屏障，我们就很难将其他的人类单纯地视为某种物体。不仅如此，梅洛－庞蒂还观察到，同样的认同与识别过程并不仅仅局限于个人或是群体，它已经扩展到了同一领域所有的物质与文化对象：

> 我凝视着一个活生生的躯体，随着他的运动，他周围的对象都立刻呈现出一层新的意义：它们不再是我自己可以了解的对象，而是要通过其他的行为模式才能了解。[29]

和梅洛－庞蒂一样，波兰尼也坚决反对笛卡儿理论中精神与身体的分裂以及刻板的思维——客观性与主观性、理性与非理性等绝对的划分。[30] 想要寻求一种新的认知综合体，波兰尼在他的理论中发现了"隐性认知"（tacit knowing）。即使是对人脸进行识别这样一项普通的任务，其中也同样包含着复杂的认知扩展，波兰尼将其称为"内心留置"（indwelling），这只是一部分人在意识层面的自我。因此，"隐性认知"这一专业术语不仅代表认知当中无意识的部分，也包含有意识的过程与无意识的过程之间的互补关系。

关键的问题是要了解这两者之间是如何配合的。在下面的实例中，波兰尼解释了我们如何使用一个简单的工具，就好像这种工具成为我们自身的扩展，而我们却完全没有意识到这种感觉：

> 当我拿起一把锤子来钉钉子，我会同时注意到锤子和钉子，但是这两种认知却是完全不同的。我使用锤子的时候，我所看到的是它敲击在钉子上的效果。我没有去感受锤子握在我手中的手感，只是感觉锤子的头部敲击在钉子上。换句话说，我关注的重点是我拿着锤子的手掌与手指的感觉。它们引导我有效地操纵锤

子，而我对于钉子的注意程度也是类似的，可是方式却不同。对于二者的区别我们可以这样描述，我感受到钉子并不是因为我在注视着钉子，我眼睛所看的是别的东西，但是我仍然可以意识到钉子的存在。我知道手掌的感觉，就可以凭借这种感觉去注意将锤子敲击在钉子上。我可以说，我拥有一种辅助意识（subsidiary awareness）来感觉我的双手，而我的焦点意识则集中在敲击钉子这件事上，这两种意识会融合在一起。[31]

上面的例子说明了隐性认知的一个基本特征，即它存在一种"空间的动态"（spatial dynamic），或者按照波兰尼所描述的，这两种不同形式的认知具有某种内在的"关联"。第一种，辅助意识，波兰尼也将其称为"近端意识"（proximal term），这种感觉很接近我们；而第二种，焦点意识，或者称为"远端意识"（distal term），它与我们之间有一定的距离。当我们将注意力都集中在远端意识的时候，只有依靠近端意识认识到具体的细节与详情，才能顺利地获取所有的辅助知识进而完成任务，而无论是怎样的任务。同样，波兰尼也强调了身体在人类认知中所扮演的关键角色：

> 我们可以说，当我们把一件事物视为近端的隐性认知时，我们就将其融入了自己的身体——或者说是扩展了我们的身体，并将其纳入进来成为身体的一部分[本书作者强调]——这样我们就可以随心所欲地使用它。[32]

波兰尼还说：

> 当我们依赖于一种工具或是探测仪器的时候，这些工具与仪器并没有被我们视为外部的物体。相反，我们将自己投入其中[本书作者强调]，并使这些工具成为我们自身的一部分。[33]

换句话说，隐性认知涉及一种潜意识的过程，它就融合在我们正在做的事情当中。不管是用锤子敲击钉子，还是在棒球比赛中用球棒击打棒球，以及什么别的体育运动（图8.2），抑或在公路上开车或与其他人交谈，所有这些行为都需要一些专门的技能，我们要掌握全部的技能，才能顺利地完成任务。但是在任何时候，我们都只能拥有部分的认知，于是我们就将自身向外部扩展，去获取我们所需要的一切信息，以便顺利完成任务。因此，为了能够击中棒球，我们就需要手握球拍。为了能开车上路，我们就要驾驶汽车；为了与他人交谈，我们就要对他（她）有所了解。[34]

图 8.2　一名棒球选手在棒球场上挥棒。资料来源：Fotosearch 摄影公司

关于自我的迷思

不管是梅洛－庞蒂还是波兰尼，在他们的著作中都没有具体讨论人类自我的问题，但是他们认为在人类经验当中，人类的身体有着至关重要的作用，这也可以说是以一种含蓄的方式提出了"个体自我"这个议题。基于神经科学的最新发现，《自我通道：心灵的科学与自我的神话》（The Ego Tunnel：The Science of the Mind and the Myth of the Self）[35] 一书的作者托马斯·梅岑格（Thomas Metzinger），尽管他也赞同有关意识的现象学研究方法，但是他对于扩展认知理论提出了更为极端前卫的观点，认为任何的自我都没有确定的起源：

> 在这本书中，我将试图让你们相信，"自我"这种东西根本就是不存在的 [本书作者强调]。与绝大多数人的认知相反，没有人拥有或是曾经拥有过自我。现代神经哲学和认知神经学的发展，打破了关于自我的神话，但这并不是唯一的证据。我们已经越来越清晰地认识到，如果我们不接受一个简单的命题，那么就永远都无法解决关于意识的哲学谜题——即，它作为一种纯粹的物质实体，是如何来到我们的大脑中的。这个简单的命题就是：就我们目前所知，"我们"既不是某种东西，也不是什么不可分割的实体，这也就是说，"我们"，既不是存在于头脑中，也不是存在于脱离这个世界以外的某种形而上学的领域中。所以，当我们将意识经验视为一种主观的现象时，那么拥有这些经验的实体又是什么呢？[36]

梅岑格引述了匹兹堡大学的精神病医生马修·波特维尼克（Matthew Botvinick）和乔纳森·柯恩（Jonathan Cohen）在 1998 年做过的一项实验，作为例证来说明他所提出的"自我纯粹的经验属性"（the purely experiential nature of the self）[37]。这项著名的实验是让一名正常的、双手健全的实验者，想象用一个人造的手臂代替他真正的手臂，进而成为他身体的一部分而获得的体验。人造的橡胶手臂被放置在实验者的面前，它到肩膀的距离同相应的真实手臂到肩膀的距离是一样的，而实验者真实的手臂则被一面幕布从其视野中遮挡起来。这时研究人员就对实验者真实的手臂和人造的手臂同时进行触碰，而实验者的目光要锁定在他（她）的假手上。大概经过了一分钟或是更长一些的时间，实验者不仅好像体会到了橡胶手臂被触碰的感觉，而且他还感觉到这支人造的手臂似乎通过胳膊同自己的肩膀连接起来了，就像是一只正常的手一样，从而有效地用一个"虚拟的"手臂代替了真实的手臂。贴在实验者脑部的电极片监测到了大脑运动前区皮质出现了活跃的变化——这是大脑中掌管身体运动与控制的关键部分——进一步确定了实验者的主观经验。梅岑格自己也充当实验者进行过这样的尝试，总结这种实验经历，他写道：

> 你在橡胶手臂的错觉中所感受到的东西，就是我所说的"唯象自我模型"（phenomenal self-model，简称 PSM）——即生物体的意识模型，它是由大脑激活的一个整体（……）PSM 的内容就是自我。[38]

正如梅岑格所解释的，大多数动物都会展现出一定程度的"意识"，但是智人却已经发展进化出了一种独特的意识，或者更准确地说，是自我意识，它的表现形式是："在现象学上，我们在精神上将自己视为一种具有代表性的系统。这种能力使我们既是思想的缔造者，同时又是思想的阅读者，它使生物学的进化扩展到了文化进化的领域。"[39]

但是，梅岑格极力强调，无论这些自我模型对我们来说有多么的"真实"，它仍然就像之前所描述的那样——只是一种具有代表性的系统，它可以让我们将其他的表征系统整合在一个整体当中。在模拟的表征系统之外，并不存在什么"真正"的自我。此外，构成自我模型的表征包含着世界上所有与我们相关的细微信息，或者按照梅岑格的说法，叫作"自我通道"（Ego Tunnel）。他认为，人类只有拥有如此多的能力来代表他们所需要的世界，他们才能发挥自己的作用，因此，表征是一种必然的选择："所以，意识经验的持续过程与其说是一种现实的表象，不如将其描述为穿越现实的通道。"[40] 但是，对于这种狭窄的通道是如何产生的，大多数人都这样认为："我"并不是一种随机的过程，而是直接作用的结果："在一般的意识状态下，总会有人拥有经验——有一些人会有意识地*依照世界的指示方向（directed toward the world）体验自我* [本书作者强调]，就像是一个自我在参与、了解、渴望、意愿与行动。"[41]

　　因此，拥有一个自我模型，不仅意味着我们自身的一种"完整的内部形象"，还意味着我们要坚定地从一个"锁定我们的心理感受和心理感觉"[42] 的视角来体验世界。尽管如此，对于所有的自我意识，我们从来都没有认识到所谓的自我模型，是通过真实的神经机制以及其他复杂的过程创造而来的："我们看不到神经元细胞在头脑中的活跃运动，我们所看到的只是它们呈献给我们的画面。"[43] 在这个意义上，梅岑格解释说，自我模型通常都是透明的；它们为我们提供了一扇通向世界的窗，但是我们却不曾看到过窗户本身。

　　梅岑格还将我们的注意力引向自我模型的潜意识的空间维度问题上，或者按照现在神经系统科学家们的一般说法，称为"身体映射"（body mapping）。正如梅岑格所观察到的，"身体图式"（body schema）的标准概念，是由早期的一些神经学家在他们的研究领域所提出的，是"一种无意识的、但却不断更新的大脑地图，包括肢体的定位、身体的形状以及姿势等等"[44]。但是，不同于传统的地图，身体的地图展现出一些非常灵活的特性。举例来说，最近进行了一项实验，对野生的猴子进行研究，它们并不习惯于使用工具，但是当研究人员训练它们使用工具来完成一些任务，比如说在小范围内迅速收集食物，或是其他的一些简单的任务时：

　　　　在这些猴子大脑中特定的神经网络发生了变化，这就表明这些工具被暂时性地整合到了它们的身体模式当中 [本书作者强调]。（……）事实上，猴子的手部以及手部周围可以触及的空间，看起来都被扩展到了工具所能触及的范围。[45]

　　波兰尼自己也很难设计出一个更好的实验，来证明他的"内心留置"（indwelling）理论。最为重要的是，身体图式不仅会吸收我们所使用的工具，还会扩展到身体以外，到我们身上穿的衣服，周围空间中我们可以接触到或是相互作用的其他物体，乃至于那些与我们存在着亲密关系的人，所有这些都彼此和谐地混搭在一起，构成了我们的身体地图。神经学家们将这种扩展的、灵活的空间领域称为"个人空间"（peripersonal space）[46]，其中的每一部分都会被我们的大脑细胞所映射。然而，个人空间与个人以外的空间之间的分界线似乎并不是固定的，也不总是靠近人类的身体一端。与之相反，个人空间具有非常大的伸缩性，它可以随意伸展，将很多外部的对象纳入进来，比如说工具、棒球棒、路上出现的目标，甚至是附近其他人的活动。还有一点同样重要，构成身体地图与个人空间的神经学结构都具有可塑性，它们会不停地发展进化，贯穿我们的一生。[47]

　　但是，梅岑格的研究当中最为引人注目的，还是他对于人类进化所产生的更广范围影响的观察：

这些新的数据资料带给我们一个令人兴奋的信息，那就是它们揭示了工具使用的演变过程。扩展你的行动空间，以及使用工具的能力，都需要一个必要的先决条件，那就是要将它们都整合到一个预先存在的自我模型当中。只有当你的大脑暂时将工具视为自己身体的一部分时，你才能参与特定目标与智能工具的使用。（……）人类进化决定性的一步，可能就是要在全球范围内建立起一个更大的身体模型——这也就是说，获得意识体验。一旦你有意识地体验到一个整合到你自己身体内部的工具，你就可以参与到这个过程当中，对其进行优化，形成概念，并以一种更为细腻的方式来控制它——这样的行为，我们如今称之为"意志行为"（acts of will）。[48]

积极的外在论

因此，拒绝将自我视为一种幻觉，认为体验是"现实存在的"，以及什么样的人类体验应该被视为是合理的，又有什么样的人类体验属于不合理的，在这些问题上一直都存在着相悖的意见。假如，依照梅洛－庞蒂的说法，我们应该把每天的体验当作生活的基本内容，如果是这样的话，那为什么想象中的自我不能被视为众多体验中的一种呢？就算不是其中最为重要的一种。不管这样的质疑是否合理，但是从现象学的角度来看，只要自我对我们来说是"真实的"，那么它就是真实存在的。不仅如此，每天的经历都证实了自我——无论真实与否——对我们所做的每一件事都产生了影响。特别是我们与其他人打交道的时候，我们很可能就会像梅岑格所写的那样，应该被视为他们的"自我通道"。同样，任何独立的情感与想法也都应该归纳为自我通道。因此值得商榷的是，尽管我们接受脱离了构成自我的众多表征系统，我们可能永远也无法孤立地去想象自我，但是若我们坚持想要了解自我的存在，那就必须将其视为经验世界当中的一个关键的组成部分——尽管它可能是断断续续的、存在谬误的，哪怕只是暂时的存在。

安迪·克拉克（Andy Clark）和戴维·查尔默斯（David Chalmers）在这个方向上迈出了重要的一步，他们在论文中提出了"扩展的思想"这一概念。[49]追随着贝特森（Bateson）的脚步，探讨有关思想与思想以外的世界之间的界限问题，这两位作者"基于环境在认知过程中所起到的积极作用，提出了一种积极的外在论（active externalism）"[50]。为了证明这个论点，他们研究了很多常见的情况，人们坐在电脑屏幕前进行操作解决问题，在不久的将来还会通过将电子设备植入神经系统的方法来增强人们处理问题的能力。他们认为，在所有案例中，基本的认知过程都是相同的："我们不能将皮肤或是头骨作为区分认知能力的根据，因为边界的合理性正是问题的关键所在。而其他的则没有什么不同。"[51]

作者认为，上述的情况也适用于对所有外部工具或是媒体的使用，比如说简单的笔和纸、计算尺、书籍或是图表等。引用戴维·科什（David Kirsh）和保罗·马格里奥（Paul Maglio）[52] 的一项研究，他们将这些案例描述为"认知行为"的例证：

> 改变世界，进而促进与增强人类的认知过程，比如说识别与检索。相比之下，只要是务实的行为就会改变世界，因为某些物理变化都是依自身利益的需求而发生的（例如，向堤坝上的一个空洞里填充水泥）。[53]

他们列举了一个简单却很极端的例子，假设有一位患有老年失智症的病人名叫奥托，他和许多患有这种疾病的老人一样，都要通过在笔记本上记录人名、地址和其他的信息，来填补自己头脑中不断缺失的记忆。新的信息不断被记录下来，在需要的时候就可以查看旧的信息。事实上，笔记本就扮演了一个外部记忆库的角色。对于正常人来说情况也是一样的，只不过他们不会像奥托一样，将这些记录看得那么重要罢了。

最后，这两位作者提出问题，是不是思想的扩展也不能意味着自我的扩展，这就呼应了斯蒂格勒之前的说法"技术的进化源于人类与物质的耦合"，他们给出的答案是肯定的：

> 举例来说，奥托笔记本中的信息，是他作为认知的主体，对自己身份识别的核心部分。这也就是说，奥托自己被认为是一个延伸的系统，是生物学的个体与外部资源的结合。如果否定这样的结论，那我们就必须将自我压缩成一种即时的状态，这会严重威胁到深层次心理逻辑的连续性。我们最好能够采用更广阔的视角，将每一个认知的主体扩展到世界的范围 [本书作者强调]。[54]

存在的场

关于自我的问题，克拉克与查尔默斯所秉持的态度同梅岑格相比，存在着非常明显的分歧。在梅岑格的著作当中，读者几乎找不到自我的踪影，而克拉克与查尔默斯则对这个概念给予了相当的重视，他们对于"自我的缺失"是这样解释的："一种偶然发生的状态"——这与梅岑格的描述基本是一致的——会导致某些重要的心理与社会价值的缺失。然而，作者将认知的外部助力视为一种便利的"附加物"，或是辅助设备——基本上是独立存在的工具，它可以扩展或增强人类的能力——却没有完整的解释。正如我们所了解到的，人类与他们所使用的工具以及其他人工制品之间的关系，无论是简单还是复杂，都远比这两位作者所描述的要微妙得多。

因此，若是要有效地扩展人类的认知范围，那么单靠克拉克和查尔默斯所提出的"积极的外部论"概念还是远远不够的。精神、个体与世界的融合，对这个非常晦涩难懂的议题，威廉·巴瑞特（William Barrett）[55] 有一个很恰当的比喻，他将德国著名哲学家马丁·海德格尔（Martin Heidegger）关于"人"的理论，比作一种"存在的场论"（Field Theory of Being），类似于爱因斯坦关于物质的场论或是磁场，只不过后者是没有中心的："我们可以想象一个磁场，但是并没有一块实体的磁铁摆放在中心；人类的存在就是这样一种场，但是在这个能量场的中心，却并没有辐射出灵魂的实体。"[56]

然而，这个比喻是不全面的。磁铁会使它周围的元素呈现出一定的排列模式。我们将磁铁拿走，你或许仍然拥有某一种场，但是却没有了之前的模式，甚至于场都不复存在了。但是，人类的行为模式是多种多样的，有的好有的坏，有的清晰有的模糊。[57]庆幸的是，梅洛-庞蒂和波兰尼为我们提供了一个现成的候补者来填补这一空缺。虽然自我可能没有一个单独的起源，但是它的运作却有一个可以识别的特征，那就是会聚焦于人类的身体，我们所有的体验以及自我模型的调整都要通过身体来进行：所以，它是一种存在的场，它的紧密存在并不是源于任何物理的力量，而是源于生存的力量，而人类的身体就是它的核心。与固定的磁场不同，后者是一种"自场"（self-field），或许我们可以给它取这样一个名字，它也是有生命的，终其一生都在不断地发展变化，以某种变幻莫测的方式与其他的领域相互重叠、相互作用，创造出一个不可思议的、复杂的，如今又存在着危险性的不稳定的世界。

传播方式

尽管这个比喻帮助我们扩展了视野，看到了更大的画面，但是对于创造了自场，并使之存在下去的真正的认知主体，仍然有待进一步的定义。克拉克和查尔默斯将奥托的笔记本描述成为一个这样的主体，但是，如果我们将工具以及文化制品视为认知扩展的主体，那么它们就必须在更广泛的社会与文化体系当中才能发挥作用。

在理查德·道金斯的"模因"[58] 概念中，最具有发展前景，同时也存在着巨大争议的理论，可能就是将其视为个人与环境之间认知的桥梁。在《自私的基因》（The Selfish Gene）这本书中，道金斯（Dawkins）[59] 提出了"一个文化传播单元的概念，或是仿制品（imitation）单元"[60]，它类似于基因，但是却由不同的材料组成，是对不同的需求作出的回应。与斯蒂格勒关于技术的观点不同（道金斯本人并没有对人类文化当中的技术领域，与其他的领域作出严格的划分），道金斯得出的结论是，通过文化进化的速度，我们就可以将其与纯粹的生物进化区别开来："服装与饮食的时尚，礼仪与习俗，艺术与建筑，工程与技术，伴随着历史的发展，所有的这一切都在高速的发展，就像是遗传进化一样，但却与遗传进化没有任何实质的关联。"[61] 但是，根据道金斯的说法，尽管发展的速度有很大的不同，但是模因与基因在某些方面是存在着相似性的：

模因的例子包括：音乐、思想、流行语、新潮服饰，以及一些装饰品与建筑元素的制造方法等。就像基因在基因库中进行复制，通过精子或卵子的传递，从一个个体跳跃到另一个个体一样，模因也会在模因库中进行复制传播，从一个人的大脑跳跃到另一个人的大脑，从广义上说，这个过程就可以被称为"模仿"（imitation）。[62]

现在，部分流行语文化以及学术争论的主题都会涉及模因的相关问题，关于模因的理念引发了很多的争论，有支持者也有反对者，而这些争论的焦点大多集中在道金斯概略性的描述模式是什么、模因是如何发挥作用的，以及用基因的概念作类比是否合理等等。最终的结果，除了有人将模因的传播比喻成类似于病毒的传播以外[63]，关于模因到底是如何从一个人传递给另一个人，并在大众中传播的，仍然是一团混乱。例如丹·斯珀波（Dan Sperber）[64]，抱持怀疑态度的作家之一，当初在道金斯提出"模仿"就是模因传播最典型的方法时，他就宣称模因论的主要观点其实是错误的："虽然在普通民众中确实有一些支持者，但他们终究是门外汉，没有任何一个专业的心理学家会相信文化学习的本质是模仿。"[65] 而且，斯珀波举了一个例子，一个人指导另一个人进行折纸手工，不管他的指导是清晰还是含糊，都必然会引起一系列复杂的"解密与推理"（decoding and inference），涉及"操作的目的，以及人类一般生活过程中所形成的几何学知识，特别是有关折纸的几何学知识"[66]。

自从道金斯撰写了《自私的基因》这本著作之后，进化论自身也在进化着，改变了人们对于"生物，也包括智人是如何繁衍的"这个问题的认知。希拉里·罗斯（Hillary Rose）和斯蒂文·罗斯（Steven Rose）[67] 指出，在过去的半个世纪里，随着分子科学的发展，已经打破了关于基因完整性的假说，这无异于给那些认为基因就是进化基本单元的理论当头泼下了的一盆冷水，而像道金斯这样的进化理论家也是这样认为的：

如今，当分子科学家们宣称，发现了一种"长寿基因"或是"肥胖基因"的时候，他们所使用的语言明显是令人困惑的。更确切地说，他们所谓的"基因"，并不是真正的基因，而是指一组 DNA 序列（DNA sequences）[本书作者强调]，在人类发育的过程中组合在一起，并且激活了细胞机制，这就使得携带这些基因序列的个体，在一定程度上出现了活得更久或是变得肥胖这些可能性。因此，分子生物学家口中的基因，同进化模型建构者视为"计算单元"的基因，是两个完全不同的概念。所以，对于分子科学家而言，认为"基因"是生命的基本单元，就类似于 20 世纪早期物理学家对原子的概念，而这个概念在那个时期是非常强大的，

在很长的时期内都一直占据着统治地位（……）尽管如此，进化理论学家的论述
对象仍然是基因而不是 DNA 序列，因为对他们来说，分子机制只是不相关的课
题——甚至会对进一步的理论建立起到阻碍的作用。[68]

生物学家认为在遗传特征的传播中，基因就是最具决定性的因素，同样，伊娃·贾布
隆卡（Eva Jablonka）和马里恩·兰姆（Marion Lamb）[69] 断言，传播和变异有三个主
要的形式：表观遗传（epigenetic）（在基因的核苷酸序列不发生改变的情况下，使信息
从一个细胞传播到另一个细胞）；行为遗传（behavioral）（学习行为的传播），以及符号
（symbolic）（语言和文化的变化），每一种都对人类的进化起到了重要的影响。他们认为
在进化理论的研究中，过分地关注于基因的多样性，就会忽略掉其他重要的环节，他们得
出的结论是，无论最终在不同的传播模式之间如何达到平衡，但是"单纯从遗传系统的角
度来理解遗传与进化的问题，显然是错误的"[70]。

贾布隆卡和兰姆对于复杂的进化问题提出了很多深刻的见解，他们强调了在进化的四
个不同层次之间相互作用的重要性，以及在每一个层次传递遗传特征的方法。这两位作者
还提供了证据，证明表观遗传变异可以通过"揭示"迄今为止隐藏在人群中的遗传变异，
进而在拉马克式*（Lamarckian-like）[71] 的过程中引起遗传同化，并且可以通过其自身的
影响进行选择。另一方面，他们提出一些动物（也包含人类）拥有构建文化的能力，并指
出"越来越多的证据表明，动物也有传统"[72]，这就意味着这种能力的基因根源的进化时
间，远比人们所认为的要久远得多。但是，他们解释道，人类对于文字与图片这些符号的
使用，同动物使用标志或符号进行交流是不同的，人类在很久以前，就可以通过在一种情
况下文字和图像的使用，推断出这些文字与图像在其他情况下的使用情况，并且将其与其
他相关的符号联系起来。在这样的过程中，他们会把每一个词汇与图像，都看作是一个更
大的、更容易理解的符号组织中的一部分："在那里，有很多种符号存在，当然，它就是
一个符号系统。"[73]

模因与类型

同样，在这里所解释的模因的传播与同化作用，涉及抽象意义的相关能力，以及从一
个实例推断出另一个实例的能力，进而可以看到更加多样的使用方式。[74] 虽然仅仅通过名称，
或是有关它们晦涩描述，我们可能没有办法一下子就识别出道金斯所设定的文化复制因子，

---

* 拉马克主义（Lamarckism）生物进化学说之一，为法国博物学家拉马克所创立。认为生物在新环境
的直接影响下，习性改变，某些经常使用的器官发达增大，不经常使用的器官则逐渐退化，并认为这样获得的
后天性状可传给后代，使生物逐渐演变，且认为适应是生物进化的主要过程。——译者注

但是在日常生活的语言和文化中，我们总是可以发现它们的存在。这样的证据，可能是合理的，存在于每一个地方，无论是建筑、人工制品，还是在其他技术上镌刻的文化形式，都是非常显而易见的。举例来说，斯珀波在描述折纸的时候，他自己就已经意识到这是一种特殊的艺术形式，需要预先拥有一些技能与几何学的知识，但是却完全没有看到这两个概念之间的相互联系：模因与类型。此外，类型，在不计其数的分类学中，都代表了一种普遍的分类（classification）与分化（differentiation）的过程，就像是镌刻在人类语言中一样，无论是自然形成的，还是文化发展的产物，抑或是二者共同进化的结果。[75]

因此，人们可能会问，为什么不使用那些大家更为熟悉的词汇，比如说"思想"（idea）、"概念"（concept），或者干脆就直接使用"类型"（type），而一定要将其命名为"模因"（meme）呢？单独使用上述的这些词汇有可能会导致静态的观点，或者按照语言学家的说法叫作"共时性"（synchronic），而不是"历时性"（diachronic）或历史研究方式；这是一个常见的陷阱，很多有关建筑形式以及其他的议题都曾落入这个陷阱当中。[76] 此外，第一个也是最常见的术语，"思想"，具有柏拉图式的色彩，认为知识来自古人的智慧，是恒定不变的，而不是与感觉以及即时性经验相关的变量——这同我们认为人类与人工制品是共同进化的理论主张是相悖的。道金斯理论的追随者们也针对模因是如何传播与吸收的，以及它们是否存在于大脑或是其他的什么地方这些问题进行了很多的讨论，通过这些讨论，我们可以清晰地认识到，模因与扩展的知识之间存在着千丝万缕的联系，这样才能为文化注入新鲜的血液——它们事实上就是同一枚硬币的两面。

斯珀波强调推理的重要性，认为相关的认知过程就是吸收新概念的过程，在这方面他是正确的，但是他将研究的模因程序定义为一种单纯的复制机制，而忽略了这个程序还有更为广泛的内涵，更恰当的描述应该是一种寻找文化传播的一般性理论（general theory）的过程，它适用于不同形式的文化，这应该也与道金斯的理论有一定的关联。最重要的是，尽管对于模因的解释存在着很多的弱点和混淆，但是利用生物类推的方法来解释这个概念，至少可以保证与生物进化观点有一定的联系，这种联系就算对新达尔文主义的理论来说不是必要的，但是对于解释模因发展的动态性来说也是必需的。

在这里，技术上的模因概念——简称"技术性模因"（technical meme）——在其他一些关键的方面，与道金斯及其追随者们最早提出的"精神复制因子"是不同的。虽然他们也承认，只要享受一种活跃的文化生活，那么所有的模因都将会以某种神经学的形式存在于大脑当中，每一个参与的个体都是如此，但是他们认为技术性的模因并没有什么意义和重要性，可以与它们借以表达的外部媒介分割开。所以，正如斯蒂格勒与其他的一些学者所争论的那样，人类的思想本身就是生物和技术共同进化的产物，不存在任何一种模因没有技术上的表达；这也就是说，在某种程度上，所有的模因都是具体化（exteriorized）

的。从这个角度看，所有的建筑和其他的人工制品都是技术上的模因，它们之所以会被复制，只是因为某些人想要复制它们，或是沉醉于它们的造型，进而推断出它们的属性，不管是有意的还是无意的。

在接下来的内容当中描述了"辐条式车轮的四轮马车"（wagon with spoked wheels），这是丹尼尔·丹尼特（Daniel Dennett）[77]所撰写的"物质媒介的连续链"（continuous chain of physical vehicles）当中的一个部分。丹尼特也是道金斯理论最坚定的支持者之一，与斯珀波一样，认为模因同类型的概念是等同的。他还断言，假如失去了它们借以呈现的人工制品以及其他的文化媒介，那么模因本身是没有生命的。尽管这样的见解非常深刻，但是丹尼特用"类型"这个术语来描述模因而造成了混淆，而道金斯当初区分基因与它们的媒介或表型的时候，也是用了同样的术语。

> 基因是无形的；它们由基因的载体（生物体）携带，更倾向于产生那些显性的特征（表型效应），从长远来看，这些生物体的命运就是由这些因素所决定的。模因也同样是无形的，并且由模因的载体所携带——图片、书籍、语言（特别是文字、口头语或书面语、印刷在纸张上或是存储于磁盘上等等）。工具、建筑，以及其他的发明也都是模因的载体。一辆带辐条式车轮的四轮马车从一个地方走到另一个地方，它所携带的并不仅仅是粮食与货物，它还传递了绝妙的思想，它是一辆从一个头脑驶向另一个头脑的四轮马车。模因的存在要依赖于某种具体的物质存在作为媒介；如果这些具体的媒介被摧毁了，那么模因也将不复存在(……)模因与基因一样，它们有可能是不朽的，但是它们也像基因一样，要依赖于连续性的物质载体而存在，这也是在热力学第二定律中反复强调的。[78]

然而，这里所定义的技术性表达的模因概念中，并没有区分出模因同载体之间的差异，而是通过上文中所讨论过的哲学与神经学理论，直接推论出模因的定义。因此，在其"内在的"（internal）（在这种情况下使用这个词本身就有一定的问题）形式中，心灵会对模因进行重建，使之可以对外传播，或是通过神经物质的作用，使模因重新构成，并反映在某种指定的外部媒介上，这就像是人类通过自己的身体，与其他的人类乃至世界进行互动一样的道理。此外，各种各样的模因都一样，它们无法脱离技术性而独立存在，但是它们会通过一系列类似的模因进行重建[79]，这就像是丹尼特所描述的辐条式四轮马车中的"连续链"（continuous chain）（图 8.3a 和图 8.3b）。同识别任何一种自然物种一样，我们只有通过识别相同类型的人工制品或是其他技术表达的模因之间的共同特征，才能进一步识别出这种特定的形式，并给予命名。只有弄清楚了主要的属性，才能给各种变异了的形式正确的命名。

图 8.3a 古开罗城墙外的一辆农民的四轮马车，约 1982 年。资料来源 : © 作者

图 8.3b 老式的马车。资料来源 : Fotosearch 摄影公司

贾布隆卡和兰姆对道金斯所提出的文化进化模因理论以及其他的进化研究进行了讨论，大力支持不能将模因同其技术性的媒介，以及具体呈现出来的人工制品割裂开来。他们认为，将复制因子同它们的载体分离，这样的做法对基因来说可能没有什么问题，可是对模因来说却是行不通的。[80] 从遗传学的角度来说，这通常意味着除非发生基因突变，否则基因的传递并不会直接的发生变化，只会通过自然选择的表型效应或是媒介而发生间接的改变。但是，如果在模因及其载体之间的任何一种平行的区别被打破了，而这种情况在

文化领域是时有发生的，那么携带着这种模因的个人或群体就会经历某种形式的发展——比如说，获得一项技能，或是拓展了某种经历——进而导致模因的变异，而这样的变异是可以传承下去的。

然而，贾布隆卡和兰姆也有他们的保留意见，因为他们认为模因论的学者们所描绘的是一幅消极与被动的画面，认为人类只是模因以及模因综合体传播的媒介与链条，这样的认知就忽略掉了发展和创新的价值。[81] 与斯珀波在重建与模仿问题上的立场相似，这两位作者断言，模因以及它们的变化并不能像基因一样那么精确地复制，它的重建是通过个人与群体的学习而实现的。因此，他们认为，"不可能把模因的传播，同它们的发展与功能性分离开来。"[82] 他们还补充了最重要的一点，即模因论的学者们也未能解决的人类文化的变革效应：

> 人类文化的变革有一个特点，同我们之前所讨论过的任何其他形式的进化都不同，那就是人类可以认识到他们过往所经历过的历史（无论是真实的还是虚构的）以及他们未来的需求，并且可以针对这些问题进行交流。[83]

数字的焦虑

在过去半个世纪的这些转变中，对人类文化的综合影响最为深刻的当属信息技术与计算机的发展，特别是它们对于人类扩展自我方面的影响，而个人在这方面的控制能力却是有限的。在《第二自我：计算机与人文精神》（The Second Self：Computers and the Human Spirit）这本书中，作者雪莉·特克尔（Sherry Turkle）[84] 对现在大众普遍关注的有关计算机的话题进行了详细的解释，指出计算机对其使用者产生了很大的影响，改变了他们的生活，为他们提供了更为个性化以及社会性质的扩展。这本书的出版时间比麦克卢汉（McLuhan）的著作晚了二十年，在那个时候个人计算机已经变得相当普及了，但是互联网系统还没有完全建立起来，特克尔意识到这些并不会是普通意义上的机器：

> 计算机就像是古罗马的两面神雅努斯一样——它也具有两面。马克思曾经谈到过工具与机器之间的区别。工具可以被视为它们使用者的扩展；而机器则拥有自己的节奏与规则，使用机器的人必须要接受这些规则，有的时候我们甚至会搞不清楚到底是人在使用机器，还是机器在驱使人类。我们依照机器的节奏来工作——实体的机器或是公司组织机构的官僚机器，这就是"系统"。我们的工作节奏并不是根据自己的体验而决定的。从个人电脑的鼻祖"牛郎星"（Altair）出

现开始，这场变革中最为引人注目的，就是对很多人来说，家用电脑从机器变成了工具 [本书作者强调]，它弥补了机器在工作中给人的不良感受。[85]

特克尔对于计算机的分析功能没有什么兴趣，他所关注的重点在于"第二天性"（second nature），认为这是一个令人回味的课题 [86]，可以反映出人类的本性。特克尔跟随着计算机使用发展的脚步，从开始作为消费品投入使用的第一年开始："一旦人们在自己的家里真正拥有了一台计算机，那么它马上就变成了家庭中最有趣的东西，最重要的不是它能够做什么，而是它能带给家庭成员*什么样的感受* [本书作者强调]。"[87] 特克尔进行了大范围的调查工作，她的研究对象包括不同年龄层的儿童与青少年、家庭办公的用户、视频游戏的爱好者，以及专业的程序员、电脑黑客和人工智能科学家。在研究的过程中，她发现了很多的证据，可以证明计算机拥有一种"控制力"（holding power），甚至有一些接受调研的使用者认为，"可以将他们使用计算机时的感受，比拟成性、毒品，或者是超觉冥想。"[88] 特克尔指出，截至 1982 年，美国人"投入在视频游戏上的花费，要比他们在电影和唱片上面所有花费总和还要多"[89]。在谈到这种控制力所隐含的心理危机与社会危机的时候，特克尔是这样说的：

> 人类与计算机的关系会引发一种风险，它非但没有为个人发展提供更多的机会，还会阻碍个人的发展 [本书作者强调]。对于一些孩子来说，计算机有助于他们的成长，但是对另外一些孩子来说，计算机就有可能变成了他们成长道路上的一个"困境"。对成年人来说也是同样的，计算机，反应速度快并具有互动性，而且与计算机交往并不会像人类之间的交往那样处处存在着功利性与复杂性。计算机之所以具有如此的吸引力，就在于它们可以为用户提供一种完全掌控的机会，但是它们也会使人类深陷于这种对掌控感的迷恋之中，渴望建立一个属于自己的私人世界。[90]

最近，在《身份证明：21 世纪的身份探索》（id：The Quest for Identity in the 21st Century）一书中，作者苏珊·格林菲尔德（Susan Greenfield）[91]，一位英国的神经系统科学家，也表达了对于计算机交流与娱乐科技的密切关注，认为这些技术会对个人的身份以及社会关系产生重大的影响：

> 或许我们可以想象一下，在不久的将来，所有的思想全都一团混乱，人类面对面的交往、信息素的传递、肢体语言，所有的这一些都变得不可预知，取而代

之的是令人厌恶的远程、在线、面对电脑进行自慰这样的生活。这样的想象或许并不算是过于极端。[92]

和特克尔一样，格林菲尔德也很担心孩子们和青少年花费了太多的时间待在电脑屏幕跟前，沉浸在他们的数字世界当中。她认为长此以往可能会对神经系统产生影响，造成大脑神经单元的"重新改写"，进而削弱了他们的社交能力。考虑到大脑的可塑性，这种影响完全是可信的。一位著名的电影制片人比班·基德龙（Beeban Kidron）[93]，通过他执导的纪录片《真实的人生》（In Real Life）呈现出了上述这些学者们的担忧。影片记录了在现实生活中青少年对网络依恋上瘾的行为，她认为那些 IT 公司和娱乐公司所推出的产品正是利用了青少年的这种沉迷的弱点，而这些公司应该对此负责：

> 让一个年轻人放下他们手中的游戏机，关掉电脑，或是不要看他们的智能手机，简直就像让一个酒鬼不要再喝酒一样。在稚嫩的色彩和婴儿的名字背后，所显示出来的是互联网公司的品牌标志，这是一种无情的商业文化。每一次的交互作用都意味着数据——而数据就代表着财富。我们的孩子被操纵变成了消费者，越来越多地感受到他们可以不受"控制"地使用他们自己的网络。青少年们做的每一件事，说过的每一句话，看到的每一样东西，哪怕是非常短暂的，也都会聚合成为一种虚拟的自我，可能在将来的某一天对现实的生活产生重要的影响。[94]

第二人生

"打造自己专属的世界"具有非凡的诱惑力，通过一款流行的线上游戏"第二人生"（Second Life，简称 SL）[95]，我们就可以非常清楚地认识到这一点。这一款游戏是在2003 年推出的，可以让玩家，或者按照他们的说法叫作"居民"（这个名字本身就具有很重要的内涵）创建他们自己的"化身"：游戏用户可以根据自己在现实世界中的样子来定制虚拟的形象，也可以完全凭空想象，同时还可以选择他们虚拟自我的外貌特征以及个性（图 8.4）。有很多人并不会单纯地将其视为一款游戏，他们把它描述为"虚拟空间"（metaverse），或是虚拟的"世界"，每一个化身都可以在一个开放性的软件框架内与他人进行交往与互动，拥有自己的"岛屿"、"区域"或"空间"，甚至还可以理财并拥有自己的虚拟货币。[96]游戏还提供了其他的社会交易，居民可以购买或是租用"土地"，在那里他们可以建造自己的虚拟住宅及环境，也可以买卖其他的虚拟商品。

在游戏中这个具有识别性，但同时又具有可塑性的世界里，为居民提供了一个虚拟的

图 8.4　来自第二人生的化身形象。资料来源：B·怀特（2007 年）

模因工具包：以数字的形式存在的生物以及物体，它们大多取材于现实世界当中，但是却可以根据居民的个人意愿和梦想，自由地进行调整或按照不同的方式重新排列。开始选择的是一个"默认"的形象，之后居民就马上开始进行个性化的选择，修改他们的体型和外貌（毋庸置疑，这些化身的外形都是非常漂亮的），甚至如果需要的话还可以改变他们的性别，直到对其完全满意为止。最终，这个虚拟形象的外貌——以及行为举止——看起来都与他们现实生活中真实的自我没有什么关系。有一些居民为了伪装自己，或是追求探索新的体验，甚至会创建多个角色，拥有不同的外貌和个性。可供选择的化身角色也并不仅限于人类（Homo sapiens），居民也可以彻底改变自己，化身为机器人或是外星人的造型，这样他们就可以扮演一些自己所喜爱的科幻形象——毫无疑问，这也是受到了其他电脑游戏的影响。游戏中的所有物品，从服装和家具，到整个虚拟的住宅，都是由"prims"创建的，这是一种基本的单位，用户可以操纵 prims，将其串连在一起形成复杂的实体，包括虚拟的宠物："在第二人生中的一只狗的运动与吠叫，都是由链接的 prims 构成的动画，它会按照特定的方式移动，并播放自定义的声音效果。"[97]

　　第二人生除了是一种富有创造性的媒介之外，我们不难理解它为什么会有如此大的吸引力，因为在这个虚拟的世界里，用户可以拥有几乎不受限制的生活，有一些人对他们现实生活中目前的状态不满意，无论是外貌上还是所承受的社会约束，都能够在游戏中找到宣泄的出口。在"N00bs，M00bs 和 B00bs：探索第二人生中的认同形成"（an exploration of identity formation in Second Life）"这篇论文中，作者 J·A·布朗（J. A. Brown）、梅格·布朗（Meg Y. Brown）和詹妮弗·里根（Jennifer Regan）[98] 认为，第二人生中虚拟的自由以及匿名的方式，对那些在现实世界中感觉受到社会约束的女性有着特别的吸引力："在类似于第二人生这样的应用软件中，一个人的性别，就更不要说种族了，并不是他自身固定的一部分，女性也有机会突破她们在现实生活中的性别限制去探索外面的世界，体验她们在现实生活中无法去体验的人生。"[99] 这三位作者——全部都是女性——讲述了她们自己作为第二人生的居民，在其中创建化身的经历：一个是女性形象，"Piper Carousel"；另一个是男性形象，"Skyther"；最后一个形象雌雄莫辨，"Cupcake Hubbenfluff"。她们解释说，所有的形象都是有意设计的，并不是出于"虚荣心作祟"，而是要在第二人生中探索女性的界限（或者说根本就不存在所谓的界限）。[100]

仿照现实世界中的社会风俗，第二人生也为居民们提供了虚拟体验这些社会风俗的机会，其中就包括虚拟的婚礼。关于这种虚拟的仪式，菲莉丝·约翰逊（Phylis Johnson）[101]是这样写的：

> 两个玩家结合在一起的想法已经变成了一种仪式，象征着一种从现实生活中借鉴而来的虚拟关系，并且在全世界范围内创造了一种新的环境。也许，这些仪式会使人们感受到，在虚拟社区中所度过的时光变得更加真实了，或者仅仅是我们人类扩展自我的一种外在的表达。[102]

大多数第二人生的玩家们，都会渴望在这个平台上创建一个属于自己的家，特别是那些新的玩家，他们更喜欢在这个陌生而又充满挑战的世界里探索："通过在第二人生中创建一个属于自己的家，居民们就拥有了一个开始他们新生活的起点。"[103] 与其他的特性一样，早期阶段的虚拟住宅，大多都是根据玩家们自己所熟悉的住宅建筑式样设计的："真实生活中住宅的概念渗透到了虚拟的空间当中。"[104] 约翰逊还讲述了有一位专业的建筑师，而她在游戏当中的化身也同样是一位建筑师，名叫"Matthaios Aquacade"，可以为其他的玩家提供专业性的服务："在第二人生中创建虚拟的空间，用户可以在这些空间中学习、交谈、探索自然，几乎不会受到外界的干扰。"[105] 她以"Matthaios Aquacade"的身份，介绍了自己在虚拟世界中的任务：

> 大多数人在游戏中都是以人类形象出现的，他们希望自己的生活空间是熟悉的。他们想要的是熟悉的人、熟悉的环境、熟悉的工作以及熟悉的行为。（但是）也有一些人想要拥有一些奇幻的体验。他们不希望在虚拟世界中的生活也要受到现实的限制。于是，这两种截然相反的态度彼此碰撞相互叠加，就创造出了混合

的空间，比如说"skyboxes"。[106]

多重自我

一般来说，第二人生的玩家们在上文中所描述的扩展自我的复杂画面中，又增添了一个新的维度。过去在第二人生还没有出现之前，我们只有一具身体，在其中汇聚着多重的自我（multiple selves），但是现在我们至少拥有了两具身体：一具是现实世界中的身体，另一具是虚拟世界中的身体，两者可能会存在着相当大的差异，并且会以不同的速度进化。尽管认同形成的理论涉及不同成熟程度的阶段，这是众所周知的，就像是埃里克·埃里克森（Eric Erikson）[107] 提出的理论"变化的人格"（changing personalities），以及让·皮亚杰（Jean Piaget）提出的理论"认知发展的阶段"[108]，但他们都认为在一定程度上，认知发展是连续而渐进式的过程，从一个阶段到另一个阶段，而每一个阶段的发展都是为下一阶段的发展而准备的。

相比之下，第二人生的用户特征是真实的自我与虚拟的自我并行发展——有时甚至是多重虚拟自我——从而增加了在现实世界中处理多重自我可能会出现的心理和社会问题的复杂性。利用上述的这些理论，也无法解释思想、身体与环境的融合问题，这就是第二人生的一个特征，就像是地球（terra firma）上的人类生命一样。更准确地推敲"相互影响的自场"（interacting self-field）这个概念，其实这些化身形象就是由复杂的模因而组成的新的身体、发型、服饰、住宅，以及其他人工制品的选项，或是由居民自己设计，并且会同其他的化身互动，就像在现实世界中的自场，也同样是由类似的因素构成的。[109]

无论是真实的还是虚拟的自场，二者共同构成了进化的复合身份，对人类玩家来说，可能会出现的结果和影响都是未知的。这可能就正是创造虚拟自我的吸引力之所在——上文中所提到的那些学术探讨可能会是例外——对大部分玩家来说，他们想要追求的不过就是，在这个充斥着尖锐批评的美国社会中进一步的发展。"复合身份"（Hybrid identities）本身并不是什么新生的概念，克里斯托弗·拉什（Christopher Lasch）在很久以前就撰写了一篇名为"自恋的文化"（The Culture of Narcissism）[110] 的论文，其中就提到了这个概念。在本文的开头部分，曾经提到过爱德华·霍尔关于人类扩展问题的研究，这位学者还观察到，同住在美国的阿拉伯人相识并结婚的美国女性，认为她们的丈夫在美国生活的时候其个性也完全是"美式的"，但是当他们回到了自己的国家，融入了他们的母语和当地文化当中后，他们的行为就会发生改变："从某种意义上说，他们变成了一个完全不同的人。"[111] 值得注意的是，同样的行为变化还可能会涉及在不同发展节奏的地域亚文化中个人身份的变化：一个人处在现代通信技术和商业高速变化发展的世界，而另一个人则处在一个文化与行为传统都相对稳定的世界——这是发展中国家城市人口的一种普遍的模式，其中的社会成员根据他们的背景和当前的职业，可能会经常性的从一种身份转变为另一种身份。[112]

对于这种复合身份的认同，虽然现在已经有了一些文化上的先例，数字技术也已经被大众所普及，但是我们仍然不能低估了它对人类社会的影响，人类已经在竭尽所能试图跟上现代技术发展的脚步。虽然第二人生以及其他一些类似的游戏可以满足玩家掌控自己生活的幻想，但是它们也仅仅是幻想：在真实的世界中，幻想自由以使自己获得安慰，超越人类发展所有的可能性，这已经不可避免地发生了。

注释

1　Abel, C.（2015）. *The Extended Self：Architecture，Memes and Minds*. Manchester University Press，Manchester.

2　See also Mumford, L.（1952）. *Art and Technics*. Columbia University Press，New York. Also Heidegger, M.（1977）. *The Question Concerning Technology and Other Essays*. Trans. William Lovitt. Harper & Row，New York.

3　McLuhan, M.（1964）. *Understanding Media：The Extensions of Man*. Routledge & Kegan Paul，London.

4　McLuhan, M.（1964），pp. 3–4.

5　1969 年，在美国的几所大学内建造了阿帕网络（Advanced Research Project Agency Network，简称 ARPANET）的第一个节点，这就是互联网的前身。但是，直到 1992 年，技术人员才对万维网（World Wide Web）进行整合，进而完成了互联网最后的重组工作。万维网是由蒂姆·伯纳斯 - 李（Tim Berners-Lee）发明的，创建了全球化的组织，并为今天的互联网系统提供了可访问的公共平台框架。

6　McLuhan, M.（1964），p. 4.

7　Hall, E. T.（1969）. *The Hidden Dimension*. Anchor Books，New York.

8　Hall, E. T.（1969），p. 3. See also Hall, E. T.（1977）. *Beyond Culture*. Anchor Books，New York. 特别是在第 2 章，"Man as extension"，霍尔（Hall）承接斯蒂格勒（Stiegler）的论点，他写道：

> 没有一种生物的进化，可以同人类的进化相提并论。无论是从数量上来说，还是从质量上来说，人类的进化同其他物种的进化之间都存在着天壤之别，人类的进化从一开始就是飞速发展的（evolution accelerates drastically）[本书作者强调]。因此，在这方面人类是独一无二的，他只能从自己的身上学习到新的知识。
>
> 同上，第 26 页

9　Bateson, G.（1972）. *Steps Towards an Ecology of Mind*. Ballantine Books，New York.

10　Bateson, G.（1972），p. 454.

11 虽然"工艺"（technics）和"技术"（technology）这两个词有时会被交替使用，翻译文献中也常常混用，但是在斯蒂格勒的著作当中，以及在斯蒂格勒的追随者的相关演讲中，"technics"一词具有更加丰富的内涵，在这里可以被理解为技术性发展与人类发展的共生关系。

12 Stiegler, B.（1998）. *Technics and Time, I : The Fault of Epimetheus.* Trans. Richard Beardsworth and George Collins. Stanford University Press, Stanford. 斯蒂格勒这本著作的副标题源自一则古希腊的神话故事。在这个故事中，神交给普罗米修斯（Prometheus）和他的弟弟厄庇墨透斯（Epimetheus）一项任务，让所有的凡人和生物都拥有适当的能力，让每一种生物都能生存下去。但是，厄庇墨透斯急于赶在他哥哥的前面完成任务，就把神赋予的所有礼物都发给了动物，而忘记给人类留下任何东西。因为无法想出其他的办法来弥补弟弟的"过失"，顺利完成任务，于是普罗米修斯盗取了其他一些神的天赋，即火和艺术上的技巧，把它们交给人类，于是地球上的人类就拥有了自己专属的技能。

13 Stiegler, B.（1998）, p. 46.

14 在斯蒂格勒的著作发表之前，人们很早就知道了动物也有制造以及使用工具的能力，所以在斯蒂格勒的文章中，忽略掉了这一部分重要的进化发展是非常令人困惑的，而这也表明了在他的思想中，明显是以人类为中心的。值得注意的是，首次发现动物使用工具是在 1960 年，这要归功于珍妮·古道尔（Jane Goodall），她在野外观察到一只黑猩猩，有意识地将一根树枝上的叶子拔掉，并用它来戳白蚁的巢穴，进行捕食。相关内容可参考 J·古道尔（Goodall, J.），1986 年，"贡贝的黑猩猩：行为模式"（The Chimpanzees of Gombe : Patterns of Behaviour）一文。哈佛大学出版社，剑桥，马萨诸塞州。除了一些灵长类的动物以外，现在有越来越多的物种开始使用工具，它们包括鸟类、大象、宽吻海豚、海獭和章鱼，尽管实际上真正使用工具的动物数量是比较少的。参见 Ford, B. and D'Amato, J.（1978）. *Animals That Use Tools.* Julian Messner, New York. Also Shumaker, R. W., Walkup, K. R. and Beck, B. B.（2011）. *Animal Tool Behaviour.* John Hopkins University Press, Baltimore. 更多关于动物构造的讨论，可参考第 7 章以及本章的注释 81。

15 Stiegler, B.（1998）, p. 177.

16 Stiegler, B.（1998）, p, 27.

17 Stiegler, B.（1998）p. 15. See Gille, B.（1978）. *Histoire des Techniques.* Gallimard, Paris.

18 Stiegler, B.（1998）, p. 15.

19 Stiegler, B.（1998）, p. 15.

20 Vaccari, A.（2009）. 'Unweaving the program : Stiegler and the hegemony of technics'. *Transformations*, No.17. www.transformationsjournal.org/journal/issue_17/article_08.shtml（accessed 7 July 2010）.

21 Vaccari, A.（2009）, p. 5.

22 Vaccari, A.（2009）, p. 10.

23 See Abel, C.（2015）. *The Extended Self.* Also Kubler, G.（1962）. *The Shape of Time : Remarks on the History of Things.* Yale University Press, New Haven.

24 Quoted in Camp, N. Van（2009）. 'Animality, humanity and technicity'. *Tranformations*, No. 17, p. 7. www.transformationsjournal.org/journal/issue_17/article_06.shtml（accessed 7 July 2010）.

斯蒂格勒强调，在技术发展与人类进步的过程中，人类的双手有着非凡的重要性，关于这一论点也获得了其他研究的广泛支持。相关内容可参考 Wilson, F. R.（1999）. *The Hand : How Its Use Shapes the Brain*, *Language and Human Culture*. Vintage Books, New York.

25　The primary sources cited here are : Merleau-Ponty, M.（1962）. *Phenomenology of Perception*. Trans. Colin Smith. Routledge & Kegan Paul, London ; Polanyi, M.（1958）. *Personal Knowledge : Towards a Post-Critical Philosophy*. University of Chicago Press, Chicago ; Polanyi, M.（1966）. *The Tacit Dimension*. Doubleday, New York ; and Polanyi, M. and Prosch, H.（1975）. *Meaning*. University of Chicago Press, Chicago.

26　Merleau-Ponty, M.（1962）, p. 146.

27　Merleau-Ponty, M.（1962）, p. 216.

28　参见 Laing, R. D.（1961）. *Self and Others*. Penguin Books, Harmondsworth. 关于人际关系和认同形成，莱恩描述了人与人之间的相互关系以及多层次的人际关系 :

　　没有任何人的行为和实践是在与世隔绝的真空环境中进行的。在我们的理论中，我们所谓的"人"，并不是他的"世界"当中唯一的代表。他如何看待和对待其他的人，其他的人又如何看待和对待他，以及他如何感知其他的人，其他的人又如何感知他，所有这些都是"处境"（the situation）的各个方面。这些都是要理解一个人的相关因素。

同上，第 82 页

29　Merleau-Ponty, M.（1962）, p. 353.

30　在波兰尼的早期作品中并没有提到过梅洛 - 庞蒂，他的第一部著作出版时间早于英文翻译作品 "Phenomenology of Perception"。但是，在后来的著作中我们可以看到梅洛 - 庞蒂的思想，波兰尼和普罗施（Prosch）观察到 :

　　梅洛 – 庞蒂预见到了在隐性认知中具有存在主义的承诺，但是却没有意识到决定这种承诺功能的三个基本要素——我们的知识就是如此建立的。明确的推理和存在主义的经验之间的差别，并不足以定义隐性认知的结构和运作方式。我们就是在缺乏建设性系统的情况下被赋予了很多闪光的知识。

M · 波兰尼和 H · 普罗施，（1975 年），第 47 页

31　Polanyi, M. and Prosch, H.（1975）, p. 33.

32　Polanyi, M.（1966）, p. 16.

33　Polanyi, M. and Prosch, H.（1975）, p. 36.

34　虽然波兰尼认同类似于威廉·狄尔泰（Wilhelm Dilthey）的这些德国思想家所提出的关于移情作用（empathy）的理论，但他还是尽力区分出自己的理论"内心留置"（indwelling）："内心留置，隐性认知的结构，是一种比移情作用更加精确的定义行为 [本书作者强调]，它是所有观察的基础，包括对之前所有描述过的内容的留置。"M · 波兰尼（1966 年），第 17 页。

35　Metzinger, T.（2009）. *The Ego Tunnel : The Science of the Mind and the Myth of the Self*. Basic

Books, New York.

36 Metzinger, T.（2009），p. 1.

37 Metzinger, T.（2009），p. 3.

38 Metzinger, T.（2009），p. 4.

39 Metzinger, T.（2009），p. 5.

40 Metzinger, T.（2009），p. 6.

41 Metzinger, T.（2009），p. 7.

42 Metzinger, T.（2009），p. 7.

43 Metzinger, T.（2009），p. 7.

44 Metzinger, T.（2009），p. 78.

45 Metzinger, T.（2009），p. 78.

46 参见 Blakeslee, S. and Blakeslee, M.（2007）. *The Body Has a Mind of its Own*. Random House, New York. 作者解释了身体映射是如何发生作用的，并描述了神经学家一些其他的重要经验与发现，梅青格尔（Metzinger）在其论文中引述这些资料。

47 关于这一点，布莱克斯里（Blakeslees）观察到：

　　旧的画面是固定结构的人体地图，就好像是烧结黏土一样。新的画面是一种动态的稳定性（dynamic stability）[本书作者强调]。神经具有可塑性，既往的经历不断重塑着你的大脑；事实上它似乎是静态的，只是反映了你在成年生活中所经历的一致性。

　　　　　　　　　　　　　　　　　Blakeslee, S. and Blakeslee, M.（2007 年），第 87 页

48 Φ. Metzinger, T.（2009），p.78–80. 对于使用工具的扩展方式的描述，无疑构成了人类进化的重要一步，同时也标志着自由意志的出现，特别是站在梅青格尔他本人的立场上，将其视为自我的一种分散型的特征，并会与他人相互作用。

49 Clark, A. and Chalmers, D.（1998）. 'The extended mind'. *Analysis*, No. 58, pp. 10–23. 同样这篇论文，以及对这个理论的详细阐述，虽然与自我的概念无关，但仍然作为附言，编入了 Clark, A., ed.（2011）.*Supersizing the Mind*：*Embodiment*, *Action*, *and Cognitive Extension*. Oxford University Press, Oxford. See also Logan, R. K.（2007）. *The Extended Mind*：*The Emergence of Language*, *the Human Mind*, *and Culture*. Toronto University Press, Toronto.

50 Clark, A. and Chalmers, D.（1998），p. 1.

51 Clark, A. and Chalmers, D.（1998），p. 1.

52 Kirsh, D. and Maglio, P.（1994）. 'On distinguishing epistemic from pragmatic action'. *Cognitive Science*, No. 18, pp. 513–549.

53 Clark, A. and Chalmers, D.（1998），p. 2.

54 Clark, A. and Chalmers, D.（1998），p. 9.

55 Barrett, W.（1962）. *Irrational Man*：*A Study in Existential Philosophy*. Doubleday, New York.

56 Barrett, W.（1962），p. 218. See also Lewin, K.（1951）. *Field Theory in Social Science*. Harper & Row, New York. 作为一名完形心理学家和社会心理学的先驱，勒温（Lewin）强调，在他或她

的直接环境当中，一个人与其周围一切事物之间的互动，才是他们行为的主要决定因素，而非过去的历史或习俗。

57　See Ball, P.（2009）. *Nature's Patterns：A Tapestry in Three Parts. Vol. 1，Shapes*. Oxford University Press, Oxford.

58　关于模因的各种解释，及其相关的优势和弱点，可参考第 7 章。

59　Dawkins, R.（1989, 2nd edn）. *The Selfish Gene*. Oxford University Press, Oxford.

60　Dawkins, R.（1989），p. 192.

61　Dawkins, R.（1989），p. 190.

62　Dawkins, R.（1989），p. 192.

63　关于病毒的类比，可参考 Brodie, R.（1996）. *Virus of the Mind：The New Science of the Meme*. Hay House, Carlsbad. Also Lynch, A.（1996）. *Thought Contagion：How Belief Spreads Through Society*. Basic Books, New York.

64　Sperber, D.（2000）. 'An objection to the memetic approach to culture'. In *Darwinizing Culture：The Status of Memetics as a Science*（Aunger, R. ed.），pp. 163–173, Oxford University Press, Oxford.

65　Sperber, D.（2000），p. 172.

66　Sperber, D.（2000），p. 171.

67　Rose, H. and Rose, S.（2012）. *Genes，Cells and Brains*. Verso, London.

68　Rose, H. and Rose, S.（2012），pp. 71–72.

69　Jablonka, E. and Lamb, M.（2005）. *Evolution in Four Dimensions：Genetic，Epigenetic，Behavioural and Symbolic Variation in the History of Life*. The MIT Press, Cambridge, MA.

70　Jablonka, E. and Lamb, M.（2005），p. 1.

71　"拉马克主义"，指的是 19 世纪的生物学家让 - 巴普蒂斯特·德拉马克（Jean-Baptiste de la Marck）提出的另一种进化理论，即所谓的拉马克理论。参见 Young, D.（2007, 2nd edn）.《进化的发现》（The Discovery of Evolution），剑桥大学出版社，剑桥。拉马克认为，在生物体的一生当中会获得有利于自己生存的生物学特性，并会将这些优势的特性传给下一代，这就违背了自然选择的基本法则，从而规定了有利的变异只能通过消除比较孱弱的个体来实现进化。拉马克的理论被新达尔文主义者们视为异端，抱持正统进化论的评论家们都以越来越严苛的态度来审视这种不同的理论。参见 Rose, H. and Rose, S.（2012）and Jablonka, E. and Lamb, M.（2005）.

72　Jablonka, E. and Lamb, M.（2005），p. 177.

73　Jablonka, E. and Lamb, M.（2005），p. 200.

74　凯特·迪斯汀（Kate Distin）也提出了充分的理由，证明可以将模因解释为"一种适用的概念"，与类型相似。凯特·迪斯汀（2005 年）《自私的模因》（The Selfish Meme），剑桥大学出版社，剑桥。但是，就像道金斯一样，迪斯汀也坚持认为模因就像基因一样，必须有一个可以脱离其载体而存在的独立身份，而这样的立场，正如这里所讨论的，是站不住脚的。相关内容可参考第 7 章。

75　值得注意的是，正如下文中所解释的，这里所提出的"通用代理"（universal agent）的概念，就源于认知扩展的过程中，自然环境与文化环境之间的互相作用，而人类的进化就是在文化环境中发生的。因此，在这个语境中使用的"通用的"（universal）这个词，既不是指诺姆·乔姆斯基（Noam Chomsky）在他的早期著作中所提出的语言共通性，也不是其他任何固定的含义。

76 这两种观点的不同，也是哲学家与语言学家以及符号学家之间一个主要的争论焦点，而 Jean Paul Sartre 和 Claude Levi-Strauss 长期而激烈的讨论也证明了这一点。参见 Leach, E.（1970）. *Levi-Strauss*. Fontana/ Collins, London.

77 Dennett, D.C.（1996）. *Darwin's Dangerous Idea：Evolution and the Meanings of Life*. Penguin Books, London.

78 Dennett, D.（1995）, pp. 347–348.

79 In the sense of George Kubler's theory of types of artifacts as series of 'linked problem solu-tions'. Kubler, G.（1962）. *The Shape of Time：Remarks on the History of Things*. Yale University Press, New Haven. 有关库布勒理论的进一步讨论，可参考第 14 章。

80 鉴于罗斯（Rose and Rose）所引用的分子生物学的发展（参见上文注释 65），道金斯与其支持者所描述的，基因可以同它们的载体绝对分离，这种论述的正确与否都是值得商榷的，那就更不用说模因同它们的载体是否可以绝对分离了。

81 虽然作者对于模因的批判通常都是正确的，但是也有明显的例外。举例来说，在他们对模因进化过程的讨论中，凯文·莱兰（Kevin Laland）和约翰·奥德灵 - 斯米（John Odling-Smee）提出了一种"生态位构建"（niche construction）的理论，在这种理论中，类似于海狸这样的生物会改变自己的生活环境，使它们更适合自己的生存，从而在一种双向的适应过程中改变遗传选择的压力；通过基因和文化的共同进化，人类的发展也得到了强化。Laland, K.N. and Odling-Smee, J.（2000）. 'The evolution of the meme'. In *Darwinizing Culture*（Aunger, R. ed.）, pp. 121–141. 参见本书第 7 章。相关讨论请参见 Abel, C.（2015）.《扩展的自我》（The Extended Self），特别是其中的第 6 章和第 8 章。

82 Jablonka, E. and Lamb, M.（2005）, p. 209.

83 Jablonka, E. and Lamb, M.（2005）, p. 220.

84 Turkle, S.（1984）. *The Second Self：Computers and the Human Spirit*. Simon & Schuster, New York.

85 Turkle, S.（1984）, p. 170.

86 Turkle, S.（1984）, p. 13. See also Turkle, S.（2011）. *Evocative Objects：Things We Think With*. The MIT Press, Cambridge, MA.

87 Turkle, S.（1984）, p. 168.

88 Turkle, S.（1984）, p. 14.

89 Turkle, S.（1984）, p. 65.

90 Turkle, S.（1984）, p. 19.

91 Greenfield, S.（2008）. *ID：The Quest for Identity in the 21st Century*. Sceptre, London.

92 Greenfield, S.（2008）p. 147. See also Greenfield, S.（2011）. 'Virtual worlds are limiting our brains'. *Sydney Morning Herald*, 21 October. 在她的文章中，作者写道："有证据表明，长时间盯着电脑屏幕会引起大脑发生生理性的变化，长期积累会导致注意力集中和行为问题的发生。"同前。

93 Kidron, B.（2013）. 'Just one more click'. *Guardian*, 14 September.

94 基德龙（Kidron），2013 年。随着互联网技术长期的发展，越来越多的证据表明，数字技术普遍存在着令人上瘾的影响。根据《新闻周刊》（Newsweek）一位作家托尼·多考皮尔（Tony

Dokoupil）的说法，"第一份同业审查报告正在出炉，那个画面甚至要比那些乌托邦主义者所能接受的大爆炸还要令人沮丧。"节选自 McVeigh, T.（2012）. 'Internet addiction even worries Silicon Valley'. *Observer*, 7 月 29 日。

95 一般性的介绍，请参见 White, B. A.（2007）. *Second Life：A Guide to Your Virtual World*. QUE, Indianapolis. Also Rymaszewiski, M. *et al.*（2007）. *Second Life：the Official Guide*. Wiley, Indianapolis.

96 第二人生中的货币被称为"林登币"（Linden Dollar），或是"L\$",这个名字取自林登实验室——这款游戏的所有者和经营者。林登币有一个额定的兑换汇率，可以用真实的美金来购买，当然也可以出售。

97 Rymaszewiski, M. *et al.*（2007）, p. 10.

98 Brown, J. A., Brown, M. Y. and Regan, J.（2013）. 'N00bs, M00bs and B00bs: an exploration of identity formation in Second Life'. In *Women and Second Life：Essays on Virtual Identity, Work and Play*（Baldwin, D. and Achterberg, J. eds）, pp. 45–62, McFarland & Co, Jefferson.

99 Brown, J. A., Brown, M. Y. and Regan, J.（2013）, p. 49.

100 Brown, J. A., Brown, M. Y. and Regan, J.（2013）, p. 59.

101 Johnson, P.（2010）. *Second Life, Media, and the Other Society*. Peter Lang, New York.

102 Johnson, P.（2010）, p. 54.

103 Johnson, P.（2010）, p. 84.

104 Johnson, P.（2010）, p. 84.

105 Johnson, P.（2010）, p. 43.

106 Quoted in Johnson, P.（2010）, pp. 43–44.

107 Erikson, E. H.（1968）. *Identity Youth and Crisis*. W. W. Norton, New York.

108 Flavell, J. H.（1963）. *The Developmental Psychology of Jean Piaget*. Van Nostrand Reinhold, New York.

109 In the sense of 'assemblages' as elaborated by DeLanda, M.（2006）. *A New Philosophy of Society：Assemblage Theory and Social Complexity*. Continuum, London. 相关讨论和详细的例证可参考 Abel, C.（2015）.《扩展自我》（The Extended Self）, 特别是其中的第 8 章。

110 Lasch, C.（1978）. *The Culture of Narcissism：American Life in An Age of Diminishing Expectations*. Norton, New York. 在这篇文章中，研究了人们对于网络社交的痴迷，Rosen, L. R.（2012）. *iDisorder：Understanding Our Obsession with Technology and Overcoming Its Hold on Us*. Palgrave Macmillan, London. 举例来说，罗斯（Rosen）在文章中所引用的研究表明,有 80% 的"推特"（tweets）用户只会单纯地关注"我",即个人参与者个人生活和活动的更新与回应。

111 Hall, E.T.（1969）, p. 3.

112 这位作者通过亲自观察发现，在家庭生活与工作生活之间存在着非常显著的差异。这些人在"西式"的公司或是机构中工作，但是每天下班回家之后就会被严格的宗教与行为传统紧紧约束，这种现象在伊斯兰世界中是非常普遍的（也并不局限于伊斯兰世界）。还有一个现象也很普遍——这也是舆论界存在着很大争议的话题——居住在西方国家的移民家庭，他们来自发展中国家，但是其家庭成员却没有被周围的主流文化所同化，他们同时生活在两个不同的世界里。

第二部分　批判理论

作为人类，我们不可避免地会以自我为中心来看待宇宙，并用人类交往过程中所形成的语言来谈论宇宙的相关问题。任何想要从世间万物中将人类的看法别除掉的企图都是荒谬的。

——迈克尔·波兰尼（Michael Polanyi），1962 年

就像甲壳类动物一样，我们的生存也要依赖于外部的骨骼，而在历史悠久的城市与建筑的外壳之上，布满了属于已知过去的印记。

——乔治·库布勒（George Kubler），1962 年

我们不能片面地说，是现代化压制了道德的主旨以及情感的想象，而是必须要看到其中的两面性，现代化既是一种阻碍，同时也是一种促进的力量。

——杰弗里·C·亚历山大（Jeffrey C. Alexander），2013 年

第 9 章　文化是个复杂的整体：
一种发展的观点

首次发表于《建筑设计》，原文只有主标题，1972 年 12 月 [1]

19 世纪的人类学家爱德华·伯内特·泰勒（Edward B. Tylor）提出了文化的"概念论"（ideational theory），将文化描述为"一个复杂的整体，其中包括知识、信仰、艺术、道德、习俗，以及作为社会一员的人所拥有的其他能力与习惯。"[2] 同样，根据路德维希·冯·贝塔朗菲（Ludwig von Bertalanffy）提出的"有机概念"（organismic conception）[3]，当我们使用"文化"这个词的时候，指的是一些较高层次的描述和复杂的东西，如果单单针对文化当中一些相关的部分进行孤立研究的话，是无法揭示出其中真谛的。[4] 本章汇聚了来自不同学科领域的不同作者所提出的很多重要思想，其中的重点就是文化的概念，它是思想（ideas）发展的具体体现。最后，我带着这些见解，来检视克里斯托弗·亚历山大（Christopher Alexander）所谓的"自我意识的文化"和"非自我意识的文化"之间的差别[5]，我相信如此理解文化实际发展方式的基础是错误的。

发生认识论（Genetic epistemology）

在这些术语中，关于文化的案例是由巴奈特（H. G. Barnett）[6] 提出的。他认为若是没有参考思想，没有生成"不变的表征"（immutable representations），或是没有保持文化形式的连续性，那么就根本不可能对文化的产物进行讨论，无论是风俗习惯还是手工制品：

> 在这些精神模式中，能发展起来的唯一系统就是互动关系的系统，它是根据心理活动的潜力而形成的。换句话说，思想与思想之间的相互作用，其根据是心理法则，而不是别的什么东西。[7]

但是，与传统的心理学不同，巴奈特认为文化人类学家应该把研究的重点放在"思想的社会化，而不是思想的特质化方面。大众的思想才是他的研究对象，因为这就是文化"[8]。此外，当我们谈到思想与思想的相互作用时，我们在潜意识中所关注的其实是它们的结构，即不同的思想之间关系的组织，而不是思想同人类行为之间直接的关系。

瑞士著名心理学家让·皮亚杰（Jean Piaget）[9]，在他的心理学研究框架中有一个分支，称为"发展心理学"（developmental psychologist）。虽然与他其他的成就相比，比较不为人们所熟悉，但是在相关的论文中，他以个案研究的方式，从个人的行为到文化的社会心理层面，逐步进行了深入的探讨。对皮亚杰来说，除了要对人类的认知进行研究以外，他认为对儿童心理学的探索也是非常重要的，它可能会为发生认识论的研究揭示出新的领域，即"关于获取知识的机制的研究（……）从比较无知的状态，到拥有更高级知识状态的转变"[10]。因此，他的兴趣并不单单局限在认知结构的个体发生、发展，还包括科学知识发展史这一特定的发展理论分支的具体应用。在后一种研究领域中，历史进程被视为一种跨越了很多成熟思想的进化，或许我们可以作一个不太准确的类比，就像是一个不成熟的人逐步进化走向成熟一样。

举例来说，皮亚杰揭示出婴儿早期的发展，都是以"自我为中心"以及"物质利益"为特征的。对婴儿来说，他们所获得的第一个关于世界以及他们自身的知识，就是周围事物最直观的外表，以及他们自己外表的、物质的身体。随着两个认知行为的基本过程："同化"（assimilation）与"适应"（accommodation）的分化与组织，他们逐渐产生了自我意识，并认识到其他的物品。按照皮亚杰的说法，这两种过程形成了从最简单的生物体到最复杂的生物体的转变过程中，所有适应性行为的基础。在第一种同化过程中，新的事物与经验被纳入现有的行为序列或是心智构念（mental constructs）当中，或者按照皮亚杰的说法，叫作"模式"（schemas）。而在第二种适应过程中，为了解决在环境中新的体验所带来的问题，原来的行为序列就被修改了。最终，这些过程就构成了一种方法，通过这种方法，主体与其所处环境中的对象之间，就可以建立起越来越复杂的关系。

所以，皮亚杰用发展的观点，从两个方向上修正了最初的"自我中心主义"（egocentrism）和"现象学"（phenomenism）概念。取代现象学的术语叫作"构念"（construction）：伴随着认知的进行，主体逐渐深入、渗透到他（她）所认知的对象当中。而利己主义的概念则被"反思"（reflection）所取代：主体对于早期构念的对象进行重新思考与重组，并对自己之前在这些方面所做的假设进行批判性的分析。皮亚杰是在研究数学与物理学的历史时发现了这一基本的进化过程。因此，他在希腊数学质朴的现实主义中，看到了自我中心主义和现象学的本质：算数是真实世界的属性；几何学是对真实空间的研究，等等，而随之而来的数学发展史，则被视为朝向建构与反思的双重发展。

在格雷戈里（R. L. Gregory）[11]对语言发展的历史研究中，我们可以看到他对皮亚杰认识论（epistemology）的推崇。格雷戈里指出，早期语言的内容和主题，既不是哲学也不是抽象的思辨，而是财物的清单，战争胜利的记载，以及对为死者准备的葬礼仪式的详细记录。为了证明自己的论点，格雷戈里引用了艾伦·加德纳爵士（Sir Alan Gardner）对埃及语法的研究作为论据：

在各个阶段，古埃及语最显著的特征就是其具体的*现实主义*（concrete realism）[本书作者强调]，它对外部事物的关注……在"可能（might）、应该（should）、能够（can）、几乎不（hardly）"这些词语当中，甚至是类似于"引起（cause）、动机（motive）、责任（duty）"这些更为抽象的词语当中，都蕴含着微妙的思想，这些都是在语言学发展的后期才出现的词语……尽管希腊人将哲学的智慧归功于古埃及人，但是从来没有人表现出自己对于投机，或是全心全力地追求物质利益的厌恶。[12]

与皮亚杰的观点相似，这就表明了一种观点的合理性，即语言的发展与知识的发展是平衡并进的，是从现象学逐渐发展产生的抽象与反思的表达能力。

文化进化

在埃德蒙·格伦（Edmond Glenn）[13] 提出的文化进化模型中，也存在着皮亚杰所提出的同化与适应的概念。在皮亚杰的发展理论中，他一直都将研究的重点放在知识的选择上，而格伦则把皮亚杰的认知理论引入了一种更加普遍的文化理论当中。格伦指出，文化的改变可以利用同化和适应的结合过程来解释，是以一个或另一个适应过程为特征的。在格伦的模型当中，有一个关键的概念叫作"赋予者"（form-giver），它相当于一组相关的模式，或是共享的心智构念，在空间上可以通过一系列简单的韦恩图（Venn diagrams，图 9.1a）来表示。在图示中将环绕着"赋予者"的集群联系起来的是一种给定范围的经验特征。每一个圆形的中心都是最初的行为模式，而每一个圆圈的内部则代表与该行为模式相关的元素。整个圆形的表面就代表一个"赋予者"，或者可以说是作为一个整体的一组特征，即，一个复杂的整体。同时，在最初的状态，这些集群彼此之间是互不相关的。

之后随着同化作用的发生，圆形的范围不断扩大，一些元素可能会成为多个集群之间的关联。根据这些元素是"强"还是"弱"，它们会对集群的组织产生不同的影响。因此，那些比较弱的集群仍然和之前一样，但是任何外围弱元素的刺激都会以自由结合的方式，影响到其他链接的集群。但是，若一个集群对另一个集群的侵犯不再仅仅发生在外围，而是扩展到集群的中央部分（图 9.1b），那么就会引起更为积极的反应。在这种情况下，它们会表现出两种选择：忽视它，或是解决它。要解决这些含糊不清的因素，就需要利用第二种基本机制；即适应机制，或者按照格伦更为抽象的说法，就像是将之前"钩在一起"的精神元素中的一部分"脱钩"分离出来。一旦成功解决了模棱两可的问题，这种新的适应状态就会被接受。之后，新的概念进一步扩展，再次经过同化过程而出现新的不确定因

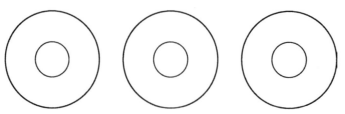

图 9.1a　韦恩图表示彼此分离的"赋予者"，或是独特的模式。资料来源：E·S·格伦（1966 年）

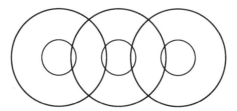

图 9.1b　韦恩图表示的重叠的"赋予者"，会激发一种积极的回应。资料来源：E·S·格伦（1966 年）

素，于是上述的过程就又会再次发生，周而复始。

因此，同化作用的机制就在于通过关联，将新的知识附加到现有的"赋予者"当中，并通过这样的过程使后者发生改变。尽管同化作用并非总是在潜意识下进行的，但我们假设它是在潜意识下进行的，会有助于更好地理解这一过程。另一方面，适应的机制则在于确定一个临界线，将相关的内容和不相关的内容分割开来；也就是说，这是一个分类的过程，它是在双方都有意识的状态下发生的。所以，这是一个经历了深思熟虑的抽象过程，在这个过程当中，主体为了适应新的、更广泛的经验，从而对自己进行了调整与改变。下面，格伦总结了这种适应性对不同类型的文化所产生的影响：

1. 纯粹的同化文化是不存在的。教导年轻一代讲话，其实就证明了一些抽象的存在。

2. 纯粹的适应性文化也是不存在的。在最先进的文化中，当代语言的运用就证明了关联性的存在。在其他的领域，我们也可以看到类似的情况。

3. 文化在经历过多次抽象的循环之后，会包含很多"赋予者"，它们以不同的级层结构排列，有明确的分界线划分，使得它们之间可以进行调整论证。而那些比较少经历关联-抽象循环的文化当中，包含的这种复杂的"赋予者"也比较少，但是却包含很多互不相干的扩散型"赋予者"。

4. 尽管在所有的文化中都存在着同化和适应，但是同原始的文化相比，经过进化的文化在运行状况和体系特点上，都会表现得更加富有抽象性，而原始的文化所表现出来的则是以关联性为主。

因此，无论是高级的文化还是原始的文化，它们所表现出来的主要特征都是"密切的相关过程之间平衡"（balance between intimately related processes）的结果。所以，我们要想识别一种文化的主要特征，就必须要了解这种平衡是如何运作的。

皮亚杰的均衡模型

对皮亚杰来说，要了解这种平衡的本质以及整个发展过程的关键，就是要通过均衡模型，从更广阔的框架中去寻找答案。类似于贝塔朗菲生物学的研究方式以及现行的控制论，均衡模型直接关注的是转变的规则，这种规则随着认知的发展，经历不同的阶段，掌控着主体的运动，而每一个阶段都标志着达到了一种均衡的状态。在皮亚杰的关系体系中，这样的状态就代表了主体和客体之间的稳定关系，同时，也代表了同化和适应之间的关系。简而言之，均衡模型所描述的就是两者之间均衡协调的过程。

这里有一个实例来说明什么是均衡的状态。罗伊·拉帕波特（Roy Rappaport）曾经对新几内亚的策姆巴加部族（Tsembaga）[14]进行研究，格伦将这种文化描述为同化作用为主的文化。拉帕波特认为，策姆巴加人周期性举办的（杀猪）仪式就是一种复杂的原始稳定机制，它可以将众多的变数限制在一定的范围内，从而在一段时期内（具体时间长短不定）保持组织系统稳定。所以，在策姆巴加以及其他一些相关部族当中，这些仪式具有管理的功能：

> （……）会有助于避免环境遭到人为的破坏；限制战争发生的频率，以避免危及地区人口数量；调整人口密度；促进贸易发展，以及将本地盈余的猪分配给居住在该地区的全体居民，使人们都可以获得高质量的蛋白质，满足他们生存的需要。[15]

为了完善自己的文化稳定模型，拉帕波特反过来借鉴了动物生态学的理论框架，这是一种核心的概念，即在特定的动物族群与它们所生活的环境之间达成平衡的理念。根据这个模型，拉帕波特从生物学家的角度，将策姆巴加部族定义为一种"地方种群"（local population）：一个由生物体所组成的群体，他们拥有共同而又独特的生活方式，可以同他们身处的生物群落中其他的生物以及非生物维持一种共享的生物关系。在这个案例中，用来描述策姆巴加部族周期性举办的杀猪仪式的特定原始稳定模型，就来源于人类学家－观察者的经验观测值与测量。虽然这种原始稳定的模型，必然会与生活在当地环境当中的人所建立的环境模型相互重叠——拉帕波特将其称为"认知模型"（cognized model）——但是这两者并不是等同的。这种文化具有相对的稳定性，而他们的杀猪仪式所具备的调节功能并不是主观意识的刻意为之，从这两个方面都可以显示出，这里占主导地位的发展机制是同化作用。[16]

无意识的文化与有意识的文化

同样的，克里斯托弗·亚历山大 [17] 也根据其原始稳定的运行状况，编写过一些关于原始文化的文章。他认为，这些文化由于不是由自我意识驱使的，因此相比那些以适应性为主导特征的有意识的文化，前者更容易朝向一种均衡的状态发展。亚历山大反对现代的建筑形式以及聚落形态，他坚持认为，将有意识的文化区分出来的概念层次结构，或是"记忆图像"（mental pictures），只会打破这种均衡的状态，阻碍了他所谓的原始文化同它们所处环境之间"直接的"联系。他认为其中的原因就在于，我们的教育系统具有概念层次结构的特点，"在总体上是任何历史事件所导致的结果" [18]，因此也不大可能与他们想要分类的"现实世界"的特征紧密联系在一起。

亚历山大概略性地将这些关系描述为"形式"（form）与"文脉"（context）之间的关系（图 9.2），而在这里我们可以把它们看作是"文化形式"和"文脉背景"。在无意识的文化体系中，文化形式和真实的世界之间是一对一的和谐对应的关系，而在有意识的文化体系中，这种和谐的关系却被"记忆图像"破坏掉了。亚历山大认为，要改善这种状况，

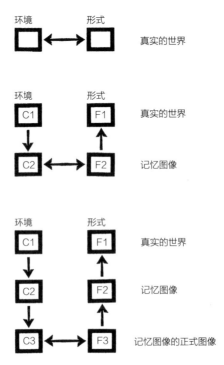

图 9.2　克里斯托弗·亚历山大的一系列图表，展示了环境与无意识的文化形式（顶部），以及环境与有意识的文化形式（中部）之间的关系，还有亚历山大所提出的解决方案（底部），来恢复当代文化形式与背景之间的平衡。资料来源：©1964 年，由哈佛大学校长和研究员提供。©1992 年克里斯托弗·亚历山大改编

就要建立起一种更为抽象的画面，这样才能彻底根除当初由我们原始的自我意识概念所强加的任何限制。亚历山大声称，这种更进一步的抽象将是一种"客观的"存在，*"不会受到带有偏见的语言和经验的影响"*［本书作者强调］。[19]

亚历山大的错误

亚历山大认为在有意识的文化和无意识的文化之间存在着巨大的差异，这与上述的文化模型是一致的，但是从这些模型所提供的发展视角，却得出了与亚历山大完全不同的结论。亚历山大认为，环境的问题是由现代社会所引起的。而与亚历山大的"偏见"相反，发展的观点则认为，概念建构的过程并不像是亚历山大所认为的那样，仅仅是文化发展史上某种不幸的偶然事件，而且也不是那些所谓的"有意识的文化"所独有的。正如格伦所指出的，概念的层次结构是现有概念之间存在歧义的必然结果。在之前就存在差别的概念领域，我们需要区分哪些是有关系的概念，而哪些属于没有关系的概念。换句话说，从两个从属类的级别中会产生出一个更高的级别。不管这些现有的概念存在着怎样的质疑，存在着多少不适当或是失败的因素，无论是来自个人、群体还是环境，但这就是最简单的抽象的本质，也是概念建构的基本过程。

对于原始的文化，可能我们没有意识到这一类抽象的重要性，就像拉帕波特对策姆巴加人的研究，呈现在我们面前的是一幅文化与环境之间相对稳定均衡的画面，这是成功适应的结果，却并不是适应的过程。从发展的角度，我们会看到不同的平衡状态之间存在着变化，而在它之上则是更长远的动态平衡，这就向我们展示了适应是如何实现的：即通过支持性的调节机制和同化机制共同作用下实现的。同样，即便是最简单的文化，其中也包含着相关的概念，而这些概念是在抽象和层次分化的过程中诞生的。因此，概念的形成就这样"插入到"（intervenes）了原始文化和它们所处的环境之间的关系当中，而对于更高级的文化与环境之间的关系也是如此。而且，正是这种形成的过程决定了二者之间的关系。

反过来，抽象发生的程度要依赖于稳定平衡的建立。达到平衡越简单，抽象就越容易被同化。而抽象的过程越是艰难，抽象就越是会得到发展，直到当前的模式发生了必要的调整。在快速发展进化的情况下，这一过程在实际上可能是连续发生的，其中偶尔会出现一些"稳定"的状态，现实的传统和主要的科学理论的发展就是如此。

反思的文化

身处不稳定的环境以及更进化的文化氛围当中，文化的抽象也进入一种状态，在这种状态下，我们开始进行反思，不仅会严厉地批评我们自己的想法，同时也会根据我们的教育水平以及其他因素，发展出一种批判性的认知，而思想就是在这个过程中逐步形成的。

然而，除了提出对于抽象的画面应该给出严格的定义之外，亚历山大并不清楚这幅画面应该是什么样的，也不能给出比其他的记忆图像更为客观的解释。但是，清晰的定义本身并不能确保它与"真实的"世界之间的联系，它只是为我们提供了一种方法，用来对自己的思想进行测试。更为重要的因素是效率以及预测效率的标准[20]，而这些标准反过来又受制于我们批判与反思推理的能力。

因此，我们需要对亚历山大的理论模式进行修改，将之前从环境到文化形式的线性发展，转变为一种平行的、更高水平的批判性认知，来表示先进的、反思性的文化。事实上，这一层次的批判性认知就构成了一种高度复杂的文化适应形式。此外，与亚历山大的观点相反，通过语言和经验这些媒介，所有的文化都在不断地进化。这就是科学理论发展的真实状况，同时也是一个人对于他（她）所生活环境的个人看法。[21] 在这种情况下，将抽象视为神圣而不可侵犯是一种非常武断的行为，在不断变化的世界当中，任何一种优势都是有时间限制的。面对我们思想与文化上的失败，真正解决问题的方法是对更高层次批判性思想的延续与提炼，而不是拒绝。

注释

1　Abel, C.（1972）.'Cultures as complex wholes'. *Architectural Design*, Vol. XLII, December, pp. 774–776.

2　Tylor, E. B.（1871）. *Primitive Cultures*：*Researches Into the Development of Mythology Philosophy Religion Art and Custom*, *Vol. 1*. John Murray & Sons, London, p. 1.

3　Bertalanffy, L. von（1969）.'Chance or law'. In *Beyond Reductionism*：*New Perspectives in the Life Sciences*（Koestler, A. and Smythies, J. R. eds）, pp. 56–84, Hutchinson, London.

4　参见 Cassirer, E.（1955）. *The Philosophy of Symbolic Forms*：*Vol. 1*, *Language*. Yale University Press, New Haven. 在他的前言中，查尔斯·W·哈德尔（ Charles W.Hendel）解释说："随着时间的推移，文化在很多地方都表现出不同的形式。"同上，第 43 页。

5　Alexander, C.（1964）. *Notes on the Synthesis of Form*. Harvard University Press, Cambridge, MA.

6　Barnett, H. G.（1953）. *Innovation*：*The Basis of Cultural Change*. McGraw Hill, New York.

7　Barnett, H. G.（1953）, p. 11.

8　Barnett, H. G.（1953）, p. 12.

9　All references in this chapter to Piaget's work are drawn from Flavell, J. H.（1963）. *The Developmental Psychology of Jean Piaget*. Van Nostrand Reinhold, New York.

10　Flavell, J. H.（1963）, p. 251.

11　Gregory, R. L.（1970）. *The Intelligent Eye*. Weidenfeld & Nicholson, London.

12　Quoted in Gregory, R. L.（1970）, p. 147. See Gardiner, A.（1927）. *Egyptian Grammar*. Oxford University Press, Oxford.

13　Glenn, E. S.（1966）.'A cognitive approach to the analysis of cultures and cultural evolution'.

General Systems Yearbook，Vol. 11，pp. 115–131. 格伦在他的论文当中，用"抽象"（abstraction）一词代替了皮亚杰的"适应"（accommodation），用"关联"（association）代替了皮亚杰的"同化"（assimilation），但是除此之外，基本的意思是相同的。为了能更清楚地表述，格伦的论文中直接引用了皮亚杰的原文。

14　Rappaport，R. A.（1968）. *Pigs for the Ancestors*. Yale University Press，New Haven.

15　Rappaport，R. A.（1968），p. 224.

16　拉帕波特（1968 年，第 4 页）也从控制论和一般系统理论的角度，明确地描述了策姆巴加部族和他们的环境之间的关系："在这项研究中所描述的系统关系并不仅仅是控制；它们是自我控制（self-regulated）。"

17　Alexander，C.（1964）. *Notes on the Synthesis of Form*.

18　Alexander，C.（1964），p. 65.

19　Alexander，C.（1964），p. 78.

20　关于预测效率的心理意义及重要性，请参见 Kelly，G.（1963 年）。*A Theory of Personality：The Psychology of Personal Constructs*. W. W. Norton，New York.

21　参见第 10 章。

第 10 章　建筑的语言游戏

首次发表于《建筑协会季刊》，1979 年 12 月，原标题为"建筑理论与批判中的语言类推：根据维特根斯坦的语言相对论的若干评论"（The language analogy in architectural theory and crit icism : some remarks in the light of Wittgenstein's linguistic relativism）。[1] 论文的结尾部分"建筑与社会认同"，在本书之前的两个版本中均没有收录，而在本次第三版的编写中补充了进来，并替换了之前关于类推法的附录，而类推法的相关内容则移至第 12 章。

在《道德与建筑》（Morality and Architecture）一书中，作者戴维·沃特金（David Watkin）[2] 对早期现代主义者及其历史学家们提出了严厉的批评，认为他们没有将建筑视为人类创造力的一种表现形式，因而没有对建筑的艺术传统给予足够的关注。他评论说，这些学者们总是用科学、技术，或是政治的意识形态这些"别的东西"来理解建筑。

对于像沃特金这样的批评者来说，建筑中流行的语言类推也无疑很像同样的情况。看一看早期现代主义者们所提出的科学至上的幼稚主张，我们很容易就会与沃特金的观点产生共鸣。但是，自从早期的现代主义者将他们的理想付诸实践以来，科学本身一直都在迅猛地发展，它并没有给像沃特金这样的建筑决定论者提供些许的安慰。[3] 我认为，使用"其他的"术语来解释建筑完全是可行的，特别是使用语言来表达。其原因就在于，语言的类推，同沃特金一贯反对的其他形式的类推一样，在建筑评论与建筑知识的发展中，都普遍存在着非常明确的目的。如果说，这听起来就好像要从两个方面来理解建筑——作为"建筑"和作为"别的什么东西"——那么从某种意义上来说确实是这样的。对于这个显而易见的矛盾，解决的方法就是要在新思想的诞生中去理解类推法的认识论功能，这将会有助于我们理解那些目前还尚未理解的事物。

类推思维

首先，值得注意的是，当我们将语言类推用于建筑评论的时候，应该接受一个普遍的共识，即，建筑本身并不是一种语言，它只是在某些重要的方面表现得像是一种语言。"建筑的语言"不过是一个比喻，或者说是运用类推的方法，对不同领域的思想之间特殊关系的一种命名。[4] 因此，我们认为在建筑与人类语言之间至少存在着一些共同的属性，但两者绝不是完全相同的。

其次，并不是所有形式的类推都服务于相同的目的。举例来说，我们引用了诗人艾略特（T. S. Eliot）在《荒原》（The Waste Land）当中的一些诗句，马库斯·赫斯特（Marcus Hester）[5] 解释说，诗人最为关注的是在他的隐喻中所潜在的激情：

> 这里没有水只有岩石
> 有石而无水，只有砂石路
> 砂石路迂回在山岭中
> 山岭是石头的全没有水
> 若是有水我们会停下来啜饮
> 在岩石间怎能停下和思想
> 汗是干的，脚埋在沙子里
> 要是岩石间有水多么好
> 死山的嘴长着龋齿，吐不出水来
> 人在这里不能站，不能躺，不能坐
> 这山间甚至没有静默
> 只有干打的雷而没有雨 [6]

赫斯特让我们特别关注这一句："死山的嘴长着龋齿，吐不出水来"，在这一句中，诗人艾略特即是运用了隐喻的手法，将前面诗句中所描写的干旱而荒芜的景象非常生动形象地呈现出来：

> 嘴巴吐不出水来，因为这是一具骷髅的嘴巴，"死亡的嘴巴"里面"长着龋齿"，当然不可能吐出水来。这种比喻的修辞所指的并不仅仅是骷髅干涸的嘴，它还暗示着一个人是如此地饥渴，以至于他的嘴里吐不出一点口水来（……）阅读这些充满隐喻的诗句，读者就会产生一种幻觉，仿佛自己正在经历着同样的生活[本书作者强调]。[7]

与之相比，科学家运用类推的方式进行思考，可以扩展他或她对世界的认识，因此他们对于这种方法所具有的创造力和解释力产生了浓厚的兴趣。亚瑟·库斯勒（Arthur Koestler）[8] 对于类推法的创造力进行了广泛的研究，他提出了对于约翰尼斯·开普勒（Johannes Kepler）和查尔斯·达尔文（Charles Darwin）学说的一些发现，证明类推法具有创新的功能。在开普勒之前，人们一直认为天文学其实就是一种画法几何学。但是自从开普勒观测到行星的运动并不是一致的，而且它们的运行轨迹也不是圆形的，于是他意识到想要解释这些不规则的运动，就必须要引入其他的概念。经过一生的探索，终于在他生命终结之前，利用类推的方法找到了这个困扰了他 25 年的问题的答案：

> 太阳处在移动的行星中间，它本身是静止不动的，但它却是运动的源泉，承载着圣父与造物者的形象。正如圣父创造圣灵一样，太阳通过包含着移动物体的媒介，向外散发着它的原动力。[9]

尽管开普勒的表述非常富有诗意，但是他提出了一个关键的概念"原动力"（motive force）——重力——这是一个非常重要的概念，可以解释迄今为止自然界中很多神秘的现象，从而在一个已经建立成熟的科学体系中引入了一种全新的思考方式。

生物物种具有明显的多样性，它们对于特定的栖息地会产生适应性，在达尔文试图解释这些现象的时候，他的脑海中也出现了类似的情形。像同阶层的很多英国人一样，达尔文对于家庭驯养繁殖动物也很熟悉。他逐渐认识到，通过人工选择配种对家养动物进行优化，与野生动物的进化之间，可能存在着某些相似之处。可问题是，在前一种情况下，执行选择动作的主体是人类，但是在自然的状态下，又是谁在作出选择呢？受到托马斯·马尔萨斯（Thomas Malthus）人口控制理论的启发，达尔文作出了第二个大胆的类推，从而取得了突破性的进展。如果说严酷的环境会导致人类表现出"适者生存"，那么，同样的原则应该也能适用于自然界中的大多数情况："任何一种生物，假如它发生了哪怕非常细微的一点变异，就会使自己产生某种优势（……）会有更多的机会生存下来，那么它就会自然而然地被选择出来。"[10]

在上面的例子中，这两位科学家通过一种简单却非常有效的方法，将他们对自然的理解，扩展到另一个已经被人们所熟悉，但是却不相关的概念或过程中，从而揭示了很多之前无法解释的现象。在这两个例子中，尽管激发灵感的来源看似古怪，但是后来也都得到了实验性证据的支持。逻辑的归纳、演绎推理以及验证逻辑的合理性，这是人们对于科学的常规认识，在这种认识的影响下，大家可能会认为上面的例子不过是两个有趣的特例。与之相反，库斯勒认为："所谓'原创'（creative originality），并不是意味着凭空创造或是产生一种新的思想体系，而是根源于一种成熟的思维模式的整合——这就好像一种杂交繁殖的过程。"[11]

语言作为一种模型

语言类推的方法在建筑学领域也有同样广泛的运用，其主要目的就是将我们关于建筑学的专业知识，扩展成为一种文化的形式。因此，可以这样说，语言类推法构成了一种完全合理的，甚至是严谨的方法，来探究建筑的本质，它并非是一时的流行或是误解。

　　鉴于类推法具有解释的作用，那么我们可以通过语言的类推，获得什么关于建筑的新认识呢？选择类推的内容本身就为我们提供了一部分很好的答案。我们之所以会选择某一种特定内容进行类推，那是因为在我们的头脑中已经存在了某种特定的、需要解释的"东西"。达尔文需要解释的问题是，什么原因导致了不同的物种会随着时间的推移而发生变化，偶尔又会完全消失。因此，他发现了选择性育种技术与这个问题之间存在着一定的关联性，这并不是随心所欲的妄想，而是受到了他想要解释的自然现象的驱使。

　　类似的，我们在建筑学领域也发现了一些需要解释的东西：即建筑作为一种社交（social communication）系统的功能。最近我们重新发现了建筑的语义维度，但同时也认识到了自己对于这一领域的知识是多么的匮乏。关于建筑的意义与含义，就是我们未知的领域，同时也是语言类推所要探索的领域。我们将建筑视为一种语言，并随之开启了一段探索之旅，进入了一个不为人们所熟悉的建筑意义的领域。我们熟知人类语言的特性，这为我们的航程提供了探索的指南。因为语言对我们来说是一种再熟悉不过的东西，而且我们拥有把语言作为交流系统的知识体系，这个知识体系飞速地发展，通过语言，我们用专属的符号代表特定的含义，并且按照一定的规则系统来使用这些符号，于是，我们可以把语言视为针对那些建筑中尚未理解的部分进行交流的一种模式。[12]

　　在这里，有一点是值得注意的。虽然我们提倡使用富有创造性的类推法，认为它是合理的，甚至是可取的，但还是有必要认识到这种方法的局限性。类推法有一种潜在的可能性，那就是会"接收"（taking over）我们的认知。如果不小心的话，我们就有可能会忘记类推的两个部分之间的区别，从而认为建筑就是一种实际的语言。西方建筑史学家沃特金之所以会抱怨建筑的自主权已经受到了践踏，就是因为这种类推思考的过分延伸。然而，如果我们不想满足于现有的知识，那么这种风险就是不可避免的。因此，关键的核心问题不在于我们是否应该使用类推的方法，而在于使用类比推理与批评考证之间要达成一定的平衡；我们如何使用类推法，以及如何让这种方法同其他形式的推理与考证相互关联起来。

语言学理论

　　在建筑学当中使用语言类推存在着一个主要的问题，那就是语言学理论自身的选择。选择哪一种理论更为适宜，是由理论本身的解释力以及我们对于建筑特殊的利益要求来决定的。就目的而言，我们并不太关心一些语义分析的细枝末节，这些是符号学家们所偏爱的东西，而我们所关注的重点在于如何运用语言学理论，帮助我们将建筑作为一种文化的形式来进行理解。[13] 说得更具体一些，我要提出的问题是：语言相对论是如何帮助我们理解建筑在创造社会认同与文化认同中所发挥的作用的。

将相对主义的概念引入语言研究当中，这主要归功于 20 世纪上半叶两位语言学家的著作，他们分别是爱德华·萨丕尔（Edward Sapir）[14] 和本杰明·沃尔夫（Benjamin Whorf）[15]。他们所提出的"萨丕尔 - 沃尔夫假说"（Sapir Whorf Hypothesis），强调了思想与语言之间的关联，指出不同的语言会塑造使用这种语言的人对于事物独特的观察方式：

> 人类并不是遗世独立的生存于客观世界中的，也不是像人们一般所理解的那样，独立地生活在社会活动当中，他们会受到特定语言的支配，而这种语言就变成了他们的社会表达的媒介。我们可以想象一下，一个人不使用语言就可以适应现实的生活，而语言仅仅是一种用来解决沟通与反思所遇到的具体问题时的附带工具，这样的假设根本就是不成立的。而现实的情况是，真实的世界在很大程度上是建立在群体语言习惯的基础之上的（……）我们所看到的、听到的以及经历到的，之所以会有这样的解释，皆是因为我们社会的语言习惯已经预先给予了我们一些有选择的解释 [本书作者强调]。[16]

沃尔夫通过对很多不同的语言进行研究，为相对论的论点提供了大量实验性的证据。他的研究工作主要集中在他所谓的"标准普通欧洲语言"[Standard Average European（SAE）Language]，这种语言拥有共同的文化传承，还有比较晦涩难懂的北美印第安人语言，特别是霍皮语（Hopi）和纳瓦霍语（Navajo）[17]，以及这两者语言使用者之间世界观的差异。沃尔夫的研究中包含很多有趣的素材，既有诸如时间这样现实的度量标准，也有各种体验和感受的微妙差别。

语言游戏

然而，对语言相对论的论点传播起到最重要影响作用的，还是奥地利哲学家路德维希·维特根斯坦（Ludwig Wittgenstein）[18] 后期的著作。维特根斯坦认为，词语与其含义之间的联系，既不是源于词语与客观事物（现实主义）之间有限的联系，也不是来源于任何一种虚幻的"内部意义"（二元论），而是来源于它们在特定社会情境中的使用。对维特根斯坦来说，人类的语言是具有目的性的：有多少种习惯的行为模式，就会有多少种不同的语言。此外，同样的词汇运用在不同的行为环境中，它的含义也会有所不同。比如说"fix"这个词，对于工人来说就是"修理、安装"的意思，但对于吸毒者来说可能就是完全不同的含义了（注射毒品）。关于这一点，可能在单个的词语中非常显而易见，但是从完整的语言模式的角度来看，这种词语意义的变化可以反映出在独特的社会族群和亚文化群中语言的使用情况，以及它们自身的内在动力。

维特根斯坦关于词语含义的理论，为语言规则的概念提供了一个新的解释。在语言学中，传统的语言规则指的是文法的规则。但是在维特根斯坦的理论中，"规则"是指支配语言使用的行为规则（behavioural rules）。根据维特根斯坦的说法，既然"意义"（meaning）是某种一直都被大家所共识的东西，那么行为规则在起源上应该也是具有社会性的。

维特根斯坦理论的关键特征，就存在于他所提出的"语言游戏"这个概念当中。引用他最喜欢的一个例子，国际象棋棋子的意义，并不在于它的实体与名称之间简单的一一对应的关系，而棋子本身也没有什么特殊的用途。它的意义在于所有棋子可能会表现出来的运动关系，而每一枚棋子的运动都要遵循游戏的规则。只有当所有的游戏者都能遵循这种游戏规则的时候，这项游戏才会具有意义。因此，我们要参与进入任何一种语言游戏，就相当于参与进入了一种隐性的社会契约当中，即在特定的人类行为环境中使用词语。语言游戏不同于句子，它不能单纯地依靠语法规则来分析，而是必须依靠两套规则来共同分析：行为的规则与语法的规则。

维特根斯坦的理论强调了语言的使用和功能之间，行为准则和特定形式的社会互动与文化表现形式之间的相互关系；或者按照维特根斯坦的说法，叫作实际的"生活方式"（form of life）。由此，我们可以推导出一个合乎逻辑的结论。举例来说，"宗教语言"（language of religion），正如安东尼·巴伯（Antony Barbour）[19] 所描述的那样，就只能通过参考宗教的规则和标准，从内部进行理解：

> 我们可以在一个语言学框架之内进行评判，但是语言学框架本身是不能被评判的。当一个人采用某一种宗教的生活方式时，那么他的评判标准就被改变了，曾经被视为失败的东西如今有可能会代表着成功。有信仰的人和没有信仰的人，他们的游戏规则是不一样的，或者说适用的评判标准是不一样的。[20]

在文化和知识的一些其他的主要形式当中，可能也存在着类似的争论。历史、神话、科学、艺术以及建筑，这些都是通过不同形式的语言而表现出来的。一般大众的观点会认为，存在着一种主要的语言文化，而每一个不同的专业领域所使用的语言都是相同的基本语言。但是，根据维特根斯坦的理论，他认为每一种文化形式自身都构成了一种复杂的语言游戏，它们都是独立存在的，即便是"同样的"语言使用在不同的领域，那么它的内涵也会是有所区别的。[21]

我把这种争论所代表的观点称为相对主义的"强论点"（strong thesis）。总体来说，这种强论点强调了任何语言游戏都有其独特性。观察是否正确，以及根据观察的结果而做出的陈述又是否正确——所有这些问题都与具体的游戏规则所建立起来的信仰标准和条件密切相关。每一种语言游戏都具有其自身的完整性，也都具有自己的风格和逻辑。因此，要理解一个人对于某种特定语言游戏的使用，这是一种类似于移情作用的过程。[22] 观察者要采用同语言使用者一致的标准和观点来观察世界，也可以这样说，要通过同样的语言来观察世界。

将相对主义的强论点应用于建筑领域，就可以得到一个与沃特金的观点非常相近的结论。建筑被视为一种彻头彻尾的语言游戏，拥有自己独立的语言、传统以及目标。从这个角度来看，任何试图将建筑描述成"别的什么东西"的尝试，都是对建筑完整性的否定，并且无论在任何情况下都注定是要失败的。建筑只能从其内部获得理解，而其根据就是在建筑发展史中所建立起来的自身的标准。

批判相对主义

然而，我们必须指出，相对主义的强论点也存在着很多严重的缺陷。首先，在不同的语言游戏之间根本就不存在共同的标准，每一种语言游戏都只能从其内部进行理解，因此在不同的语言游戏之间，就不存在相互作用或是相互比较的可能。但是，沃尔夫确实可以让说英语的人们了解霍皮族人的世界，尽管这是两个截然不同的世界，他们各自成员的习惯都是不同的。值得注意的是，当哲学大师卡尔·波普尔（Karl Popper）[23] 在对不同的科学理论进行比较讨论的时候，他也对霍皮族的语言进行了同样的观察。波普尔说，既然在两种语言之间存在着比较和解释的可能性——沃尔夫本人也从未试图否认这些可能性——那就说明在不同的语言游戏中确实存在着某些共同的标准；通过这些共同的标准，至少可以让我们了解到霍皮人世界中的一些特性。

除此之外，如果宗教系统也被视为一种完全自主性的语言游戏，那么开普勒就不会如他所做的那样，构想出关于行星运动的新理论。事实上，神学与天文学属于人类研究的两个截然不同的领域，他们都有各自的表达方式与评判标准，但是这并不能阻止这两种思想产生交会。此外，在创新的过程当中类推法的广泛运用，表明在截然不同的参照系或是辩论的范围内存在着思想的交流——库斯勒将其称为"联想基质"（matrices of association）[24]——这种不仅是普遍存在的，而且是与创新的过程融为一体的。

最后一点，有些人认为，我们孤立地讨论一件事物的独特性，而不涉及其他的事物，这从逻辑上讲是不可能成立的。相对主义这种思想本身，就是建立在不同形式的文化之间具有可比性这个基础之上的。这样的争论引领我们得到了一种更能站得住脚的观点，我把它称为"批判相对主义"（critical relativism）。根据这种观点，虽然每一种语言游戏都拥有自己的规则与评判标准，但是却并不妨碍我们将在一种语言游戏中所观察到的东西，同在其他截然不同的语言游戏中所观察到的东西进行比较。因此，我们承认在现实的世界中存在着多种的可能，而不必落入坚持追寻统一度量标准的陷阱当中，从而认为其中必然有一个世界是错误的，或是认为两个世界都是错误的。每一种语言游戏都可以被视为服务于其内在的目的，必须要遵循它们特定的术语才能够被理解。但是，如果我们拥有比较的基础，那么我们就可以理解——事实上，也仅仅是理解而已——那些标准意味着什么；换句话说，这又是另外一种语言游戏，具有一套完全不同的标准。

批判的方法

在本文的一开始我就提出，或许应该从两种不同的角度来理解建筑：作为"建筑"本身来理解，以及作为"别的什么东西"来理解。将建筑比作其他的东西，比作一种语言，可以让我们有机会关注到建筑一些独特的属性和特征，这听起来可能会有些古怪。但是维特根斯坦的语言理论具有非常强大的普遍性和解释功能，使我们能够将语言游戏的概念扩展成很多种不同的方式，而通过这些方式，我们可以使用语言来赋予生命形式与意义。语言和行为之间的关系表明，即使身处同一个语言环境中，语言使用的差异也能够反映出亚文化群之间明显的差别。[25]

总而言之，对建筑恰当的解释应该是一种半自治的语言游戏，它会受到其自身规则与标准的约束，但同时也会受到外界因素的影响。我之所以要强调"半自治"（semi-autonomous）这个限定词，是因为正如前文中所指出的，建筑的创造力和其他人类活动领域一样，都要依赖于同其他文化形式之间开放的互动。因此，我们不一定要像沃特金所争论的那样，将建筑视为一种艺术活动的形式，而从其内部使用它专属的术语进行评判；而事实上，认为建筑主要是一种艺术形式的观点，其本身的正确性也是存在疑问的。[26] 与之相反，要想真正理解建筑的含义，唯一正确的方法就是将它与另一种不同的生活方式进行对照。

因此，我们在处理不同的文化形式，或是这些文化形式当中不同的方面时，可以考虑三种不同类型的评判方法。第一种方法，我们可以根据一种文化形式内部建立起来的规则和标准来对它进行评判，在这种情况下，我们所讨论的主题，无论是一种行为、理论还是人工制品，它们被评判为成功或是失败的标准，就只有来自自身内部的规则。第二种方法，我们还可以对导致我们行为、理论或是产品的规则和标准提出质疑，而在这种情况下，唯一有效的评判方法就是参照由一个或是多个可更替的世界观所提供的外部标准，而这些标准有可能是相互一致的，但也有可能存在着冲突。以上这两种方法都可以进一步区别于上文中所描述的第三种类推的批评（criticism by analogy），即在一般情况下，我们会使用一套特定的规则和标准来解释的一种特殊的文化形式，而现在却要用另外一种特殊的文化形式来解释。第二种和第三种方法的主要区别就在于，第二种方法可能会涉及很多不同来源的部分类推，而第三种方法则是用一套不同的规则与标准来取代原来的规则与标准。前面两种方法的作用完全是批判性的，而第三种方法的作用则根据作者的写作目的不同，除了体现批判性之外，还可能会体现出创新性。后两种方法——通过对比不同的世界观进行批评，以及类推的批评——描述了不同的文化形式之间两种有效的互动过程。

所有这三种评判的方法，共同描述了文化形式演进的主要方向。但是，其中第一种方法同后两种方法相比，还是存在着明显差异的。第一种方法，只能允许知识在现有的文化形式规则与标准下增长。而相比之下，其他的两种方法则对文化形式自身的规则和标准提出批评，这对于知识的发展会产生更为显著的影响。通过与另一种文化形式进行对照批评，或是进行类推批评，文化形式的规则与标准也会随之变化，进而也会改变该种文化形式的内部逻辑，最后，我们就不能再把它视为"同样的语言游戏"（same game）了。

沃特金所提出的观点，是要将对建筑的评价和批评限定在其自身准则的内部，正如建筑自身发展的历史（以及建筑历史学家）所限定的那样，将那些更为激进的批评形式全都排除在外，但是这些更为激进的批评，却正是建筑知识发展所仰赖的源泉，关于这一点，其他文化形式的发展也是如此。换句话说，如果我们对于建筑的批评只能受限于现有的术语和建筑标准，那么就会造成建筑知识与实践发展的停滞不前。所以，沃特金的错误并不在于强调建筑的自主权，相反，建筑的自主权是值得尊重的，他的错误在于人为地缩窄了批评合理性的范围。

解释的层次

到目前为止，我一直都把建筑视为某种"同质的"（homogenous）文化形式，认为其内部是不存在分歧的。建筑和其他一些主要的文化形式一样，都被认为是人类活动的一个特定领域，那么这个假设应该是合理的。但是，如果我们进一步深入观察，就会发现，其实任何一种文化形式中所谓的同质性都是不存在的。我们把建筑看作是一种同质的形式是不合理的，就像我们不能把宗教看作是同质的形式一样的道理。宗教当中包含很多种不同的形式，而建筑也是如此。

回到最初的语言类推，经过更加细致的观察后我们会发现，语言游戏具有不同的等级，并且至少存在三种不等层次的解释。在最广义的层面上，我们拥有语言学家们通常所说的"语言文化"。这种文化通常都是与特定的地理区域以及国家的边界联系在一起的，当然也存在例外。在一种语言文化当中有可能会包含一种以上可辨识的语言，但是在这个族群当中，所有的语言都拥有共同的文化背景：举例来说，就好像沃尔夫所说的"标准普通欧洲（SAE）语言"。从这个角度来看，一名法国人或是一名德国人他们看待世界的方式，就像他们的外貌一样，并不会存在太大的差异，这是因为他们都有共同的欧洲文化背景。

在第二个层次，我们所遇到的是迥然不同的语言游戏，它们标志着不同的文化形式。[27]
在这个层次上，历史、文学、科学、宗教、神话、艺术以及建筑，它们都具有各自独特的
文化目的、内在逻辑以及评判标准。尽管一位科学家和一位建筑师都讲英语，但是由于实
践的目的不同，因此他们从各自专业领域的角度出发，使用语言的方式也会是不同的。尽
管创新的过程具有相似性，关于这一点已经得到了大家的公认，但是在多数情况下，科学
家与建筑师讨论的话题都是大相径庭的。因此，更准确地说，至少在他们各自的专业领域，
他们每个人都在"说着不同的语言"。

在第三个层次，我们在同一种文化形式内部遇到了一些分歧，这就预示着还存在着另
一个层次的差异。这种差异在宗教中体现得最为明显，在宗教的世界里，天主教、新教，
或是不同的穆斯林教派，他们的世界观存在着巨大的差异，而这样的差异甚至可以导致公
开而猛烈的冲突发生。科学理论上的分歧可能没有那么明显，但也是真实存在的——特别
是在人文科学方面，就像德国化学家库恩（Kuhn）所说的，对这些人文科学的基本原理
很难达成一致的意见，其中的复杂程度甚至超过了物理学。[28]

存在于建筑领域内部的分歧，也同样来源于价值观以及表达方式的差异。当我们面对
任何一种语言游戏的时候，都是根据其自身的目标以及内在逻辑对它进行评判的，因此我
认为，对于不同形式的建筑也应该用同样的方法进行评判。所以，上文中介绍的对语言游
戏的三种有效的评判方式，应该也能够适用于建筑作品。首先，我们可以根据由设计师建
立起来的内部标准，来对建筑设计的优劣进行评判。其次，我们还可以通过各种不同的外
部规则和标准，对这种方法本身进行评判。最后，我们可以采用类推的方法进行评判，即
运用另外一种，但同样也是独特的建筑方法或建筑风格的规则和标准，来对前一种建筑设
计进行评判。

派系的批评

有了上述三种有效的评判方法，我们就能够对不同的设计作品、方法甚至是建筑理论
的发展，作出更为适当的评判。下文中的讨论主要集中在两种特殊的建筑设计手法上，但
是我们所使用的批评与评估方法，是可以适用于其他各种建筑形式的。

有很多作家都对古典传统和有机传统进行过比较，认为这是两种最为经久不衰的建筑形
式，而其中第二种则具有更多的优势。比如说布鲁诺·赛维（Bruno Zevi）[29]和彼得·布伦
德尔·琼斯（Peter Blundell Jones）[30]，他们都毫不掩饰自己对于有机建筑的偏爱。在他们
看来，古典建筑代表着一种对于理想外形的痴迷，而这种痴迷是以牺牲功能性为代价的；他
们所追求的统一标准，是以牺牲掉场地的特性以及业主的个性为代价的；而建筑所表现出来

的理性，则是以牺牲掉人类的直觉与激情为代价的。而另一方面，有机建筑则是完全不同的，它所代表的是一种更具有响应性的建筑：对于功能的需求，对于业主的个性、对于所处场地的特性，以及气候和其他人类天性中非理性的因素，有机建筑都会作出更为积极的回应。

　　我认为这种派系的批评，虽然在对立的理论争论中十分常见，但是却扭曲了这两种传统的基本特征。[31] 无论是古典建筑还是有机建筑，它们都代表着各自的价值体系，而这两种价值体系迥然不同又互为补充，它们都是人类生存条件中同等重要的部分。有机建筑对于生态环境、地域特征以及民族特色的关注，这些都是非常可取的，但是在建筑中总还是存在着对于完美状态的憧憬，它既是对现实状况的衡量，也是对理想的渴望。[32] 因此，我们也可以这样说，古典主义的理想不仅是建筑设计灵感的源泉，同时也是一个地区或是民族所特有的东西。

　　古典建筑同有机建筑一样，都会遵循其自身的逻辑，并符合其自身的标准。因此，我们在对古典建筑进行评判的时候，既可以使用其自身的术语，也可以参照外部的标准。但是，实际的情况往往并非如此。密斯·凡·德·罗设计的德国国家新美术馆（图 10.1），在这方面受到了比绝大多数建筑作品都要多的批评，这为我们提供了一个很具代表性的例子，说明了对一个作品进行评判所使用的标准，与这项作品本身的内在目的没有丝毫的关联。以琼斯为例，他认为国家新美术馆的设计在以下几个方面存在着严重的缺失。首先，根据琼斯的说法，这栋建筑物在功能上是存在着缺失的。这项批评的根据主要在于上下两个楼层展示空间的划分（图 10.2a 和图 10.2b）。地面上的一层面积比较小，是全部由玻璃

图 10.1　柏林国家新美术馆，密斯·凡·德·罗设计，1968 年。资料来源：© 安德烈·伯格曼（Andrea Bergman）/ 莱茵哈德·弗里德里希（Reinhard Friedrich）档案馆

围护而成的画廊，可以获得充足的自然采光，却只能服务于临时性的展览。而油画作品的永久性收藏全都安排在地下一层的主要空间中，这里基本上依靠人工照明；只有面对开放性庭园的一侧外墙上设计了玻璃采光（图 10.3）。第二点，琼斯认为这栋建筑并没有表现

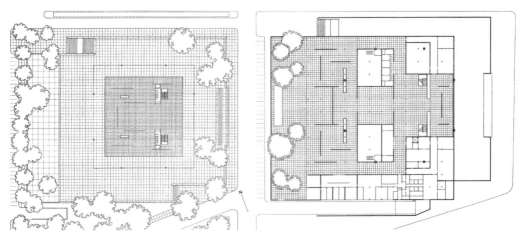

图 10.2a　国家新美术馆，柏林。地上层平面图。资料来源：© 设计与艺术家版权协会（Design and Artists Copyright Society，简称 DACS）（左）
图 10.2b　国家新美术馆，柏林。地下层平面图。资料来源：© 设计与艺术家版权协会（右）

图 10.3　国家新美术馆，柏林。看向地下层庭院的景观。资料来源：© 安德烈·伯格曼 / 莱茵哈德·弗里德里希档案馆

出它的功能。众所周知，这项设计是之前在 20 世纪 50 年代，密斯为在古巴的百加得公司总部而构想的。后来因为古巴革命，这个项目也因此取消，密斯才不得不又等上十年的时间，才有机会再度使用了他之前的设计。因此，相同的基本设计被套用于完全不同的建筑功能，很显然建筑师并没有考虑到建筑具体的用途。第三点，尽管密斯一直在大力推崇他的"通用空间"（universal spaces）可以满足不同的使用功能，但实际上它的灵活性是非常有限的。特别是，密斯没有考虑到未来扩建的可能性。

　　如果考虑到琼斯对于有机建筑的偏爱，那么对于他为什么会提出这样的批评就不难理解了。事实上，琼斯所做的就是将有机建筑特有的标准，当作了评价国家新美术馆的依据。针对一栋古典或是新古典建筑，却使用专属于有机建筑的标准来进行评判，这样就不可避免会得出一种结论，即认为这是一个"失败的"作品。诚然，密斯的设计"确实对我们大多数人都产生了强烈的吸引力"[33]，关于这一点琼斯也是承认的，尽管有一些勉强。即便如此，在琼斯看来，我们为这种审美乐趣所付出的成本实在是太高了，单凭这一点就足以证明这栋建筑的设计是失败的。

　　但是，如果换一个角度来看待国家新美术馆，把它视为一项新古典传统的建筑作品——尽管建筑师所做的是一种非常现代的诠释——那么我们就会得到一个完全不同的结论。首先，琼斯认为这栋建筑没有表现出其功能性，但是这与新古典的传统是毫无关联的。我们之所以会欣赏古典主义或是新古典主义的设计，就在于它纯粹的形式，而不是在于对其内部功能忠诚的表达。古典建筑和有机建筑对于功能的表达是完全不同的，它们拥有各自的标准，需要使用完全不同的价值观来进行评判。其次，琼斯认为这栋建筑没有给予底层永久收藏品足够的自然采光，但是他却忽略了这样一个事实，即很多美术馆的设计都是采用人工照明，而不是自然采光，这就是美术馆建筑的设计原则。这是因为运用人工照明，可以更好地控制内部环境，并且还可以避免太阳光照对脆弱的艺术品所造成的损害。因此，琼斯对于自然采光的偏爱并不仅仅是出于对功能性的考量，而是源自有机建筑的一种约定俗成的规则，即认为建筑应该充分利用所有的自然资源，当然也包括自然的光照。

　　琼斯还提出了另一个关于功能性的主要批评，即认为这栋建筑没有办法进行扩建，这应该可以算得上是对艺术馆类建筑来说最严厉的批评了。但是在对这栋建筑物提出这些谴责之前，我们有必要问一下，密斯为什么会选择这样一种有限制性的造型呢？答案仍然来自那些对古典传统来说有着特殊意义的标准。一个理想的古典主义建筑，它的外观看起来不可以是不完整的，它必须要显现出完整性与完美。密斯的国家新美术馆作为一个新古典主义的设计——而且坐落在著名的古典主义建筑大师卡尔·弗里德里希·辛克尔（Karl Fredrich Schinkel）所生活的城市[34]——基于这样的背景，密斯对建筑形式的选择绝对是正确的。再没有什么别的造型，能够比密斯所创造的立方体的钢结构更加完整了。整座建筑稳稳地耸立于基座之上，就好像是一个终极的宣言。毋庸置疑，这种造型上的完整性是以牺牲掉未来扩建的可能为代价的（但我们尚不清楚，未来的扩建是否属于原始设想中的一部分），但我们必须要问一问自己，在这个项目中，到底什么才是对建筑来说最重要的因素？如果我们用古典建筑的标准对这个作品进行评判，而不是像琼斯这样"借用"有机建筑的标准，那我们一定可以得出这样的结论，国家新美术馆在理想的外形塑造方面是非常成功的，并且远远超过了对它任何一种功能上的批评。

不同体系的信仰

沃特金的错误在于，他将类推的批评方法排除到了合理的批评方法范围之外；而琼斯的错误则在于，他将对建筑的评论仅限制在类推这一单一的方法中，因而无法欣赏到国家新美术馆的优点：这栋建筑就是一座辉煌的"现代神殿"[35]，它没有表现出任何一种特定的功能，但是作为一个纪念性的建筑作品，它所表现出来的美感是永恒不朽的。

因此，"古典建筑的语言"与"有机建筑的语言"在本质上是存在着区别的。[36] 当我们使用一种语言的时候，我们所遵循的就是这种语言的游戏规则，而当我们使用另一种语言时，那就又是"另一场游戏"了。从国家新美术馆沿路走几码，一直走到由有机建筑传统的拥护者汉斯·夏隆（Hans Scharoun）设计的柏林爱乐音乐厅（图 10.4），我们就可以清晰地体会到这两种建筑语言之间悬殊的差别，应该没有比这更好的例子了。从密斯的美术馆中走出来，再进入夏隆的音乐厅，毫不夸张地说，我们仿佛跨越了两个迥然不同的现实世界。之前，所有适用于国家新美术馆的标准现在都变得不同了。密斯的建筑，它的主要魅力来自外观，而夏隆的作品从外观上来说并没有什么吸引力，而它的魅力主要来自建筑的内部空间（图 10.5）。在密斯的建筑中，由钢结构围护而成的巨大空间是均质的，与建筑的功能没有关联；而在夏隆的作品中，其内部空间相当的复杂（图 10.6），每一个小空间都能够反映出其内部活动的某些本质的东西。其中有一些空间适合用静止的视点来欣赏，而另外一些空间则需要运动，才能获得充分的体验（图 10.7）。

这两个作品，在同类建筑当中可以说都是非常杰出的。但是，琼斯采用一种预设立场的方式（而且这种方式在建筑理论家和评论家当中是非常普遍的）[37]，将夏隆和其他的有机学派建筑师作为典范，说明建筑就应该是这个样子的，进而对两栋建筑物进行比较，这其实是对两种建筑传统的比较，也可以说是对两种不同语言游戏的比较。这种方式，其实远不是琼斯手中完全被动消极的工具，我们通过类推的评判，不仅有可能会对古典传统和有机传统产生新的见解，还可以将建筑作为一种文化的形式，去发现它各式各样的表现形式。这两栋建筑都是同类传统建筑中的杰出代表，它们都为另一种传统提供了衡量的标准，这不是同一种传统形式内部的评判，而是不同信仰体系的对比。当我们将一个建筑作品同

图 10.4 柏林爱乐音乐厅，汉斯·夏隆（Hans Scharoun）设计，1964 年。朝向主入口方向的建筑外观。资料来源：© 丹尼斯·吉尔伯特（Dennis Gilbert）

图 10.5 柏林爱乐音乐厅，汉斯·夏隆设计。大礼堂。资料来源：© 丹尼斯·吉尔伯特

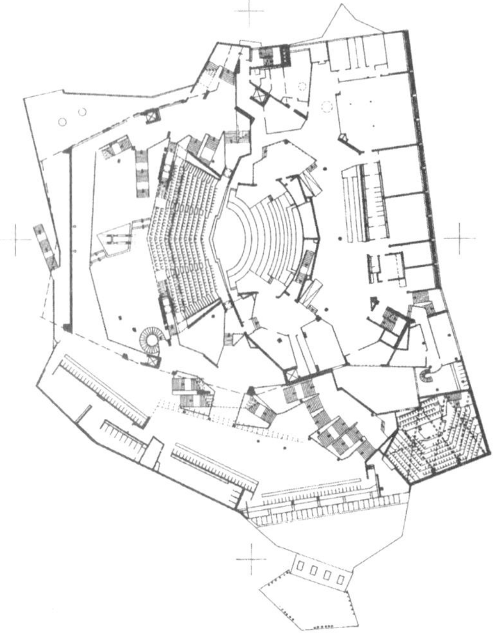

图 10.6　柏林爱乐音乐厅。主要休息厅楼层平面图。资料来源：© 设计与艺术家版权协会

图 10.7　柏林爱乐音乐厅。大堂及流动空间。资料来源：© 安德烈·伯格曼 / 莱茵哈德·弗里德里希档案馆

其他的建筑作品作比较的时候，我们对比的是这两种不同的建筑语言，每一种语言都拥有自己的规则以及内在的逻辑，每一种语言都拥有自己对现实完全不同的解释。因此，我们在比较的并不仅仅是建筑本身，我们所比较的是不同的思想，以及不同的价值观。

建筑与社会认同

总之，我认为以上这些见解，应该会对建筑专业学生教育当中一些重要的方面具有一定的启发，并且对学生学习期间所收获到的建筑语言产生影响，使他们得到社会的认同。

这里有一个著名的故事，当布鲁斯·高夫（Bruce Goff）的作品在芝加哥伊利诺伊理工学院（IIT）的建筑学院进行展出的时候，学生们对这些作品表现出了近乎憎恶的情绪（图 10.8）。在那个时期，学生们所接受的是密斯·凡·德·罗的教育，以及现代主义新古典主义的严格训练，这些都是密斯所大力宣扬的。但是，对于高夫充满创造力的有机设计，学生们会表现出如此强烈的抗拒情绪，确实出乎了我们绝大多数人的意料。毕竟，这些学生同他们著名的老师相比，对于不同的建筑形式应该表现出更大的包容性才是合理的。一些教育学家和像琼斯这样的建筑评论家甚至认为，学生们对于一种全新的建筑方式（对他们来说是全新的）应该抱持的是欢迎的态度。这才是对高夫作品理性的回应。[38]

然而，也有人认为，密斯的学生对于高夫充满着炫耀性的作品所表现出来的强烈厌恶情绪，是完全可以预见的。让这些学生感到愤怒的是，他们所看到的建筑作品，完全颠覆了他们以往所学习到的每一项设计原则，这与他们之前所接受的训练是大相径庭的。我在这里之所以会使用"训练"这个词，是因为我很怀疑，密斯究竟有没有让他的学生们弄清楚他的理论设想，因为这可能会暗示着除了他自己的理论之外，还存在着其他不同的理论；而密斯也和很多极具影响力的设计师一样，从来都没有在课堂上向学生们介绍其他的建筑设计方法。因此，非常有可能会出现这样的状况，即建筑学的导师将自己的设计方法传授给他的学生，而学生们对于建筑的认识，也仅仅来自这单一的方法。

我们可以将建筑比作是一种语言，因为不同的传统会体现出不同的信仰体系，它们所优先关注的对象也是不同的，所以，我们也可以将对建筑的学习比作是对一门语言的学习。打个比方来说，当我们在学习一门新的语言时，通常都不会刻意去关注那些"建构"于语言内部的信仰和价值。我们是在学习语言的过程中，自然而然地就会掌握这些信息。我们在学习用一种方式，而不是其他的方式对事物作出解释的过程中，一定会对文化与社会影响作出选择，而我们一般都不会意识到这一点。因此，我们学习用一种特定的方式进行思考和行为，这就使我们可以从很多种不同的、含有细微差别的方式中，将这种特定的方式区分出来，而各种不同的方式所使用的也都是不同的语言。

在学习一种特定语言的时候，我们也会获得一种身份的认同。沃尔夫（Whorf）和萨丕

图 10.8　尤金（Eugene）和南希·巴温格（Nancy Bauinger 夫妇）住宅，诺曼（Norman），布鲁斯·高夫（Bruce Goff）设计，1950 年。建筑外观呈现螺旋形造型，玻璃屋顶由线缆悬吊固定。资料来源：© 布鲁斯·高夫档案馆，赖尔森（Ryerson）和伯纳姆（Burnham）档案馆，芝加哥艺术研究所

尔（Sapir）向我们展示了，根据语言文化的不同，使用不同语言的人所具有的文化认同也是各不相同的。根据维特根斯坦的语言游戏理论，我们可以将语言和行为之间的关系理念，扩展到其他更加具体的文化与社会表现形式，其中就包括不同风格的建筑。若是考虑到语言和认同感之间的关系，那么当面对高夫的作品时，密斯的学生所表现出来的行为就变得可以解

释了。芝加哥伊利诺伊理工学院的学生们所学的是以密斯的方式进行建筑设计，从而获得了一种特殊的个人和文化认同感，当他们面对高夫的作品时，就好像遇到了一种新的宗教，或是一种其他的生活方式，而这种新的生活方式也同样具有鲜明的特征。对于这些学生来说，高夫的作品并不仅仅代表着另一种建筑，它威胁到了他们的认同感。当然了，密斯的学生们并非是刻意地去认为他们的认同感受到了威胁，举例来说，任何一个族群在面对外国移民突然涌入的时候，都会自然而然地意识到这种威胁的本质。但是我相信在这种情况下，社会和心理过程也是一样的。我们在学习一门语言的过程中，会同时获得很多最基本的价值观和信仰，而这些价值观和信仰会存在于潜意识中，我们通常是感受不到的，直到我们与那些"使用不同语言"的人发生冲突的时候，才会感知到它们的存在。一种一直以来都被视为理所当然的生活方式，但现在却可能会被提出质疑。而长久以来也一直存在于潜意识当中的信仰和价值观，现在也突然被带入了有意识的认知当中，或许这是我们第一次清楚地感知到了它们的存在。一般情况下，信仰的突然对抗会被视为直接的威胁。对于那些一直以来都认为，唯有自己的价值观才是值得考虑的人们来说，其他不同思想的人们的知识，可能是不会受欢迎的。

现在，我并不认为我们对于学生个人与社会认同感的影响给予了足够的重视，而一种或是另一种建筑形式都是可以对这种认同感产生影响的。教育工作者们普遍认为，当学生们以一种规定的方式学习建筑设计的时候，他们很清楚"自己在做什么"，而且当他们尝试了足够多种不同的方法之后，他们就会拥有良好的控制感，作出合乎逻辑的判断。然而，我认为这种想法实在是太过乐观了。有人指出，在进入高等教育的五名学生当中，大约有三名学生会一直坚持着自己所选择的职业方向，而没有给自己一些机会去探索其他的选择。并不是有人强迫这些学生要坚持某种特定的选择，他们之所以这样坚持，是因为确定职业选择，这是确立成熟身份的一种最为迅速而有效的方法。

在学习成为一名建筑师的过程中，学生们要经受很多的压力，而在常规教育阶段，他们也只能接触到其中的一部分。学习建筑就好像学习一门语言一样，都需要一种"文化同化"（cultural assimilation）的过程。关于这一点，我相信，当学生们在进行自我探索的时候，在第一次选择要成为一名建筑师的时候，以及后来致力于某种建筑形式的时候，他们在潜意识里是会认识到这一点的。

建筑师会以一种他们自己独特的语言和价值观来看待这个世界，关于这一理念，还没有得到很多人的认可。但是最近，随着对正统现代主义的挑战，建筑师们越来越清楚地意识到了那些价值观和信仰，根据这些价值观和信仰的不同，就可以将他们同普通民众区分开，也可以同其他的建筑师区分开，而不同建筑师看待建筑的方式并不一定是相同的。我在这里所提出的语言理论，通过类推的方法，可以解释建筑是如何影响和塑造我们的，就像我们塑造建筑一样。

注释

1　Abel, C. (1979). 'The language analogy in architectural theory and criticism : some remarks in the light of Wittgenstein's linguistic relativism'. *Architectural Association Quarterly*, Vol. 12, December, pp. 39–47.

2　Watkin, D. (1977). *Morality and Architecture*. Clarendon Press, Oxford.

3　参见第 3 章。

4　参见第 12 章。

5　Hester, M. B. (1967) *The Meaning of Poetic Metaphor*. Mouton & Co, The Hague.

6　Hester, M. B. (1967), p. 136.

7　Hester, M. B. (1967), p. 137.

8　Koestler, A. (1964). *The Act of Creation*. Macmillan, New York.

9　Quoted in Koestler, A. (1964), p. 126.

10　Quoted in Koestler, A. (1964), p. 140.

11　Koestler, A. (1964), 第 131 页。就像库斯勒（Koestler）一样，有很多作者都指出，在科学发现中使用类推的方法,就像其他形式的创新一样,并不像一般规则那样是个例外。参见 Harre, R. (1972). *The Philosophies of Science*. Oxford University Press, Oxford. Also Barbour, I. G. (1974). *Myths, Models and Paradigms*. Harper & Row, New York. Also Kuhn, T. S. (1977). *The Essential Tension : Selected Studies in Scientific Tradition and Change*. University of Chicago Press, Chicago. 有些人甚至认为，通过类推法进行论证，而不是运用数学或是逻辑能力，这是科学成功的必要条件。参见 Leatherdale, W. H. (1974). *The Role of Analogy, Model and Metaphor in Science*. North Holland/American Elsevier, Amsterdam and New York.

12　参见 Jencks, C. and Baird, G. (1969). *Meaning in Architecture*. George Braziller, New York. 以及 Bonta, J. P. (1979). *Architecture and its Interpretation*. Rizzoli, New York. 上面的两位作者，就像这一领域绝大多数作者一样,他们的方法都是建立在建筑语言理论的基础之上。有关符号学，以及符号学同结构主义之间关系的一般性介绍，可参考 Hawkes, T. (1977). *Structuralism and Semiotics*. Methuen & Co, London.

13　以一种独特的文化功能为中心的有目的性的文化形式概念，来源于 Cassirer, E. (1955). *The Philosophy of Symbolic Forms*; *Vol. 1 : Language*. Yale University Press, New Haven. 相关讨论可参见第 9 章。也可参见 Hirst, P. H. (1975). 'Liberal education and the nature of knowledge'. In *The Philosophy of Education* (Peters, R. S. ed.), pp. 87–111, Oxford University Press, Oxford.

14　Mandelbaum, D. G., ed. (1929). *Selected Writings of Edward Sapir*. University of California Press, Berkeley.

15　Caroll, J. B. (1956). *Language Thought and Reality : Selected Writings of Benjamin Lee Whorf*. The MIT Press, Cambridge, MA. For relativism in other fields, see Mandelbaum, M. (1967). *The Problem of Historical Knowledge*. Harper & Row, New York. Also Aron, R. (1959). 'Relativism in history'. In *The Philosophy of History in Our Time* (Meyerhoff, H. ed.), pp. 152–161, Doubleday, New York. Also Kaplan, D. and Manners, R. A. (1972). *Culture Theory*. Prentice-Hall, Englewood Cliffs.

16　Caroll, J. B.（1956）, p. 134.

17　Caroll, J. B.（1956）. Also Waters, F.（1963）. *Book of the Hopi*. Ballantine Books, New York.

18　Wittgenstein, L.（1958, 3rd edn）. *Philosophical Investigations*. Trans. G. E. M. Anscombe, Macmillan, New York. 有关“语言游戏”相关内容，也可参考 Peursen, C. A. Van.（1970）. *Ludwig Wittgenstein：An Introduction to His Philosophy*. E. P. Dutton, New York， 第 75–94 页。 有关维特根斯坦对社会科学更具广泛影响力的描述，可参考 Winch, P.（1958）. *The Idea of a Social Science and its Relation to Philosophy*. Routledge & Kegan Paul, London.

19　Barbour, I. G.（1974）. *Myths, Models and Paradigms*. Harper & Row, New York.

20　Barbour, I. G.（1974）, p. 127.

21　维特根斯坦后期作品的目的，就在于要阐明社会的基础，是以人类语言为基础，在特定的环境下人类理解的形式，即“生命的形式”。根据皮特·温奇（Peter Winch）的说法，维特根斯坦对于认识论问题，以及认识论同哲学活动中更为专业化的分支之间的关系问题，注入了新的内涵。正如一般的定义，认识论是“一种一般性的条件，只有在这种条件下，我们才有可能谈论理解”。但是，在维特根斯坦的著作中，他对于认识论又重新进行了定义：

　　（……）然而，科学的哲学、艺术的哲学以及历史的哲学等，都将会被赋予一项任务，来阐明那些被称为“科学”、“艺术”等的生命形式的特殊性质，而认识论所要阐明的，就是在这些生命的形式当中所包含的内容。

　　　　　　　　　　　　　　　　　　　　　　——Winch, P.（1958）pp. 40-41

　　以维特根斯坦的哲学为基础的艺术史相关方法，可参考 Wollheim, R.（1975）. Art and its Objects. Penguin Books, Harmondsworth.

22　参见第 3 章。

23　Popper, K. R.（1970）. ‘Normal science and its dangers’. In *Criticism and the Growth of Knowledge*（Lakatos, I. and Musgrave, A. eds）, pp. 51–58, Cambridge University Press, Cambridge.

24　Koestler, A.（1964）, p. 38.

25　关于语言和社会行为的相关讨论，可参考 Bernstein, B.（1970）. *Class, Codes, and Control：Vol. 1*. Routledge & Kegan Paul, London. Also Howell, R. W. and Vetter, H. J.（1976）. *Language in Behaviour*. Human Sciences Press, Dordrecht. Also Gregory, M. and Carroll, S.（1978）. *Language and Situation*. Routledge & Kegan Paul, London.

26　参见第 15 章。

27　In the sense of Cassirer. 参见本章注释 14。

28　参见第 14 章。

29　Zevi, B.（1949）. *Towards an Organic Architecture*. Faber & Faber, London. Also Zevi, B.（1978）. *The Modern Language of Architecture*. University of Washington Press, Seattle.

30　Jones, P. B.（1978b）. ‘Organic versus classic’. *Architectural Association Quarterly*, Vol. 10, January, pp. 10–20.

31　赛维的辩论常常表现得近似于歇斯底里，甚至会表现出对同性恋的恐惧：

> 对称性（Symmetry）＝对安全的需求、对灵活性的恐惧、不确定性、相对性以及成长——简而言之，即是对生活的恐惧。精神分裂症的患者不能忍受生活中时间的流逝。为了让他的痛苦得到控制，他需要的是止步不前。古典主义就是墨守成规的精神分裂的建筑。对称性＝被动，或者用弗洛伊德的话说，就是同性恋。这是由心理分析学家所给出的解释。二者之间非常相似，没有什么不同。
>
> ——Zevi, B.（1978）pp.17

32　Greenhaigh, M.（1978）. *The Classical Tradition in Art*. Duckworth, London.

33　Jones, P. B.（1978b）, p. 12.

34　参见 Kuhne, G.（1969）. 'Pure form'. *Architectural Design*, Vol. XXXIX, February, pp.89-90。库恩（Kuhn）认为在密斯的作品和辛克尔（Schinkel）的作品之间有明确的联系："密斯从来都没有否认，他的建筑承袭了辛克尔的血统。在国家美术馆这个项目中，他不仅实现了他个人的理想，同时也实现了辛克尔的理想。"出处同上，第 90 页。对于密斯的设计并没有表现出任何具体的功能性这一点，库恩也写道："这样的控诉是奇怪的。因为这样的批评忽略了他目标的本质——寻求一种完美的形式，可以满足所有的需求，不仅是今天的需求，还有明天以及未来的需求。"出处同上，第 89 页。

35　Rohe, M. Von（1969）. 'A latter day temple in Berlin'. *Architectural Design*, Vol. XXXIX, February, pp. 79–88.

36　值得注意的是，这两所学校的支持者都把他们喜欢的风格称为"语言"。参见 Zevi, B.（1978），以 及 Summerson, J.（1963）. *The Classical Language of Architecture*. The MIT Press, Cambridge, MA.

37　详细内容可参考 Jones, P. B.（1978a）. *Hans Scharoun*. Gordon Fraser, London.

38　高夫作品详细的评价，可参考 Sergeant, J. and Mooring, S., eds（1978）. *Bruce Goff*. AD Profiles 16, Vol. 48, No. 10.

第 11 章　隐性认知在设计学习中的作用

首次发表于《设计研究》（Design Studies）期刊，1981 年 10 月 [1]

在《形式综合论》（Notes on the Synthesis of Form）这本著作中，作者克里斯托弗·亚历山大（Christopher Alexander）[2] 对两种不同的设计方法进行了区分，即在传统文化背景下进行的无意识的设计（因此这种设计是好的），以及在现代文化背景下进行的有意识的设计（因此这种设计很糟糕）。亚历山大的论点是，传统文化同现代文化相比，前者更能适应其所处的环境，并能够逐渐进化出与环境相互稳定平衡的关系，而后者的天性本就是不稳定的。他认为，有意识的文化不过就是某些"历史事件"所导致的结果，它的存在只会阻碍我们建立任何一种与环境之间的平衡关系，而他所要追求的就是通过一种新的、可能更加客观的设计方法，来恢复这种平衡的关系。[3]

亚历山大所提出的设计方法，除了其合理性与客观性存在着疑问以外——他在后期又自己推翻了这种方法 [4]——他认为现代的设计师比传统社会的设计师拥有更多的自我意识，关于这一假设是否成立，也是值得再商榷的。[5] 除此之外，我还对一种存在非常普遍的假设抱持怀疑的态度，即认为无论是在文化层面上还是个体层面上，无意识的思维过程与有意识的思维过程之间存在着明确的划分。[6]

隐性知识

在《隐性的维度》（The Tacit Dimension）这本著作中，作者迈克尔·波兰尼（Michael Polanyi）[7] 针对有意识的思考和无意识的思考之间的关系，为我们带来了一种截然不同的，而且更加模糊的描述。以面部识别为例，波兰尼认为我们在获取一项复杂的知识或技能的时候，并不会刻意地去了解所有与之相关的内容。当我们被要求从记忆中搜寻出那些构成我们熟悉面孔的独特特征时，绝大多数人都无法对这些细节特征做出令人信服的描述。在让目击证人描述嫌疑犯面部特征的时候，警察也遇到了同样的问题，于是警界专家们发明了现在很常见的面部重塑技术。即在一名富有经验的警官的协助下，目击者从不同类型的鼻子、额头、下巴等"人像拼图"中，选择出记忆中的形象，再对所有与记忆不相符的面部特征进行更换，直到描绘出精准的嫌疑人肖像。

波兰尼认为，通过这个例子就可以证明，人类知识具有一项基本的原则："我们所知道的要比我们所能讲出来的多。"[8] 这句话看似平淡无奇，但是要解释它却并非那么容易。还有另一个例子，波兰尼描述了一项实验，在这项实验中，当病人在谈话中发出了某些特定的音节时，他们就会受到一次轻微的电击，这些病人很快就学会了避免发出这种会带来电击的音节。但是事后在对他们进行询问的时候，他们却无法明确地辨识出这些特定的音节。同面部识别问题以及任何一种复杂的识别一样，在对音节的识别当中包含了一种认知的关系，波兰尼将这种认知称为"隐性认知"。接受电击刺激被称作认知的第二阶段或是"远端"（distal term），而会引起电击的特定音节被称作认知的第一阶段或是"近端"（proximal term）。波兰尼通过这样的划分向我们解释道，病人之所以能够感知到第二阶段的隐性知识，那是因为他们的注意力高度集中于对电击的预测这件事上，而正是因为他或她直接关注的重点在于电击这件事本身，所以他们对于会引起电击的特定音节的认知是间接的。正如波兰尼所说，病人的注意力从产生电击的细节转移到电击刺激本身，而且只有凭借他们对电击的意识，才能知道应该要避免使用哪些音节。因此在这项实验中，病人对于那些特定音节的认识是隐性的：

> 我们了解这些细节，但是却无法辨识它们。这就是隐性认知两个阶段之间的功能关系：我们只有依靠自己有意识地去关注第二个阶段，才能获取对第一个阶段的认识。[9]

在面部特征或面部表情识别的实例中，我们从面部的细节识别出我们熟识的面孔，而对于这些面部细节的关注，我们平时一般都是注意不到的，除非是进行专门的辨识行为。波兰尼认为，获取绝大多数知识与技能的方式也是与此相似的，不会总是有人将这些知识和技能详尽而准确地向我们进行说明，我们大多都是通过对这些主题的讨论，进而在潜移默化中获取了相关的知识。学习语言也是一样的，我们掌握一种语言的所有"游戏规则"，并不是因为有人向我们详细介绍了这些规则。我们学会说一种语言，就像语言教师都知道的，需要完全"浸入"这种语言环境当中，最好是能够在将这种语言作为母语的国家待上一段时间。

内心留置

波兰尼将这种沉浸在某种知识当中的必要过程，称为"内心留置"（indwelling）[10]，其核心就是在所有形式的认知当中，身体体验所起到的关键作用：

> 我们的身体是我们接收所有外部知识的终极工具，无论是智力方面的知识还是实践方面的知识。只要是醒着的时候，我们都是通过感知到身体与外部事物的接触，

从而注意到这些事物的。唯一一个不会被我们当作客观对象去体验的东西，就是我们自己的身体，而我们对于世界的所有体验，也都是经由我们的身体而实现的。[11]

因此，当我们使用一根导盲棒或是手杖摸索前行的时候，我们是依靠感知到自己的身体，以及手杖传递到手部的震动感（这是隐性认知的第一阶段），来注意到手杖接触到地面的点（这是隐性认知的第二阶段）。隐性认知的两部分当中，之所以命名为"近端"，是指它与身体比较接近，而所谓"远端"，则意味着与身体的距离比较远。但是波兰尼认为，通过手杖的例子，我们应该对知识的本质，以及知识的本质与我们身体的体验之间的关系，给出一种更广泛、更基本的概括：

> 当我们使用某些东西去感知其他的东西，就好像是在使用我们自己的身体去感知的时候，这些东西对我们来说就发生了变化。现在，它们对我们来说就是获得认知的根据，就好像我们是根据这些外部的事物来感觉自己的身体的。从这个意义上来说，当我们把一个事物视为隐性认知的近端部分时，就意味着我们将其整合进了我们的身体——或者说，是将我们的身体扩展出去，将这个事物包含了进来，使它成为身体的一部分——*所以我们才可以将它留置在内心当中* [本书作者强调]。[12]

知识体系

波兰尼的隐性认知理论，不仅适用于复杂的思想和技能，同时也适用于所有的学科以及其他的知识体系。在谈到教育哲学时，赫斯特（P. H. Hirst）[13] 认为，隐性认知与将学生们引领进入不同科系的启蒙教育之间，存在着一定的关联。他解释说，"所有的知识，包括符号的使用，以及作出判断的方法，很多都是不能用文字表达的，只能通过传统来学习。"[14] 因此，在商业领域"获取任何形式的知识，都或多或少会遇到一些问题，而这部分问题是无法通过符号表达的方式来单独学习获得解答的，我们只能从这一领域的前辈身上学习到这些知识。"[15]

尽管使用的术语不同，但是托马斯·库恩（Thomas Kuhn）[16] 对于人类知识发展的认识，显然也是与波兰尼的观点相一致的，即认为在复杂的知识体系学习中，内心留置具有基础性的作用。值得注意的是，库恩认为学生通过复制重要的历史经验，从而获得对科学以及科学方法论的了解，而这样的论述恰恰反映了波兰尼的隐性认知理论。库恩将这些重要的历史经验描述为"模型"或是"范例"，它们既能为未来的研究指明方向，又能为学生们提供一种连贯的传统，或是作为示范的科学理论、方法或是技巧，拥有了这些，学生们就可以满怀信心地投入工作中。根据库恩的说法，构成科学教育支柱的要素，正是对于这些范例的教育，我们要向学生们介绍科学的实际应用状况，而不是向他们传授具体的规则或是原理。[17] 因此，科学启蒙的过程，在很大程度上依赖于对传统的方法和概念大量广泛的汲取，而这些传统的方法和概念就蕴含在这些主要的历史范例当中。大多数科学家的工作，就是延续他们所学到的标准化的科学，并且对其进一步的完善。库恩指出，只有极少数的科学家会打破这种普遍的模式，转换跑道去追寻新的理论或是新的研究方式。[18]

根据波兰尼隐性认知的理论，我们可以进一步推论出两个基本的要点，了解学生获取科学知识的过程，其中就包含建筑学的知识，以及其他任何一种复杂学科的知识。首先，与库恩经常性的批判不同，波兰尼的理论告诉我们，吸收知识的同化过程是理性的，尽管其中有部分的认知可能还不太明确。用波兰尼的话说，当一名研究科学的学生看到一个科学实验的模型时，他或她最先注意到的是这些科学范式的细节——这些科学范例是可以用大众都能领悟的语言来详细说明的——但是这些细节却无法用语言详细地说明，因此这部分认知就属于隐性认知。这些细节包括潜在的核心目标、主要概念、推理和表达的方法，以及方法论和标准，学生们逐渐认识到，只有通过关注于实验本身，才能了解到这些细节。

正如波兰尼所解释的，无论在什么时候，只要我们依靠隐性认知的近端感受去关注远端，我们就会像利用自己的身体去感受外部事物一样，允许近端发挥它类似的作用。用波兰尼的理论来解释，这个大家都非常熟悉的术语"知识体系"（ body of knowledge ），又获得了一个新的维度。学生深入研讨一种科学传统的过程，用隐喻的方法来解释，实际上就是将他或她自己的身体向外扩展，直到进入这个科学知识的领域，而他们对于科学实验的深入研究就是在这个领域中进行的。因此，隐性认知的第二个阶段，就构成了知识的公共层面。但隐性认知的第一阶段，它是隐性的，同时也是理性的，因为它具有批判的意识——关于这一点，之前的电击实验就是一个很好的证明，这种意识可以控制人类的行为——人们关注的焦点从隐性认知的第一阶段转移到第二阶段，进而获得了对细节的认识。

建筑学的范式

我认为，在学生和年轻的建筑师学习设计的方法问题上，也是同样的道理。关于建筑设计的原则和条例，很少能通过语言的模式被明确表述出来，但是不知何故，学生们通常都能够掌握足够的专业知识和技巧，令他们可以投身实践，并对建筑的传统作出自己的贡献，而这些建筑传统，就是他们在学生时代所接受的职业训练。有的时候，他们还有可能会改变这些传统，甚至会创造出一种新的传统。

通过这一现象，我们可以看到学生在学习的过程中，他们会拥有某种处理不确定性与模糊性问题的能力。可能有人会问，他们是怎么做到的？对问题或是任务往往没有完全明确的指示，与之相关的信息也常常不够完整，在这种情况下，学生真的可以学习到什么知识吗？之所以会出现这样的状况，可能大部分要归结于学生拥有直觉的创造力，如此就可以解释，为什么学生们所掌握的知识总是表现得混乱而支离破碎了。波兰尼隐性认知的理论，证实了上述这种可悲的估计确实是正确的。与此同时，他的理论还表明，这种情况是很难被改变的，与其哀叹，我们不如采取一种更为积极的方式，去学习应该如何更好地与这种情况共处。

举例来说，几年前我指导了一系列的工作室设计项目，在这些项目中，学生们的隐性认知得到了充分的体现。每个学生都要预先选择一种特定的、可以辨识出来的建筑风格并对其进行研究，之后再设计出一栋具有同样风格的住宅建筑。在这个项目构想的初期，我们将可供选择的建筑风格仅限于那些知名的建筑师。[19] 后来，我们逐渐扩大选择的范围，将很多无名的设计方法也都纳入进来，并效仿库恩的方式给这些不同的建筑风格与方法取了一个名字，叫作"建筑范式"（Architectural Paradigms）。

在项目的第一阶段，我们要求每个学生都要针对他或她所选择的范式（无论这种范式是否有名），提取出其中蕴含的原理和规则，并提交他们的研究发现，接受老师与所有学生的正式评审。虽然有一些提交上来的报告非常详尽，但是对于设计原理和规则的描述却还是不够清晰与明确，这就说明，有一些学生之前对于他们所选择的范式并不熟悉，但是他们却仍然可以借鉴这些范式，并以同样的方式设计出令人信服的作品。至少，由学校教授与外聘评论家组成的评估小组得出的结论就是这样的。

显然，除了评估小组的意见，一定还有更严谨的验证方法。但是为了方便讨论，我们暂且假设评估小组的意见是正确的，而所有的学生实际讲述出来的设计原则，都不足以为一个不熟悉这种建筑范式的人提供足够的专业知识。那么，我们要如何解释这样的一个事实呢：在几乎所有的项目中，每一位参加这项实验的学生都能够根据他或她所选择的建筑范式，提交出令人信服的设计，其中甚至有一些设计是堪称优秀的。

考虑到这些明显的不吻合之处，我认为这个例子恰好验证了波兰尼的格言："我们所知道的要比我们所能讲出来的多。"以隐性认知的概念来解释，学生们所选择出来的范式样本就构成了隐性认知的第二阶段，或者按照波兰尼的说法叫作"焦点意识"（focal awareness）。而隐含在每一种范式之下的设计原理和规则（只有其中的一部分可以明确地描述出来），则构成了隐性认知第一阶段的细节，或者按照波兰尼的说法叫作"辅助意识"（subsidiary awareness）。无论是在项目的前期研究阶段还是后期设计阶段，我们可以这样说，学生们经由对细节知识的学习，获得了对这种方法自己的理解。然而，在这两个阶段当中，学生对于细节的认知仍然是隐性的。绝大多数学生对这些细节的认知，都是通过亲自参与设计而获得的，这就是焦点意识。

角色扮演

在这个项目进行的过程中，我们常常会鼓励学生们去"扮演"他所选择的知名建筑师的角色，或是通过想象，去扮演那些在无名的建筑范式中建筑师或工程师的角色，并通过这样的方式来完成他们各自的任务。[20] 我们注意到，通过这样的方法可以帮助学生们实现他们的目标。现在回顾起来我们发现，这种方法是我们根据波兰尼的认知理论，获得的一种非常重要的方法。正如上文中所解释的，获取某种知识的本质就是"进入"知识体系的内部，这个时候焦点意识的对象就会从这个知识体系当中浮现出来，同时它又是知识体系的一种结果或是范例。当我们要选择一位指定的建筑师作为知识来源或是样板的时候，内心留置的过程要求我们将自己设想成那位建筑师——实际上就是将学生自己的身体和思想，扩展进入到那位设计师的思想和身体当中，这种扩展是一种隐喻。而对于那些选择了不知名的建筑范式的学生来说，他们要进入其中的是创造出这种建筑范例的"建筑知识体系"，并对这种知识体系进行关注，进而再进行模仿。无论是上述的哪一种情况，都发生了内心留置的过程，学生们就是根据这一过程，才会了解到与指定范式的出现相关的原理和规则，而只有依靠这些原理和规则，他们才能对这种设计方法进行模仿。

教育的意蕴

显然，通过上面的例子我们可以认识到，在当今建筑教育理论和研究方向的基础上都存在着一个错误的基本认识，即对于人类认知的本质，以及人类认知在建筑设计或是其他专业的学习中所起到的作用，存在着错误的认识。大家普遍认为，理论和研究的自然发展方向就是要将目前尚存在着模糊的东西搞清楚、讲明白（最好是用可以量化的术语来讲明白）。但是，波兰尼的"隐性认知"理论却使人们对于以上的这种认识产生了疑问，而这种认识正是认为理论呈线性发展的基础。波兰尼指出，有意识的认知和无意识的认知这两种不同的认知形式之间，并不是相互对立的关系，而是密切的互补关系。而且，所有知识的出现和演变过程内部都存在着相当程度的复杂性，这就意味着，个体之间建筑设计知识的转移和发展，至少在一定程度上——而且有可能是在很大程度上——都是通过隐性认知的方式进行的。

目前在建筑教育的研究与理论发展方向上都普遍存在着这种错误的假设，即认为所有的知识最终都会得到清晰而明白的解释。与之相反，我认为我们应该认识到，学习的过程其实就是一个模糊的过程;对我们来说，这就意味着在学习任何一门新的学科时，我们"仅仅"依靠辅助意识来学习到主导这些知识的特定原则,是再正常不过的了。在建筑设计当中，所有与各种细节相关的知识，例如技术、规划的方法、建筑与场地之间的关系等，大多都是以间接的途径获得的，即通过对这些细节的关注，进而获得选定范例的焦点意识。其中所蕴含的意义就在于，我们将建筑称为一种知识的形式，其教授方法不应该是像大家普遍认为的那样，将相关的知识汇集起来再分门别类传授给学生们，而是应该让学生们尽可能多地"进入"到不同的建筑范例当中去亲自体验。

从某种程度上来说，以项目为导向的传统设计工作室更能符合隐性认知教育的需求。事实上，学生们所学到的大部分建筑知识，都是通过这种方式传授的，也许这就可以解释上文中所提到的问题了：为什么学生们接受的教育是零零散散的，但是最终他们还是理解了所有的知识。工作室项目的作用就像是一种催化剂，使学生们将他们在课堂、演讲厅和研讨会上所学到的知识都融会贯通地整合在一起。这种生动的教育形式具有其独特的功能，它不仅关系到建筑教育问题，还关系到与其他高等教育领域知识的整合。[21]

但是，继续沿用现有的项目工作室模式，已经不能满足建筑教育的需求了，其原因如下。首先，学生们在工作室中所获得的不同的设计方法其实是非常有限的，这是因为学校与老师传播给学生们的哲理和人生观是有限的。在教育界至今仍然盛行着这样的信条，即学生们应该尽自己所能做到原创，哪怕是在刚刚开始接触设计的第一年里。这样的教条会阻碍学生利用现有的建筑范例来学习一些基础的知识，学习如何进行设计。直到近期，才有人对这种教条的合理性提出了严重的质疑。有趣的是，在建筑创作中，对于建筑范例与类推思想作用的认识，同在科学领域中对于历史传统重要性的认识，以及在科学发现中对类推法作用的认识，都是同步发展的。[22] 关于创造性，现在我们可以放心大胆地说，决不是从一片空白的头脑中凭空出现的。

结论

因此，在建筑教育中存在的很多困惑，都来源于一个基本的误解，即认为建筑设计的过程是"理性"的，而实际的情况并非如此。正如我们通过波兰尼的理论所学到的，我们所拥有的知识当中有相当一大部分是隐性的，但是这并不意味着这部分知识就是没有价值的。相反，我们之所以能够意识到这部分知识的价值，是因为它们会出现在我们有目的的行为当中。所谓"有目的的行为"（purposeful behaviour），它所涵盖的内容非常广泛，从熟练地避开电击刺激（但是实验的主体却无法清楚地描述引起电击的原因），一直到主要学科的吸收与同化。一个人可以将自己一辈子的时间都花在对一门学科的深入研究上，就算是再怎么一天又一天地努力工作，他或她还是没有办法将这门学科的指导原则全部清晰明确地表述出来。

因此，我们应该好好地去审视一下建筑学与建筑教育，并试着去了解建筑师和学生们在实际的设计过程中到底做了什么，而不是拿一些理想化的流程图来套用在他们身上，与后者相比，前者才是更有用的事情。综上所述，假如建筑教育工作者们想要认识并正确评价隐性认知在设计中的作用，那么需要注意以下几点：

- 建筑知识的"历史统一性"，是建筑师和建筑使用者用来解释与创造建筑所依靠的基础，应该得到充分的认识。

- 应该对"专业课程"进行设计，为学生们提供真实具体的设计"历练"，使他们所学到的知识得到"整合"。目前的情况却恰恰相反，学校为学生们安排了很多的课程，教授学生们不同的知识和技能，但是这些知识和技能却都是零零散散、互不相关的。

- 我们应该将"建筑范例"作为教学的主要载体，学生们通过对这些范例的研究，得以深入其中并汲取到各种不同的知识与指导原则，而这些知识和指导原则已经整合于建筑内部，形成了一个独立的学科。

- 通过对历史范式与当代范式的对比研究，我们应该积极鼓励"批判性的认识"，其中就包含上文所介绍的练习。

- 对于建筑范式的充分认识，无论是历史的范式还是当代的范式，都会对"建筑的创造力"起到促进的作用，而不会是阻碍的作用。

- 在课堂教学以及演讲上所"花费的时间"应该适当地缩短，转而采用一种更有效率的方法，即"项目教学"，可以在工作室中进行，也可以参与由学校和学校所在地的社区一起组织的"真实的"项目。

- 我们应该鼓励这样的一种教育方法，即为学生提供进入"其他人""认知世界"的机会，特别是进入非建筑师的认知世界。除了要关注与参与社区的建设项目以外，还应该关注于各种"建筑游戏"的使用，于游戏中模拟在建筑和规划的过程中建筑师和其他各方之间的互动，让学生们有机会发展隐性的技能以及人际沟通的技巧。

- "新的研究"应该集中在建筑领域隐性认知的作用上，无论是在建筑设计阶段，还是后期实际的"场所塑造"行为阶段。

最后，我们要提出一些令人鼓舞的见解，即了解建筑及它在人类个体发展以及文化认同形成当中所发挥的作用。相关的问题包括：在没有经过明确训练的情况下，一些建筑师究竟是如何理解一个地区的属性的，其中既包含人的地区属性，也包含当地建筑的地区属性？在对一个地区的属性进行定位与获得认同的过程中，隐性认知与内心留置扮演着什么样的角色？我们可以推测，获得"地区认同"本身就是隐性认知的一项功能，通过这项功能，个体的人就可以进入这个被研究的地区当中，不仅是生理上的身体进入其中，包括身体的扩展也会进入其中。[23] 通过暗示，人们在很大程度上是通过对建筑的使用来进行相互之间的交流与互动的，他们使用建筑就像是在使用自己的身体，而建筑就变成了隐性认知当中的"近端"部分。

上文中对认知的互补形式的描述，尖锐地驳斥了将设计划分为有意识的设计和无意识的设计这种两极分化的理论。然而，同之前的设计教育方法相比，认识到隐性设计与显性设计之间复杂的相互关系，可能会为我们带来更大的科学价值与教育价值。

注释

1   Abel, C. (1981b). 'The function of tacit knowing in learning to design'. *Design Studies*, Vol. 2, October, pp. 209–214.

2   Alexander, C. (1964). *Notes on the Synthesis of Form*. Harvard University Press, Cambridge, MA.

3   有关文化认知水平问题的相关讨论，以及对亚历山大理论的批判，可参见第 9 章。

4   Jacobson, M. (1971). 'Max Jacobson interviews Christopher Alexander'. *Architectural Design*, Vol. XLII, December, pp. 768–770.

5   正统现代主义者所接受的职业训练是制式的，没有批判力，在经过这样的职业训练之后，他们就会一直遵循着这种偏爱的规则，这就是 20 世纪以来无意识的建筑规范在影响着建筑界发展的有利证据。然而，同样是这种情况，我们也可以说它是在西方建筑近代史上，占领着统治地位并受到社会认同的一种设计方法。可能有人会认为，这就是隐性认知的负面影响，应该靠其他的方法来进行平衡，我们需要在反思的文化中获得一种更具批判性的方法，正如第 9 章中所讨论的。

6   有关扩展自我的相关论述，可参见第 8 章。

7   Polanyi, M. (1966). *The Tacit Dimension*. Doubleday, New York. Also Polanyi, M. (1958). *Personal Knowledge*. The University of Chicago Press, Chicago.

8   Polanyi, M. (1966), p. 4.

9   Polanyi, M. (1966), p. 10.

10   对于相关的移情观念，可参见 Hodges, H. A., ed. (1944). *Wilhelm Dilthey*. Oxford University Press, Oxford. 其历史渊源可参考第 3 章。

11   Polanyi, M. (1966), pp. 15–16.

12   Polanyi, M. (1966), p. 16.

13   Hirst, P. H. (1975). 'Liberal education and the nature of knowledge'. In *The Philosophy of Education* (Peters, R. S. ed.), pp. 87–111, Oxford University Press, Oxford.

14   Hirst, P. H. (1975), p. 103.

15   Hirst, P. H. (1975), p. 103.

16   Kuhn, T. S. (1962). *The Structure of Scientific Revolutions*. University of Chicago Press, Chicago. Also Kuhn, T. S. (1977). *The Essential Tension：Selected Studies in Scientific Tradition and Change*. University of Chicago Press, Chicago.

17   有关范例在科学教育与发展中所扮演的角色，详细论述可参考 Kuhn, T. S. (1977). 必要的张力 (The Essential Tension)。

18   参见第 14 章。

19   这个项目最早是由鲁斯兰·哈立德 (Ruslan Khalid) 于 1975 年，在朴次茅斯大学建筑学院的第三年度工作室计划中引进的。在哈立德离开学校的第二年，由第三年度的项目协调人（即本文的作者）调整成为目前的形式。自从这项实验开始实施以来，其他的学校也效仿过类似的训练。相关资料可参考 Simmons, G. B.（1978）. 'Analogy in design : studio teaching models'. *Journal of Architectural Education*, Vol. 31, No. 3, pp. 18-20。

20　这种方法的灵感部分来源于乔治·赫伯特·米德（George Herbert Mead）的作品，以及他所提出的在人类交往过程中"扮演他们的角色"的观点。相关资料可参考 Mead, G. H.（1934）. *Mind, Self and Society : From the Standpoint of a Social Behaviorist*, ed. Charles W. Morris, 芝加哥大学出版社，芝加哥。

21　Stringer, P.（1970）. 'Architecture as education'. *RIBA Journal*, Vol. 77, No. 1, pp. 19–22.

22　参见第 10 章。

23　有关波兰尼的隐性认知理论，以及该理论的相关研究对于扩展自我认知的影响，可参见第 8 章。

第 12 章　建筑创作中的隐喻

首次发表于由 B·埃文斯（B. Evans）、J·鲍威尔（J. Powell）和 R·塔尔博特（R. Talbot）编著的《变化的设计》（Changing Design）一书中，原标题为："在不断变化的建筑概念中隐喻的作用"（The role of metaphor in changing architectural concepts），1982 年[1]

当我们说到人类和他们所处的环境之间相互关系发生了改变的时候，我们实际上指的是自己对于这些关系的看法发生了改变。[2] 如果我们承认概念，或是对于我们所生活的世界的记忆图像具有媒介的功能，那么所有对于变化的认知就都可以归结为人们对这个世界的观念的改变，而观念又是通过语言的形式表述出来的。在这些语言形式中，隐喻在思想的演变中扮演着重要的角色，关于这一点，建筑的概念同其他类型的思想皆是如此。[3] 了解隐喻在建筑思想的演变过程中所发挥的作用，有助于我们更好地理解语言与创新过程之间的关系，或许还可以教会我们，如何去创造出比目前我们所遇到的状况更为积极的变化形式。

隐喻的定义

隐喻有很多种用法和定义，但其中最常见的定义来自亚里士多德。马库斯·海斯特（Marcus Hester）[4] 从亚里士多德的作品当中摘录了隐喻的定义，但是他解释说，亚里士多德本人对于隐喻的含义也有不同的认识。一方面，作为一名科学的哲学家，他描述了在不同的概念之间存在的认知转移，而这些都与类推有关：

> 所谓隐喻，就是给一个东西取了一个名字，而这个名字本该是属于其他东西的；从生物的属到种，从生物的种到属，或是从一个物种到另一个物种，或是根据类推的方法（……）只要存在四个相关的条件，其中第二个（B）与第一个（A）之间的关系，同第四个（D）与第三个（C）之间的关系是等同的，那么就有可能在这些条件之间进行类推，隐喻地用 D 来代替 B，或是用 B 来代替 D。[5]

另一方面，亚里士多德又从诗歌的角度对隐喻做出了如下的描述："隐喻，是如此的个性鲜明、迷人而又与众不同，没有什么别的东西可以与之相媲美：而且，对于隐喻的使用，并不是一件可以由一个人传授给另一个人的东西。"[6] 根据海斯特的说法，亚里士多德对于隐喻的后一种解释，同前一种将隐喻视为一种类推的观点是截然不同的，这就说明在亚里士多德的思想中也存在着某些不一致的地方。与第一种类推的或是理性的观点相反，后一种解释在本质上是把隐喻视为了一种装饰或点缀的修辞方法，它可以使叙述变得更加生动活泼，它所强调的是隐喻当中非认知功能的部分。

还有一些其他的定义，无非是要么接近于第一种解释，要么接近于第二种解释，或者是介于上述两种极端解释的中间。所有这些不同的解释汇聚在一起，描绘出了隐喻的各种用法所代表的不同意义，这就好像是一个频谱，一端是装饰性的观点，而另一端是理性的观点。例如，D·伯格伦（D. Berggren）[7] 对几种不同类型的隐喻进行了分析，每一种类型都会对应着类似于上述解释的频谱上的一个不同的点。第一种，"结构性"（structural）的隐喻，它会涉及结构的抽象关系，所运用的是类推的方法，因此指向了频谱中理性的一端。第二种，"质感"（textural）的隐喻，它的根源在于人们对于相似概念或是不同概念的情感直觉，一般通过文字来表述，会涉及对图像的间接联想。这种隐喻的使用更偏向于装饰性的定义。第三种，"单独形象化"（isolated pictorial）的隐喻，这种隐喻方式就像它的名字一样，是对不同视觉图像之间的直接联想。因为它既包含了客观的因素，同时又包含情感的因素，所以它介于两级之间。这三种隐喻的类型反过来分别可以引发人们理性、艺术和视觉敏感性等倾向的感觉。

建筑评论中的隐喻

在建筑评论中也经常会用到隐喻的方法，它既是一种表现形式，同时也是一种分析方法，在这些隐喻方法的运用上，我们同样可以分辨出类似于上文所描述的区别。举例来说，质感的隐喻，这种方式常常会被用于其他形式的文学作品当中，特别是诗歌。而它将用于建筑评论当中，其目的就在于充分利用语言所能唤起的情绪反应，从而使作者对于建筑的描述变得更加丰富。

建筑历史学家和建筑评论家文森特·斯卡利（Vincent Scully）[8] 对弗兰克·劳埃德·赖特（Frank Lloyd Wright）的建筑作品进行了极具说服力的评价，为我们提供了一个很好的范例，说明了这种隐喻的运用。在描写赖特的一个教堂设计作品时（图 12.1），斯卡利是这样写的：

> 1947 年，他在威斯康星州的麦迪逊市（Madison）设计的唯一神教派教堂，它既像犁又像船，就像是某种向前奔跑着的东西冲向了大草原。教堂的唱诗班被安排在玻璃隔断的后面，就在屋顶"祈祷之手"的下方，并通过后面一条绳梯将局部拉高，看起来就像是悬浮在空中的讲坛，梅尔维尔（Melville）的新贝德福德牧师就在这里向人们布道。[9]

图 12.1   威斯康星州麦迪逊市的唯一神教派教堂，弗兰克·劳埃德·赖特设计，1947 年。资料来源：© 埃斯托图片社
（Esto）/ 埃兹拉·斯托勒（Ezra Stoller）

这段描述参考了美国作家赫尔曼·梅尔维尔（Herman Melville）的著作《白鲸记》
（Moby Dick）当中的内容，主要强调的是文学艺术性而不是理性，斯卡利通过这样富有
艺术性的语言，成功地唤起了读者心中对他所描述场景的鲜明印象。这样的描述，会帮助
我们更好地理解赖特的创作吗？答案或许是肯定的。即便赖特从未读过麦尔维尔的文学作
品，也没有打算将自己的建筑设计同它建立联系，但是这样的描写确实有助于我们更好地
欣赏这个设计作品，这一点是毋庸置疑的。

斯卡利[10]还用同样富有诗意的隐喻修辞手法，描写了西班牙建筑师安东尼·高迪
（Antoni Gaudi）设计的米拉公寓（Casa Mila，图 12.2），以及德国建筑师埃里克·门
德尔松（Eric Mendelsohn）设计的爱因斯坦天文台（图 12.3）。他对这两个建筑进行了
对比，而显然，他所作出的评论是带有明显偏见的：

米拉公寓，无论是平面还是立面，都像是一个海边陡峭的悬崖，由岩石
切削而成的立面经过海水的长期冲刷和腐蚀而变得平滑，上面还沾着金属的海

图 12.2　米拉公寓，巴塞罗那，安东尼·高迪设计，1906—1910 年。资料来源：Fotosearch 摄影公司

图 12.3　爱因斯坦天文台，波茨坦，埃里克·门德尔松设计，1917—1921 年。资料来源：© 波茨坦莱布尼茨天体物理研究所（Leibnitz-Institute fur Astrophysik Potsdam，简称 AIP）/ Rainer Arit

藻，而它的开窗就像是一只只的眼睛。整栋建筑给人的印象，就像是华兹华斯（Wordsworth）在19世纪早期的意象派作品，或是梵高的晚期画作。它所表现出来的，就好像是人类对于自然世界律动的全情投入。这就是为什么那些怪异的神灵会挤在波浪形的屋顶上，享受着如此荒诞不经的生活。它们是从地下的某处钻出来的，仿佛圣象和卫兵一般——面无表情、身穿铠甲、头戴帽盔——站立在破碎的楼梯之上或是一旁。这就可以解释，为什么高迪的表现主义建筑具有如此的感染力，它以自己的方式超越了超现实主义雕塑与绘画的成就（例如另一位加泰罗尼亚的艺术家毕加索），同时也解释了，为什么后期的"表现主义"建筑作品就无法做到如此地令人信服，就像是门德尔松设计的爱因斯坦天文台。同米拉公寓相比，后者只是机械呆板的流线形造型，但是其中没有律动，因此也就没有任何的意义。而高迪的作品则不同，它在整体上就像是新艺术运动的杰作，被注入了大自然的律动，因此，从某种意义上讲，它是真实的。[11]

在这个例子当中，斯卡利对于高迪作品中强大的表现力是如此的热爱，以至于影响了他对于门德尔松设计作品的判断。他之所以会批评门德尔松的作品，仅仅是因为其中缺乏律动感，但是这并不足以说明流线形的设计就是毫无意义的——赖特设计的唯一神教派教堂也同样是静态的，但这并没有阻碍斯卡利将其比喻成前进的犁或船。对其他一些作家来说，爱因斯坦天文台的设计，非常成功地传递了一幅机械时代强有力的画面。[12]但是在斯卡利看来，门德尔松的设计没有像高迪的作品那样激发起我们的遐想，或是引起我们情感上的共鸣，他在说服读者接受这种观点的时候，就娴熟地运用了隐喻这种修辞手法。

其他的评论家，也会在他们的评论作品中熟练地运用结构性的隐喻。这种隐喻的刺激通常在于交流模型的运用，而这种交流模型则来源于符号学的一般领域。针对这种交流模型，虽然已经进行了很多的理论讨论，关于模型本身也有大量的解释，但是将其应用于实际的建筑分析却还是相当少见的。查尔斯·詹克斯（Charles Jencks）[13]对坐落于英国汉普郡，由詹姆斯·斯特林（James Stirling）为好利获得电信公司（Olivetti）设计的新培训中心（图12.4）的评论，就是少数的几个例外之一。斯特林所设计的是一栋新的建筑，它与原来的乡村住宅建筑直接相连。[14]新建筑主要由四个部分构成：用塑胶板预制而成的两翼；一个像是塑胶盒子一样的构造物，上面开着十字形的天窗；还有一个由玻璃和钢材构成的结构体，同原有建筑相连。新旧建筑之间强烈的对比，凸显了斯特林对于建筑形式与材料非常规的运用，其中塑胶的两翼是整栋建筑中最不同寻常的元素，詹克斯就针对这一部分进行了重点分析。

根据人们对于这项设计的不同反应，詹克斯在其中发现了几种不同的隐喻，每一种隐喻都能使读者头脑中浮现出一幅清晰的画面，体现出人们对于这栋建筑正面的或是负面的反应。詹克斯认为，假如反应是正面的，那么这种隐喻就有可能意味着下面的这种语义链：

> 　　建筑的两翼看起来就像一列火车，或是一辆用弯曲的塑胶或金属制成的巴士，用这种定义（一种使人们迅速移动的交通工具）来隐喻一栋建筑是恰如其分的，它会使人联想到 20 世纪 30 年代"未来主义"（futurism）和"机械美学"（machine aesthetic）的相关概念。[15]

还有一种正面的隐喻可能是这样的：

> 　　建筑的两翼看起来就像是一种由弯曲的塑胶制成的，带有节点的"好利获得机器"（Olivetti machine），用这种定义（一种可供操作的小型设备）来隐喻一栋建筑也是适合的。因为这栋建筑就是被用来培训该所公司销售人员与技术人员的，而且这些机器还意味着"时代性"和"现代性"等等。[16]

　　詹克斯观察到，后一种画面也正是建筑师希望人们通过这栋建筑所看到的画面，这一点毫不奇怪。

　　另一方面，詹克斯也通过一些演讲和采访，收集到了人们对这栋建筑一些较为负面的解读。其中最消极的看法，甚至将这栋建筑的两翼看作是一些堆放在一起的塑胶垃圾桶。之所以会产生这样的解读，不仅是因为受语境和亚符号的影响——窗户以轴为中心转动，看起来就像是垃圾桶的盖子——还会受到另一种因素的影响，詹克斯把它称作观察者的"亚编码"（sub-code），它是由观察者个人的经历产生的。举例来说，有一位受访者，他住在英国摄政时期的住宅建筑中，他就不喜欢在一栋爱德华时期的宅邸旁边增建这样一个塑胶建筑的想法，当他一看到这栋建筑，就立刻将它想象成了一辆大篷车，甚至在詹克斯询问他的意见之前，他就是这样认为的。其他一些人，或许出于政治动机，或许只是对好利获得电信公司的文化推销术持怀疑态度，也都对这栋建筑产生了类似的看法。导致这些解读背后的隐藏价值就在于，他们认为建筑的两翼（或是隐喻），是陈腐与肮脏的代表，或者说是小资产阶级的，它们就像一个拖车住宅的停车场一样延伸着。

　　在这个项目中，詹克斯作为一名建筑评论家，他的目的在于证明建筑的隐喻是以一种连贯的方式发挥作用的，如果建筑师可以关注到其他人是如何看待他们的设计的，那么对于建筑师来说也是有所裨益的；这个建议的确值得称赞，但是执行起来却存在着相当的难

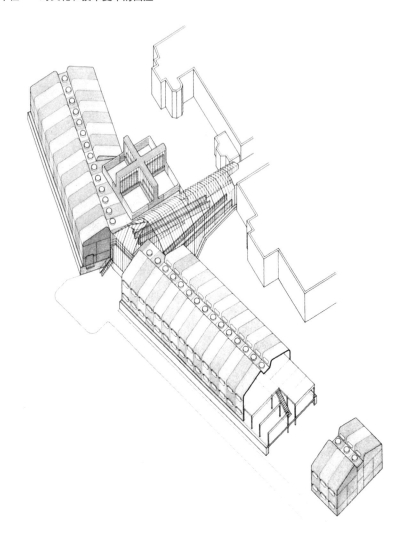

图 12.4　好利获得电信公司新培训中心，汉普郡，詹姆斯·斯特林设计，1969—1972 年。轴测图。资料来源：© 加拿大建筑中心，蒙特利尔

度。然而，我们可能会注意到，詹克斯在叙述正面的隐喻与负面的隐喻之间的差别时，并没有提到其中最重要的元素到底是什么。从受访者所使用的文字和短语中我们可以看出，所有正面的隐喻都是由专门的历史知识以及建筑设计理论衍生出来的，而负面的隐喻则是因为缺乏相应的知识。詹克斯没有提及这些受访者以及其他评论员的职业，但是如果能了解到这些信息的话应该会是相当有趣的。[17]

还有第三种类型的隐喻，即单独形象化的隐喻，这种手法在建筑描述与评论中也很常见，因为它依赖于直接的视觉图像，因此对于建筑师以及其他民众来说，这种隐喻是最容易理解的一种。提起富有想象的设计，人们一下子就会想到埃罗·沙里宁（Eero Saarinen）设

图 12.5　纽约肯尼迪国际机场第五航站楼，埃罗·沙里宁设计。资料来源：© 埃斯托图片社 / 埃兹拉·斯托勒

图 12.6　悉尼歌剧院，圆形码头，约翰·伍重设计，1957 年。资料来源：Fotosearch 摄影公司

计的纽约肯尼迪国际机场第五航站楼，它象征着一只"飞鸟"（图 12.5）；或是由约翰·伍重（Jorn Utzon）设计的著名的悉尼歌剧院，人们看到这栋建筑，脑海中就会浮现出一艘停放于海港的"帆船"（图 12.6）的画面。[18] 这两个项目通过它们所传递出来的非常易于理解的图像，很快就找到方法进入了公众的意识领域，并获得了普遍的认同。

隐喻的动力与创造作用

从以上的实例中可以看出，隐喻在建筑中传递设计内涵的作用已经得到了普遍的认可，这种作用或许是含蓄的，就像是以前的建筑评论，抑或是直接明确的，就像是近期的一些建筑符号学理论。那么，迄今为止在我们所有讨论过的隐喻解释中，是否遗漏掉了什么呢？我们漏掉的就是隐喻最重要的一面：即在思想改变与创造新思想的过程中，隐喻扮演着创造性的角色。美国著名哲学家唐纳德·舍恩（Donald Schon）[19] 强调隐喻具有动态的特性，他认为，隐喻使我们能够从一件事的角度去看待另一件事，这就有助于我们以某种新的方式去看待事物。[20] 舍恩将我们看待事物方式的转变称为"概念的置换"（the displacement of concepts），而隐喻就是其中主要的认知机制。在本质上，这就是一切新思想形成的过程。

根据舍恩的说法，隐喻的动态概念，与类推或理性的观点是有区别的，他认为后者从本质上讲属于一种静态的解释。关于这一点，舍恩引用了布朗（S. J. Brown）的话进行说明：

> 当一个词语可以使人们想到不止一种含义，而且在这几种含义当中可以看到某种共性的东西，那么这个词语当中就包含着隐喻。过去曾有人注意到，我们平时所说的"山脚"其实就是指整座山的底部，这与人体之间有着相同的关系。于是他就想到将"脚"的概念扩展到整座山的基础部分。这样，"脚"就有了两层含义。这两层含义具有共同的属性，因此它们同属一个类别。在高一级的分类中，我们可以把"脚"解释为"基础"，或是一个物体当中比较低的部分，而在这一级之下，又有两个次级的分类——分别可以解释为人的脚以及山的基础部分。从比较大的分类角度来看，这两个次级分类之间的差异还是很明显的，这是因为每一个次级分类的对象，都具有其他次级分类对象所不具备的属性……隐喻不同于其他的高层级 - 次层级的从属关系，因为在隐喻当中高层级并没有自己的名字。相反，一个次层级对象的名字被扩展使用到其他的次层级对象身上，这样做……就会使读者在头脑中将这两者之间的异同点联系起来。[21]

在布朗看来，隐喻的手法可以使人想起两种含义，而这两种含义却都有一个共同的属性——在上面的例子中，这个共同的属性就是"基础或是一个物体当中比较低的部分"，这与舍恩的观点不谋而合。因此，布朗认为隐喻不过就是这样的一种方法：即将两种类别视为同一个属之下的两个亚种。唯一的区别就是在隐喻当中，上一级的属是没有自己的名字的。

相比之下，舍恩将类推和隐喻的作用视为一种思考的过程，而对于概念和事物的新认识，就是在这个过程中孕育而生的。尽管他也承认，人们在过去一直都认为类推指的就是在不同概念之间的相似性关系，但是舍恩强调这种相似性其实并不存在，就像布朗以及其他类比思想流派的学者们所主张的，只有通过寻找类推，相似性才会存在。因此，概念的置换并不包括对相似性的观察，因为在进行置换的时候，这些概念之间的共有关系还没有被构想出来。但是，概念的置换却始于对这种相似性的暗示，并通过明确地指出二者之间的相似性而得到验证，而这些相似性本身就是概念置换的结果：

> 新的概念并不是凭空出现的，也绝不会存在着什么神秘的外部来源。它们就产生于旧的概念（……）新的概念是在旧的概念和新的状况之间交互作用中诞生的，在这个过程中，我们并不是将旧的概念原封不动地照搬到新的状况中，而是要根据我们所看到的新的具体情况而定。这就是我们所谓的概念置换——在这个过程中，旧的概念为了满足新的状况需要，就会以一种新的方式出现。[22]

因此，在我们看待一件事情的时候，原有的方式和新的方式之间必然存在着密切的联系。舍恩认为，在人类的语言当中随处可见概念置换所留下的痕迹，我们需要的是一种不断进化的隐喻。根据舍恩的说法，概念的形成与创新同人类的语言是密不可分的，并且一定会以隐喻的形式留下烙印：

> 语言具有隐喻性的特征（无论是不是通用的语言），这是因为在任何时候，语言都会为我们提供一个概念形成或发现过程的"横截面"。语言中的隐喻，可以被解释为不同发展阶段概念所留下的印记，就像我们可以将化石解释为在不同的进化阶段，生物所留下的印记一样。[23]

新的建筑概念

舍恩的方法，为建筑隐喻的本质和使用带来了一种新的视角。汉斯·霍莱因（Hans Hollein）在 20 世纪 60 年代制作的抽象拼贴图"航空母舰之城"（图 12.7a 和图 12.7b）属于一种视觉图像，沿袭之前的思路，它只是一种形象化的隐喻。但是，如果从舍因动态的角度来看待隐喻，那么霍莱恩所制作出来的气势磅礴的图像就又有了另一层含义。我们同时看到的是两幅图像，而不是一幅。当然，我们看到了一艘航空母舰。但是人们很快就会发现，这艘航空母舰看起来似乎有点不合时宜；或许就像是诺亚方舟一样，洪水过后，它在山顶上搁浅了。抑或是……？也有可能，它是某种未来的城市——

图 12.7a 航空母舰之城，汉斯·霍莱因（Hans Hollein）制作，1964 年。山顶的景观拼贴图。资料来源：© 汉斯·霍莱因档案馆

图 12.7b 航空母舰之城，汉斯·霍莱因制作，1964 年。部分埋入地下的景观拼贴图。资料来源：© 汉斯·霍莱因档案馆

这是一片密集而紧凑的人类栖息地，在这里生活着成千上万的居民，由最先进的技术打造（大型航空母舰确实是以最先进的技术打造的），部分埋藏于地下，就像是保拉·索莱里（Paola Soleri）在亚利桑那州沙漠中的幻想。而且更为险恶的是，通过霍莱因所描绘出来的下沉场景，还可以表现出未来世界末日到来时的景象，人类被划分为两个等级，主人和奴隶，奴隶们永远都要生活在不见天日的地下世界，这种场景就像是弗里茨·朗（Fritz Lang）的电影《大都会》（Metropolis）当中所描绘的，特权都被掌握在上层少数人的手中。

通过放置一幅大家都熟悉的图像，一艘航空母舰，可它所处的背景却是不同寻常的，

但又尽量使它看起来真实可信，霍莱因刻意在读者的脑海中唤起了这种图像和意义的转变。航空母舰成为城市的隐喻，这就使我们对城市产生了一种新的想象。与此同时，我们对于航空母舰也产生了新的看法和概念；我们现在把它看作是一种特殊形式的"漂流城市"，在这个城市中有很多的休闲娱乐设施、电影院、餐厅、健身房等等，而这些设施都是我们期望能在一个小型城市中看到的。

或许，在霍莱因最初开始构思这幅图像的时候，在他的头脑中也经历了同样的思考过程。他一定曾经进行过类似的思考。但是最重要的一点，就是在读者的头脑中也要唤起同样的思考。通过图像的力量，促使每一位读者的思想观念都发生了转变，在这个过程当中，就形成了"城市就像是一艘航空母舰"这样一种隐喻，于是一个关于城市的新概念就诞生了。

还有另外一个例子也很具有启发性，那就是在 20 世纪 60 年代——这是一个新思想层出不穷的时代——由建筑电讯派（Archigram）所构想的"插件城市"（Plug-in City）。[24]"插件"（plug-in）这个词本身就很容易唤起读者头脑中的图像感，而这也正是建筑师想要的效果。事实上，建筑电讯派的团队总是能有效地运用那些能够唤起读者图像感的词语，他们运用语言就像运用绘图一样。在沃伦·乔克（Warren Chalk）的城市组件设计中（图12.8），建筑电讯派鼓励我们要丢掉陈旧的观念，认为城市和建筑应该具有永久的价值，要使用坚固耐久的建筑材料等，并且接受他们的新观念，将城市视为一个不断变化的建筑工地，应该使用轻型建材以及大规模生产的方式去建造。在插件城市中是不存在什么耐久性的。这样的城市不仅会对外界的变化作出反应，而且还会积极地鼓励将"汰旧换新"的观点引入居住单元和其他空间当中——就像在汽车工业领域中一样——这样才能刺激对新形式的需求。

由于现实生活中并没有适合于这种城市的现成图片，所以建筑电讯派就通过一些现有的图片，其中包含了大批量生产以及汰旧换新的概念，来设计出一个看似合理的远景。

事实上，插件城市所表现出来的这些特性与品质，一般人都会认为和住宅、城市并没什么关联，而与这些特性密切相关的，应该是我们所熟悉的制造业消费主义的产品。因此，在他们绘制的插件城市的设计图中，到处都是各种汽车、小型面包车，以及各式各样的一次性塑胶制品。此外，移动式的起重机和麦卡诺装配模型也是随处可见，这也增强了读者对于非永久性的总体印象。

同霍莱因的作品一样，建筑电讯派借助于现有的概念，但却将这些概念放到了完全不同的背景下，从而描绘出了一个崭新的城市形象。在那个时代，插件城市是个新生的概念，但它却提供了足够的语义线索，因而很容易被大众所理解。就如雷纳·班纳姆（Reynar Banham）[25] 所写的，这正是建筑电讯派的意图：

　　一个插件城市，看起来必须就像是一个插件城市。如果人们喜欢这种具有高度适应性的环境（如果他们不喜欢这种环境，那么同之前的环境相比，我们就不具备什么优点），那么他们就应该能够识别出这种环境以及功能，这样他们才能进一步了解到，这样的环境对他们会产生怎样的影响，以及他们又会对这样的环境产生怎样的影响。[26]

　　我们在欣赏建筑电讯派运用隐喻的手法创造了新思想的同时，并不一定也要认同在插件城市中所蕴含的消费主义的价值观，也不一定要认同他们在控制这种方法时所使用的技巧。关于这一方面的实例还有很多，有一些甚至更为积极——例如巴克敏斯特·富勒（Buckminster Fuller）的《球形号太空船》（Spaceship Earth）——它使我们重新评估了我们对于现在所生活的环境的态度和概念。

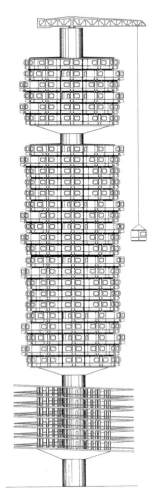

　　但是到目前为止，我们所学到的应该很清楚。现代主义运动的奠基者们相信，或是假装相信，新的建筑概念并不是脱离于原有概念而凭空出现的，它们是对于时代精神或时代思潮的直接表达。这些新的概念也不能脱离语言而独立存在，因为无论是作为个体的人，还是作为分享着同样文化的社会成员，我们所有的经历都要通过语言来表达与传递。相反，新思想的形成是因为我们在旧的思想中看到了新的东西，正是由于我们独一无二的人类语言，才使得这种思想的产生成为可能，并且以自己的方式承载着思想的历史。

附录

　　自从本文和"建筑的语言游戏"（第10章）这两篇论文首次发表以来，有很多作家都对于将隐喻和类推视为理解建筑的一种方法的观点提出了批评。虽然，这些批评的直接对象一般都是语言学类推的使用，但实际上，这其中暗示了对于类推的本质和功能存在着普遍的困惑，特别是针对新思想的产生问题，这种困惑就表现得更为明显。

　　之所以会产生这些困惑，主要是因为对类推的三重特性

图 12.8　太空舱式住宅塔楼，沃伦·乔克（Warren Chalk）设计。资料来源：© 建筑电讯派，1964 年

缺乏足够的认识和理解。正如伊恩·巴伯（Ian Barbour）[27]

所解释的，所有的类推在本质上可以划分为三个类别。"正面的"类推，指的是在类推中所涉及的两个概念之间，明显存在着共同的属性；而"负面的"类推，则是指两个概念之间并没有共同的属性，因此作者所描述的就是二者之间的差异性。还有"中性的"类推，它指的是两个独立的概念并没有明确划分出属性，它既不属于正面的类推，也不属于负面的类推，但在将来的某个时候，它有可能会被认定为属于上述的其中一种。我们正是凭借着最后一种"中性的"类推，得以发现事物之间新的相似点与差异点，从而为类推的扩展提供了动力。[28]

在建筑学领域，语言类推的评论家们总是会从字面上的意思来解释类推；即，当被问到何谓类推的时候，他们就会说，"建筑是一种语言"，这就是类推。[29] 以至于有一些评论家会以文学的方式来使用类推，他们指出，文字的解释是站不住脚的，这些评论家的观点有可能是正确的。显然，建筑作为一种交流的形式、符号系统以及口语的形式，一定会存在着显著的差别，特别是在材料使用以及空间表达形式方面。另外一些评论家抱持不同的观点，他们将语言和建筑之间的类推看作是一种"启发式的装置"[30]，或是一种暂时性的理论建构工具——巴伯将其称为一种"有效的虚构"（useful fiction）——这种工具在探索的初期是有效的，可是随着探索的深入，一旦找到一个"合适的"东西可以作为探索主题的代表，那么这种工具就不再有价值了。

上面这两种常见的评论，都没有描述出类推的主要用法。将类推视为对现实状况的文字描述，这种观点忽视了类推在思想创新中所发挥的创造性作用。而将类推视为一种有效的虚构，这种观点则不能解释它们在现有理论的扩展中所发挥的持久作用，同时也否定中性类推的关键作用——即发现新的异同点的源泉，正如巴伯所描述的。虽然并非所有的类推都是有用的，但确实有一些类推是经久不衰的，它们不断激发着新的思想以及新的发现产生。即便是在新思想最为严格的检验场也是如此，比如说基础科学领域。在物理学中，力的概念[31] 和机械模拟[32] 都具有相当久远的历史。气体的"撞球模型"（billiard ball model）[33] 和病毒的概念[34]，就是两个很具代表性的实例，证明在科学领域，类推法也是具有持久生命力的。在建筑学领域，对生物类推[35] 的运用可以向前追溯到 18 世纪中叶，它同语言学的类推一样[36]，时至今日仍然长久不衰，而且其影响甚至还有增加的趋势。在所有这些例子当中，类推法的运用都会涉及一个发现的过程，在这个过程中，我们所研究的主题，至少有一部分是由已知概念的特性来解释的。

当然了，我们总是要么把类推视为一种文字的描述，要么把它视为一种有效的虚构。其实这样的区分是完全没有必要的，无论用哪一种观点来解释类推，都会掩盖掉它在理论发现和理论扩展当中真正的创造性价值。所以，我们或许应该好好听一听巴伯的建议，用严谨的态度来对待类推，而不是单纯地将它视为一种文字上的东西。

注释

1　Abel, C.（1982b）. 'The role of metaphor in changing architectural concepts'. In *Changing Design*（Evans, B., Powell, J. and Talbot, R. eds）, pp. 325–343, John Wiley & Sons, Chichester.

2　参见 Coplestone, F. S. J.（1959）. *A History of Philosophy*：*Vol. 6, Part II, Kant*. Doubleday, New York. 正如科普尔斯顿（Coplestone）所解释的，在康德（Kant）之前，哲学家们普遍认为，所有的概念都直接来源于观察和"现实的"经验，与任何人头脑中原有的观念都没有关系。康德向这种对人类感知的消极观念发起了挑战，他写道：

迄今为止，人们一直都认为，我们所有的知识都必须与客观的物体相一致。基于这种假设，我们努力地通过概念来探知事物，渴望能够扩展自己的知识，但是长久以来一直都没有什么收获。是不是如果我们假设客观的物质必须和我们的知识相符 [本书作者强调]，那么我们就不可能在形而上学的任务中取得更大的发展呢，让我们来试一试吧。

出处同上，P.20

康德将他对人类感知的逆转观点，比作波兰天文学家哥白尼（Copernicus）提出的新理论，相当于对之前的宇宙理论进行了彻底的推翻。然而，毫无疑问，在极端相对主义的批评中，科普尔斯顿指出：

康德所提出的"哥白尼革命"式的论点，并不意味着现实可以缩减成为人类的精神和思想（……）他所指的是那些我们无法了解的东西，除非我们用某一学科一种先天的条件来限制它们，否则这些东西就无法成为我们认知的对象。

出处同上，P.20-21

正是这种人类的"积极模式"（active model），在之后的若干年间，成为战后哲学与社会科学的主流思想。相关内容可参见第 3 章。

3　参见第 10 章。

4　Hester, M. B.（1967）. *The Meaning of Poetic Metaphor*. Mouton & Co, The Hague.

5　Quoted in Hester, M. B.（1967）, p. 14. See also Ross, W. D., ed.（1959）. *The Works of Aristotle*. 牛津大学出版社，伦敦。

6　Quoted in Hester, M. B.（1967）, p. 14.

7　Berggren, D.（1962）. 'The use and abuse of metaphor, I'. *The Review of Metaphysics*, Vol. 16, No.12, pp. 243–244.

8　Scully, Jr., V.（1960）. *Frank Lloyd Wright*. Mayflower, London.

9　Scully, Jr., V.（1960）, p. 31.

10　Scully, Jr., V.（1961）. *Modern Architecture*. George Braziller/Prentice-Hall, Englewood Cliffs.

11 Scully, Jr., V.（1961）, p. 23.

12 相反的观点，可参考 Whittick, A.（1940）. *Eric Mendelsohn*. Faber & Faber, London. 在门德尔松的早期草图中，他的爱因斯坦天文台是最著名的，惠特克（Whittick）是这样评价这项设计的：

> 在很多草图中，将建筑视为一种机器的概念是相当强烈的，建筑师所强调的是建筑当中流畅的线条，它们就像是现代交通工具中的那些优美的线条一样。
>
> 出处同上，P.45

13 Jencks, C.（1974）. 'A semantic analysis of Stirling's Olivetti Centre Wing'. *Architectural Association Quarterly*, Vol. 6, No. 2, pp. 13–15. See also Jencks, C.（1975）. 'The rise of post-modern architecture'. *Architectural Association Quarterly*, Vol. 7, April, pp. 3–14.

14 完整论述可参考 Arnell, P. and Bickford, T., eds（1984）. *James Stirling : Buildings and Projects*. 建筑出版社，伦敦。

15 Jencks, C.（1974）, p. 14.

16 Jencks, C.（1974）, p. 14.

17 在詹克斯的文章中，我们搞不清楚他所谓的"专业"评论，到底是真正访谈的结果，还是他自己编造的回答。如果是后一种情况的话，那么我们就很清楚为什么会有这样的答案了。

18 虽然大家一般都把悉尼歌剧院比作一艘帆船，但是伍重自己却特别提出，他最初的灵感来源是波浪的图像："这栋建筑所表现出来的特征、风格，全都是由一系列形状的组合发展而来的，所有的元素都与水的特点有关，波浪 - 波涛滚滚 - 波浪破碎 - 变成泡沫等等。"引自 Giedion, S.（1967, 5th edn）. *Space, Time and Architecture*. 哈佛大学出版社，第 674 页。东方建筑的形象——伞状的屋顶悬停在空旷的平台之上——我们在其他的草图中可以看到这样的表现，为设计提供了另一个有力的灵感来源。

19 Schon, D.（1963）. *The Displacement of Concepts*. Tavistock, London.

20 有关隐喻与类比式思考的创造性相关讨论，可参见第 10 章。

21 Quoted in Schon, D.（1963）, p. 36.

22 Schon, D.（1963）, p. 192.

23 Schon, D.（1963）, p. 51.

24 参见第 1 章。

25 Banham, R.（1965）. 'A clip-on architecture'. *Architectural Design*, Vol. 35, No. 11, pp. 534–535.

26 Banham, R.（1965）, p. 535.

27 Barbour, I. G.（1974）. *Myths, Models, and Paradigms*. Harper & Row, New York.

28 See also Harre, R.（1972）. *The Philosophies of Science*. Oxford University Press, Oxford. 哈雷（Harre）也提出了一种类似的科学类推法的结构，包括"正面的"、"负面的"和"中性的"。出处同前，第 181 页。

29 See, for example, Bonta, J. P.（1979）. *Architecture and its Interpretation*. Rizzoli, New York. Also Cohen, L. Z.（1980）. 'A sensible analysis of language and meaning in architecture'. *Design Methods and Theories*, Vol. 14, No. 2, pp. 58–65.

30　Collins, P. (1980) . 'The language analogy in architecture' . Introductory address to the *68th Annual Meeting of American Collegiate Schools of Architecture*, San Antonio, 19–22 April.

31　Harre, R. (1972), p. 64.

32　Turbayne, C. M. (1971, revised edn) . *The Myth of Metaphor*. University of South Carolina Press, Columbia.

33　Barbour, I. (1974), p. 31.

34　.Harre, R. (1972), p. 65.

35　Collins, P. (1965) . *Changing Ideals in Modern Architecture*. Faber & Faber, London. Also Steadman, P. (1979) . *The Evolution of Designs*. Cambridge University Press, Cambridge. 参见第 1 章。

36　Collins, P. (1965) . 参见第 10 章。

第13章　必要的张力

1989 年 5 月 29 日，首次在安卡拉市（Ankara）中东科技大学（Middle East Technical University）建筑学院公开演讲。并于 1991 年 7 月，首次发表于《建筑学与城市主义》（Architecture and Urbanism）[1]

无论是否刻意为之，一说起"传统"（tradition）和"现代化"（modernity）这两个词，总是会让人联想到两方对立而不可调和的力量在激烈竞争这样的画面。对于很多西方建筑师来说，这两个词就意味着他们对于前瞻性方法的彻底失望，以及对近年来忽视历史的极力补偿，其做法就是疯狂地照搬历史式样。而在发展中国家，这两个词就意味着一场孤注一掷的战争，打破落后的经济与政治体制，奋力追赶先进的工业化国家。通常，这样的行为是要付出代价的，他们失去的是传统的价值和生活方式，其中就包括地域性的建筑形式。

在这些仿佛精神分裂一般的争论中，我们可以清楚地看到，不同的学派对于这两个概念的解释是多么地牵强，作为依据的假设前提又是多么地不合时宜，特别是在那些涉及现代科学本质的问题上，以及对传统概念本身的认知上，表现得更加明显。如果我们希望对这两个概念进行调和，并取得一些真正的进展，那就应该探讨一个问题，那就是在最初的时候，到底是什么样的思想导致了人们将传统和现代化这两个概念看成了互相对立的关系。

玩弄形式

当我们尝试以一种新的视角来审视这个问题的时候，一直都存在着一种阻碍，那就是建筑师总是习惯用一些正式的术语来解释什么是传统、什么是现代。根据正统现代主义者的说法，所谓现代化，就意味着抛弃传统的模式、标准化、纯粹的抽象造型、开放式的框架结构，以及灵活可变的空间。而所谓传统，则意味着历史的和乡土的形式、多样化、丰富的线条、实墙结构，以及固定空间等等。当然，在传统中也存在着例外，比如我们都很熟悉的日本传统建筑，一般多采用框架结构以及灵活多变的、模块化的规划系统[2]，但是对大多数建筑师来说，将传统和现代进行明确的划分，无异于为他们提供了一种现成的工具，利用这种工具，就可以将建筑的世界一分为二，形成相互独立而且易于识别的两大类型。

后现代主义的建筑师和评论家们，紧紧抓住现代主义的可笑之处并大肆宣扬，以此来证明他们自己所偏爱的建筑形式才是真正优秀的。作为后现代主义理论的开创者和领导者，著名的理论学家罗伯特·文丘里（Robert Venturi）[3] 严厉地斥责"正统现代主义建筑清教徒式的道德语言"[4]。与之相反，他主张建筑的"复杂性和矛盾性"，即宁要两者兼具，而不要非此即彼；宁要混杂的，而不要"纯粹"的元素；宁要总体上的混乱，而不要"一目了然"；宁要模棱两可，而不要"清楚明白"。[5]

在文丘里看来，所谓的现代主义，其实不过就是 20 世纪前半叶出现的一种形式受限的设计方法。虽然他也承认，勒·柯布西耶、阿尔瓦·阿尔托和路易斯·康这些现代主义建筑大师的一些作品确实非常有趣、值得称道，但是他却把这些人的作品视为现代主义的特例。引用罗伯特·格迪斯（Robert Geddes）的说法，他回避了现代主义建筑师的类推性思考，其中也包括上面提到的三位现代主义大师："现代主义者努力加强科学、技术同人文科学之间的关联（……）使建筑成为一种更加社会化的艺术。"[6] 与之相反，文丘里所提倡的是建筑的"自主性"（autonomy）以及传统，并且建议建筑师应该"专注于自己的本职工作，少关心其他的事情"[7]，这样才能更好地解决自己的问题。

那么，在文丘里看来，建筑师的工作到底是什么，我们从他对于自己喜爱实例的选择与讨论方式中，就可以很容易地看出来。类似于他的现代主义概念，文丘里所钟爱的建筑语言，无论是当代的还是历史作品（一般都是风格主义的作品，巴洛克或是洛可可风格），也包括他自己的作品，都属于形式与风格的建筑语言（图 13.1）。他曾勉强地承认"建筑必然是个复杂的矛盾体，其中包含了维特鲁威提出的传统的建筑三要素，即实用、坚固与美观。"[8] 但是此后，"实用性"（使用）很少再被提及，"坚固"（技术）根本就未作考虑。只有"美观"一项原则，继续占领着建筑的舞台。

在这股潮流中，文丘里并不是唯一一个以局限性的视角去看待建筑的人，他鼓励大家去玩弄形式。阿尔多·罗西（Aldo Rossi）[9] 关于城市类型的理论，实际上是将建筑的功能性排除在了思考范围之外，并且完全忽视了技术问题。利昂（Leon）和罗伯·克里尔（Rob Krier）[10] 对他们自己的一套常青建筑和城市设计理念大力宣扬，而这套理论是从欧洲学院派的传统中抽象概括出来的。而查尔斯·詹克斯（Charles Jencks）[11] 和罗杰·斯克鲁顿（Roger Scruton）[12]，虽然他们在处理方法上存在着差异，但却都是将注意力放在建筑的外观设计上。戴维·沃特金（David Watkin）[13] 和文丘里一样，指责现代主义者的说教，认为他们总是从其他东西的角度来思考建筑问题。以上的几位评论家都强烈要求建筑师要更加关心他们的美学传统。没有人会去关心建筑如何建造，怎样承重，以及应该如何应对气候条件，或是应该如何使用这些实际的问题。

我赞同文丘里抛弃纯粹性的观点并且欣然接受，正如我下文中将要表述的，非纯粹性

图 13.1　国家美术馆扩建项目，伦敦，文丘里 – 斯科特 – 布朗（Scott Bown）设计，1986 年。资料来源：© 作者

的，或是混合风格的建筑，才是对文化交流与异质性的有效表达。同时，我也认为建筑师确实应该要认真对待他们的传统。但是，对于那些针对传统的狭隘定义，我是无法认同的。另外，对于这些评论家们所得出的结论——只有建筑师将关注的焦点完全局限于建筑自身的时候，才能设计出更优秀的作品，特别是混合风格的建筑——的合理性我也持怀疑的态度。具有讽刺意义的是，尽管所有这些批评都是打着解放建筑的旗号，但是在很多方面，实际的效果却恰恰相反。过去的确已经被打开了，但却以关闭未来为代价。虽然美学的藩篱可能已经被打碎了，但是又有其他的限制取而代之，而建筑师的作用被局限得越来越窄，最终沦为外观装饰师的角色。

思维方式

现代主义运动具有多面性的特征，它既涉及最终的产品，同时也涉及生产的过程，单单从风格这一点上来评论是不公平的。对于传统和现代的含义，雷纳·班纳姆[14]比大多数评论家都有更加深入的见解，在他看来，传统就意味着："专家们当前实践和未来进步的基础，并不是不朽的安妮女王，而是各方面知识的储存（其中也包含科学知识）。"[15] 因此，即使是现代的建筑师，他们也有自己的"操作知识"，这就相当于建筑一种的"现代传统"。

而另一方面，技术不仅代表了一种新的产品，同时也是"借助于科学的工具进行探索的过程，是一种能够让现有的一切知识都随时变得毫无意义的潜在力量，所以，建立在技术基础上的概念也是如此，即便是'基础的'概念，例如住宅、城市、建筑等"[16]。

班纳姆的观点，与其说是对建筑形式的探讨，不如说是不同思维方式的对比。科学的怀疑性与探索作用，同现代主义的核心具有密切的关联。简而言之，所谓"现代"，就是要有一种与众不同的心态（attitude of mind），而不是偏爱什么样的形式或风格。但是，就像多数建筑师、现代主义者或是其他学者一样，班纳姆只是对科学家的工作方式构想了一个简单的概念，但却掩盖了更为复杂的事实。正如托马斯·库恩（Thomas Kuhn）[17]向我们解释的，并非所有的科学家都像大家所想象的那样，是攀登最尖端知识的无畏探险家。恰恰相反，科学家们也有他们自己所偏爱的知识传统，也有学习借鉴的先例，关于这一点，科学家和所有人都是一样的。大部分科研工作都是继续这些"范式"的研究，正如库恩所说的，只有某些"特别的科学"才会像班纳姆想象的那样，发挥着激进的作用。[18]如果说有什么区别的话，那就是科学史告诉我们的，在科学中既有"传统主义"（trads）也有"摩登派"（mods），而在建筑中也是一样，甚至在所有的领域中都是一样的。

因此，班纳姆为我们带来了一些新方法，去对传统和现代产生新的理解，但却还远远不够。我们已经从对比造型发展到了对比过程，但是班纳姆的解释仍然建立在相互对立的界限之内，这同现实是不相符的。下一步，我们必须要摒弃那些基本的思维习惯，因为那些既有的思维习惯总是让我们以对立的、分离的态度来看待我们的世界，而这种分离的态度不仅仅限于"传统与现代"这一对矛盾的概念。

互补的对立

正如菲杰弗·卡普拉（Fritjof Capra）在《物理之道》（Tao of Physics）[19]中所写到的，那些思维习惯在西方文化中是根深蒂固的，但在其他的文化体系中却并不存在。卡普拉将西方文化中的思维方式向前追溯到古希腊的原子论者，这是一群哲学家，他们认为原子是"物质中最小的、不可分割的单位"[20]。原子论者认为，自然界中各种各样的形式，以及我们所观察到的这些形式的变化，都是这些终极粒子结合或是分离的结果。而原子本身则被视为固定不变的。由此，就产生了关于宇宙组成的双重概念，一方面认为宇宙是由这种基本粒子组成的，而另一方面则认为，宇宙是由某种稍纵即逝的力量形成的，这种认识多与一些神秘现象联系在一起，同之前物质的概念是完全不同的。几个世纪之后，我们在勒内·笛卡儿（René Descartes）的身心二元论，以及艾萨克·牛顿（Isaac Newton）的力学世界中，都还可以找到这种将宇宙一分为二的思想踪影。在牛顿的力学世界里，凡是不能用严格的运动定律解释的现象，就统统被归为非理性的、难以言表的精神世界。

虽然 20 世纪的物理学发展，已经推翻了原子论者以及后来机械哲学的论点，但是他们对于自然和物质的思维方式却仍存在于我们的日常习惯当中，即以分离与对立的观念来看待世界，进而带来了越来越多的负面影响。其中最为严重的就是，西方人已经发展出了一种独立于自然的观点，将人类置于自然的对立面：这是一种傲慢而又自私的态度，甚至已经将地球带到了生态毁灭的边缘。

卡普拉将这种还原论（reductionist）的观点同东方的世界观进行了对比，而后者主要体现在东方的哲学与宗教体系当中，包括印度教、佛教、道教以及禅宗：

> 东方世界观最重要的特征——甚至可以说是它的本质——就是对世间万物的统一性和关联性的认识，它将世界上所有的现象都视为一种基本统一性的表现。所有的事物都被视为宇宙整体中相互依存不可分割的一部分；它们只是同一个终极现实的不同表现形式。在东方的传统文化中，不断提及这个终极的、不可分割的现实，它会显现于万物之中，而世间所有的一切都是它的组成部分。在印度教中它被称为"婆罗门"（Brahman），在佛教中它被称作"佛性"（Dharmakaya），而在道教中则被称为"道"（Tao）。因为它超越了所有的概念和分类，也有佛教徒将其称为"真如"（Tathata），或是"本性"（Suchness）等（……）在日常生活中，我们并没有意识到万物皆是一体，而是将世界划分为一个个孤立的物质和事件。当然，这样的划分对于处理日常环境事务来说是有用的，而且也是必要的，但它却并不是现实的基本特征。它是由我们的辨识能力和分类能力抽象而成的。*相信我们自己对于孤立的事物和事件的抽象概念就代表了自然的现实状况，这是一种错误的认识* [本书作者强调]。[21]

好与坏、美与丑、胜负输赢等等，这些在西方人的概念中都是相互孤立的，而且是对立的，但是在东方人的概念中，却将这些解读为同一现实的两极。没有美就没有丑，没有失败就也无所谓胜利。每一个概念的意义，都是由其对立面的概念来定义的，二者之间互为补充。要在好与坏、美与丑之间迅速地进行取舍，这对西方人来说通常是非常困难的，但是东方人却能够认识到，一个人永远都不可能只选择其中的一个，而撇下另外一个，因此就要在两者之间寻求一种动态的平衡。

东西方的相遇

卡普拉之所以要描述东方的世界观，其目的就在于要使人们注意到，东方的世界观同当代物理学以及量子理论的基本概念之间，存在着很多的相似之处，并且指出，像尼尔斯·玻

图 13.2 丹麦物理学家尼尔斯·玻尔的盾徽。玻尔，量子理论的先驱，于 1947 年被授予骑士爵位。他在设计盾徽的时候选择了中国的太极符号。这一符号中蕴含了雌雄两极的原型，阴和阳，两个首尾相连互为镜像的图形构成了一个完整的圆，或者说，构成了一个完整的统一体。上面刻印的文字是："相反相成"（Opposites are complementary）。资料来源：丹麦皇家骑士爵位勋章

尔（Niels Bohr）这样富有开拓性的物理学家也发现了类似的概念，即在自然界中存在着一种潜在的、动态的统一，以及对立而又互补的功能。尽管卡普拉对这些科学家的发现进行了称赞，但他还是指出，西方哲学仍然受到经典物理学还原论者的限制，因此当代物理学家的新观点缺乏足够的哲学基础。卡普拉注意到，丹麦物理学家玻尔在自己的盾徽中采用了中国的"太极"符号（图 13.2），于是他建议物理学家应该将目光转向东方，去寻求一种兼容的、统一的哲学。

尽管卡普拉对于西方思想的评价基本上是正确的，但还是有一些明显的例外。除了卡普拉从现代物理学和东方世界观之间发现了相似之处以外，在西方其他发达的知识领域，也发现了类似的相似之处。例如，路德维希·冯·贝塔朗菲（Ludwig von Bertalanffy）[22] 创建了"通用系统理论"（general systems theory），跨越常规孤立的学科与概念，塑造了一个具有普遍性的整体框架，正如它的名字所暗示的那样。同时，他还关注现象之间相互依存的关系，无论这些现象属于人类还是自然系统，抑或是既属于人类又属于自然系统。还有一些生态学家，例如詹姆斯·洛夫洛克（James Lovelock）[23]，他提出了关于行星生态学的盖亚力理论（Gaia theory），也同样是运用了整体思维的方式，对于人类、机器和自然之间的关系有着非常重要的意义。在心理学领域，乔治·凯利（George Kelly）提出的"个人构念理论"（personal construct theory）[24]，同样强调了心理构念具有两极性的本质，并将构念定义为一个连续的维度，是在相互关联的对立面之间进行区分的过程。此外，还有西方哲学中的相对论派，他们也对科学、语言以及其他领域的解释产生了影响[25]，最终可能会有助于填补卡普拉所强调的哲学空白。虽然这些理论以及陆续出现的其他方法，尚未完全扭转造成我们分裂世界的根深蒂固的思维方式，但是它们的出现暗示着，西方思想正在酝酿着朝向东方思想的一个巨大的转变。

永恒的现代性

基于西方思想中出现的这些新方法，沿着卡普拉的例子，我们极有可能对现代和传统作出另一种解释，强调二者之间互补的关系，以及更加模糊的特性。还有一点同样重要，尽管我们倾向于认为现代性是属于我们这个时代的特征，但如果将现代性理解为一种心态，

那么在历史的建筑范例当中，我们也都可以找到现代的特性，至少在过去的 400 年间是这样的。

土耳其建筑师锡南·伊本·阿卜杜勒迈南（Sinan ibn Abdulmennan）[26] 的作品，就是我所说的"永恒的现代性"一个很好的证明。锡南是 16 世纪一位著名的建筑师，同时也是一位工程师，他有很多的作品。正因为他是一个历史人物，所以建筑师们就会不经思索地把他的作品视为属于过去的——更确切地说，是属于奥斯曼帝国时代的——因此，属于土耳其建筑中的一个特定的传统。但这是当代的视角，如果身处于锡南所生活的时代再来分析他的作品，那么我们就会发现，在他的作品中表现出了非常明显的现代精神。

首先，锡南是一位最伟大的创新者。时至今日，他设计的大圆顶清真寺一直被视为奥斯曼古典建筑巅峰之作的代表，而在当时的年代，这样的设计是非常具有原创性的。之所以说这样的设计是原创的，并非因为它是凭空冒出来的，而是因为同所有伟大的创新者一样，锡南从一些现有的、但本来无关的概念中创造出了某种新的东西。他从西方世界学习到了后罗马时代的穹顶空间。他又从东方传统的伊斯兰清真寺建筑中吸收到了内角拱的圆顶以及直线形的平面。经过自己的理解，锡南最终设计出来的结果既不同于东方的传统，也不同于西方的传统，它具有地方性的同时又具有普遍意义。正如多甘·库班（Dogan Kuban）[27] 所解释的，圆顶的圣索菲亚大教堂（图 13.3）被锡南视为蓝本来效仿——而他实际上做的是他的苏莱曼清真寺——圆顶的部分可以用其他的方式来建造。同所有集中式的基督教教堂一样，圣索菲亚大教堂的设计是由平面开始构思的，因此，是以一种"形式的"概念为起点的。整个

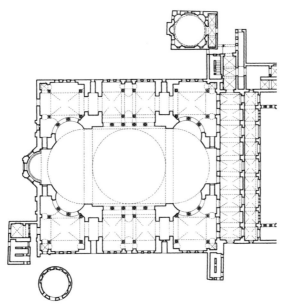

图 13.3　圣索菲亚大教堂平面图，伊斯坦布尔。资料来源：H·施蒂林（Stierlin, H.），1979 年

图 13.4　苏莱曼清真寺，伊斯坦布尔，锡南·伊本·阿卜杜勒迈南（Sinan ibn Abdulmennan）设计，1551—1557 年。资料来源：© 阿拉·居莱尔（Ara Guler）/ 马格南（Magnum）

教堂平面为长方形，中殿和侧廊主要以水平方向布局，与中央穹顶之下垂直向的空间相成对比。苏莱曼清真寺（图 13.4，图 13.5）的做法则恰恰相反，同锡南设计的所有清真寺建筑一样，设计思路是由上至下进行的，建筑室内空间的品质以及外观造型，全部都是由穹顶、华盖，以及周围的半圆形穹顶所决定的。建筑的主要轴线毫无疑问是垂直方向的，集中式的室内空间代表了统一的整体，象征着奥斯曼帝国文化中的宗教与政治："天堂（heaven-dome）与苏丹（sultan-dome）"。[28]

　　采用自上而下的方式来设计一栋建筑，说明这是一种从结构出发的设计方法，而不是从形式出发的设计方法，因此，锡南的建筑不仅重视风格，同时也重视设计的过程。

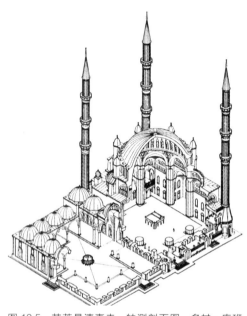

图 13.5　苏莱曼清真寺。轴测剖面图，多甘·库班（Dogan Kuban）绘制。资料来源：M·阿里克（Arik, M.），1985 年

中央穹顶的尺寸和华盖的几何形造型，决定了周围半圆形穹顶以及围护体的形式和尺寸。屋顶和周围的围护结构，连同其他的流动空间与扶壁，共同构成了整体的结构系统。锡南在工程技巧方面的造诣并不逊于他在建筑方面的成就，所以他能够设计出这样的作品绝非巧合："最伟大的工程师，是当代的欧几里得（Euclid，伟大的古希腊数学家）"[29]，和他同时代的人们都是这样评价他的。

在整个职业生涯中，锡南一直都在探寻新的结构和空间方案，不断突破现有的工程知识和技术的局限，随时掌握着他那个时代最新的生产方法。[30] 他从历史的范例和实践中不断学习，"就像是生活在实验室里一样。"[31] 我们将锡南的作品和比较近期的建筑作品相比，可以发现二者之间存在着很多明显的相似之处。锡南所设计的连续拱和支撑构件就如同建筑物的骨骼一般，这就像是现代的钢筋混凝土结构，而他致力于"设计出一种结构系统，其自身就是一种美学的构成"，也同 20 世纪早期的"纯粹主义建筑概念"不谋而合。[32]

如果我们用这种方式来描述 19 世纪或 20 世纪的建筑作品，我们可能会将其称为"结构理性主义"（structural rationalism）。在锡南的早期作品和现代主义运动先驱们的建筑作品之间，我并未发现什么明显的区别，这些先驱者们相信，"假如在新结构的严格应用当中寻找新的形式，那么建筑就只能以新的形式来武装自己。"[33] 而且更重要的是，在锡南的所有作品中，他所使用的方法都是一种探索性的思维方法，而这种方法也正是现代科学与技术的特征。此外，尽管锡南在最开始的时候被定义为纯粹主义者，但是这样的描述只适用于他早期的作品。在后来的"反古典"时期，锡南常常会改变他整体的设计方法，将所有的圆顶结构都置于高高的棱柱形围护结构之上，这样的围护结构不再能直接而全面地表现出建筑的内部结构或空间形态，但却能更好地适应周围拥挤的城市环境。[34] 尽管发生了一些改变，但是锡南的尝试从未退化到纯粹的形式主义，他一直都将外部的环境变化同新的空间和结构发展联系在一起。通过这些后来的建筑作品，我们可以看出，锡南会像对待历史先例一样对待自己之前的作品，而不会只是将其视为一些死板的形式素材库，在需要的时候就对它们进行重新排布。与之相反，他将自己过去的作品，视为更进一步创新的自然跳板。

绿色机器

即使是在我们这个时代，诺曼·福斯特团队的作品也算得上是很好的榜样，向我们展示了在同一栋建筑物中，传统和现代是如何做到和谐统一的。值得注意的是，福斯特一直坚持，他对于新技术的运用，同历史上富有创新性的建筑师相比，在精神上并没有什么区别。福斯特明确地指出了历史范例的重要性，并且反复强调——但还是常常被忽视——说明他随时准备着从过去的模式中学习他需要的知识，并随时准备着去全力打造未来。[35]

福斯特拥有在相反的主题之间创造平衡的特殊才能，关于这一点，在他的早期作品中就可以窥见一斑，而他和他的设计团队在设计中运用现代的材料和先进的技术，却创造出历史的空间模式，更是将这种才能表现得淋漓尽致——在他们所有的作品中都始终坚持着一致性的策略。他所设计的位于英国伊普斯威奇（Ipswich）的威利斯·费伯和杜马斯总部建筑（Willis Faber and Dumas HQ，简称 WFD）（图 13.6），正如班纳姆所描述的，他对"两种截然不同的（有些人甚至认为是完全相反的）建筑方法进行了非凡的融合，一种是理想的方法，而另一种是现实习惯的方法"[36]。一方面，纯净的玻璃建筑，象征着"用理性的纯洁之光照亮地方主义的黑暗角落"[37]；而另一方面，别致的曲线形外轮廓线顺从这座城市的既有格局，并映射出城市的各异景象。

与后现代设计师只是单纯地关注于表面形式不同，对福斯特来说，比这些具体的形式和空间特性更重要的因素，是实验性的思维方式，它不仅可以调和相互对立的美学传统，更是造就了福斯特团队通过设计去触及社会层面的方法。为了改善社会关系，提高工作场所的品质，福斯特团队进行了一系列的实验，而 WFD 项目不过是其中的一例。在充斥着层级对立的英国社会，这样的设计就意味着让公司的经理和工人们，都从他们之前相互分离的各自小空间中走出来，共享工作空间和宜人的环境，包含食堂和娱乐设施等；在 WFD 项目中，首层设有游泳池，屋顶设有花园（图 13.7）。

在福斯特后期的作品中，同样可以看出对于互补性主题的掌控。与著名的中国香港汇丰银行总部大楼一样，位于日本东京的世纪大厦（图 13.8），是他为太平洋世纪集团（Pacific Century）设计的一栋优秀的建筑作品。由此，福斯特创造出了日本建筑师迄今为止也未能超越的成就：以一栋现代化高层建筑的结构表现主义形式，对日本的传统作出了一个令人信服的诠释。相比之下，位于斯坦斯特德（Stansted）的伦敦第三国际机场的设计（图 13.9），则标志着向更冷静、更经济的方式回归。然而，不管是功能性还是经济性，无论单从哪个方面解释，都不足以说明这栋建筑巨大的影响力。设计师有意地捕捉到了空中旅行的诗意与戏剧性，就像是维多利亚时代的工程师们捕捉到了铁路旅行的精髓一样。这项设计还采用了一些民众的建议，规则网格排列的"树"和轻质的圆顶，这些都属于古老的建筑秩序，全部都安装在一个独立的服务平台上。总而言之，斯坦斯特德航站大厦就是一座超级高效的机器，但它是一座与新时代保持同步的"绿色机器"，其设计是依循自然的高效能原则进行的；同时它也是一座国家的大门，带着些许罗马时代历史的印记，矗立在地景中，仿佛一座巨大的飞行神殿。[38]

为了创造出属于自己的建筑，我们看到很多其他的建筑师都在自己的作品中增加了越来越多的先进技术，其中的一些人，比如说迈克尔·霍普金斯（Michael Hopkins），曾在其职业生涯的早期同福斯特合作，成为了经验现代主义（experimental modernists）

图 13.6　威利斯·费伯和杜马斯总部项目，诺维奇，福斯特事务所设计，1975 年。资料来源：© 肯·柯克伍德（Ken Kirkwood）

图 13.7　威利斯·费伯和杜马斯总部项目。顶层景观，中央设有中庭，四周环绕着屋顶花园。资料来源：© 蒂姆·斯推特－波特（Tim Street-Porter）

图 13.8　世纪大厦，东京，福斯特事务所设计，1987 年。资料来源：© 林保贤（Ian Lambot）

图 13.9 伦敦斯坦斯特德机场，福斯特事务所设计，1991 年。主航站楼内部景观。资料来源：© 丹尼斯·吉尔伯特（Dennis Gilbert）/VIEW 图片社

英国学派的代表。在他所设计的罗德板球场看台项目中（图 13.10），霍普金斯将由钢材和张拉膜组成的优雅、轻质的上层结构，同由砖石和铁构成的厚重的维多利亚式现有基础结构结合在一起，使两者之间形成互补的效果。作为欧洲运动的领军人物，伦佐·皮亚诺（Renzo Piano）也向世人展示了类似的技巧，在意大利和其他一些地方的城市改造项目中，将先进的技术融入历史背景当中，并且表现出他对自然元素日益敏感的反应。在更远一些的地方同样有类似的例子，比如说，位于休斯敦的梅尼尔收藏博物馆（图 13.11），它的室内空间之所以会在功能上和美学上均获得如此的成功，完全要归功于设计师皮亚诺对顶部自然采光的巧妙处理，使自然光线通过顶部经过雕琢的导向板之后，得到了柔和的过滤。[39] 在日本关西国际机场项目（图 13.12）中，皮亚诺的参赛作品成功地战胜了福斯特的设计，向人们证明了即使是最现代的建筑，也同样可以与自然环境和谐共处，而这通常是与现代主义的原则和技术相悖的。候机楼符合空气动力学的剖面完全是依照着自然的力塑造而成的，表现出流动的空气从机场的陆侧（landside）吹向空侧（airside）的动态

图 13.10　罗德板球场看台，伦敦，霍普金斯建筑师团队设计，1998 年。资料来源：© 戴维·鲍尔（David Bower）

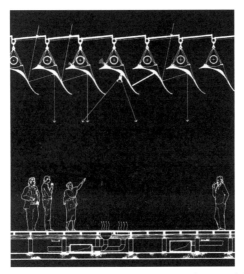

图 13.11　梅尼尔收藏博物馆，休斯敦，伦佐·皮亚诺工作室设计，1984 年。展示空间以及采光屋顶的局部剖面图。
资料来源：© 皮亚诺与菲茨杰拉德（Fitzgerald）- 伦佐·皮亚诺基金会

图 13.12　日本关西国际机场候机楼，大阪，伦佐·皮亚诺工作室设计，1994 年。剖面图。资料来源：© 伦佐·皮亚诺基金会

效果。在候机楼的纵深方向，贯穿布置着一座室内花园，进一步对主题进行了强化。在谈到关西国际机场项目时，皮亚诺设计团队自信地宣称，他们的设计"有可能会是 20 世纪末最优秀的设计，在这项设计中，技术与自然、机器与人类、未来与传统之间，都形成了一种成熟、而又是全新的平衡。"[40]

另一种不确定性

文丘里也曾公开表示过对于互补性元素的偏爱："我宁要两者兼具，而不要非此即彼；宁要混杂的灰色，而不要非黑即白。"[41] 同时，他还很欣赏建筑中与"张力"相关的品质，认为张力来自受控，以及有目的的不确定性。尽管文丘里也提及了其他的要素，但我们一直以来都很清楚，他所指的不确定性纯粹是视觉上的不确定性，而这种不确定性是由他最喜爱的风格派、巴洛克和洛可可的建筑师所创造的。

然而，还有另外一种不确定性。它不是源自对形式狭隘关注而产生的表面张力，而是夹杂于传统与现代之间的本质张力，这种本质的张力过去一直存在于传统与现代的所有互

补面中，将来也将一直存在下去。[42] 过去、现在和未来，在人类无休止的给予和索取过程中所产生的社会、文化和环境问题，单靠大部分后现代建筑的那种封闭意识，是不大可能解决的。尽管现代主义建筑确实存在种种缺陷，但是它们的产生却是源于一种开放的信念，承认实验的必要性，并借助于实验，充分利用当代的知识，不管它们源自何处。在其盛期，这是一次深刻的解放运动。正统现代主义者的错误之处，不仅在于他们对于标准形式柏拉图式的选择，还在于他们对现代科学与技术狭隘的解释，并以此证明他们一直以来的美学标准，而这样的标准是有偏颇的。真正的现代科学与技术，同大多数建筑师头脑中根深蒂固的神话概念是不一样的，它更能对复杂的人类生活现状作出敏感的反应，而且，它还是非常有趣的，要比任何一个正统的现代主义者或是后现代主义者所梦想的还要有趣得多。只有在这样的知识和其他文化交流的熏陶之下，未来才会出现更加富有价值的混合式建筑，单靠对建筑形式进行内部训练是没有用的。

　　由此，就引出了一个有趣的问题。在《心的概念》(The Concept of Mind) 这本书中，作者吉尔伯特·赖尔 (Gilbert Ryle)[43] 指出，在西方思想中长久以来占领统治地位的精神–身体二元论，其实是一种 "范畴错误"。转变一下看问题的方式，二元论就会逐渐消失，你就会发现在思想和行为之间存在着一种一致性。后现代主义的意义，主要在于描述相较于现代主义的一段时间。这就是 "后"(post) 这个词的含义："继……而来"(coming after)。但是，如果我们将传统和现代，视为同一个永无止境的文化进程的两端，那么后现代主义者的思想又会发生怎样的变化呢？这种思想是否毫无意义？或者说，它只是又一个范畴错误，在永恒的现代性面前，是否很快就会烟消云散呢？

注释

1　Abel, C. (1991b). 'The essential tension'. *Architecture and Urbanism*, No. 250, July, pp. 28–47.

2　*特别是其中的数寄屋（茶室）风格；常被描述为日本建筑的经典传统，例如桂离宫。相关内容参见第 5 章。*

3　Venturi, R. (1966). *Complexity and Contradiction in Architecture.* The Museum of Modern Art, New York.

4　Venturi, R. (1966), p. 22.

5　Venturi, R. (1966), p. 22.

6　Geddes, R. L., quoted in Venturi, R. (1966), p. 20.

7　Venturi, R. (1966), p. 20.

8　Venturi, R. (1966), p. 22.

9　Rossi, A. (1982). *The Architecture of the City.* The MIT Press, Cambridge, MA.

10　Krier, L. (1978). 'Urban transformations'. *Architectural Design*, Vol. XLVIII, April, pp. 218–221. Krier, R. (1979). *Urban Space.* Rizzoli, New York.

11　Jencks, C.（1977）. *The Language of Post-Modern Architecture*. Wiley Academy, London.

12　Scruton, R.（1979）. *The Aesthetics of Architecture*. Princeton University Press, Princeton.

13　Watkin, D.（1977）. *Morality and Architecture*. Clarendon Press, Oxford.

14　Banham, R.（1981）. *Design by Choice*. Academy Editions, London.

15　引自 P. Sparke's introduction to Banham, R.（1981）, p. 48.

16　引自 P. Sparke's introduction to Banham, R.（1981）, p. 48.

17　Kuhn, T. S.（1962）. *The Structure of Scientific Revolutions*. University of Chicago Press, Chicago.

18　关于范式意义的解释，可参见第 14 章。

19　Capra, F.（1975）. *The Tao of Physics*. Fontana/Collins, London.

20　Capra, F.（1975）, p. 20.

21　Capra, F.（1975）, pp. 133–134.

22　Bertalanffy, L. von（1968）. *General System Theory：Foundations, Development, Applications*. George Braziller, New York.

23　Lovelock, J.（1979）. *Gaia*. Oxford University Press, Oxford.

24　Kelly, G.（1963）. *A Theory of Personality：The Psychology of Personal Constructs*. W. W. Norton, New York.

25　参见第 3 章和第 10 章。

26　Kuran, A.（1987）. *Sinan*. Institute of Turkish Studies/ADA Press Publishers, Ankara.

27　Kuban, D.（1987）. 'The style of Sinan's domed structures'. *Muqarnas*, Vol. 4, pp. 72–97.

28　Kuban, D.（1987）, p. 74.

29　Kuban, D.（1987）, p. 93.

30　Arik, M. O.（1985）. *Turkish Art and Architecture*. 土耳其历史学会出版社，安卡拉（Ankara）。

31　Arik, M. O.（1985）, p. 153.

32　Arik, M. O.（1985）, p. 152.

33　Violett le Duc, quoted in Collins, P.（1965）. *Changing Ideals in Modern Architecture*. Faber & Faber, London, p. 214.

34　Erzen, J.（1989）. 'Sinan as anti-classicist'. *Muqarnas*, Vol. 5, pp. 70–85.

35　Lambot, I, ed.（1989）. *Norman Foster*, Vols 2 and 3. Watermark, Chiddingfold.

36　Banham, R.（1981）, p. 80.

37　Banham, R.（1981）, p. 80.

38　有关福斯特实践的概述，可参考 Abel, C.（1988b）. 'Modern architecture in the Second Machine Age'. *Architecture and Urbanism*, May, pp. 11–22.

39　Piano, R.（1989）. *Renzo Piano*. Rizzoli, New York.

40　Piano, R.（1989）, p. 224.

41　Venturi, R.（1966）, p. 23.

42　参见第 14 章和第 17 章。

43　Ryle, G.（1949）. *The Concept of Mind*. Barnes & Noble, London.

第 14 章 传统，创新和连环式的解决方案

本篇论文首次提交于"传统环境研究国际学会第四次会议"，突尼斯，1994 年 12 月 17—20 日。首次发表于本书第一版，1997 年

在过去的四分之一个世纪（指 20 世纪——译者注）中，在建筑思想领域取得的最富成效的发展之一，就是人们对传统与创新之间关系的看法发生了改变，并且逐渐认识到二者之间存在着相互依存的关系。在现有的、但之前互不相干的概念之间建立联系，现在已经被理解为创造过程的一部分，就如同自由、生动的想象一般。[1]借用莎士比亚的一句名言，"物有其本，事有其源"（Nothing can come of nothing）[2]，对新思想来说，传统既是其潜在的启动平台，同时也是潜在的阻碍。因此，我们当前的任务就是更好地理解二者之间相反相成的关系，以及二者之间互为补充，相互融合，相互激发或是阻碍的方式。

范式的含义

文化人类学家巴奈特（H. G. Barnett），在他的经典著作《创新：文化变革的基础》（Innovation : the Basis for Cultural Change）[3]一书中写道，人类的创新是一种渐进式的变革过程，它不同于自然的进化，在创新的过程中，传统扮演着不可或缺的重要角色：

> 所有的创新都有其成因。所有的创新都源于其他的因素。所以，我们可以将每一次创新都视为根据其他的事物而进行的一次细化，尽管可能也会有所例外（……）当我们把一个事物定义为创新的时候，从本质上讲它应该是一个新生事物，而新生事物的评判标准，其重点应该在于"重组"，而不在于数量的改变。创新不是通过局部增减而发生的。只有在进行重组的时候，才会出现创新 [本书作者强调]。[4]

后来的一些作家也对创新的概念提出了同样细致入微的见解，其中托马斯·库恩（Thomas Kuhn）和乔治·库布勒（George Kubler）是其中最杰出的两个代表。前者是一位大家都很熟悉的作家，他的著作《科学革命的结构》（The Structure of Scientific Revolutions）几乎家喻户晓。[5]但是后者，他所编写的高度原创性著作《时间的形状》（The Shape of Time）[6]，却还未引起建筑师们足够的重视。库布勒之前曾经撰写过关于

新墨西哥宗教建筑历史的文章[7]，他还曾以历史学家的身份，在《时代周刊》上发表过关于艺术与人工制品的论文，而对其早期的历史只有一些简短的介绍。上述两位作家，他们都非常关注于传统、创新和改变的深层内涵，以及它们之间的相互关系。尽管相对来说，科恩的作品可能更广为人知，但是他所提出的范式的重要概念，以及对传统和创新内涵的理解，仍然尚未获得广泛的认知。因此，我们有必要重申，库恩所谓的"范式"到底是什么意思，他使用这个术语的用意为何，想要吸引我们注意到什么呢？

其实，库恩本人对这个概念的解释也是相当模糊的。在他的一篇论文"范式的本质"（The nature of a paradigm）种，玛格利特·马斯特曼（Margaret Masterman）[8]发现，对这个术语的不同用法竟然多达 21 种。根据主题的不同，她将这些用法划分为三大类，或者也可以说是同一观点的三个方面，从意义的层次上讲，每一个都与其他的两个相互关联，从最抽象的层面一直到最具体的层面。因此，在最高层面上，库恩将"范式"的概念，等同于"一套信仰"、"一个神话"、"一种形而上学的推测"、"一种新的观察方法"，或是"一种控制感知的组织原则"。在第二个层面上，范式被定义为"一种公认的科学成就"、"一套政治制度"，或是"一个获得认可的司法决断"。最后，在最具体的层面上，库恩用这个词来代表实际的"工作"或是相关的"工具"，一种"类推"或是"格式塔图形"等。[9]

马斯特曼对这些不同的用法分别命名为"哲学范式"（metaphysical paradigms）、"社会学范式"（sociological paradigms），以及"制造或构造范式"（artifact or construct paradigms）。[10]她进一步指出，科学的哲学家们所关注的重点全都锁定在哲学范式中，所以他们对于社会学范式与制造范式的重要性普遍没有充分的认识，尤其是最后一种范式，在这种情况下，所谓成熟正确的理论其实是并不存在的。在库恩之前，所有的哲学家，无论分属于哪一种思想流派，都只会关心那些会对成熟理论的使用和可行性造成影响的科学标准。因此，卡尔·波普尔（Karl Popper）[11]所关注的是一些客观条件，在这些条件下，即使是成熟的理论也有可能被证伪，而保罗·费耶阿本德（Paul Feyerabend）[12]则更关注于评估矛盾理论所涉及的相对论问题，每一种理论都对现实提出了特殊的要求。然而，无论是客观主义者还是相对主义者，他们都认为科学家的工作具有清晰明确的目标，而这些目标都根植于被广泛接受的，并且可以被验证的理论基础之上。

相比之下，马斯特曼认为库恩对科学理解的特殊贡献在于，他是第一个首先去关注科学家工作的情况，而后再去关注可接受的、成熟理论的历史学家与哲学家。根据库恩的说法，"常态性科学"的实践同革命性科学是不同的，它并不太需要依靠理论作为实践的基础，相反，它更需要的是被广泛接受的、具体的科学成果，而这些成果一般都是以关键实验的形式表现的，它为科学家的工作提供了持续的灵感源泉，同时也是解决问题的工具，以及另一种工作习惯。同样的模型也为个人的解释提供了足够的发展空间，鼓励脱离标准化的制约，进行创新的实践。因此，对库恩来说，正如马斯特曼所解释的，所谓范式，并不是像过去大多数人所理解的那样，是一种维持科学现状的方法，相反，它是一种取代了可接受理论的操作：

> 在真正的科学中，处于核心位置的应该是具体的科学成果，而不是一种抽象的理论。库恩，不同于其他的科学哲学家，他给自己这样一种定位：第一次以专业的科学哲学（philosophy-of-science）的立场，来驱散那些困扰着科学家工作的问题，"我怎么能使用一种根本就不存在的理论呢？"[13]

专业基质

在随后的著作[14]中，库恩采用了"专业基质"（disciplinary matrix）这个术语，来概括之前用制造或建造范式来描述的很多元素。他认为，模型与范例对于理解科学发展的实用本质是非常重要的。在将符号的普遍性同具体的状况相互匹配的过程中，库恩惊奇地发现了一个问题："是否没有其他可以替代的方法，可以让科学家将他们的符号表达同自然联系在一起。"[15] 他总结道，答案并不在于任何明确的对应法则（correspondence rules），这些法则对科学家来说一般都很难明确地表述，而且在教科书中也鲜少出现，真正的方法就是将一个问题的解决方案作为模型，并套用在另一个问题上：

> 我认为，我们习得了一种能力，一种能够在明显不同的问题之间发现相似性的能力，这种能力在科学领域有相当重要的作用，而这主要应该归功于对应法则。一旦我们发现一个新的问题，它同之前已经解决过的问题有相似之处，那么自然就会出现一种适当的形式，以及将象征性的结果附加进去的新方法。[16]

关于模型，库恩进一步解释道："模型为人们带来了他们所偏爱的类推法，或者也可以这样说，当我们深入研究模型的时候，模型就为人们提供了一种本体论（ontology）"[17]（本体论，对自然存在的研究，属于形而上学理论的分支——译者注）。因此，在探查那些鲜为人知的现象时，模型发挥着重要的启发作用。例如，观察气体的运动状态，将其视为很多微小的撞球在随机运动。反过来，所谓范例就是"具体问题的解决方案，它被大众所接受，从普遍意义上来说，是一种公认的、示范性的解决方案。"[18] 库恩认为，年轻的科学家们通过学习一些重要的范例，而被引领进入专业领域，这些关键的范例就限定了问题的界限以及具体的解决方案。库恩解释说，"获得大量的范例"[19] 是十分必要的，它不仅是我们接触到现有概念和实践的唯一途径（如果没有足够的范例，我们就无法接触到这些概念和实践），而且还是我们通过类推解决新问题的媒介。当遇到一个新问题的时候，无论是年轻的还是成熟的科学家，都会像一个孩子遇到陌生人一样，尝试将尚未解决的问题转换为一个自己熟悉的概念，直至找到正确的解决方法。

转换为一种新的理论，即使最终这种新的理论真的出现了，也不会减少人们对于范例的依赖。在科学研究的过程中，从一种思维方式到另一种思维方式的转变，人们可能会对主流的范式逐渐丧失信心——通常是由于无法解决的异常问题不断积累造成的——同时也会受到外部理论创新的影响。人们在无奈之下不得不放弃旧的范式并转向新的范式，虽然这些新的范式最初看起来比较模糊，但却能提供更令人满意的结果。这两个阶段汇集在一起才构成了范式的转变，缺一不可。通常，新的范式会保留旧范式中大部分有用的内容，但是会将其置于更广泛、更具包容性的框架之中。而且，接受一种新的理论，一般都会受到一些限制，不可能提供所有问题的答案。伴随着每一种新理论的出现，都会产生一系列新的问题，同现有的知识体系之间存在一些空白，一般都可以通过参考已知的范例来进行填补。因此，理论可以出现也可以被推翻，但是科学进步所依赖的基本方法却是基本相同的。

动态模型

对库布勒来说，具体的人工制品也可以发挥范例的作用，它们的身上同样承载着传统与创新的种子，这种观点同库恩是一样的。库布勒认为，传统的艺术史方法建立在按风格分类的体系基础之上，从本质上讲属于一种静态的描述，因此无法对艺术形式的变化作出明确的解释。另外，人们发现生物学模型也同样存在着缺陷，因为它们虽然假设生物突变是一个进化的过程，但却无法解释偶发的、根本性的创新，这种创新是人类所特有的，同自然的进化过程完全不同；另一方面，传记式的方式将根本性的创新视为个人天赋的自主产物，脱离于大环境而独立存在，也没有对大环境作出回应，因此，这种方法也无法对社会和文化因素的发展作出合理的解释。

基于这样的思考，库布勒提出了一种动态的模型，该模型将所有的艺术对象都定位为一系列类似的人工制品——"连环式的解决方案"（linked solutions）——其产生是为了应对当前主流文化和社会环境的类似问题。[20] 受到人类学和其他学科的启发，库布勒的模型所强调的是全人类，而非个体的人。因此，每一件艺术品都有其先例，也有其衍生出来的后代。所有的人工制品，都是由早期的人工制品复制或改变而来的；个体的意义仅仅在于一件人工制品在相关艺术对象时间序列中所处的位置。达西·汤普森（D'Arcy Thompson）[21] 提出的拓扑学是针对物种变化而开展的研究，库布勒对这门学科进行了预测，并描述了一种改变形式的拓扑结构，每一次变化都会引起更多的变化，于是和原型的差异也就越来越大。而且，在变化的序列当中，任何一种形式都是单个艺术家的能力所不能及的：“某个人，偶然出生于某个合适的年代，作出了非凡的贡献，可能一般人终其一生也比不上他的成就，但是单凭他个人的力量，还是无法推动整个艺术传统。”[22]

　　根据库布勒的说法，改变可以表现为各种不同的方式。大多数情况下，改变是在原有的基础上进行简单的修改。其他情况下，改变可能会涉及创造性的革新，从而引发对先例更为彻底的背离。借用信息理论的术语，库布勒使用"漂移"（drift）、"噪音"（noise）或是"干扰"（interference）等概念，来解释各种不同的元素，是如何阻碍以前的模型进行精确复制的。有目的的改变，或是发明，也同样有不同的形式：

　　　　有一类很常见的发明，其中包含了由之前互不相关的知识体相互交叉或碰撞而产生的所有发现（……）无论这种交叉碰撞所导致的结果是原则的扩展，还是新的解释原理的形成，它们全都是由观察者所接收到的各种元素之间的对抗而产生的 [本书作者强调]。[23]

　　相比之下，库布勒解释说，还有比较少见的，激进式的创新，几乎对先例进行了全盘的否定，在新与旧之间存在着颠覆性的对抗。对于这个论点，库布勒引用了另外一些实例进行说明：在 16 世纪，西班牙殖民者引进新的方法，来取代墨西哥本土的建筑传统。这些殖民者训练印第安劳工学习使用新的工具和技术，来重建殖民者喜爱的建筑形式。库布勒写道，这种做法的结果，就是"所有从被征服前的生活中幸存下来的，有关印第安民族的需求和问题，都被驱赶到了地下，或是完全消失灭迹了"[24]。

　　库布勒还根据被引入序列的方式差异，对不同的艺术对象进行了描述。因此，"基本对象"（prime objects）是激进式创新的产物，正如它们的名字所暗示的，在一系列后续发展过程中具有重要的意义。另一方面，是比较常见的"复制"，同原型相比只有细微的变化，它们有可能是受到"干扰"的结果，也有可能是现有解决方案之间的交流所导致的适度变化。此外，库布勒还观察到，在一段历史时期内，基本对象的数量减少，有利于更多复制品的产生。

连续性和不连续性

　　库布勒的理论自发表以来，就遇到了相当大的阻力，同时也得到了很多的支持以及建设性的意见。其中乔伊斯·布罗斯基（Joyce Brodsky）[25]，在保留库布勒理论基本精神与关键思想的前提下，对其进行了重要的修正。

　　根据布罗斯基的说法，库布勒强调颠覆性的发明甚于变异，凸显基本对象的本质属性，这些做法都削弱了"连环式解决方案"思想中基本的连续性。她认为，这样的做法可能产生更为严重的后果，它或许会使整个模式倒退回到传统的传记模式，强调个人天赋，将个人的成就孤立于一般历史潮流之外，并与之相互对抗。她指出，创新并不应该是这样的："所谓创新者，应该是最接近于*揭示一种模式的人* [本书作者强调]，而不是去创造出一种新模式的人。"[26]因此，布罗斯基用"连续性和不连续性"取代了库布勒理论中"传统与创新"这一对矛盾的组合。

对同一事件思考的侧重点不同，就会产生迥然不同的解释。库布勒早期曾经研究过新墨西哥的教堂建筑[27]，在这一领域可谓是权威，他对《时代周刊》上所描绘的，该地区受殖民影响的片面之词进行了严厉的驳斥。正如他之前的研究显示，尽管西班牙传教士仿照欧洲的建筑风格进行当地的教堂设计，但他们还是不得不做出了一些必要的调整，以适应新的环境与当地建筑材料的现状。而且，正如库恩在其后来的文章中所讲述的，库布勒也通过前期的研究了解到，当地的印第安人事实上是抵抗欧洲思想的，直至今日，他们仍然没有接受欧洲风格的建筑式样，无论是拱门还是穹顶（图 14.1）。在这个调整与适应的过程中，出现了一种独特的产物，即土坯砖建筑，用库布勒自己早期的话说，这种建筑形式是"在最经济的条件下，建筑活动中本地传统与国外舶来品之间互动的产物"[28]。他甚至还指出，在教堂建筑中，文化交流的天平实际上是朝向"印第安"方向倾斜的，并不是像后来的文章中所说的那样，是严格的殖民形式强行移植。[29]

现代主义的模糊性

库恩对待古典传统的态度，直至 20 世纪仍然存在着争议。库布勒曾在 1962 年写道，传统已经像渡渡鸟一样灭绝了：一个"已经关闭了的序列"就再也不会重新打开了。他从

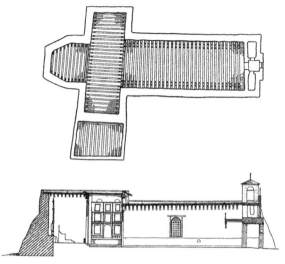

图 14.1　陶氏牧人中心，约 1600 年。表现出木结构屋顶的平面图（上图）和纵剖面图（下图）。资料来源：G·库布勒，1940 年

20 世纪初期西方艺术和建筑的突然转变当中，看到了对曾经盛极一时的传统的摒弃，而这些传统则一去不返了：

> 社会结构并没有表现出有破裂的迹象，有用的发明也持续接连出现，但是艺术发明的体系却突然发生了改变，仿佛一夕之间，很多人突然意识到，传统形式宝库里的东西和现实存在的意义已经不再相符了。我们今天所熟悉的新的建筑艺术外在表现形式，它所表达的是对灵魂的新解读，是对社会的新态度，也是对自然的一种新认识。[30]

然而，将关注的焦点放在连续性与不连续性问题上，而不是放在新奇的产品上，那么我们对现代主义的演变就会形成一种更为复杂的看法。在现代主义建筑运动的初期，欧洲和俄国的现代主义者确实引进了新的、动态的和不规则的组合形式（图 14.2），直接对抗当时流行的古典品位——静态的构成、统一的形式，以及规律性的造型。[31] 但是，这种状况在第二次世界大战之后并没有持续下去，至少，没有成为引导变革的主要力量。早在 20 世纪 20 年代，勒·柯布西耶设计郊区住宅的时候，就已经借鉴了帕拉第奥建筑的先例，后来

图 14.2　建筑构成，亚科夫·切尔尼霍夫（Iakov Chernikhov）设计，1933 年。资料来源：C·库克（Cooke, C.），1988 年

柯林·罗（Colin Rowe）[32] 向战后现代主义的狂热追随者们揭示了这一点，使他们震惊不已。直至 20 世纪 50 年代，勒·柯布西耶的所有设计都遵循着他自己的"模度"，这是一套从古老的黄金分割衍生出来的理想的比例。同样，第二次世界大战之后，密斯·凡·德·罗的设计理念也发生了转变，他抛弃了早期动感的、离心式的构图（图 14.3），转而偏爱帕拉第奥式的集中，以及其他新古典主义对于静态秩序的表现，并在芝加哥的伊利诺伊理工学院克朗楼，以及柏林国家美术馆设计中，达到了成就的巅峰。[33] 继这两位建筑大师之后，菲利普·约翰逊（Philip Johnson）、埃罗·沙里宁（Eero Saarinan）以及其他建筑师又创作了很多新古典主义的作品，坚定地树立了现在人们熟知的新古典主义版本的国际风格。

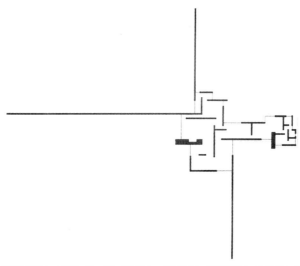

图 14.3　砖造乡村住宅项目平面图，密斯·凡·德·罗设计，1924 年。资料来源：© 设计与艺术家版权协会（DACS）

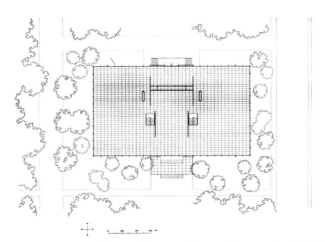

图 14.4　伊利诺伊理工学院克朗楼平面图，芝加哥，密斯·凡·德·罗设计，1956 年。资料来源：© 设计与艺术家版权协会（DACS）

正是这些具有很大程度模糊性的作品，根植于过去与现在，而非来自激进的战前实验，最终为战后的现代主义建筑树立了典范。由此，我们应该可以认识到，现代主义运动并不是一种破坏，相反，我们应该将其视为一次机会——适当地加以利用——对主流的文化秩序进行调整，使之再度适应环境的变化，并重掌其权威地位。

创新即是整合

通过这些变换的方法，以及对传统与创新本质的深刻理解，我们还会有什么发现吗？首先，库恩和库布勒都把文化认知和传递的重要责任归结为知识，而知识则来源于具体的人工制品或是范例当中，同时也以人工制品或范例的形式表现出来。从本质上来说，文化发展的主要机制，应该是通过范例进行学习，而不是那些明确的规范或理论公式。

其次，两位作者都认同关于创造性的隐喻理论，并且同其他具有相同理念的作家一样，将类推思考放在了创新的核心位置。正如亚瑟·库斯勒（Arthur Koestler）[34] 所描述的那样，在现有的、但之前互不相关的"思想基质"（matrices of thought）之间建立联系（注意，这种说法同库恩后期著作中使用的术语非常相似），或是像唐纳德·舍恩（Donald Schon）[35] 所说的，从旧的角度看待新的事物。

再次，这两位作者都将激进式的创新视为普遍规律中偶发的特例。通常情况下，变化是以对现有模型进行细微改变、缓慢积累为特征的，按照布罗斯基的解释，这些既有的模型永远都不会消失，但是如果环境状况允许，就有可能会以一种新的，有时甚至是更为有力的姿态重新出现。

总之，重要的创新都是以本质上的整合过程（integrative process）为特征的。创新者所做的努力绝不是要与过去割裂，而是要揭示出一种新的秩序，而这种新秩序至少在一定程度上是根植于主流传统的。同样，当代最成功的建筑作品，很可能是从过去的传统中抽象出来的，而这些传统的东西对今天来说仍然具有重要的意义，与此同时，通过类推思考的过程，通过现在的情况映射出未来的远景。

注释

1　参见第 10 章，第 12 章。

2　From 'King Lear', by William Shakespeare（1, I, 92）.

3　Barnett, H. G.（1953）. *Innovation : The Basis for Cultural Change*. McGraw-Hill, New York.

4　Barnett, H. G.（1953）, p. 9.

5　Kuhn, T. S.（1962）. *The Structure of Scientific Revolutions*. 芝加哥大学出版社，芝加哥。

6　Kubler, G.（1962）. *The Shape of Time : Remarks on the History of Things*. Yale University Press, New Haven.

7　Kubler, G.（1940）. *The Religious Architecture of New Mexico*：*In the Colonial Period and Since the American Occupation*. University of New Mexico Press，Albuquerque.

8　Masterman, M.（1970）. 'The nature of a paradigm'. In *Criticism and the Growth of Knowledge*（Lakatos, I. and Musgrave, A., eds），pp. 59–89. 剑桥大学出版社，英国剑桥。

9　Masterman, M.（1970），p. 65.

10　Masterman M.（1970），p. 65.

11　Popper, K.（1959）. *The Logic of Scientific Discovery*. Hutchinson, London. Also Popper, K.（1963）. *Conjectures and Refutations*. Routledge & Kegan Paul，London.

12　Feyerabend, P.（1975）. *Against Method*：*Outline of an Anarchistic Theory of Knowledge*. Verso，London.

13　Masterman, M.（1970），p. 66.

14　Kuhn, T. S.（1977）. *The Essential Tension*：*Selected Studies in Scientific Tradition and Change*. 芝加哥大学出版社，芝加哥。

15　Kuhn, T. S.（1977），p. 305.

16　Kuhn, T. S.（1977），p. 306.

17　Kuhn, T. S.（1977），pp. 297–298.

18　Kuhn, T. S.（1977），p. 298.

19　Kuhn, T. S.（1977），p. 307.

20　Kubler, G.（1962），p. 33.

21　Thompson, D'Arcy（1966）. *On Growth and Form*. 剑桥大学出版社，英国剑桥。

22　Kubler, G.（1962），p. 34.

23　Kubler, G.（1962），p. 69.

24　Kubler, G.（1962），p. 58.

25　Brodsky, J.（1980）. 'Continuity and discontinuity in style：a problem in art historical methodology'. *Journal of Aesthetics and Art Criticism*，Vol. 39，No. 1，pp. 28–37.

26　Brodsky, J.（1980），p. 33.

27　Kubler, G.（1940）. *The Religious Architecture of New Mexico*.

28　Kubler, G.（1940），p. xii.

29　Kubler, G.（1940），p. 139.

30　Kubler, G.（1962），p. 70.

31　Cooke, C.（1984）. *Chernikhov*：*Fantasy and Construction*. Architectural Design Profile, AD Editions, London. Also Cooke, C.（1988）. 'The lessons of the Russian avant-garde'. In *Deconstruction in Architecture*（Papadakis, A. ed.），pp. 13–15, Academy Editions, London.

32　Rowe, C.（1976）. *The Mathematics of the Ideal Villa and Other Essays*. The MIT Press, Cambridge, MA.

33　参见第 10 章。

34　Koestler, A.（1964）. *The Act of Creation*. Macmillan, New York.

35　Schon, D.（1963）. *The Displacement of Concepts*. Tavistock, London. 进一步讨论可参见第 13 章。

第三部分　地方主义与全球化

生态学提出了这样一个议题：人类对自然的控制欲望，起源于人对人的控制。

——默里·布克金（Murray Bookchin），1980 年

当社会与地方的独特性被资本的浪潮席卷而过，所剩的就只有全球化的消费主义文化，而在这种文化中，我们只能消极以对。

——乔治·蒙比奥特（George Monbiot），2016 年

第15章 作为个性的建筑：建筑的真髓

首次发表于《符号学》（Semiotics），M·赫茨菲尔德（M. Herzfeld）和 M·伦哈特（M. Lenhart）主编，1980 年。美国符号学协会第五次年会会议记录，得克萨斯理工大学，1981 年 10 月 16—19 日 [1]

在建筑的象征作用同个人以及社会认同的形成之间，存在着各种各样的联系。这些联系已经积累到了一定的程度，以至于现在"作为个性的建筑"这种理念，已经和"作为空间的建筑"[2]以及"作为语言的建筑"[3]两种理念一起，成为有关建筑的主要隐喻之一，同时也是建筑学讨论的一个重点课题。本章围绕着这个理念，对一些主要的观点进行了论述，特别是它与语言类推之间的关系，因为其二者的一些重要概念和特性都存在着共同之处。

理论方法

尽管都是围绕着同一个基本的社会心理学主题，但是关于这个主题存在着很多种理论方法。对城市形态特征与定位问题之间关系这个课题的研究，一般都要归功于凯文·林奇（Kevin Lynch）[4]。人们会对他们所生活的城市产生某种心理意向，而林奇通过对这种心理意向的开拓性研究，衍生出了一个全新的研究领域，叫作"认知地图"（cognitive mapping），主要专注于研究这些心理意向形成中的思维过程。[5]地方个性（place identity）的概念作为认知过程、社会活动和形态特性三者交互作用的产物，其意义被视为这项研究所取得的最重要的成果之一。[6]

其他一些作家强调以个人的方式同建筑进行互动的重要性，特别是在人口密集的住宅区，其目的是为了更好地表现居民的个人特性以及社会地位。在这里，对家庭与居住者个性关系的关注，就形成了一个具有普遍性的主题。举例来说，阿纳托尔·拉帕波特（Anatol Rapaport）[7]主张"开放式的"住宅设计，让居民积极参与他们自己的住宅设计。类似于这种构想，约翰·特纳（John Turner）[8]指出，自建住宅不仅可以满足穷人对低成本住所的迫切需求，还可以为居民提供个人与社会个性的表现机会，这一点也是同样重要的，而这些个性就来自对自己的住宅以及社区的掌控之中。还有一些人希望能从心理学或是哲学的角度找寻出路。在这些人中，戴维·阿普尔亚德（David Appleyard）[9]倡导埃里克·埃里克森（Erik Erikson）所提出的人格同一性形成（personal identity formation）理论，支持将建筑作为自我表现的机会。[10] 克莱尔·库珀（Clare Cooper）[11] 深入挖掘了卡尔·荣格（Karl Jung）的集体无意识（collective unconscious）概念以及原型（archetype）和象征（symbol）的概念，以此来解释为什么在家庭中人们会如此注重个性表现。段义孚（Yi-Fu Tuan）[12] 转而以"经验"的视角，在发展心理学中寻求证据，来解释人类与其物质环境之间交互作用的本质。

对克里斯蒂安·诺伯格－舒尔茨（Christian Norberg-Schulz）[13] 来说，马丁·海德格尔（Martin Heidegger）[14] 的作品一直都是他重要的灵感源泉，引导他逐渐转向"建筑现象学"（phenomenology of architecture）的思考。按照诺伯格－舒尔茨的说法，人与场所之间的关系并不仅仅是一个人的定位问题，就像林奇所说的，还与更深入的认同过程有关，他将"认同"（identification）解释为与一个特定的环境"成为朋友"。[15] 反过来，人类对场所的认同也要有一个预设的前提，那就是场所要具有"特性"（图 15.1），即区分一个场所和另一个场所的属性，这是一种特有的表现或是场所精神（ genius loci）。由此，建筑的基本目的可以如此定义：

图 15.1　加尔古尔（Ghargur）村，马耳他（Malta）。建筑与文化传承的传统景象。朝向教区教堂和中央广场的景观。资料来源：© 作者

因此，建筑的基本行为就是去理解一个场所的"使命"。我们以这样的方式来保护我们的土地，使我们自身成为整体中的一部分。我们在这里并不是要提倡某种环境决定论。我们只是认识到人类是环境中不可分割的一部分，如果忘记了这一点，就会导致人类的异化和环境的毁灭。我们说"归属于一个场所"，就意味着以一种具体的、平常的观念拥有一个存在的立足点。[16]

本质的问题

可以这样说，建筑思想的发展史就是对一种主题或另一种主题超越一切的迷恋，这就是建筑思想史的特征，从维特鲁威提出的坚固、实用、美观建筑三要素，直到反复出现的观念：创造建筑，首要的就是创造空间品质。在人格同一性的形成当中建筑起到了什么样的作用，对这个问题的关注也存在一个前提假设条件，那就是建筑要具有特殊性本质，无论是在理论讨论还是建筑实践领域，对这种特殊性本质的理解都是必不可少的。

诺伯格 - 舒尔茨对这一本质的描述，显然是借鉴了海德格尔及其追随者们所提出的现象学方法，特别是莫里斯·梅洛 - 庞蒂（Maurice Merleau-Ponty）[17]，他曾在书中写道："现象学是对事物本质的研究，根据现象学的观点，所有的问题都是在发现事物的本质。"[18]因此，对于现象学家来说，最关键的问题就是超越或是摒弃先入为主的成见，尤其是科学的抽象，并努力去了解"事物自身"的本质。[19]

然而，却有很多建筑评论家，他们看待建筑的方式是完全不同的，认为建筑根本就不存在什么本质，相反，他们认为建筑是包含了很多不同元素和考虑因素的不断变化的构成物。因此，查尔斯·詹克斯（Charles Jencks）[20]声称："建筑是一种不能被简化的复杂的东西（……）是一种不稳定的混合体，其建立基础有一部分来源于建筑以外的规则"[21]，并会以独特的方式综合利用到工程学和科学等其他领域知识的一种实践。因此，建筑的"内涵"

（……）可以被解释为任何一套观点，只要它们不要太长或是太过复杂（人们不能用建筑来表示爱因斯坦的方程式，但是却可以用语言来表述，尽管不能称为完美，但也是足够的）。[22]

安伯托·艾柯（Umberto Eco）[23]也将建筑比作是一种语言模式的交流系统，他在强调语言的灵活性时，也运用了同詹克斯类似的方法。同时，他还认可另一种观点：

语言可以用来表达各式各样的信息，而这些信息则意味着最多样化的意识形态（从本质上讲，语言既不是一种阶级工具，也不是某一特定经济基础的上层建筑）。事实上，由语言编码所创造出来的信息具有相当广泛的多样性，以至于我们不可能分辨出所有的意识形态内涵。当然，语言的这种特性有可能会受到质疑，因为有一些证据支持这种理论，认为特定的语言表达方式，会迫使说这种语言的人也以某种特定的方式来看待世界（那么，就有可能会存在意识形态的偏见，以及某种语言特定的内涵）。但即使是这样，在最深入的层面上，也是最根本的层面上，人们还是可以将语言视为一种（近乎绝对的）自由领域，讲话者可以随意地即兴创作出一些新奇的语言，来适应意想不到的状况。[24]

诺伯格－舒尔茨从现象学的角度，将建筑解释为一种有目的性的场所营造行为，这种解释的正确性是同一个更基本的问题关联在一起的，那就是有关建筑具有本质的说法是否成立。我们如何在这两个观点之间作出选择——要么就接受建筑具有某种压倒性的核心目标，要么就是否认这种观点，单纯地将建筑定义为一个具有很多不同内涵的集合体——我们所作出的选择，不仅会影响对建筑的定义、描述和解释，还会影响我们对那些构成建筑形式的各种因素的态度。从根本上来说，所有的争论都围绕着这样一个问题：作为一种人类文化表现形式的建筑是否具有相对的自主性（relative autonomy），具有自己的指导目标、内在逻辑和表现形式。[25]

而詹克斯对建筑的解释是一种交流形式——或许没有语言那么精确，但仍然具有高度的灵活性——就像是艾柯将建筑比作是一种语言模式的交流系统，很明显是来自对语言本身的特定观点。换句话说，以上两位评论家将建筑比作人类的语言，都是建立在一种假定的语言理论基础之上。然而，詹克斯的立场使他拒绝承认建筑具有本质这种观点，以及认为建筑本身作为一种文化形式，具有相对的自主性和同一性，这可能与另一种语言理论是相悖的——对于这种语言理论，艾柯本人是可以勉强接受的——而这套理论则支持建筑是具有本质的。[26] 此外，有人可能会认为，另一种语言学类推会支持这样的观点，即建筑的本质与个人、社会和文化同一性的形成具有尤其密切的关联。

普遍主义者和相对主义者

因此，当我们将建筑比作是一种语言的时候，其实我们在潜意识里，是在将一种特定的建筑理论比作一种特定的语言理论。在这些对比中我们可以观察到，就建筑研究而言，无论是站在詹克斯还是艾柯的立场上，他们对于语言理论的选择，都一直局限在乔治·斯坦纳（George Steiner）[27] 所说的"语言的普遍主义哲学"（universalist philosophy）范围之内。因此，如果接受詹克斯对于建筑的解释，并接受他对于建筑具有本质这一观点的否定态度，就意味着接受了普遍主义的立场。

　　然而，普遍主义的哲学是与另一种完全不同的语言观相对而言的，这种语言观叫作"单子论"（monadist）观点，或是"相对性原理"（relativity principle）。根据斯坦纳的说法，对于能否用一种语言精确地翻译另一种语言这个问题，上述的两种哲学代表了两种截然不同的观点。而这两种观点之间的差异，对于我们通过语言类推的方式来学习建筑具有非常重要的影响。

　　斯坦纳解释说，普遍主义者的观点建立在这样一个假设前提之上："语言的基础结构具有普遍性，对于所有人来说都是通用的。"[28] 语言之间的差异并不是什么重要的问题，它们仅属于语言的表层结构，只是源自文化发展历史当中的一些偶发事件。因此，所有的语言都可以"简化为相同的模式"，所有的语法都来源于本质相同的深层共通的基因。语言之间精确的转换是完全可能实现的，因为它们都依赖于这种共通性的操作，无论具体的语言形式有多么的怪异，但隐藏在每种语言表面形式之下的共通性操作，总是可以被识别出来的。

　　如今，大多数语言学家都认同语法的共性，并伴随着对心理学和哲学权威的认同。但是，斯坦纳说，在任何层次的研究当中，对这些共性的辨识实际上总是会受到一些异常情况的困扰。例如，诺姆·乔姆斯基（Noam Chomsky）[29] 提出的语言共性理论，在语言学家中得到了普遍的认同，甚至也被广泛应用于其他的领域，其中也包括建筑领域；比如说，无论是詹克斯还是艾柯，或是其他作家对这一课题的研究方法，其中都可以看到乔姆斯基理论的踪迹。[30] 对于乔姆斯基来说，没有一种语言学习的理论可以明确地解释，为什么孩子能够以如此不可思议的速度掌握人类语言这项复杂的技能。因此，他转而寻求另一种解释，认为不仅是个别孩子自己的语言，而是所有语言的"表面"形式，全都产生于一种先天的知识（innate knowledge），或是语法的"深层结构"（deep structure）当中。

　　但是，斯坦纳提出了他的质疑："这些'共通的深层结构'到底是什么呢？事实上，要用语言来描述它们是非常困难的。"[31] 乔姆斯基所谓的深层结构似乎是存在于现实以外的，甚至存在于潜意识之外。它们不仅是简单的语法规则，更是一种抽象秩序的相关模式，这样的说法已经是我们可以给出的最贴切的解释了，但即便如此，还是太过具象。斯坦纳认为，深层结构的内在特质，同"世界存在的基本固有本质"是相同的。因此，"我们没有理由去期待出现一种更深入、更重要和可靠的语言学理论标准（……）。"[32] 支持乔姆斯基理论的所有证据，都无一例外会受到异常状况的困扰。举例来说，斯坦纳曾经写道：

　　　　我们原本预期，所有在第二人称单数的情况下可以表现出性别差异的语言，在第三人称中也同样可以表现出这种差异。关于这样一种认知，几乎在所有已知的语言案例中都是成立的。但是在尼日利亚中部一个很小的地方语种中，却出现了特例。[33]

这种特例可能极为罕见，但是斯坦纳却认为，就算只有一个例外存在，那也是对整个语法共通性概念的驳斥。在对普遍主义者的观点进行汇总的过程中，他认为语言学家们实际上有可能是将他们自己的语言或语言群组中的普遍性特征，等同于了所有语言的普遍性特征。斯坦纳指出，对于不同语言之间有没有可能完全而精准地转换这个问题，乔姆斯基自己的态度也是模棱两可的，这也同样反映出他对普遍主义观点的驳斥当中也存在着矛盾与困惑。他认为，如果真的有语言共通性存在的话，那么乔姆斯基就没有必要回避这个重要问题了。

日常语言的多样性

与普遍主义者持相反意见的是单子论者，或称为相对主义者，他们拥有更高的知名度，认为对语言共性的研究是没有意义的工作，要抽象出这样一种规则是无法想象的。相对主义者所关注的重点，在于日常生活中人类语言的实际形态。他们声称，日常语言具有如此复杂的多样性，所以不应该试图将语言的使用简化至任何一种通用的模式。斯坦纳指出，站在极端相对主义者的立场上，例如爱德华·萨丕尔（Edward Sapir）和本杰明·沃尔夫（Benjamin Whorf）[34]，他们的观点在逻辑上会导致一种认识，认为不同语言之间"真正的"互译是不可能存在的，我们只能在一种语言和另一种语言的语句之间进行大概的翻译。正如萨丕尔写道的：

> 事实上，"真实的世界"在很大程度上，是无意识地建立在族群语言习惯的基础之上的。没有任何两种语言拥有足够的相似度，可以被认为是对相同社会现实的反映。不同的社会族群所生活的世界是截然不同的世界，并非是贴着不同标签的相同世界。[35]

在上面引述的这段话中，斯坦纳将我们的注意力吸引到了对"族群"（group）这个词的强调上。文化的语义领域——这是所有相对主义者都以这样或是那样的形式接受的一个概念——是一种"动态的、有社交目的的建构"[36]。因此，是不同的语言群体根据其历史发展以及特定的社会习俗，而进行的"语言与现实的游戏"。

尽管如此，相对主义者所提出的语言决定思维模式的学说，却因为其自身的弱点而遭受到一些质疑，主要就在于其循环性。假设一种特定的语言使用决定了一种特定的思维模式，然后说认知上的差异反映了语言模式的差异，这就是一种无谓的赘述。此外，斯坦纳还提出："任何一种语言加工的操作模式，比如说维特根斯坦（Wittgenstein）提出的'一个词的意义在于它在语言中的运用'，都足以驳斥沃尔夫所提出的思想和语言平行决定论"[37]，而这种批评也同样适用于萨丕尔的相关理论。

相对论对于不用语言形式之间的区别，以及语言同文化差异之间关系的强调，并不一定要依赖于语言和思想之间关系的确定性概念来表现。相反，就像在维特根斯坦的普通语言理论中，它被解释为社会互动形式的表现，这样的解释是非常自然流畅的。斯坦纳的立场比较接近于维特根斯坦，他总结道：

> 我们在这里发现的是一种动态的唯心主义：我们可以通过语言将既往的经历组织起来，但是特定语言族群的集体行为又会对这些经历造成影响。因此，就出现了一种累加的逻辑辩证：不同的语言产生不同的社会模式，而不同的社会模式又进一步对语言进行分化。[38]

简而言之，斯坦纳认为，没有一种简单的语言理论可以解释人类语言不可思议的多样性。语言的多样性有助于保护个人隐私与文化的私密性。同样，语言在作为交流工具的同时也会造成分化。因此，隐藏在同一性（identity）概念中的是差异的概念：

> 从某种意义上来说，每个人说话时使用的都是一种个人的习语，巴贝尔（Babel）的问题很简单，这就是人类的个性化 [本书作者强调]。但是，不同的语言可以提供一种动态的、可以传递的规则。他们意识到对私密性和领域性的需求，而这两项需求对于我们的身份同一性来说是至关重要的。从狭义的角度来说，每一种语言都可以反映出语言使用者对生活的解读。[39]

意义即使用

如上所述，在建筑学中使用语言类推，大多都是偏重于接受语言的普遍性观点，但这样的倾向却牺牲了语言和文化的特殊性。相对主义者的论点，要么就是被忽略，要么就是直接被摒弃了，就像艾柯一样。与此相反，在詹克斯关于后现代主义的著作中[40]，鼓吹设计师可以凭借自己的兴趣，将建筑符号当成一种游戏随意地操纵控制，这种论调在建筑语言中是相当盛行的。这种态度，有点普遍主义的倾向，它低估了不同语言之间所谓的表面差异，这一点在一些著名的后现代主义建筑师的作品中表现得尤为明显（图 15.2）。其中最典型的做法，是从各种不同的设计风格中抽取出一些元素再随意地组织在一起，而且还常常将这些元素的尺寸放大，认为通过这样的做法，就可以使这些元素将其在历史背景下所蕴含的意义带入新的设计中。从建筑意义的角度来看，这种结果只是商业驱使下的自由放纵，正如罗伯特·文丘里等人在《向拉斯韦加斯学习》（Learning from Las Vegas）[41] 一书中所评价的，这是消费主义文化的真实表达。

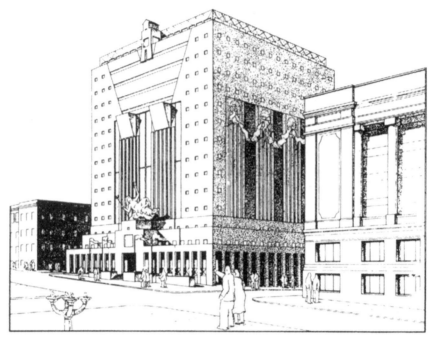

图 15.2　公共设施大楼,波特兰,俄勒冈州,迈克尔·格雷夫斯(Michael Graves)设计,1982 年。资料来源:迈克尔·格雷夫斯建筑设计事务所

毋庸赘言,建筑中包含有很多不同形式的知识,而这些知识也都有不同的来源,有些来自建筑学内部,也有些来自建筑学之外。出于这种原因,建筑教育一般都被视为一种特殊的综合教育,其中包含各式各样的学科和技巧。但是,无论我们列举出的建筑涵盖内容清单有多长、多详尽,还是不足以描述建筑到底是什么,更不用说要解释清楚了。从这个意义上讲,在个人的个性化以及场所的特性形成过程中,建筑主要起到的作用是催化作用,根据各式各样不同的思想、表达方式、方法和技术手段,分别赋予它们形式,在这个过程中,每一位建筑师,无论他是专业的还是非专业的,都是通过上述这些因素对自己的建筑作品作出诠释的。

如果我们能够以严谨的态度来对待建筑与语言之间的类推关系,而不是单纯从字面上去理解[42],那么就会发现,建筑具有目的性的本质,就体现在"作为语言的建筑"的具体形式和使用这种语言的人们生活之间的同一性当中,维特根斯坦的一句格言中肯地表达了其中的含义:意义即使用。[43]这也就是说,建筑的意义是由社会习俗与实践的动态过程决定的。

维特根斯坦用他自己的方式来表达语言的真实本质,并将其描述为"生活的形态",之所以这样表述,就是为了要凸显语言和人类行为之间的交互关系。[44]回到语言同建筑的类推,也可以这样认为:我们将建筑称为生活形态,而在这个主要生活形态当中,还存在着无数种其他潜在的生活形态，都要取决于建筑语言的社会用途。其中有一些，但不是全部，我们可以从风格、运转或是简单的形式上识别出来。

　　但是，我们在建筑中使用到"风格"这个词的时候，必须要小心谨慎。人们倾向于认为，风格是文化和各种社会"力量"作用的结果，或是被拿来应用于建筑上的东西。或许也可以这样看：风格是人类行为的一种独特结构。显然，个人和文化的特殊性都有很多不同的表现形式。就像斯坦纳所建议的，人类语言的作用也正是如此。但是在所有主要的文化形式中，唯有建筑能够为人们提供一种有形的、"现实存在的立足点"，就像诺伯格－舒尔茨在上文中所描述的那样。从这个意义上来说，建筑和语言都可以表现出不同民族之间的差异性与相似性，那么，"作为个性的建筑"这种隐喻，就与斯坦纳将语言视为人类个性化的过程具有异曲同工之妙。就目前的情况来看，我们对于语言在建筑以及区分人类经验方面的作用，已经有了更多的认识，因此，在澄清建筑相似性功能方面，语言类推是一种非常有用的方法。

　　在文化交流的过程中，我们可以发现一些非常有趣的证据，证明在建筑和人类同一性之间具有复杂的关联。例如，殖民地建筑是一个过程的产物，在这个过程中凭借一些人——殖民者们——在陌生的国度重建他们所熟悉的环境，从而部分保留了他们的同一性，这就是他们的建筑（图 15.3）。在错位（dislocation）与重新定位（relocation）的过程中，具体的建筑风格发生了转变，这就向我们揭示了稳定性与逻辑的内在核心，由此，我们就

图 15.3　克里斯托·雷伊（Cristo Rey）教堂，圣塔菲（Sante Fe），约 1600 年。这是美国西南部一个典型的西班牙殖民建筑范例。资料来源：© 作者

可以认识到建筑的原始风格与殖民地风格之间的"家族相似性"。通过原始风格与殖民地风格之间的差异性，我们可以了解到原始建筑风格在新环境中所经历的"适应"过程。

存在的方式

通过以上的论述，我们所看到的并不是斯坦纳所谓的"唯心主义"（mentalism），而是思维的转变。在戈登·帕斯克（Gordon Pask）的著作《交谈理论》（Theory of Conversations）[45]中，就对这种观点进行了大力支持。帕克斯认为，"心理学上的（P）个体"并不一定要与肉体或是"行动的（M）个体"相一致，这两者甚至常常是不一致的。我们所说的"思想"，是指在至少两个心理学上的个体之间互动的过程，而这两个心理学上的个体有可能属于同一个物质个体，也有可能分属于不同的物质个体。帕斯克的理论与乔治·赫伯特·米德（George Herbert Mead）的概念是非常相近的，认为思维就是一种交流对话的过程。[46]根据米德的说法，思想或是思维的出现，表现为一种内在的"谈话的姿态"（conversation of gestures），它是通过一个人对着其他人讲话而实现的——米德将这种形式描述为"扮演另一个角色"[47]。其中隐含的意义就是，我们所说的"精神"（mind），可能分布在很多个物质的个体当中。帕斯克对于人类心理活动目的性和动态稳定性的强调，同维特根斯坦的观点也是一致的，即认为使用语言的不同方式服务于不同的目的，而语言的使用要以一些默认的社会约定为基础。总而言之，帕斯克的"心理学上的个体"，就等同于维特根斯坦所谓的"生活的形态"。

赫伯特·布鲁默（Herbert Blumer）[48]，米德的信徒，他主张物体必须要进入人类的群体意识才能具有意义，这就像是我们解释自己行为的意义以及别人行为的意义一样的道理。一套关于心理的理论，它所传播的是人类处于群体当中的心理活动过程，必须要考虑到物质环境在思维进化中所起到的作用。这种说法支持了帕斯克的观点，即没有生命的物体是不存在的。[49]这也就是说，没有一种人工制品——其中也包括建筑——存在于没有意义的领域，因此，在人类互动与个性化的过程中，也不会有一种人工制品是没有生命的。

因此，我们不会拥有建筑，甚至我们自身的一部分就是建筑。建筑是一种存在的方式，就像科学、艺术和其他主要文化形式一样，都是一种存在的方式。所以，当我们尝试对建筑真实的，以及深层次的功能进行定义的时候，不能只是简单地描述这种特殊人工制品的制造，而是应该去解释一种基本的方法，而这种方法就是我们了解自己的方法。

注释

1　Abel, C.（1981a）.'Architecture as identity : the essence of architecture'. In *Semiotics 1980.* Proceedings of the Fifth Annual Meeting of the Semiotic Society of America，16–19 October，Texas

Tech University (Herzfeld, M. and Lenhart, M. eds), pp. 1–11, Plenum Press, New York.

2　Zevi, B. (1957). *Architecture as Space*. Horizon Press, New York.

3　参见第 10 章。

4　Lynch, K. (1960). *The Image of the City*. The MIT Press, Cambridge, MA.

5　Stea, D. (1974). 'Architecture in the head : cognitive mapping'. In *Designing for Human Behaviour : Architecture and the Behavioural Sciences* (Lang, J., Burnette, C., Moleski, W. and Vachon, D. eds), pp.157–168, Dowden, Hutchinson & Ross, Stroudsburg. Also Downs, R. and Stea, D. (1977). *Maps in Minds*. Harper & Row, New York.

6　Canter, D. (1977). *The Psychology of Place*. St Martin' s Press, New York.

7　Rapaport, A. (1968). 'The personal element in housing : an argument for open-ended design'. *RIBA Journal*, Vol. 75, No. 7, pp. 300–307.

8　Turner, J. F. C. (1976). *Housing by People : Towards Autonomy in Building Environments*. Pantheon Books, New York.

9　Appleyard, D. (1979). 'Home'. *Architectural Association Quarterly*, Vol. 11, March, pp. 4–20.

10　参见 Erikson, E. H. (1968). *Identity Youth and Crisis*. W. W. Norton, New York.

11　Cooper, C. (1974). 'The house as symbol of the self'. In Lang, J., et al., *Designing for Human Behaviour : Architecture and the Behavioural Sciences*, pp. 130–146.

12　Tuan, Yi-Fu (1977). *Space and Place*. Edward Arnold, London.

13　Norberg-Schulz, C. (1980). *Genius Loci : Towards a Phenomenology of Architecture*. Rizzoli, New York.

14　Heidegger, M. (1971). *Poetry, Language, Thought*. Trans. Albert Hofstadter. Harper & Row, New York. Especially the essay, 'Building Dwelling Thinking', pp. 145–161.

15　Norberg-Schulz, C. (1980), p. 21.

16　Norberg-Schulz, C. (1980), p. 23.

17　Merleau-Ponty, M. (1962). *Phenomenology of Perception*. Trans. Colin Smith. Routledge & Kegan Paul, London.

18　Merleau-Ponty, M. (1962), p. vii.

19　Merleau-Ponty, M. (1962), p. viii.

20　Jencks, C. (1980). 'The architectural sign'. In *Signs, Symbols and Architecture* (Broadbent, G., Bunt, R. and Jencks, C. eds), pp. 71–118, John Wiley & Sons, Chichester.

21　Jencks, C. (1980), pp. 72–73.

22　Jencks, C. (1980), p. 74.

23　Eco, U. (1980). 'Function and sign : the semiotics of architecture'. In Broadbent, G. *et al.*, *Signs, Symbols and Architecture*, pp. 11–69.

24　Eco, U. (1980), p. 39.

25　参考恩斯特·卡西尔（Ernst Cassirer）的 "文化形态" 概念。参见 Cassirer, E. (1955). *The Philosophy of Symbolic Forms : Vol. 1, Language*. Yale University Press, New Haven.

26　参见第 10 章。

27　Steiner, G.（1975）. *After Babel : Aspects of Language and Translation*. Oxford University Press, Oxford.

28　Steiner, G.（1975）, p. 24.

29　Chomsky, N.（1965）. *Aspects of the Theory of Syntax*. The MIT Press, Cambridge, MA.

30　See, for example, Greene, J.（1969）. 'Lessons from Chomsky'. *Architectural Design*, Vol. XXXIX, No. 9, pp. 489–490. Also Broadbent, G.（1980）. 'The deep structures of architecture'. In Broadbent, G. *et al.*, *Signs, Symbols and Architecture*, pp. 119–168.

31　Steiner, G.（1975）, p. 100.

32　Steiner, G.（1975）, p. 101.

33　Steiner, G.（1975）, p. 98.

34　Mandelbaum, D. G., ed.（1929）. *Selected Writings of Edward Sapir*. University of California Press, Berkeley. Also Caroll, J. B.（1956）. *Language Thought and Reality : Selected Writings of Benjamin Lee Whorf*. The MIT Press, Cambridge, MA.

35　Quoted from an article by Sapir in Steiner, G.（1975）, p. 87. 引自萨丕尔（Sapir）的一篇文章，1975 年，第 87 页。

36　Steiner, G.（1975）, p. 87.

37　Steiner, G.（1975）, p. 94.

38　Steiner, G.（1975）, p. 87–88.

39　Steiner, G.（1975）, p. 473.

40　Jencks, C.（1977）. *The Language of Post-Modern Architecture*. Wiley Academy, London.

41　Venturi, R., Brown, D. S. and Izenour, S.（1972）. *Learning from Las Vegas*. The MIT Press, Cambridge, MA.

42　参见第 12 章附录。

43　Wittgenstein, L.（1958）. *The Blue and Brown Books*. Harper & Row, New York. 维特根斯坦驳斥了他那个时代的哲学假设，即认为语言同永恒的逻辑规则（逻辑实证主义）是相互吻合的。他认为，日常用语所反映的就是日常生活："对我们来说，习语的意义是由我们对它的使用所决定的。"出处同上，第 65 页。See also Wittgenstein, L.（1953）. *Philosophical Investigations*. Trans. G. E. M. Anscombe. Macmillan, New York.

44　对"生活的形态"的相关解释，可参考 Peursen, C. A. Van（1970）. *Ludwig Wittgenstein : An Introduction to His Philosophy*. E. P. Dutton, New York, pp. 95–13. 也可参见第 10 章。

45　Pask, G.（1976）. *Conversation Theory*. Elsevier, Amsterdam.

46　Mead, G. H.（1934）. *Mind, Self and Society : From the Standpoint of a Social Behaviorist*. University of Chicago Press, Chicago.

47　Mead, G. H.（1934）, p. 254.

48　Blumer, H.（1969）. *Symbolic Interactionism*. Prentice-Hall, Englewood Cliffs.

49　取自与作者的对话。

第 16 章　生活在一个混杂的世界：马来西亚特色的建筑来源

首次发表于"设计策略"（Design Policy），第一卷，《设计与社会》，R·兰登（R. Langdon）和 N·克罗斯（N. Cross）编者。1982 年设计研究大会会议记录，1984 年[1]

在很多原生态的传统建筑形式中，马来西亚的本土住宅为我们提供了一个很好的例证，反映出社会形态与建筑形式之间一一对应的关系，而这种对应关系就是传统文化的典型特征。[2] 其中最重要的是，本土住宅不仅能够很好地适应部落或是村庄这种比较大型的社会与经济单元，也能适应家庭单元，以及当地的气候和生态环境。马来人的住宅散布于高大的棕榈树丛林之中，形成小型的聚落，看起来像是一种随意的布局。住宅的框架结构和外墙板都使用当地的木材建造，并且整栋建筑都采用立柱作为主要支撑，从地面架空起来（图 16.1）。这种随机的空间布局有利于凉爽的风在没有设置围篱的住宅之间自由穿梭而

图 16.1　槟榔屿（Penang）的传统马来西亚住宅，底层架高。资料来源：© 作者

不受阻碍。而且，棕榈树的树叶都集中在高高的树冠上，可以从上方为住宅提供遮蔽，但又不会阻碍地面层空气的流动。除此之外，马来人还使用棕榈树的树叶作为他们住宅的一种传统屋顶材料。无论是不设置围篱的做法，还是将整栋建筑架高，都利于增强微风的效果。通过宽敞的地板、屋顶的开窗、挑檐下的通风孔以及室内隔断的缝隙，微微的凉风进入室内并穿过整栋建筑。

　　尽管以上的这些特征可能会被解释为，仅仅是对该地区热带气候和生态环境的回应，但事实上它们的意义远不止于此。住宅之间分散布置，也不设置围篱，以及建筑内外开放式的形态，所有这些都反映了当地特殊的社会与经济制度。独立住宅的分散式布局，反映了核心家庭的重要性，以及马来西亚农业社会个人住宅的所有权制度，而开放式的部落聚落模式则反映了过去这些民居共享土地的传统。[3] 而不设置围篱或是其他形式分隔的另一个主要原因，就在于马来西亚人在传统上对于个人隐私并不太重视，至少以西方的标准来看是这样的，他们更加注重的是社区内的亲密关系。出于同样的原因，使得马来西亚人可以愉快地居住在这种面对微风和邻居都呈现出开放姿态的住宅当中，而若是换作一个西方的家庭，类似的特性却会给他们带来严重的困扰，因为他们习惯于最大限度的保护隐私，即使在同一个家庭的成员之间也是如此。

度的关系

　　然而，尽管从所有实际的角度来考虑，马来西亚的住宅形式同部落生活之间一一对应的关系似乎都是完全成立的，但这种直接的对应关系却并不一定适合其他的建筑形式，而这些建筑形式则是在更复杂的文化中逐渐进化而来的。我所谓的"复杂"，并不是单纯指现代文化，也包括殖民地文化乃至更古老的文化，这些文化都是由一种或是多种文化相互交流塑造而成的，并在形成过程中吸收了各种相关文化的影响。对于这样的建筑形式，当我们谈到它们同社会与经济形态之间关系的时候，更明智的说法，是用"度的关系"（relations of degree）来代替。[4]

　　在马来西亚，通过一些殖民建筑的案例，就可以阐明在建筑形式与社会形态之间存在着我所说的"度的关系"。我所选择的建筑案例都可以反映出世界上两种主要的建筑语言：古典建筑和伊斯兰建筑，每一种建筑都有自己发展的历史以及证据确凿的一致性。但是，在我选择的案例中，没有一栋建筑可以说纯粹的属于哪一种类型，它们都因为多重的来源而具有独特的特性。在我的论文中有这样一个核心思想，即在复杂的文化中，相较于那些相对纯粹的建筑形式（我们通常将其称为一种建筑语言或建筑风格的典型特征），这些混杂的建筑风格更能反映出建筑形式与社会形态之间关系的一般性。

建筑之旅

我选择的第一个案例是位于槟榔屿（Penang Island）乔治城（Georgetown）郊外的一栋大房子，这里位于马来半岛的西北海岸（图 16.2）。乔治城是英国殖民者在 1786 年，于马来半岛上建立的第一个殖民据点，在 19 世纪到 20 世纪初期，英国殖民者建造了很多类似的住宅，而我们选择的案例就是其中一个典型的代表。建筑师可以很容易辨认出，这栋建筑的基本形式属于帕拉第奥式的郊区别墅。在某种程度上，这栋建筑可以说是古典建筑手法穿越时空最成功的案例。在 16 世纪中叶，从意大利北部的维尼西亚（Venetia）开始，几乎所有的别墅都是采用帕拉第奥风格[5]，而到了东南亚槟榔屿这个完全不同的地方，仍然出现了非常典型的英式郊区的景象。诚然，个人和社会对于他们所熟悉的建筑方式是如此的依恋，要证明这一点，再没有什么比这绕地球半圈的史诗般的建筑之旅更令人信服的证据了，来自英国的殖民者们在一个充满异国情调的热带岛屿上，重建了他们的欧洲田园生活。

与同时代的很多人一样，帕拉第奥相信古希腊神庙的建筑形式起源于更早的住宅形式。因此，他将神庙的山墙拿来作为自己别墅的正立面，其理由就是要回归到建筑造型原始的来源。[6] 这种用法可以追溯到位于皮奥恩比诺·德塞（Piombino Dese）的科尔纳罗别墅（Villa Cornaro）（图 16.3）中两个楼层高的柱廊。虽然这种基本的建筑形式很容易识别

图 16.2　殖民地别墅，乔治城，槟榔屿，约 1900 年。资料来源：© 作者

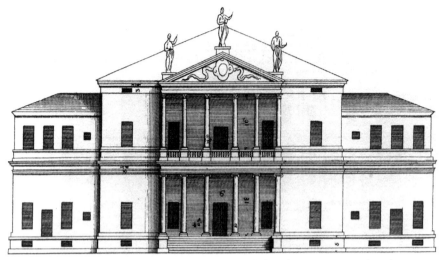

图 16.3 科尔纳罗别墅，皮奥恩比诺·德塞，帕多瓦附近，安德烈·帕拉第奥（Andrea Palladio）设计，1560—1570 年。主立面图。资料来源：A·帕拉第奥（1738 年；1965 年）。多佛（Dover）出版社提供

出来，但是乔治城的别墅同其原始模型相比，具有很明显的区别。科尔纳罗别墅跨越两个楼层的开放式柱廊已经被二层的一间居室所取代，而与此同时，为了满足居住空间的需求，所有的立柱都改成了壁柱，同建筑外墙融合在一起。

因此，这样的做法同约翰·萨默森（John Summerson）[7] 所描述的，那些忠实于建筑学术理论的实践做法有很大的不同。英国帕拉第奥的信徒们，将意大利维琴察（Vicenza）的圆厅别墅（La Rotunda）搬到梅瑞沃斯城堡（Mereworth Castle），又搬到伯灵顿伯爵大屋（Chiswick House），几乎都没有对气候的变化作出任何让步。相反，我们所引入的是一种外国的舶来品，是一种欧洲人所喜爱的建筑风格与类型，但迄今为止，东南亚地区的人们对这种建筑类型并不熟悉。然而，在从温带到热带气候地区迁移的过程中，这种郊区别墅也发生了重大的改变。很显然，这栋建筑不再是纯粹的意大利风格，也不是纯粹的英国风格，或是二者的混合，它现在就是属于热带马来西亚地区的建筑。

虽然，将这种建筑形式的转变描述为对气候变化所作出的简单回应看似合理，但事实上这种说法是不切实际的，因为在殖民者定居的过程中，他们也从所见到的本土建筑中学习到了一些富有价值的东西。在这个项目中，我们将这种建筑形式的转化解释为两种不同文化形式交互作用的结果可能更为准确，一种是外来的文化，另一种是本土原生态的文化。

正如我们所看到的，马来西亚住宅的设计原则就是尽可能地在外表面设置通风口，以利于空气流动。通常，每一个封闭空间都有三面墙设有通风口，底层空间如此，顶层空间也是如此，并且尽量使开窗从地板一直延伸到屋顶。我们在这些别墅的设计中也看到了同样的原则，特别是在设有门廊的前半部分。这种带有遮蔽物的空间（门廊）不仅有利于空

气经由门廊流动至室内，还能够为来访者提供庇护，使他们免受热带炙热的阳光与倾盆大雨的侵害，因为从马车（或是后来的汽车）到前门这区区几英尺的距离，就足以将访客淋成落汤鸡。与此同时，在这些别墅的建造过程中，马来西亚住宅建筑轻盈开放的特性也发生了一些转变。

城市注入

我选择的下一个项目，是一组同在乔治城的由中国人建造的店屋，这是一个展示了古典的建筑语言被运用于非西方的建筑类型和相关社会形态的案例（图 16.4）。这些商住两用建筑的使用者通常是中国传统的大家庭，这种大家庭在工业化之前的城市社会与农村乡镇中是很常见的，他们的家庭生活与经济生活紧密联系在一起，无论是功能上还是空间使用上皆是如此。[8] 店屋（shophouse），顾名思义，就是在同一栋建筑里既包含了家庭生活，也包含了商业活动。商业活动主要占据地面一层，临街面设有开口，方便主人与顾客进行交流；而居住空间则安排在楼上。这是一种完全城市化的建筑，既能适应当地的气候条件，又能适应社会目的。建筑的上层部分悬挑出来，在人行道上形成了一个具有遮蔽功能的拱廊，也可以称为"5 英尺通道"（five-foot way）（这是根据殖民地条例规定的人行通道标准宽度），方便行人和顾客通行。而在建筑物的内部，设有一个或多个开放的天井，这样即使是进深很大的平面布局，也能享有自然通风。[9]

图 16.4　阶梯状的店屋，乔治城，约 1900 年。请注意二层的"威尼斯窗"。资料来源：© 作者

　　除了在上下两个楼层都重复使用了一些新古典的设计手法以外，整栋建筑中最突出的元素就是所谓的"威尼斯窗"（Venetian window）。这是文艺复兴时期众多的发明之一，根据萨默森（Summerson）[10] 的描述，这种开窗式样来源于古罗马的凯旋门，"由三个跨度组合而成，中央最宽的一跨接近于拱，而两侧则使用过梁。"[11] 这种构造形式是由伯拉孟特（Bramante）发明的，但帕拉第奥及其追随者们在很多设计中都使用了这种形式，以至于后人将这种形式命名为"帕拉第奥母题"（Palladian motif）（图 16.5）。但是在乔治城，威尼斯窗似乎并不是为了欧洲精英们所设计的，属于伟大的文艺复兴作品的一部分，而是东南亚街头建筑中一种谦逊而朴实的元素，只是为那些谦逊而勤勉的企业家提供遮蔽物而已。

　　古典建筑语言这一系列非凡的应用到底是如何产生的呢？正如萨默森所解释的，自从在古希腊和古罗马起源以来，古典建筑语言的发展经历了漫长的演变历程，不仅跨越了地域和时间的界限，同时也跨越了社会形态与功能的界限。[12] 古希腊神庙的建造者们恐怕很难想象，古罗马人会将他们的柱式应用到多层的大竞技场当中。但是正如萨默森所言，正是这种转变，形成了文艺复兴时期古典形式的一个最有力的来源。将古典的柱式从古希腊神庙移植到古罗马竞技场，标志着一种通用的建筑语言的形成，这种建筑语言具有适宜的创新性与可识别性，几乎可以被应用于各种社会功能与建筑类型当中。

图 16.5　伯灵顿伯爵大屋，伯灵顿伯爵设计，1725 年。西南立面上的"帕拉第奥母题"式开窗。资料来源：© 作者

通过建筑形式与社会形态之间度的关系表明，建筑形式的出现并不是随机的——比如说，有人认为一种新的建筑形式常常出现在传统文化瓦解之后——这又是一种新的完整性。比如说通过一致性的形式，无论在世界的任何地方，我们都可以立即辨识出古典的建筑语言，尽管它们在发展过程中已经产生了变化。建筑形式的完整性一直都未消失，例如，从威尼斯到槟榔屿这跨越时间和空间的建筑之旅，乔治城别墅的殖民主义建造者们意识到，他们可以借鉴马来西亚本土住宅当中某些有价值的元素，使他们的郊区梦想成真，这样的做法既不会牺牲掉居住的舒适性，也不会损害到他们的审美情趣。

世界建筑

然而，古典建筑并不是现存唯一的，可以展现出半自治文化形式特性的建筑形式，认为它是唯一的只不过是一种特殊的偏见，其原因就在于西方文化霸权促使生活在西方国家的我们，往往忽视了非西方文化的发展所取得的成就。例如，伊斯兰建筑学者认为，伊斯兰建筑的形式和功能之间缺乏明显而直接的联系[13]，这绝非是巧合。他们所指的是遍及世界各地的伊斯兰建筑，这种建筑形式同古典风格一样，都是依靠征服和文化统治的方式进行全球扩展而逐渐演变而来的，伊斯兰建筑丰富的多样性，就来源于对地域和功能边界的一次次跨越。

下面我所选择的一系列建筑（图 16.6），是一种混杂形式的建筑范例，它们是由我所谓的"世界建筑"之间的交互作用所产生的，这就意味着这种建筑语言是在全球发展的过程中逐渐形成的。这些建筑都是由公共工程部门（Public Works Department，简称 PWD）负责建造的，容纳了当时雪兰莪州（Selangor State）所有的政府职能部门，该州后来成为了马来属邦（Federated Malay States,简称 FMS）的一部分,这些建筑包括：前雪兰莪州秘书处、邮政总局、高等法院大楼、中央车站、旅馆，以及马来西亚铁路部门总部等。[14] 这些建筑都围绕或是临近"巴东"（Pedang，是这座城市中心的一个主要的开放空间）布局，它们注定会成为马来西亚首都吉隆坡未来的主要地标。直至今日，依然如此。

公共工程部门的建筑师 A·C·诺曼（A. C. Norman），最初打算用传统的新古典主义风格来设计这些建筑，因为当时整个大英帝国的建筑都是这种风格。但是，诺曼的上司，总工程师 E·C·斯普纳（E. C. Spooner），曾有一段在斯里兰卡的公共工程部担任工程师的经历，在那期间，他开始了解到印度的"伊斯兰"建筑，并对这种建筑形式表现出非凡的热爱；这是一种由主要建筑形式和其他借鉴而来的元素组成的综合体。他认为这种建筑风格"更符合热带环境的要求"[15]，在他的力荐之下，这栋建筑的设计获得了殖民地长官的认可。

图 16.6   前英国殖民政府大楼，吉隆坡，A·C·诺曼设计，约 1900 年。从巴东广场看向建筑物的景观。资料来源：
© 作者

　　无论从哪个角度来考虑，这些建筑都是真正的综合体：坐落于马来西亚，却是一种外来的建筑类型，里面容纳的是殖民政府的外来机构。它由另一个外来的机构（公共工程部门）建造，其设计是由一位英国的建筑师完成的，采用的是伊斯兰的建筑风格，而对这个项目进行监管的是一位英国的工程师，这种建筑风格是他从北印度借鉴而来的。

适应性的品质

　　我们很容易辨识出这些建筑，它们的设计方式都是非常类似的。通过对这些案例的观察，我们一定能找出一两处使用了伊斯兰形式的地方，这就说明建筑具有适应性的品质，同时也显示出了英国设计师的聪明才智。

　　首先，我们应该注意到，伊斯兰的建筑形式在这里被运用到了某种建筑类型和社会形态当中，而这种建筑类型和社会形态并不属于历史上的伊斯兰文化。尽管如此，建筑的适应性还是很好地发挥了作用，或许，我们通过前文中对于伊斯兰建筑的评价（认为典型的伊斯兰建筑在形式和功能之间缺乏明确和直接的关联），就可以预料到这一点。这些建筑的风格除了受到伊斯兰建筑、殖民建筑类型和社会形态交互作用的影响之外，其自身也是在多种建筑形式交互作用下形成的综合产物，只是不那么明显，其中包含了从南亚、中东和北非不同的伊斯兰世界中借鉴而来的各种元素。[16] 我们再一次发现了一个案例，其内部的动态以及形式的规则，使得建筑形式的跨越成为可能，并创造出了可控制的结果。

其次，伊斯兰建筑另一个重要的特点就是其内向型的倾向。从根本上说，它是一种由庭院和封闭空间构成的建筑（图 16.7），"建筑的内部与外部，以及立面或是建筑物的整体外观，都是相互对立的。"[17] 从这个角度来看，很明显，公共工程部建造的政府机构大楼都不属于典型的伊斯兰建筑。我们所看到的是一群外向型的建筑，这些建筑注定要被世人从外部进行观赏，特别是从对面绿色开放空间来看更是如此。因此，除了新的建筑类型和社会形态对建筑形式造成的影响之外，他们的设计对于伊斯兰建筑形式本身也提出了特殊的要求。在这个案例中，这些要求也得到了很好的满足，但若是没有文化形态间深入的交流，就不可能获得这样的成功。

现在的这种建筑布局方式（使人们可以从一个公共开放空间围绕建筑进行观赏），尽管对当时的穆斯林建筑师来说是相对陌生的，但是对于熟知文艺复兴时期建筑的英国建筑师来说，却是相当熟悉的。我们能够找到的最恰当的案例，可能就是帕拉第奥在维琴察设计的巴西利卡（Basilica）（图 16.8）。帕拉第奥接受委托，要围绕着一栋既有建筑建造一个两层高的列柱廊建筑，而这栋既有建筑就是维琴察可容纳 500 人的议会大厅。[18] 这项设计的杰出之处，除了帕拉第奥对于威尼斯窗富有韵律感的使用以外，主要就在于它面

图 16.7　伊斯兰学校（宗教学校）的庭院，苏塞（Sousse），突尼斯（Tunisia）。资料来源：© 作者

图 16.8　巴西利卡，维琴察，安德烈·帕拉第奥设计，1550 年。建筑的上层设有"帕拉第奥母题"的拱廊。资料来源：© 作者

对一个重要的公共开放空间，从而通过设计对外部需求作出了回应，所有这一切都验证了帕拉第奥的天赋与这栋两个楼层列柱廊建筑的尊贵。同样，由诺曼（Norman）和斯普纳（Spooner）在马来西亚吉隆坡设计的殖民政府办公大楼也是如此。

因此，在这里，伊斯兰的建筑形式和文艺复兴时期的建筑形式已经融合在一起，创造出了吉隆坡殖民时代的政府建筑，这些建筑极具特色，人们一眼就可以辨识出来。跨越两个楼层的列柱廊——这是文艺复兴时期发明的一种设计手法，但在这里却被设计成了伊斯兰建筑的风格——重现了主要的建筑表现元素；不要忘了列柱廊的实用价值，这种建筑形式有利于在建筑周遭形成遮蔽，使来访者免受热带的骄阳与暴雨的侵袭。每一栋建筑都采用伊斯兰的形式，同时又与外来的建筑类型结合在一起，这就是这些建筑会形成如此影响力的原因所在。

文化的同一性

站在这些建筑面前，你不可能感受不到这是一个特别的地方。由于各种各样的起源，这些建筑物使我们感受到了对一个特殊的场所所作出的独特反应。因此，我认为，这些建筑有可能会比它们的历史原型更加不朽——坦率地讲，这些建筑都是利用当地原材料而进行的典型的殖民主义建设——但它们确实赋予了吉隆坡这座城市重要的城市特性。

最重要的一点是，在马来西亚不同的建筑风格相互作用而产生出混杂建筑类型的过程中，有某些东西直接指向了创作过程的本质。这也就是说，一些新的事物是由以前互不相关的文化背景的概念融合而成的，而它们通常代表着不同的现实世界。[19] 更进一步说，只有建筑形式和社会形态之间相互匹配的关系（我在这儿使用"度的关系"来描述）发生了明显的松动之后，这种创造性的融合才有可能发生，至少在一定程度上是这样的。我认为，马来西亚的殖民别墅和街道建筑都体现出了建筑的原始形态，它们产生于文化形式的互动与交融过程中，这是真正的创造性行为。很显然，乔治城的帕拉第奥别墅不是威尼斯的帕拉第奥别墅，不是英格兰任何地方的帕拉第奥别墅，甚至也不是美国南部炎热潮湿地区的帕拉第奥别墅，尽管都属于同样的母题，但是彼此之间仍然存在差异。案例中的这些建筑同这种主题其他的变体都有明显的区别；它们是属于马来西亚的帕拉第奥别墅。因此，这些建筑可以被称为马来西亚式的建筑，我们可以接受这种说法，是因为它们对于马来西亚文化的贡献，是无法在其他地方找到的。

在我看来，对于文化同一性（cultural identity）最正确、也是最有用的定义，就源于对文化互动的创造过程更加全面的理解与欣赏之中，而不是源自预先选择的地区或民族文化中某些纯粹的元素。到底有没有一种文化，它自始至终都没有受到过外来基因与文化形态的影响，这是非常值得怀疑的。但是当我们观察一个特定地区的历史发展时，比如说东南亚地区，我们会发现，本土的文化形式并没有被外来文化所取代，而是创造出了一种新的、原创的产物，它与任何之前既有的元素都不尽相同，但却为我们呈现出了一种文化的创新。

现代建筑与新殖民主义

但是，如果说外来文化的注入会导致外来文化和本土文化之间发生创造性的交互作用，那又为什么我们在西方现代建筑传入发展中国家的过程中，所看到的却是完全不同的结果呢？比如说，位于乔治城郊外的高层公寓（名为"步枪靶场"的房地产项目）（图 16.9）。[20] 尽管无论是在西方的发达国家，还是在南部的发展中地区，这样的高层公寓都是相当常见的，但是对马来西亚来说，这些公寓却具有重要的实验意义，因为这是该国首次采用工业化国家高度机械化大规模生产的方式用于建造活动的尝试。[21] 看到这里，我们很可能会停下来思考一下，并对设计出这些建筑的"马来西亚人"的智慧产生了怀疑。因为这些公寓大楼所展示出来的正是正统现代主义最糟糕的东西，特别是那一套在全世界坚持标准化建筑的过时教条。我们把这一类建筑称为"新殖民主义"，因为它所表现出来的是发展中国家对于北方发达工业化国家持续性的文化依赖，这些发达国家经常将他们不想要的产品——也包括这些现在已经不再受欢迎的大规模生产建筑系统——倾销给那些比较缺乏经验的南部发展中地区。

图 16.9 "步枪靶场"住宅区，乔治城，1965 年。这个住宅项目坐落于原英军的射击场，主要居民是华裔，住宅俯瞰一片华人的墓地，这是一种违背了传统风水的做法。资料来源：© 作者

　　所以，同上文中所讨论的那些文化注入的案例相比，"步枪靶场"住宅项目存在着非常重要的本质上的区别，这就衍生出了一个关键的问题，即世界上某种文化对另一种文化形成支配地位的潜在过程。出于帝国主义的动机，历史上的殖民政策在很大程度上，都是同它要支配的本土文化平行并存的，在一定程度上，殖民主义者明确的目的就是要进行经济剥削。尽管殖民者们普遍认为，他们的文化是优于本土文化的，并直接或间接地教化当地的人民，但是那些本土文化却仍然在很大程度上持续繁盛，相对来说并没有受到什么影响，这种情况是非常普遍的。[22]

　　然而，当历史上的殖民主义，连同它所支持的工业时代的异质文化，都被现代的新殖民主义所取代的时候，我们就看到了一幅完全不同的全球化的景象。对于战后的新殖民主义经济剥削体系来说，他们不仅需要这些新"独立"的国家（之前的殖民地）继续向旧时的帝国中心输送宝贵的自然资源，不断增长的贪婪还要把这些国家的人民都变成他们的消费者。在这种情况下，从前与本土文化平行并存的殖民体系的异质文化，已经无法再满足经济剥削的目的。现在有必要采取下一步措施，即彻底消灭本土文化，取而代之的是一种西方的消费文化，其目的就是要创造出大量消费西方货物和商品的社会以及心理态度。

　　新殖民主义有这样的经济需求，就必然会要求西方的文化霸权持续扩张，除了其他所

图 16.10　光大大厦（Komtar Tower），乔治城，1980 年，由 Team 3 International 设计。资料来源：© 作者

有文化形式的注入以外，西方的建筑形式也会逐渐取代本土的建筑形式，本土的建筑形式事实上已经名存实亡，这是无法避免的（图 16.10）。所有这些都是前殖民强权对本土文化和商业渗透的一部分，以维持他们自身的经济统治地位以及经济利益。

这就是现在与未来的危机所在，不仅仅是马来西亚，几乎所有发展中国家的特性都受到了威胁。相较于现在已经过时的、低效的历史殖民主义，新殖民主义的文化统治与剥削具有隐秘性，对于那些在军事上和经济上都比较弱小的国家而言，这是一种更为严峻的挑战。因此，全球消费社会的新殖民主义建筑，在某种程度上代表着商业价值已经同化了现代文化，在这种大环境之下，所有其他的价值都要屈从于这些商业价值，这是一种前所未有的"统一的力量"（homogenizing force）。

新兴的文化

如果说全球化的景象并不是那么令人鼓舞，但有迹象表明，目前出现了一些其他的文化形式，有可能会使建筑重现其在文化和地方特色形成中的历史目的。纵观全世界，在不计其数的小型文化创新实验中都可以看到这些新型文化形式的踪影，所有尝试的目标，都是要以某种形式来打破当前的政治、经济与文化垄断。有的时候，我们将这些尝试称为"绿色运动"，或是采用发展中国家的说法，叫作"经济与生态均衡发展"（ecodevelopment）。[23]

这些实验使建筑行业内重新燃起对地域性建筑和历史的兴趣，并将注意力锁定在文化和地方特性的概念上，而这些概念之前都被忽略掉了。

尽管如此，当前的讨论并没有针对社会形态与建筑形式提出解释性或说明性的理论，其中就包括混杂和模糊的文化形式的问题，而这些文化形式很有可能会成为未来文化相互作用的全球大背景中的主要特征。对于未来可能出现的文化形式，一直都有两种比较极端的观点，其一是我们都很熟悉的西方占主导地位的文化形式，而另一种则是那些传统文化模式下纯粹的文化以及自给自足的力量。这样看来，混杂的文化形式应该是一种比较合理的模式，它在提供了更大的政治与经济自主性的同时，也避免了对于纯粹特性的幻想。

因此，这里所展示的混杂形式的建筑实例，不仅是建筑师在过去所取得的成就，同时也是对未来可能出现的混杂文化形式的一种具有代表性的隐喻。所以，我们可以将这些建筑视为文化交互作用的创造过程的产物，尽管这些案例都与殖民主义有着一定的联系，但是也有可能是其他类型全球互动的产物，或是伴随着文化平衡的破坏而产生的结果。简而言之，无论在什么情况下，两种或是更多种富有活力的文化碰撞在一起，都会产生出它们的杂交后代。

注释

1　Abel, C.（1984）. 'Living in a hybrid world : built sources of Malaysian identity'. In *Design Policy : Vol. 1*, *Design and Society*. Proceedings of the 1982 Design Research Conference, London, 20–23 July（Langdon, R. and Cross, N. eds）, pp. 11–21, The Design Council.

2　Lim, J. Y.（1981）. 'The traditional Malay house – a forgotten housing alternative'. Unpublished paper presented at the *Seminar on Appropriate Technology*, *Culture and Lifestyle in Development*, Universiti Sains Malaysia, Penang, 3–7 November. Also Wan, B.（1984）. 'The Malay house : learn-ing from its elements, rules and changes'. In *Design Policy*, pp. 28–33.

3　Osborne, M.（1979）. *Southeast Asia*. George Allen & Unwin/Heinemann Educational Books（Asia）, Kuala Lumpur. Also Kuchiba, M., Tsubouchi, Y. and Maeda, N.（1979）. *Three Malay Villages : A Sociology of Paddy Growers in West Malaysia*. University of Hawaii Press, Honolulu. Also Winstedt, R.（1947）. *The Malays : A Cultural History*. Routledge & Kegan Paul, London.

4　The term is used here in the sense of Parfit, D.（1979）. 'Personal identity'. In *Philosophy As It Is*（Honderich, T. and Burnyeat, M. eds）, pp. 183–211, Pelican Books, Harmondsworth. 帕菲特（Parfit）用这个词（人格同一性）来区分人格特性之间极端的逻辑关系，以及在人格同一性中存在的更为模糊的关系。

5　Ackerman, J.（1966）. *Palladio*. Penguin Books, Harmondsworth. 有关帕拉第奥原始草图和相关描述，可参考 Palladio, A.（1738；1965）. *The Four Books of Architecture*. Dover Publications, New York.

6　Murray, P.（1978）. *The Architecture of the Italian Renaissance*. Schocken Books, New York.

7 Summerson, J.（1969, 5th edn）. *Architecture in Britain：1530–1830*. Penguin Books, Harmondsworth.

8 支撑店屋这种建筑形式的社会体系是典型的"市场经济"（bazaar economies），或是发展中国家经济中残存的前工业化阶段。相关内容可参考 McGee, T. G.（1971）. *The Urbanization Process in the Third World：Explorations in Search of a Theory*. G. Bell & Sons, London.

9 Tang, C. A. and Yeo, K. H.（1976）. 'Old row houses of Peninsula Malaysia'. *Majallah Akitek*, Vol. 2, June, pp. 22–28. Also in the same journal, Emrick, M.（1976）. 'Vanishing Kuala Lumpur：the shophouse', pp. 29–36.

10 Summerson, J.（1963）. *The Classical Language of Architecture*. The MIT Press, Cambridge, MA.

11 Summerson, J.（1963）, p. 52.

12 Summerson, J.（1963）, p. 14.

13 Grube, E. J.（1978）. 'What is Islamic architecture?' In *Architecture of the Islamic World*（Michell, G. ed.）, pp. 10–14, William Morrow, New York.

14 Whitstone, D.（1982）. *Colonialism, the PWD and Early Kuala Lumpur*. Unpublished thesis, Polytechnic Central London.

15 Whitstone, D.（1982）, p. 46.

16 参见第 17 章。

17 Grube, E. J.（1978）, p. 10.

18 Ackerman, J.（1966）, p. 87.

19 参见第 10 章。

20 这个项目是以英军之前的基地用途而得名的。

21 针对同一个住宅社区详细的社会学评判，可参见 Abraham, C. E. R.（1979）. 'Impact of low-cost housing on the employment and social structure of urban communities'. In *Public and Private Housing in Malaysia*（Tan, S. H. and Hamzah, S. eds）, pp. 209–266, Heinemann Educational Books（Asia）, Kuala Lumpur.

22 英国政府在马来西亚殖民时期的策略是尽可能少地扰乱当地的传统，并通过与苏丹（伊斯兰国家的君主）的合作来维系地方的自治，至少在表面上是这样的。相关内容可参考 Tan, D. E.（1975）. *A Portrait of Malaysia and Singapore*. 牛津大学出版社，牛津。尽管如此，通过西式的教育，社会精英人士所接受的是西方的价值观与生活方式，最终却将独立后的领导阶层推向了他们的前殖民统治者的方向，这是不可避免的。

23 这种方法的典型案例，请参考 the Mahadevapura Team（1979）. 'The Mahadevapura ecodevelopment project'. *Ecodevelopment News*, No. 11, pp. 3–11. Also in the same journal, Bredariol, C. S.（1979）. 'Ecodevelopment in urban areas of the State of Rio de Janeiro', pp. 12–20. See also Idris, S. M.（1984）. 'A framework for design policies in Third World develop-ment'. In *Design Policy*（Langdon, R. and Cross, N. eds）, pp. 22–27. 这一类的尝试很多都是受到了舒马赫（Schumacher, E. F.）（1973 年）的启发。*Small Is Beautiful：Economics as Though People Mattered*. Harper & Row, New York. 参见第 19 章。

第 17 章　地方主义的转变

首次发表于《建筑评论》，1986 年 11 月 [1]

地方主义就是要将那些被正统的现代主义抛弃掉的东西重新拾回到建筑当中，而这些东西就是一个特定地区的建筑形式在过去与现在之间的连续性。地方主义作为一种潮流，并不仅仅局限于西方国家，它在全世界都有巨大的吸引力，只要有现代主义存在的地方就同时盛行着地方主义。但是在第三世界国家，现代主义的影响伴随着急剧快速的发展，现在与过去的割裂却更为严重，因此地方主义在这些国家还有着特殊的意义。对于这些国家的民众来说，决定什么样的建筑是属于他们这个地区的，什么样的建筑是不属于他们这个地区的，这件事本身就带有一定的政治与情感色彩，这是一种为文化生存而进行的基本斗争，常常被可悲地称为"寻求个性"（search for identity）。

然而，对于一种可行性的建筑连续性的需求，根本就没有一种明确的说法。即使是对最受欢迎的反映本土文化的建筑形式的分辨，也同样存在着不同的意见。这些建筑的形式一般都是非纪念性的，而且通常具有以下特征，即"非建筑师设计"[2]，或是"自然的"发展过程的产物。[3]这些建筑之所以被挑选出来，是因为人们相信，这样的建筑本身就代表了建筑形式、文化、地区与气候之间理想的、天衣无缝的和谐关系，而这种和谐关系在国际现代主义中被丢掉了，现在必须要重新找回来。但是，总是有那么多不如人意的状况出现，使得这种罗曼蒂克的构想变得混乱，从而使我们认识到，认为存在着某种民间建筑可以不受任何外来因素的影响，这种过于简单的构想根本就是不现实的。

跨文化的影响

事实的情况同以上的构想相反，这类建筑并不一定属于本土建筑，它们有可能完全，或是部分来源于其他的文化。我们在阿拉伯半岛中部的内志省（Nejd）发现的泥砖建筑（mud-brick）（图 17.1），是纯粹的本土建筑的实例，它们是相对孤立的地理位置与文化环境的产物。而更为常见的情况，则是像同在阿拉伯半岛的民居，它们同其他文化曾有过相互接触，无论是通过贸易、征战还是朝圣，既往的文化交流都在这些民居上留下了不可磨灭的印记。[4]比如说，一种"悬挑阳台"，或称为"rowshan"（图 17.2），出现在沿红海分布的吉达市（Jeddah）和汉志省（Hijaz）其他城市的民居中，可以起到装饰的作用，

图 17.1　沙特阿拉伯中部内志省的本土泥砖住宅。内部庭院景观。资料来源：© 作者

是这个地区独有的一种细部构造形式，就是早期由奥斯曼帝国的土耳其人引进的。除了在土耳其的伊斯坦布尔，在穿越地中海地区的一些城市也可以发现类似的构造形式，其中包括开罗、突尼斯，以及马耳他岛的瓦莱塔（Valletta）（图 17.3）。

　　马来西亚典型的"吊脚楼"住宅，为我们提供了另一种"本土"建筑的范例，但实际上这种民居形式却是从其他地方传播而来的。更准确地说，这一类相关的民居类型最早起源于马来群岛，也就是现在的印度尼西亚，我们在马六甲州（Malacca）、霹雳州（Perak）和马来西亚东海岸的各州都可以发现这种主要的民居类型，可以反映出定居于这片大陆不同区域的各个不同文化群体的特色。[5]后来，这些基本的民居类型又添加了其他的特征，有些时候是外来的特征。例如，马六甲州住宅独特的外部楼梯（图 17.4），就来源于在马六甲州定居的华裔居民的建筑。

　　更令人感到困惑的是在文化和建筑形式之间存在着一些反常的现象，比如那些从其他地区引进的主要宗教形式，会被当地居民接受并视为了他们自己的信仰。居住在东南亚的民众，他们最初信奉的是印度教，后来信奉伊斯兰教，他们对于这两种宗教不同建筑需求的解决方法，主要就是忽略这些不同。在 15 世纪，当商人们将伊斯兰教引入马来群岛的时候，清真寺的权威形制已经在这个地区建立了几百年之久。而为了适应宗教目的而创造出来的建筑类型，首先是在个别的岛屿上，后来遍及整个马来群岛，在这个区域甚至有更加久远的历史。这种建筑，其类型可以向前追溯到富足的爪哇人类似于宗教建筑的住宅，

图 17.2　沙特阿拉伯吉达市住宅"悬挑式的阳台",或称为"rowshan",其来源为土耳其建筑模式。资料来源:© 作者

图 17.3　"悬挑式的阳台"，马耳他的瓦莱塔。资料来源：© 作者

图 17.4　在马六甲州马来民居形式的局部变化，其典型特征为中国移民引进的中式户外楼梯。资料来源：© 作者

以及在巴厘岛很常见的印度 – 爪哇神庙建筑，甚至是更早期的万物有灵论的信仰与实践。[6]
这种建筑类型最主要的特征就是向心性的平面以及梅鲁（meru）屋顶造型，这是一种
由立柱支撑的多层金字塔造型，所有特征都表现了印度教和爪哇人的宇宙观（图 17.5）。

图 17.5　马来西亚传统的清真寺建筑，是以爪哇寺庙的金字塔造型为基础的。资料来源：鲁斯兰·哈立德（Ruslan Khalid）提供

当地的民众通过将伊斯兰教的活动纳入本土的建筑类型当中，而不是生硬地引入一种更加正统，但却陌生的建筑形式，从而减少了新旧生活方式之间潜在的冲突，但是却带来了奇特的、可能未曾预料到的结果，而对于这种结果，没有一种解释能够将其描述清楚。

　　如果我们承认，即使是最强大的、不朽的建筑，也可能适应不同的地区和文化条件，那么地方主义者的目标和方法就会变得更为复杂。在西方，一个最为极端的案例就是古罗马的万神庙（Pantheon），它有不计其数的后裔及区域性的变异。[7] 伊斯兰建筑也可以向前追溯到古罗马的先例。因为伊斯兰帝国所覆盖的区域就是早期的古罗马帝国，在这片土地上，伊斯兰教的建造者们吸收了很多古代建筑的形式与技术。所以，典型的多柱式清真寺在很大程度上受到了古罗马建筑类型的影响[8]，特别是巴西利卡建筑群（图 17.6），以及先知自己的庭院式住宅——古罗马建筑都是其最初的灵感来源。尽管这种建筑模式从未在东南亚地区扎根，但是后来在整个伊斯兰世界的变化，都进一步验证了本土和外来因素同时影响下建筑的表现。

来自殖民建筑的综合经验

　　殖民地建筑为文化交流所产生的混合成果提供了更进一步的实例。为了能够更有效地发挥作用，殖民主义会安排各大都市中心的代表们居住在适度舒适的环境中，即使是在远离帝国中心的偏远地区。所谓"更有效地发挥作用"，就意味着要让殖民地的民众感受到统治者的权力，以及他们"更优越"的文化和生活方式。这里所说的"舒适"可能包含各

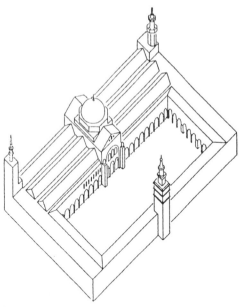

图 17.6　大清真寺，大马士革，公元 706—715 年。这种平面布局根源于古罗马建筑的原型，成为遍布整个伊斯兰世界的多柱式清真寺的模型。资料来源：D·库班（Kuban, D.），1974 年

图 17.7　突尼斯（Tunisia）苏塞（Sousse）附近的埃尔·杰姆（El Jem），大竞技场，公元 230 年。由国王戈尔迪安（Gordian）为罗马殖民者建造。资料来源：© 作者

式各样的内容，从古罗马帝国时代圆形大竞技场的复制品（图 17.7），到近期都铎式风格（英国建筑的一种类型，主要用于家用建筑——译者注）的板球俱乐部，以及大英帝国时期的旅店等等。于是，东南亚地区，再一次吸收了众多不同的文化，成为世界上第一个多元文

图 17.8 都铎式风格的旅店,位于吉隆坡附近的金马伦高原(Cameron Highlands),属于英国殖民避暑山庄的一部分。
图为穿过花园看向建筑的景观。资料来源:© 作者

化的实验室[9],并创造出了丰富的案例。马来西亚避暑山庄,以英属印度的避暑山庄为蓝本,特别是印度西姆拉(Simla)市[10],坐落于比较寒冷的高海拔地区,不仅有助于降低疟疾传播的机会,还可以重塑英国萨塞克斯(Sussex)休闲寓所完整的氛围(图 17.8)。从舒适的家具陈设和壁炉(这里到了晚上会比较寒冷,需要采暖),到英式的花园,甚至是餐桌上生长在山上凉爽的气候条件下、像鲜花一般的草莓,整个环境都表现出对于殖民者原始居住地深深的敬意。

然而,这种对所熟悉环境的严格复制,绝不是故事的全部。在定居的过程中,一些殖民者对建筑的构想也发生了重大的转变,特别是要适应热带的气候条件。尽管就大多数马来西亚与新加坡的殖民主义别墅来说,这样的转变可以被视为是对自然条件所作出的直接反应,但是我们也可以说,殖民者们所做的这一切都并非是凭空想象,他们从传统的马来民居中得到了很多启发。其结果就是这些熟知帕拉第奥风格的建造者们创造出了一系列的住宅[11],它们是东方与西方文化的结合,带有明显的两种文化融合的痕迹,不仅仅具有古罗马建筑的特色——这是帝国创作灵感最好的来源——也带有马来民居开敞通透的特点(图 17.9)。

可以这样说,典型的欧洲别墅和马来民居是两种相互独立的民居形式,处于自然环境当中,我们可以预见到这两种文化形态之间会发生实际的交流。但是,英国的殖民者们却

图 17.9　为之前的英国军官建造的殖民别墅，乔治城，约 1936 年。资料来源：© 作者

引进了一种新的建筑类型，这种新的建筑类型超出了人们的想象，并且也被本土化了。[12] 在马来西亚和印度都是采用同样的解决方案，即自由地采用纪念性的伊斯兰建筑（在马来西亚，这是一种外来的建筑形式，并且人们认为这种建筑形式可以符合当地宗教信仰的需求），而新德里和吉隆坡的英国总督对他们的行政和公共建筑进行了一定的改变，反而更好地凸显了他们的怀柔政策。同样，值得注意的一点是，具有重大意义的结果并不是通过单独的某一栋建筑而表现出来的，他们创造出了一系列类似的建筑（图 17.10）。最近，这些地区的民众对于这些建筑的态度也发生了转变，并产生了新的意愿，愿意将这些建筑纳入民族遗产之中（尽管它们表现出某种折中主义的怪异），这应该归因于区域自信心的增强，以及这些建筑形式能够承载新意义的能力。[13] 尽管亚洲人可能还没有办法像英国人一样，平静地接受他们过往的殖民历史，但是越来越多的人开始意识到，同最近引进的（国际化）建筑模式相比较，早期的殖民建筑形式看起来倒更像是本土的东西。

定义的问题

　　要解释这些反常的现象就暴露出了一个问题：通常用来描述文化同一性的社会心理学经常混杂着逻辑的概念，而这些逻辑的概念并不适用于描述连续性中的矛盾本质。任何关于同一性的逻辑问题都需要一个明确的答案。一个事物同另一个事物，要么就相同，要么

图 17.10　位于吉隆坡的前马来西亚铁路管理局总部，A·B·胡布博克（A. B. Hubbock）设计，1917 年。资料来源：
© 作者

就不同，非此即彼。当逻辑概念被应用于定义行为属性的时候，逻辑对称的要求就提出了一些问题，而这些问题是没有办法回答的，哪怕是对个人行为的连续性都无法解释[14]，就更不用说文化形态发展的连续性了。如果我们能够接受我们所探寻的连续性并不是逻辑上非此即彼的同一性的关系，而是在不同的存在状态间更具包容性的关系，那么事情就会变得更加现实而且可以操作，其中最有效的一种描述就是类比的关系。从这个角度来看，典型的清真寺、马来民居和殖民别墅，它们都有各自不同的起源，思考这些建筑如何成为一类建筑形式的典范，相较于那些纯粹从文化角度出发的浪漫主义思想，对于理解建筑连续性的本质才是更有价值的。

　　一般来说，无论是纪念性建筑还是非纪念性建筑，评判其受到历史上外来因素影响的时候，最重要的一点就是不能单独拿出一栋建筑物来进行评判，而是应该全面地考虑先例以及后期变体整体一系列的发展过程，包括随时间发展的每一次转变，而每一次转变的结果反过来又可能成为下一次转变实际的或是潜在的模型，周而复始，由此又可以衍生出更多的变化。[15] 在模型一次次的复制过程中，我们可以通过变化获得那些连续性的基本要素，并由此评判文化的传承关系。建筑形式的转变就是这些经久不衰的模型所产生的印记，它是由具体的环境、项目要求与历史状况造成的，是由当时的建造者根据自己的理解而创造出来的。过去人们曾经认为，现存的模型会阻碍创造性的发挥，但事实上并非如此。恰恰相反，新模型的创建常常源自现有的，但是之前互不相关的思想与形式之间的"杂交"过程；这个过程也可以用类比的术语来描述，通常是由不同文化之间的交流所激发的。在"地球村"（global village）这个令人困惑的时代，值得宽慰的是我们可以观察到，真正的地方性建筑的成果存在于跨文化的杂交与外来模型本土化的创造性过程当中，而不在于平时所谓的"纯粹的特性"（purified identities）。[16]

包豪斯洗脑

具有持久性但又兼具适应性的建筑形式，跨越了时间的界限、地点的界限以及文化的界限，假如我们能够将其视为常态，并给予相当的重视，那么当代地方主义者可以参考的素材范围就大幅扩展了。然而，当我们要对何为地域性给出一个更为概括性的定义时，就必须要思考一下，为什么当代的建筑师同他们富有探索精神的前辈们相比，总是存在着很大差距呢？

不幸的是，随着对西方建筑形式的引进，同时也带来了包豪斯教育理念和方法之中最为糟粕的部分。根据这种僵化的理论，刚刚开始接触建筑学的学生们最理想的精神状态就是一张白纸，符合"革命性再造"（clean sheet）的创造性理论，即保持未受到任何历史认知或其他文化教育影响的儿童纯真状态。[17] 尽管这种太过于夸张的洗脑体系的破坏作用，在西方国家已经是日暮西山，但在发展中国家的教师当中却仍然有着强劲的影响力（这些教师自身一般都是接受西方的教育，之后又采用同样的方法来教导他们的学生），这对于积极地去感受自己的地域文化起到了严重的阻碍作用。虽然也偶有建设性的尝试出现，但是真正建立在对地方性历史广泛而有创造性的重新解读基础上的教育知识，却始终还未出现。

近期的原创

幸运的是，近年来出现了越来越多"另类"的作品，它们大多出自自学成才的建筑师之手，这些建筑师通过仔细钻研自己的传统来弥补正规教育的不足。然而，即使是这些成功的案例，特别是在热带地区，也往往局限于某些建筑类型，比如说民居、度假酒店和学校建筑等，而这一类建筑的功能、尺度的限制以及周遭的自然环境，都决定了适合于采用

图 17.11　鲁胡努（Ruhunu）大学，马特勒（Matara），斯里兰卡，由杰弗里·巴瓦（Geoffrey Bawa）设计，1984 年。
资料来源：© 杰弗里·巴瓦 / 克里斯汀·里希特斯（Christian Richters）

地域性的建筑形式和材料，只需要进行一些不太复杂的调整就可以满足要求。

　　斯里兰卡建筑师杰弗里·巴瓦（Geoffrey Bawa）也深受殖民主义建筑模式的影响，他的大部分作品（图 17.11）都可以归为此类。[18] 另外一些知名度较低，但是却颇有成就的建筑师，包括马来西亚建筑师林倬生（Jimmy Lim），他以巴瓦为楷模，还有新加坡的坎普兰事务所（Kampulan Akitek）以及菲律宾的弗朗西斯科·曼诺莎（Francisco Manosa），这些建筑师都创作出了非常有趣的住宅和酒店建筑，其创作灵感就来源于传统的先例。除此之外，给标准的国际式建筑戴上一顶传统的"帽子"（图 17.12），或是其他的拼凑之作，也都是为了表现地域特征和特性时常用的手法。

　　在将木材作为传统建筑材料的地区，人们很容易会存在这样的误解，认为主要的问题是技术性问题，材料和技术限制了建筑的结构与形式的多样性。然而，当代的日本建筑师却创造出了很多极具说服力的作品，它们在外观上类似于传统建筑，但却使用了现代的材料和技术（图 17.13），从而扭转了上述失败主义（defeatism）[19] 的观点。日本建筑师所获得的成功很值得我们深入了解，但是这应该在很大程度上，要归功于日本当代建筑师一直以来都对传统的建造方式抱持着深深的敬意。[20] 此外，他们的成功还得益于传统日式建筑具有"现代"的品质，灵活的模块式空间和开放的木构架结构，以及大规模的宫殿和寺

图 17.12　王朝大酒店，新加坡。资料来源：© 作者（左）
图 17.13　天空住宅，文京区（Bunkyo-ku），日本东京，菊竹清训（Kiyonori Kikutaki）设计，1958 年。资料来源：© 菊竹清训 / 二川（Futagawa）（右）

庙建筑都具有明显的结构表现主义倾向，这些特质都为日本建筑师提供了一种强大的审美传统，因此他们可以很容易地将传统木构架建筑转变为现代的钢筋混凝土或是钢结构建筑。

　　还有一些其他发展中国家的个人原创作品，也受到了应有的重视。查尔斯·柯里亚（Charles Correa）的作品表现出极度折中的地方主义，他的创作灵感来源于勒·柯布西耶、路易斯·康（Louis Khan）、路易斯·巴拉甘（Luis Barragan）和查尔斯·摩尔（Charles Moore）的作品，同时也吸收了印度当地现代建筑实践的一些本土经验。[21] 理查德·英格兰（Richard England）的作品多处于发展中世界的边缘，但却仍然具有重要意义，他致力于解决的是马耳他地区旅游业所涉及的一些特殊问题。[22] 他所设计的酒店就像是从石灰岩中生长出来的，而岛上的要塞也都由石灰岩建造（图 17.14），这就为其他发展中国家提供了宝贵的经验，在发掘地方特色的过程中不要去破坏地方特色，而这种破坏在发展中国家却是非常普遍的。

伊斯兰建筑的复兴

　　但正是对伊斯兰建筑传统的重新发现，为相关地区当代可行性的地域性发展提供了巨大的潜力，使建筑师们可以维持高品质创造出各类建筑，无论是传统的还是现代的。这种巨大的潜力就来自丰富的传统，而传统作为一种具有适应性的建筑语言，在地域上跨越几

图 17.14 假日旅游度假村，马利哈湾（Mellieha Bay），马耳他，理查德·英格兰（Richard England）设计，1980 年。资料来源：理查德·英格兰提供

大洲，并经历了超过 1200 年的持续发展，在形式上表现出非常丰富的多元性，在其应用范围内，完全可以同西方的古典建筑语言分庭抗礼。[23]

尽管起源于古代，但是在西方国家，伊斯兰建筑的复兴并不是那么容易被预见到的。现在，西方国家的建筑系学生们仍然被教授美索不达米亚（Mesopotamia，亚洲西南部地区）的早期人类文明，他们对于古埃及的纪念性建筑也很熟悉，但是在那之后，建筑史课程就突然转变了定位，直接跳到了地中海北岸，而再也没有回到南部地区，这一点在现在看来是很奇怪的。如果我们承认，正是阿拉伯学者们的努力复兴了早期希腊的科学技术，并最终推动了欧洲的文艺复兴运动[24]——这是一个在西方很少有人承认的历史事实——那么，这种突然穿越地中海的不可逆转的跨越，看起来的确非常奇怪。除此之外，欧洲的"黑暗时代"（欧洲史上约为公元 476—1000 年——译者注）或多或少地同伊斯兰帝国的"黄金时代"在时间上相吻合，而以欧洲为中心的模式就变得清晰起来了。反过来，在其他地方的建筑学教育中，也存在着类似的"切除术"，切割掉了穆斯林建筑师的成就，进而造成了关于这部分历史认知毁灭性的结果。因此，就出现了以下极具讽刺性的状况：在伊斯兰世界中一些杰出的地域性建筑都是由开明的西方建筑师设计的，而这些建筑师受聘于富有的沙特阿拉伯人或是其他地方的赞助商，其目的就是要创造出一种不同于主流国际化模式的建筑形式。

这股风潮中有一个著名的案例，就是由丹麦亨宁·拉尔森（Henning Larsen）事务所设计的，位于利雅得的沙特阿拉伯外交部大楼（图 17.15，图 17.16），该作品展现出了建筑师非凡的想象力。[25] 尽管拉尔森对于伊斯兰建筑的欣赏也存在盲点（主要是基于传统模式的装饰的运用），但是我们可能会有这样的疑惑：建筑师的所作所为是否源于他对伊斯兰建筑虔诚而崇敬的态度；他采用了世界上最著名的陵寝——印度泰姬陵的平面（图 17.17），来容纳沙特阿拉伯一个现代的行政机构，并在其中创造出了很多令人难以忘怀的空间。

拉尔森大胆地借鉴了人们熟知的伊斯兰纪念性建筑，与 SOM 事务所在同一个国家更加正统的做法形成了鲜明的对比。尽管 SOM 事务所会尽可能避免明显地使用传统模式，但是他们在沙特阿拉伯吉达国际机场，设计的帐篷造型的哈吉机场候机（图 17.18）[26]，

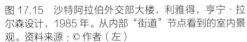

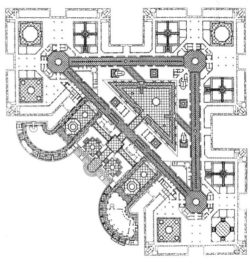

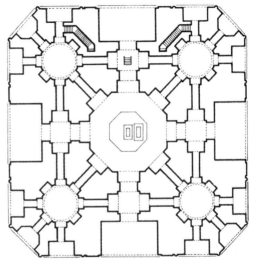

图 17.15　沙特阿拉伯外交部大楼，利雅得，亨宁·拉尔森设计，1985 年。从内部"街道"节点看到的室内景观。资料来源：© 作者（左）

图 17.16　沙特阿拉伯外交部大楼。平面图，展示出中央空间以及内部通道。资料来源：亨宁·拉尔森事务所提供（右上）

图 17.17　泰姬陵，印度阿格拉（Agra），1632—1654年。平面图。资料来源：H·施蒂林（Stierlin, H.）（1979年）（右下）

图 17.18　哈吉（Haj）机场候机楼，阿卜杜勒·阿齐兹（Abdul Aziz）国王国际机场，沙特阿拉伯吉达省（Jiddeh），斯基德莫尔（Skidmore）、奥因斯（Owings）及梅里尔（Merrill）事务所（SOM 事务所）设计，1982 年。资料来源：© 斯基德莫尔·奥因斯·梅里尔事务所 / 赖豪·居纳伊（Reha Gunay）

以及同样位于吉达省，为国家商业银行设计的内向型的办公大厦 [27]，都为该地区创造出了引人注目的隐喻性的地域性建筑形式，同时也是对当地严酷气候条件的理性回应，为现代主义朝向地方主义发展起到了一种微妙但却显著的推动作用。

不断变化的城市文脉

新型城市建筑类型以及与之相关的社会和商业体系，连同私人汽车以及其他现代交通系统的引入，同按照分散式的西方城市模式重构的主要城市中心平行并存。历史的城市中心仍然被保留在那里，现在只是成为对于那些不久之前，但却已经逝去了的过往岁月以及生活方式无声的回忆。新型的城市完全颠覆了传统阿拉伯城市院落住宅的空间模式，从之前密集排布的带有开孔的建筑（building-with-holes），转变成了我们所熟悉的国际化模式，一栋栋独立建筑沿着新建的高速公路一字排列。[28]

然而，还有一小部分本土的建筑师，他们在正统的现代主义教育中没有随波逐流，仍然坚持初衷，尝试重建传统密集式的住宅和露天剧场或是市集，要同他们历史上的城市中心保持一致。麦地那市（Medina，沙特阿拉伯西部城市——译者注）的 El Hafsia quarter——突尼斯老城的重建（图 17.19）[由瓦西姆·本·马哈茂德（Wassim Ben Mahoud）设计]，就是这类项目最成功的代表作之一。[29] 还有规模更为庞大的利雅得法院区，由贝哈（Beehah）团队和拉塞姆·巴德兰（Rasem Badran）团队联合设计，以

图 17.19　麦地那市（Medina）的 El Hafsia Quarter 项目，突尼斯，由瓦西姆·本·马哈茂德（Wassim Ben Mahoud）设计，1977 年。资料来源：© 作者

类似传统的形式为城市提供了商业设施和单元式住宅。而拉塞姆·巴德兰建筑师团队还在利雅得郊外一个新的外交区建造了一个类似于传统的线性内核，其中包含密集型的公共建筑和住宅建筑。

　　但是，这种重建活动，或是对历史城市模式的翻新尝试却并不多见。更为常见的是那种典型的国际式做法，其最典型的代表就是由日本建筑师丹下健三（Kenzo Tange）在利雅得设计的阿卡汗中心（Alkhairia Centre），这个项目无论是对气候还是传统都没有作出任何的让步。同传统城市模式相伴而生的院落式住宅也被独栋别墅所取代了（图17.20）。尽管由于传统内部开放空间的丧失，独栋式别墅无论是对气候条件的适应性还是对私密性的要求都并不尽如人意，使用起来存在着诸多的不便，但却还是成为各个世代人们身份象征的首选。

方法的分类

　　正是在这种不断变化的文化和城市文脉背景之下，有两位建筑师的作品值得我们特别关注。其中之一，就是埃及建筑师阿卜杜勒·埃尔 - 瓦基勒（Abedelwahed El-Wakil），他追随着导师哈桑·法赛（Hassan Fathy）[30] 所树立的典范，但却遵从着更为严格的传统主义方法。他的项目主要集中于院落式住宅和清真寺建筑，通过这些实践活动，建筑师探索出了一种完善的建筑形式语汇，主要来源于他的故乡——

图 17.20　利雅得典型的郊区别墅，外面环绕着高高的围墙以确保隐私性。资料来源：© 作者

开罗的历史建筑。[31] 然而，埃尔－瓦基勒对于建筑设计的潜心钻研，并不仅仅是要将被人们忽略了的传统建筑知识和技术重新带回到现代生活当中；他还通过自己的实践，使世人重温了一句古老的格言：想要打破规则，首先要了解规则。对于那些只是看到熟悉的院落、拱形游廊和穹顶的人们来说，他们很可能不会马上发现埃尔－瓦基勒对于传统模式的改变，特别是在以清真寺为主题的项目中，他对于新型的、低密度的、基地附近暴露出的城市文脉环境都作出了微妙的回应。不同于以往被周围建筑紧紧包围其中并贴合在一起、面对外面世界毫无表情的历史模式，埃尔－瓦基勒设计的清真寺大多都是独立存在的。他在吉达省可尼斯（Jeddah Corniche）设计的独栋清真寺（图 17.21）非常壮观：雕刻般的优美造型，其设计主旨就是要让人们可以从周围各个角度来欣赏这栋建筑。遵循着传统的做法，内部庭院和祈祷室同样具有非凡的吸引力。随着埃尔－瓦基勒越来越自由地表现出他所设计的建筑中雕塑的品质，这些作品逐渐展现出一种现代的，同时又具有独特性的北部地中海风格，这或许又迈向了另一种跨文化的融合。

　　由帕耶特建筑事务所（Payette Associate）设计，位于巴基斯坦卡拉奇（Karachi）的阿卡汗（Aga Khan）大学和医院综合楼项目（图 17.22），属于另一种类型的范例，它既包含了现代功能性复杂的本质，同时又包含了建筑师对伊斯兰传统的诠释过程中所运用的敏锐而又创新的方法。在后一方面，有一点是值得注意的：尽管帕耶特建筑事务所是一家美国的公司，但是这家医院的设计却得益于穆沙·哈德姆（Moshan Khadem）的参与。这是一位伊朗籍的顾问，他对于伊斯兰建筑具有非常深入的研究。除此之外，建筑

图 17.21　Rewais 清真寺，吉达省可尼斯，阿卜杜勒·埃尔－瓦基勒设计，1987 年。资料来源：© 作者

师团队还考察参观了巴基斯坦、中东、北非以及西班牙大量的伊斯兰纪念性建筑，尽可能地吸收这些丰富的文化遗产[32]，作为设计前期的准备工作。

由此创作出来的建筑成果，更多反映出的是对伊斯兰设计原则自由的诠释，而不是对某些特定形式直接的移植，尽管在一些细部处理的层面上，确实存在对具体形式直接的借鉴。如果说这栋建筑同真正的传统建筑有什么区别的话，那就是这栋建筑形式的基本语汇是充满自信的现代主义，柯布西耶的百叶窗和受朗香教堂（Ronchamp）启发的入口设计——小教堂内部大面积的开窗以及非对称的造型——这些都是最明显的证据。除了这些具体的特征以外，整栋建筑的外观都给人以一种"工业化"的感觉，而这种观感会令那些不够细心的观察者们忽视掉这栋建筑还有其他的设计来源。

地域性的特质是通过内向型的空间布局，彼此相连的庭院式建筑，以及精心规划的由一个独立空间到下一个独立空间之间的过渡，还有对表面处理和装饰品非现代主义的关注体现出来的。整栋建筑大量使用到水这种素材，既能起到装饰的作用，又可以增加环境的湿度，而通透的雕刻（jali）隔屏不仅有助于增强传统的触感，还可以对气候条件起到调节的作用。即使是低调的工业化外观，也可以归因为建筑师们希望能够淡化设计的外部特征，而将关注的重点集中于室内空间的塑造。尽管如此，面向外立面的病房以及其他部分的几何造型，就像埃尔－瓦基勒设计的清真寺一样，在建筑物的内部与外部之间形成了一

图 17.22　阿卡汗（Aga Khan）大学和医院综合楼，巴基斯坦卡拉奇，由帕耶特建筑事务所（Payette Associate）设计，1985 年。资料来源：© 作者

种理性的平衡，整栋建筑同其所处的卡拉奇郊外开敞的基地相互协调。

　　除了这些建筑都拥有其各自的优点以外，这两类实践还代表了地域性建筑设计从直接到间接的两种不同分类。其中，第一种倾向于对具体的地方性建筑形态进行创造性的解释，而第二种则倾向于从相同的传统当中提取出一般性的原则来进行设计。这两种不同的倾向并不会彼此排斥，它们在某种程度上甚至是相互依存的，但是，它们之间的差异性却也足以为未来的地方主义者提供更为多元化的选择。

　　拉尔森在利雅得设计的沙特阿拉伯外交部大楼（MOFA），以及 SOM 事务所在吉达设计的两个项目，都属于相似的类型。但是目前尚不清楚，这些独特的建筑是否能成为一种具有可行性的系统。埃尔－瓦基勒设计的清真寺和帕耶特建筑事务所设计的阿卡汗大学和医院综合楼，这两个项目的优势在于，它们提供了一种清晰的、可复制的模式，能够适应具体的场所状况以及项目需求。埃尔－瓦基勒设计的清真寺已经自成一脉，每一次新的设计都是在上一次设计的基础上更进一步的发展与完善。而在帕耶特建筑事务所的设计中，我们可以看到一种更具普遍性的针对南亚与中东地区的建筑模型，它以所谓的"城市绿洲"（urban oasis）概念为基础，是对新的功能性项目和城市框架所作出的回应。与此同时，这种城市绿洲还为人们提供了封闭式空间的安全性与私密性，以及在伊斯兰传统建筑中其他人们所熟悉的元素。

对西方霸权的挑战

除了这些具体的建筑成就以外，还有一种更具广泛性的模式正在显现出来，它指向了全世界范围的文化转向。考虑到北方工业化国家强大的实力，特别是美国的流行文化对整个发展中地区都具有巨大的吸引力，所以现在谈论西方文化在建筑界中主导地位的终结可能还为时过早（西方文化在建筑领域的主导地位比其他任何领域都要根深蒂固）。但是有一种新的状况非常令人激动，那就是越来越多发展中地区的建筑师和业主，以及在这些地区从事设计工作的西方设计师，正在转向本土的文化形式，以期获得更适合于当地的建筑模式。在经过长时期洗脑，被灌输西方的东西才是最好的大环境之下，这种心态上的转变是非常可贵的。我们至少可以期盼，这种文化形式上存在的分歧，就算无法彻底扭转趋向于世界大同的全球化模式（迄今为止，这种全球化模式都被认为是理所当然的），至少可以起到一定的反作用。

注释

1　Abel, C.（1986c）.'Regional transformations'.*The Architectural Review*, Vol. CLXXX, November, pp. 37–43.

2　Rudofsky, B.（1964）.*Architecture Without Architects*. Museum of Modern Art, New Yorkz 参见第 9 章。

3　Alexander, C.（1964）. *Notes on the Synthesis of Form*. Harvard University Press, Cambridge, MA.

4　Talib, K.（1984）. *Shelter in Saudi Arabia*. Academy Editions/St. Martin's Press, London.

5　Wardi, P. S.（1981）. 'The Malay house'. *Mimar*, No. 2, pp. 55–63. Also Lim, J. Y.（1981）. 'The traditional Malay house – a forgotten housing alternative'. Unpublished paper presented at the *Seminar on Appropriate Technology*, *Culture and Lifestyle in Development*, Universiti Sains Malaysia, Penang, 3–7 November.

6　Prijotomo, J.（1984）. *Ideas and Forms of Javanese Architecture*. Gadjah Mada University Press, Yogyakarta. Also Nasir, A. H.（1984）. *Mosques of Peninsula Malaysia*. Berita Publishing, Kuala Lumpur.

7　MacDonald, W. L.（1976）. *The Pantheon*. Allen Lane, London.

8　很多学者已经证实，坐落于叙利亚首都大马士革的大清真寺，是之后众多清真寺设计的一个重要范本，它是在一个罗马异教徒寺庙的遗址上兴建的。相关内容可参考 Creswell, K. A. C.（1958）. *A Short Account of Early Muslim Architecture*. Lebanon Bookshop, Beirut. 相关一般性的历史资料，可参考 Kuban, D.（1974）. *Muslim Religious Architecture*. E. J. Brill, Leiden. Also Hoag, D.（1977）. *Islamic Architecture*. Harry N. Abrams, New York. Also Rivoira, C. T.（1918）. *Moslem Architecture*. Oxford University Press, Oxford.

9　Wolters, O. W.（1982）. *History*, *Culture*, *and Region in Southeast Asian Perspectives*. Institute of Southeast Asian Studies, Singapore.

10 有关西姆拉（Simla）和其他殖民定居模式的描述，可参考 Morris, J. *et al*.（1986）. *Architecture of the British Empire*. Weidenfeld & Nicolson, London. Also King, A. D.（1976）. *Colonial Urban Development*. Routledge & Kegan Paul, London.

11 The term 'series' is used here in the sense of Kubler, G.（1962）. *The Shape of Time : Remarks on the History of Things*. Yale University Press, New Haven. 参见第 14 章，第 16 章。 在前荷属东印度群岛，类似的跨文化交流是非常明显的。相关内容可参考 Jessup, H.（1984）. 'The Dutch colonial villa, Indonesia'. *Mimar*, No. 13, pp. 35–42.

12 东南亚地区的文化发展史准确来说，可以被描述为一个接着一个外来文化的同化过程，而每一种新的文化形式都遭遇了"本土化"，这有助于创造出这个地区混杂的文化形式。相关内容参见 Wolters, O. W.（1982）. *History, Culture and Region in Southeast Asian Perspectives*. 新加坡东南亚研究所。该地区殖民建筑的发展史就符合这一观点。

13 对殖民主义建筑新的包容与热爱，在该地区举办的关于建筑与城市保护的两次会议上，清晰地进行了表述：'Strategy for Conservation', held by the Heritage of Malaysia Trust, 6–7 May 1986, Kuala Lumpur, and 'The International Conference on Urban Conservation and Planning', held by the Malaysian Institute of Architects, 23–24 June 1986, Penang.

14 Parfit, D.（1979）. 'Personal identity'. In *Philosophy As It Is*（Honderich, T. and Burnyeat, M. eds）pp. 183–211, Pelican, Harmondsworth. 帕菲特用一个术语"度的关系"（relations of degree）来描述行为的连续性，这是一种很精准的定义，但在这里，我们用了一个更具广泛性的概念"类比关系"（relations of analogy），它在描述变化和创造性问题上是更为有效的。相关内容参见第 10 章和第 16 章。

15 Kubler, G.（1962）. *The Shape of Time*. 参见第 14 章。

16 "纯粹的特性"（purified identity）这个术语最初是由理查德·桑内特（Richard Sennett）提出的，指的是美国人逃离都市生活中复杂性与竞争性这些特性。Sennett, R.（1970）. *The Uses of Disorder*. Vintage Books, New York. 这个词用在这里，是以类似的方式来描述建筑师对于理想化的本土建筑形象的偏爱，而不愿意去处理跨文化交流的复杂性。

17 约翰内斯·伊顿在包豪斯学校的基础课程，在很大程度上要归功于幼儿园（kinder-garten）理论，这一点绝非巧合。参见 Cross, A.（1983）. 'The educational background to the Bauhaus'. *Design Studies*, Vol. 4, No. 1, pp. 43–52.

18 Taylor, B. B.（1986）. *Geoffrey Bawa*. Concept Media, Singapore. Also Jayawardene, S.（1986）. 'Bawa : a contribution to cultural regeneration'. *Mimar*, No. 19, pp. 47–67.

19 Banham, R. and Suzuki, H.（1985）. *Contemporary Architecture of Japan*, 1958–1984. The Architectural Press, London.

20 See Gropius, W., Tange, K. and Ishimoto, Y.（1960）.*Katsura : Tradition and Creativity in Japanese Architecture*. Yale University Press, New Haven.

21 Taylor, B. B.（1984）.*Charles Correa*. Concept Media, Singapore.

22 England and England（1969）. 'Four tourist hotels'. *The Architectural Review*, Vol. CXLVI, July, 52–56. Also in the same journal, England, R. 'Vernacular to modern', pp. 45–48. See also Knevitt, C.（1983）. *Connections*. Lund Humphries, London.

23 Hoag, D.（1977）. *Islamic Architecture.* Also Michell, G. ed.（1978）. *Architecture of the Islamic World.* William Morrow, New York. 参见第 14 章。

24 Sabra, A. I.（1983）. 'The exact sciences'. In *The Genius of Arab Civilization：Source of Renaissance*（Hayes, J. R. ed.）, pp. 147–169, Eurabia, London.

25 Abel, C.（1985）. 'Henning Larsen's hybrid masterpiece'. *The Architectural Review*, Vol. CLXXVIII, July, pp. 30–39.

26 详细内容可参考 Cantacuzino, S., ed.（1985）. *Architecture in Continuity.* Aga Khan Award for Architecture/Aperture, New York, pp. 122–127.

27 有关国家商业银行，以及相关的超高层设计革新，可参考第 22 章。

28 Al–Hathloul, S. A., Al-Hussayen, M. A. and Shuaibi, A. M.（1975）. *Urban Land Utilization Case Study：Riyadh, Saudi Arabia.* Unpublished research paper, Urban Settlement Design Program, Massachusetts Institute of Technology.

29 详细内容，可参考 Cantacuzino, S., ed.（1985）. *Architecture in Continuity*, pp. 82–91.

30 For Fathy's work, see Richards, J. M., Serageldin, I. and Rastorfer, D.（1985）. *Hassan Fathy.* Concept Media/The Architectural Press, London.

31 Abel, C.（1986d）. 'Work of El-Wakil'. *The Architectural Review*, Vol. CLXXX, November, pp. 52–60.

32 Khadem, M. 'The architecture of the Aga Khan University and the Aga Khan University Hospital, Karachi, Pakistan：a summary statement'. Unpublished consultative paper by Payette Associates. Undated.

第 18 章　本土化与全球化

首次发表于《建筑评论》，1994 年 9 月 [1]

看一看今天的吉隆坡或是新加坡，我们很容易得出这样的结论：全球化的消费主义文化势力几乎已经战胜了一切。在这两座城市中，特别是新加坡——这是个令西方评论家们深恶痛绝的城市——展现出了我们所熟悉的所有西方模式的视觉特征：商业中心区（图 18.1）；空调办公大厦；媚俗的公寓大楼；麦当劳专营速食店；售卖相同消费品的购物中心；一直延伸到郊区与郊外的拥挤不堪的高速公路，以及融合了新古典与西班牙风格的"达拉斯"（Dallas）式别墅。在原始紧凑型的城市肌理中，之前中国人建造的店屋设有"5 英尺宽的拱廊步道"，现在已经被大幅压缩，而这些地方现在大多变成了破败不堪

图 18.1　从新加坡河对岸看向商业中心区（CBD）的景观，约 1986 年。商业运输船一旦载满货物，就会由这条河流进入新的港口。资料来源：© 作者

的街道，或是成为地价昂贵却死气沉沉的历史保育区。另外，零落的城市片段、残存的庙宇或是清真寺，只是提醒着人们，这里曾经存在着另一个完全不同的世界。对很多西方游客来说，这一切都是一种令人失望与不安的文化丧失的景象。

杂交

然而，事实的情况并不是像以欧洲为中心的人们所看到的那样，可以将全球化、在表面上世界大同的现在，同更为纯粹的亚洲历史进行对比，这样的对比并不适合于东南亚文化的复杂本质。即使是在遭受殖民统治之前，这一地区也一直都在经受着一波又一波外来文化的影响，而这些外来的文化随着时间的推移逐渐本土化，适应了当地的具体状况。[2]文化的杂交并非特殊的个案。当殖民帝国来到这片土地的时候，他们带来的是一套全新的文化，有西方的文化，也有非西方的文化。以新加坡为例，这座城市从来都不是一个真正意义上的中国城市（中国城市的概念是指位于中国大陆的城市），而是一个以典型的二元化模式发展起来的殖民城市[3]，具有一半的欧洲血统和一半的本土血统（图 18.2）；其中后者——实际上是一个独立的"唐人街"——主要居民为中国移民，他们跨海来到马来半岛，在斯坦福德·莱佛士（Stamford Raffles）所开创的新贸易站寻求财富。[4]

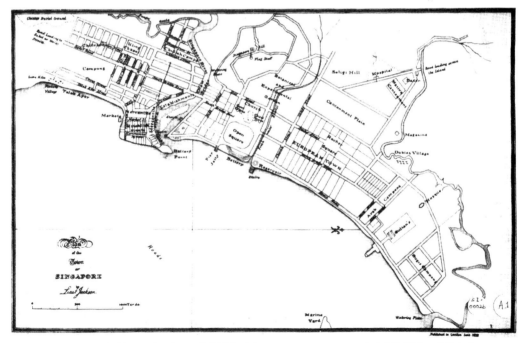

图 18.2 新加坡城市规划平面图，由 P·杰克逊中尉（Lieutenant P. Jackson）在斯坦福德·莱佛士（Stamford Raffles）爵士的指导下负责规划建造，1822 年。资料来源：J·比米什（Beamish, J.）和 J·弗格森（Ferguson, J.）（1985 年）。资料来源：© 新加坡政府档案馆及口述历史部门

图 18.3　乔治城的街道景观，包括中国的店屋以及相邻的印第安庙宇。资料来源：© 作者

马来西亚的首都吉隆坡的发展历史就更为复杂了，英国殖民者在这里兴建了一座全新的城市，而在此之前，就像新加坡一样，这里并不存在任何的城市文化[5]，而来自中国和印度的移民——英国人支持这些移民来为殖民地服务——很快就主导了当地淳朴的马来人。这段历史既反映在典型"本土的"（实际上并非真正的本土，这只是一种错误的命名）城市结构中，其中包括中国的店屋以及印第安的庙宇（图 18.3），同时也反映在马来西亚诸多尴尬的文化与政治局势当中（从那个时候起，马来西亚人就一直在处理文化与政治局势中存在的诸多问题）。显然，马来西亚的规划人员和建筑师对于城市保护的漠视，以及对引进外来建筑模式的热切渴望，至少在一定程度上是由于对于当地的文化遗产缺乏必要的认同感。后殖民时代的新加坡也存在着类似的状况，这座城市之所以会被骄傲的新加坡人视为一座亚洲城市，并非是因为它看起来像是一座亚洲城市，而是因为现代的新加坡是由亚洲人创建的，这是同往昔由殖民统治者建造或管理的历史相对而言的。

亚洲城市的结构

除了这些历史的复杂因素以外，不同文化之间的差异是否能够单凭建筑形式的不同来进行评估，也是值得进一步商榷的。之所以这样讲，并非是认为建筑不重要，但它也不是唯一重要的差异度量标准。有经验丰富的分析人士警告说，西方的建筑师和规划师们习惯于将西方的城市模式套用在亚洲的城市设计当中，这样，亚洲的城市从表面上看起来同西方的现代城市很相像，但实际上二者的功能却是完全不同的。[6] 举例来说，西方城市的经济文化是以主要的经济单元——非个人性质的企业为特征的，企业在选择与对待员工时，会严格地按照其具体的经济价值来进行衡量。工作和家庭生活，无论是在空间上还是在功能上，都是完全独立、决然分开的。相比之下，亚洲城市的经济文化则建立在两种经济体系之上（而非单一的一种经济体系）：一个是现代的、以企业为基础的体系，另一个是工业化之前的城市经济，包括各种各样的（通常多是小型的）经营与商业活动，所有的运作都是在家族内部进行的。在后一种经济体系当中，社区、家庭生活和工作全部都紧密联系在一起，就业机会也尽可能限制在家族范围之内，即使是在就业不足的情况下也是如此。事实上，这种经济体系可以有效地对抗失业。

　　即使是在新加坡，我们也可以很容易就看到这种双重的经济结构在发挥着作用，这里既存在着蓬勃发展的家庭手工业，同时也有我们更为熟悉的高科技企业。在旧城区，经济体系仍然以小型家族企业为特征，这一点是在我们的意料之中的。[7] 但是，当我们在任何一个公共住宅区或是郊区的购物中心漫步的时候，也同样会发现多样性的小商业活动，比如露天的小吃摊和家庭手工作坊。同样，当我们路过任何一个中型或是高层住宅小区的时候，都会发现在这些建筑的底层——这是为了特定目的而专门保留的——排布着一排小商店或是便宜的小吃店，这些小店都是个体经营，佣工也都是家族内部成员，熙熙攘攘的景象（图 18.4），同西式住宅小区墓地一般静寂的氛围形成了鲜明的对比。在公寓住宅当中，看不到的地方，可能还散布着很多更加勤勉的家族企业。

图 18.4　新加坡。公寓大楼下面最常见的景观就是各式各样的商店。资料来源：© 作者

太平洋地区的转变

很多人可能会说，这些只不过是在相互对立、不可调和的力量之间暂时休战的迹象；更为复杂的亚洲城市传统文化最后的一声喘息，也很快就会被席卷全球的经济力量所淹没，这股强大的经济力量不仅将非个人性质的企业带入了亚洲文化当中，相伴而来的还有西方城市其他所有的统一元素。从这个角度来看，全球化是一条单行道；这是一种无可救药的、中心化的现象，所有的经济和文化力量都被逐渐集中到一个核心来掌握，而这个核心由超大型的经济单元构成，他们大多都来自西方的工业化国家。同样，这一过程自殖民时期就已经开始了，目前仍然在继续。这样看来，最近的信息技术爆炸式的飞速发展，为整个中心化的过程提供了新的动力，它有助于促进全球流通，并按照西方国家的利益导向，顺畅地对资本和资源进行重新分配，而西方国家也在此过程中获得了前所未有的经济红利。

以上的描述是基于这样的一种假设，即西方发达国家将继续主宰世界经济，就像他们几个世纪以来一直所做的那样。然而，由于亚太地区国家蓬勃的经济发展——马来西亚和新加坡就是两个主要的实例，以及世界经济由之前以大西洋为基础，逐渐转变向由美国和日本为主导的以太平洋为基础[8]，这些改变都对这个假设造成了严重的破坏。在中国加入战局，并最终使利益的天平朝向有利于亚太地区的方向倾斜之前，上述假设所描述的景象还能持续多久尚有待于观察，但只有最顽固的西方观察家才会宣称，西方在全球的持续统治已成定局。

全球化的悖论

即使没有上述太平洋地区的转变，也有其他令人信服的理论出现，认为这种日益增长，以西方为导向的集中化与标准化并非理所当然的。斯图尔特·霍尔（Stuart Hall）[9]向单一化的世界未来模式提出了挑战，他指出，全球化有其自身不可预料的迫切需要，而那些代表全球经济与文化活动的过程本身，也会为它们自身带来压力和矛盾。为了能够将市场扩展到新的领域，那些跨国公司越来越清楚地认识到，他们有必要去适应当地消费者特定的需求，而这就意味着，他们要对自己的运营模式和生产线进行一定的调整，以适应当地的文化以及其他地方因素。在满足这些新要求的过程中，这些跨国公司的形态也从之前以北方的公司总部为管理核心的集中化组织模式，迅速转变为更加灵活的小型、半自治单元的联盟，这样才能更好地适应当地的状况与特定需求。这一切改变不过是另一种花招，其目的就是为了要掩盖原有公司同样的扩展野心，但正如霍尔所言，同通常状态下所设想的结果相比，这样的改变有可能会导致更为多样化与无法预测的结果。

同样的，约翰·奈斯比特（John Naisbitt）[10]认为，对提高灵活性与应对速度的需求，迫使大型企业要逐渐分散化与多元化，这样才能在多样化的全球经济中保持有效的竞争力。

相比之下，那些小型企业发现，在经济许可范围内的信息技术，以及计算机化、高度灵活的生产工具极大扩展了他们的经营范围，创造出了迄今为止他们连做梦都想象不到的新世界的市场，并且在此过程中产生了难以想象的竞争力，发展成为真正的跨国公司。正如奈斯比特所言：“世界经济越强大，其中最小的参与者就也越强大。”[11] 这样的结论意味着，小型不仅代表着美好，还代表着高效：工业化之前的经济优势正在迅速成为后工业化时代的经济优势。

太平洋时代的愿景

如今，马来西亚和新加坡的建筑正在从这个大熔炉中浮现出来，这是一种外来元素和本土元素杂交的结果，这就是东南亚的传统。[12] 在新的潮流当中，很多主要的建筑师都是在英国或澳大利亚接受的专业教育，他们很早就接触到了国际化的建筑文化。那些属于战后第一代和第二代的现代主义者，当他们回到自己的祖国，曾经在海外接受专业教育的优势，常常被其后来的认识抵消掉了。这是因为他们后来认识到，自己没有足够的能力去了解本土的文化，也不知道身为建筑师应该如何应对本土的文化。随之而来的是一个漫长而艰难的再教育过程，除了一个共同的信念以外，没有人能够提出一个清晰的目标，而这个共同的信念就是：身为东南亚的建筑师，必须要以某种方式努力融入两种文化当中，即本土文化和全球文化。

面对这种明显相互矛盾的需求，有很多种处理方式，但是有一种共识逐渐占据了主导地位，即新的建筑，要想面对环境危机的挑战，除了要关注那些狭隘的地方性问题之外，还必须坚定地根植于生态原则。最起码的，它应该是一栋热带的建筑，可以表现出其所处的地理环境和气候条件，并对此作出回应。要实现这一目标有很多种技术手段，从使用由传统模型中更新而来的木框架结构（图 18.5），到运用高科技的建筑材料以及生产技术（图18.6）。然而，这股潮流之下的很多作品都有一个共同而又务实的关切重点，那就是要结合当地苍翠繁茂的绿色环境，以及终年适合户外活动的气候特点，达到节约能源的目的。于是，新的建筑形式出现了，这是一种柔软灵活、具有渗透性的轻盈建筑，人们认为这种建筑形式是“现代的”，这是一种带有一定模糊性的描述，但同时也是最好的解释，它不仅适合于当地特定的环境条件，同时也是对太平洋地区传统木框架建筑的真实反映。

更为重要的是，要寻求符合时代要求与地理因素的热带建筑，无论是在概念上还是实践上的探索，现在都应该被放在东南亚城市这个更广义的城市环境中去进行。“热带城市”这个概念，或是更为激进的提法“智能化热带城市”，是目前理论学家和规划人员关注的焦点 [13]，他们逐渐认识到，之前所谓理想化的城市模型是以不同的气候和文化背景为基础构想的，并不适用于这片土地，因此他们迫切需要寻求一种土生土长的城市模式。在马来西亚和新加坡，一个尚且模糊但却具有非凡吸引力的概念正在迅速成型，它就孕育于一系列尚未实现，但却非常富有远见的规划与工程项目之中。他们描绘了 21 世纪城市可持续

图 18.5　彼得·尤（Peter Eu）住宅，吉隆坡，由林倬生（Jimmy Lim）设计，1988 年。从室内俯瞰露天起居平台的景观。
资料来源：© 作者

图 18.6　新加坡碧山教育学院，由滕加拉建筑师事务所（Arkitekt Tengarra）设计，1993 年。透过中央花园看向开放式交通系统的景观。资料来源：© 作者

发展的愿景，人口密集的城市次级中心，以分散式布局和步行导向为基础，通过大众快速运输系统同主要城市中心相连接——这种城市模式的构想已经在新加坡成为现实，而在吉隆坡也正在兴建之中。关于一座城市的"智能化"，我们可以将其解读为高效能地使用能源，具有自我调节能力的基础设施，以及通过互联网获取全球文化资源的居民。而所谓"热带"，

指的是为其特定的自然条件与文化生态环境量身设计的城市与建筑。这是一种符合太平洋时代的愿景，在这个时代，本土信息与全球化信息之间的交流渗透是双向的。

注释

1　Abel, C.（1994a）. 'Localization versus globalization'. *The Architectural Review*, Vol. CXCVI, September, pp. 4–7.

2　Wolters, O. W.（1982）. *History, Culture, and Region in Southeast Asian Perspectives.* Institute of Southeast Asian Studies, Singapore. Also Saad, I.（n.d.）. *Competing Identities in a Plural Society: The Case of Peninsula Malaysia.* Occasional Paper No. 63, Institute of Southeast Asian Studies, Singapore.

3　King, A. D.（1976）. *Colonial Urban Development.* Routledge & Kegan Paul, London.

4　关于这座城市从斯坦福德·莱佛士爵士开始负责兴建与规划的发展史，可参考 Beamish, J. and Ferguson, J.（1985）. *A History of Singapore Architecture: The Making of a City.* Graham Brash, Singapore.

5　在英国殖民者定居之前，历史上的城市发展只是集中在马六甲的港口城市。See Kow, L. H.（1978）. *The Evolution of the Urban System in Malaya.* University of Malaya Press, Kuala Lumpur.

6　McGee, T. G.（1967）. *The Southeast Asian City.* G. Bell & Sons, London. Also McGee, T. G.（1971）. *The Urbanization Process in the Third World: Explorations in Search of a Theory.* G. Bell & Sons, London. Also O'Connor, R. A.（1983）. *A Theory of Indigenous Southeast Asian Urbanism.* Institute of Southeast Asian Studies, Singapore.

7　Sullivan, M.（1985）. *Can Survive, La: Cottage Industries in High-rise Singapore.* Graham Brash, Singapore.

8　Thompson, W. I.（1985）. *Pacific Shift.* Sierra Club Books, San Francisco. For a detailed comparative economic analysis, see Dicken, P.（1992, 2nd edn）. *Global Shift: the Internationalization of Economic Activity.* Paul Chapman, London.

9　Hall, S.（1991）. 'The local and the global: globalization and ethnicity'. In *Culture Globalization and the World System*（King, A. D. ed.）, pp. 19–39, Macmillan, New York.

10　Naisbitt, J.（1994）. *Global Paradox: The Bigger the World Economy, the More Powerful its Smallest Players.* Nicholas Brealey, London.

11　From the subtitle to Naisbitt, J.（1994）. *Global Paradox.*

12　Abel, C., guest ed.（1994b）. 'Southeast Asia'. *The Architectural Review*, Vol. CXCVI, September, pp. 26–86.

13　See, for example, Yeang, K.（1986）. *The Tropical Verandah City.* Asia Publications, Kuala Lumpur. Also Tay, K. S. and Powell, R.（1991）. 'The intelligent tropical city'. *Singapore Institute of Architects Journal*, November/December, pp. 32–37. Also Awang, A. B. H.（1992）. 'Kuala Lumpur – towards becoming an intelligent city'. *Majallah Akitek*, September/October, pp. 63–67. 参见第20章。

第 19 章　迈向全球化的生态文化

首次发表于《传统民居和住区工作论文系列》(Traditional Dwellings and Settlements Working Papers Series),第 44 卷,原标题为"生态发展:迈向区域性建筑的发展范例"(Ecodevelopment : toward a development paradigm for regional architecture)。1992 年巴黎传统环境研究国际协会会议记录[1]

所有的开发计划都会对环境塑造起到影响作用,它们都是全球性设计的元素之一。同样,区域性建筑的主要形式和品质,在很大程度上也是由该区域的发展战略决定的,这些发展战略会对聚落的形态、建筑类型、生产技术和生产方式的选择起到直接和持久的影响。因此,在发展中国家,由于他们引进了并不适合于本土情况的建筑形式与建造方法,从而造成了个人与社会的异化现象,这些异化现象相当普遍,都是这些地区在经济与文化方面失去地方性控制的表现,这样的状况会对该地区环境的方方面面都产生重大的影响。因此,如果这些相关的因素没有得到改善,就期望能够获得建筑品质的整体提升,这根本就是不现实的。

后殖民主义的发展模式

约翰·加尔通(Johan Galtung)等人[2]对当代的西方帝国主义同从前的西方帝国进行了批判性的对比,他们指出,后殖民时期的发展模式在本质上是对根深蒂固的外国统治和剥削体系的延续。根据他们的说法,那些处于边缘地区尚不发达的国家——主要集中在南半球——是由位于北半球中部的发达国家掌控的。殖民主义并非像西方神话所描述的那样,将文明与繁盛带给这些被征服的地区,事实上,西方列强只是想掠夺当地的资源,而这些资源对于当地实现自给自足来说是必需的。比如说增加当地消费的食物供应,将当地的产业转变为以出口为导向的采矿业与种植业,为宗主国的经济利益服务。

当这些殖民地国家终于获得了独立,但领土上的独立并没有缓解这种不平衡的状况,随后,他们追随着西方现代化的进程来发展自己的国家,但这样的做法只会产生新的问题,事实上,这些国家对于发达国家的依赖比过去更为严重了。从本质上讲,正统的开发政策通常都会集中资源,在城市中心兴建一个先进的工业基地。而这一战略的背后存在着一个假设:那就是认为新的增长中心最终会产生一种"伴生效应",吸收并创造新的资源,其收益也将最终扩展到全国的范围。

　　然而，有批评人士指出，这种基本战略本身就存在着根本性的缺陷。[3]那些新引进的产业基本上都是资本密集型与高度机械化的产业，因此不太需要使用到当地的劳动力资源。所以，除了极少数人获益以外，这些产业并没有为国人提供多少就业机会，对于人民生活水平的改善也没有什么贡献。尽管当地的城市精英们确实收获了巨大的成功，但是在数目上占绝大比例的南部农业人口却没有获得什么收益，在很多情况下，这些人的物质生活水平甚至是下降了。新创造的财富中，有很大一部分都没有保留在当地，这些财富属于建造与控制工业基地的西方跨国公司所有，而这些跨国公司实际上就取代了过去的殖民列强。最后一点也是非常重要的，这些新兴的产业经常对当地生态环境产生有害的，甚至是毁灭性的影响，因为这些行业与当地的生态环境是无法兼容并存的。[4]

　　简而言之，假如整个体系的运作是以牺牲边缘地区的利益来服务于中心地区，那么如果不彻底改变整个体系的话，这些不发达的国家将永远都不会真正发达起来。

另一种发展范式

　　尽管在现阶段的经济体系中，北方发达国家的经济利益是不容撼动的，但是，不受控制的西方发展模式对生态环境造成的破坏——以温室效应为例——对现行的发展模式提出了不容辩驳的争议。[5]发展中国家的开发机构、规划人员以及政治领导人现在已经普遍认识到，正统的发展战略并没有带来他们所期望的区域利益，甚至使本就令人绝望的处境更是雪上加霜。

　　作为回应，近年来出现了另一种发展范式，向过去正统的理论和实践提出了挑战。其中最有发展前途的一种模式是"经济与生态均衡发展"（ecodevelopment），这个概念最早是由莫里斯·斯特朗（Maurice Strong）[6]提出的，他曾任联合国发展计划署第一任执行主任，也是 1992 年里约热内卢地球峰会的协调人。新的范式预示了可持续发展的相关概念，并具有更加坚实的基础，稳固地根植于一个以生态原则为基础的连贯的价值体系当中。[7]因此，在人与自然相互平衡的生态系统中，文化的多样性同生物的多样性一样，对于社会进化都是至关重要的。所以，经济与生态均衡发展政策明确地反对这样一种假设：即认为发展应该始终以西方的工业模式为模板，或是认为发展应该集中于城市的中心，甚至认为不加限制的都市化是社会发展自然而然的，同时也是令人满意的结果。与此相反，经济与生态均衡发展更侧重的应该是农村的发展，并以这种理念为基础：

　　　　（……）地区性与地方层面的发展应该要与该地区的潜力相一致，在充分合理利用自然资源的情况下，尊重当地的自然生态系统和社会文化模式，提升技术风格（创新与同化）和组织形式。[8]

通过这样的方法，可以将当前的发展模式同自然的生态系统进行对照，而这样的做法是非常富有成效的。尽管新生的、自然的（非人类）生态系统经过初期的成长与变化之后，一般都会逐渐达到一种稳定的平衡状态，但是将关注的重点放在最大限度提高生产效率与促进经济成长的发展模式上，势必会对生态系统产生不稳定的影响，随之而来的就是自然资源的损失，而这种损失往往是不可逆转的。这一类实例有很多都是人们非常熟悉的：由于砍伐森林与过度放牧导致植被遭到破坏，进而造成土壤的退化与侵蚀；还有造价高昂"令人敬仰"的项目，比如兴建水坝工程，迫使当地人口迁移，对环境产生了负面的影响，而且这些项目的实际收益一般都会远低于预期。[9]

相比之下，经济与生态均衡发展的模式，试图将生态标准应用于开发项目当中，并以这套标准来控制人类的行为，减少社会发展对自然环境造成的负面影响。每一个从生态学角度来划分的区域，可能会以河流流域或是山区为核心，都将会被仔细地勘察，进而发现该生态区域在自然和人力资源方面能够提供哪些优势。这种以生态学角度的划分，有可能会跨越常规的政治与文化界限，需要协调之前互不相干的行为与利益。因此，一个项目的开发设计也应该要顺应这种区域特定的特征与需求。而且，这种发展模式下的战略还规定，开发项目的所有程序，都应该在当地居民充分参与的情况下进行。相较于传统的、中央集权的开发计划，所有的决策一般都是上行下效，经济与生态均衡发展的模式鼓励自下而上的、非集权式的决策方式，使大多数当地居民都能够了解项目的发展状况：

> （经济与生态均衡发展的模式所关注的是）人们自身发明与创造新资源与新技术的能力，并提高他们吸收这些新资源与新技术的能力，使之发挥社会效益，设法得到对经济的掌控能力，进而创造出属于他们自己的生活方式［本书作者强调］。[10]

因此，经济与生态均衡发展的模式以现有的当地资源为起点，寻求建立并使这些资源最大化，进而使当地人民获得直接的收益。这种模式强调的是相互依存而不是一方对另一方的依赖，是人民生活品质的提高而不是单纯的 GNP（国民生产总值）指标。

选择技术

尽管"适用技术"（appropriate technology）的概念是单独发展的，但这个概念却是经济与生态均衡发展政策与实践的核心。受 E·F·舒马赫（E. F. Schumacher）的"把人当回事的经济学"（economics as though people mattered）[11] 启发，其支持者们强调在开发项目的技术选择中，劳动力具有其价值与尊严。[12] 文化背景和规模——通常指的是小规模——在这种观点看来都是很重要的，它驳斥了一种目前在南方和北方都普遍存在的信念，即认为从某种程度来说，技术是没有价值的：

> 适用技术的概念起源于一种对多样化社会的憧憬，这是一种自给自足、繁荣昌盛的家园与社区，而这种憧憬本身就来源于技术。仅靠几个小规模的技术示范项目，并不会实现更为人性化技术的伟大目标。适用技术概念的提出是对现有秩序的挑战，特别是中央集权的政府、事业单位以及产业价值的挑战 [本书作者强调]。[13]

1963 年，舒马赫在访问印度之后，自创了一个相关的术语叫作"中间技术"（intermediate technology），其主旨就是要鼓励适应乡村生活的小型技术的发展，而这正是印度领袖圣雄甘地（Mahatma Gandhi）大力提倡的。[14] 正如其名称所暗示的，中间技术概念的设计，目的就在于要填补不适用于当地状况的资本密集型引进技术，以及低廉却往往效率低下的传统技术之间的空白。在发展中国家，已经有实际的项目正在进行当中，并得到了越来越多专业团体的大力支持，比如舒马赫自己创建的，总部设在英国的中间技术发展集团（Intermediate Technology Development Group）。[15] 中间技术通常具有以下典型的特征：投资成本低；尽可能利用当地的材料；劳动密集型；规模小；那些没有受过高等教育的工人也易于理解并从事生产；涉及分散型可再生的能源，例如风能与太阳能（图 19.1a 和图 19.1b）；具有灵活性，能够适应环境的改变并持续使用。同经济与生态均衡发展模式一样，大多数中间技术的应用也都集中在农村地区，这种方法主要运用于农业、小规模制作业，以及住宅和基础设施建造。

自建住宅

在城市和农村人口中最贫困阶层的自建住宅模式，是一种很容易被这一族群所接受的适用型的技术解决方案，因为这种模式是建立在劳动力不够熟练、材料便宜并易于取得的基础之上的。[16] 很多政府组织和非政府组织（NGOs）透过网络结成联盟，相互交换信息与专业知识，涉及面非常广泛，包括从有需求的几个人到数以万计的家庭。经济与物质资源的匮乏，不可避免会产生巨大的压力，特别是城市用地，使人们持续关注那些非建筑因素的重要性，例如土地使用权的问题、法律援助、融资、基础设施和环境卫生等等。堪称典范的成功项目有很多，但其中最值得我们去研究的是位于孟加拉国乡村银行（Grameen Bank）的住宅计划，我们之所以认为这个项目值得深入分析，并不仅仅是因为它是廉价的、由使用者自己动手搭建的简易庇护所（图 19.2a 和图 19.2b），还在于银行颁布了不同寻

图 19.1a　小型风力涡轮机。资料来源：Fotosearch 摄影公司

图 19.1b　太阳能电池板提供了分散而经济的能源供应。资料来源：Fotosearch 摄影公司

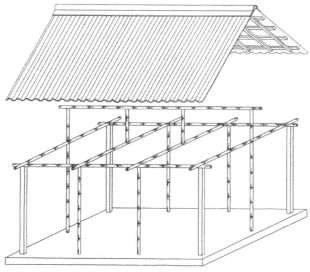

图 19.2a　简易庇护所示意图。这个项目是由一个非营利性质的组织——乡村银行设计与赞助的。资料来源：阿卡汗建筑奖 / 乡村银行提供

图 19.2b　建造完成的庇护所。可以看出混凝土基座、藤条搭建的墙体以及金属屋顶。资料来源：阿卡汗建筑奖 / 乡村银行提供

常的政策，为这些贫困的民众（其中 84% 是妇女）提供低息贷款，用来资助他们建设自己的家园。[17] 迄今为止，已经有几十万没有土地的孟加拉农村人口受益于这个计划，而该计划在其他发展中国家也得到了广泛的研究与效仿。

综合技术

除了上述这类应用以外，从广义上来说，适用技术更多是指我们选择和评估不同技术使用方式的态度，而不是指具体的某种技术类型或是技术水平。例如，默里·布克金（Murray Bookchin）[18] 曾告诫人们，就具体的技术而言，不要预先对其进行价值判断，特别是对先进的技术就更是如此：

> 从来没有哪个词可以像"技术"这个词一样，可以涉及所有的社会条件与社会关系；世界上存在着很多不同的技术，以及对技术的不同态度，其中有一些对于重建人类与自然之间的平衡是不可或缺的，而另一些则会对这种平衡关系产生严重的破坏作用。人类真正需要的，并不是不分青红皂白地抛弃所有先进的技术，而是要对这些技术进行筛选，遵循生态学的原则进行进一步的技术开发，这样才会有助于人类社会与自然世界之间的和谐 [本书作者强调]。[19]

在这种对适用技术更广义的解释中，有一种潜在的可能性是值得我们思考的，它被称为"综合技术"（combined technology），指的就是由复杂的技术创新与传统知识混杂在一起的统一体。[20] 迄今为止，这种技术的使用只是局限在废弃物的处理和能源生产行业，但是我们可以想象得到，随着使用成本的持续下降，信息技术也终将会进入这一领域。特别是在经济与生态均衡发展的项目中，更适合于应用这种综合技术进行数据收集与分析，同时也可以支持分散决策。

在地方工业部门，还可以找到其他对先进技术恰当运用的实例，这是实现自给自足、平衡发展战略当中的一部分。例如，自动化生产技术目前就正在经历着根本性的改变。新的计算机控制系统具有高度的灵活性，特别适合于小批量生产[21]；而小批量生产也是常常与中间技术联系在一起的又一项重要特征。由此，资本投资就可以通过更大的范围，以及更多种的产品来进行摊提，而不再像之前只能使用灵活性相对较差的大批量生产系统。目前的这种大规模消费模式，已经限制了这些新技术对于非必需产品种类与选择的影响。然而，同样灵活的技术可以通过定制化的设计，直接应用于提高产品的性能，使它们更适应发展中国家资金不足，并对产品提出特定以及多样化需求的状况。

在新技术的最前沿，信息技术被越来越多地应用于建筑当中，用来监测与控制在气候变化的状态下建筑物内部的环境性能指标，这就预示着布克金和其他人所构想的机器与自然之间的新关系正在变成现实。正如新的计算机化的生产系统一样，这些控制论的新技术是仿照生命系统的适应性原则而设计的，这并非巧合。[22]

现代的地方主义

同经济与生态均衡发展以及适用技术一样，现代的地方主义表达了对早期占主导地位的国际化运动的抵制，提倡地域性的建筑形式，以及对当地的环境状况作出相关的回应。从"中心 – 边缘"（centre-periphery）理论的角度来看，国际化风格和类似的西方潮流，都可以被理解为处于核心的地区对周边地区文化的新殖民主义统治的结果，从而衍生出了其自身的文化副作用，取代了当地的建筑形式。[23] 因此，寻求更为和谐的建筑形式，表达地区的文化以及地方的特质，可以被解读为发展中国家为要求改变世界经济秩序而进行的文化运动。

在农村地区，建立在传统模式上的住宅形式和聚落模式，可以适合各种收入水平人们的需求。举例来说，传统木构架的马来民居[24]，具有"现代的"特色，为当地人提供了一种"几近完美的解决方案"：对气候的控制、空间的多功能使用、设计的灵活性，以及复杂的预制系统，可以满足家庭人口不断增长的需求。[25] 在印度尼西亚的日惹市（Yogyakarta），由尤瑟夫·B·曼贡维亚瓦（Yousef B. Mangunwijawa）设计的"A"形框架住宅被用于甘榜（Kampung Kali Cho-de）住宅小区（图 19.3），向我们展示了类似的方法也可以用于热带地区的低成本住宅项目。[26] 在发展中国家的其他地区，哈桑·法赛（Hassan Fathy）[27] 尝

图 19.3 "A"形框架住宅，印度尼西亚日惹市，由尤瑟夫·曼贡维亚瓦（Yousef Mangunwijaya）设计，1985 年。
资料来源：阿卡汗建筑奖 / 尤瑟夫·曼贡维亚瓦 / 格雷戈里乌斯·安塔尔（Gregorius Antar）

试利用当地传统的晒干泥砖（sun-dried，mud brick）（图 19.4），这种建筑形态启发了后来无数建设项目的设计，能够很好地适应当地干旱的气候条件。以上这两种传统都能广泛适用于各种小型的建筑类型，无论是传统的还是现代的，例如清真寺、商店和学校，这些建筑类型都是农村社区所需要的。[28] 通过综合技术，叙利亚的穆哈纳（Muhanna）兄弟借助于计算机分析与提炼，利用当地的建筑材料和拱顶技术，创造出了一种简单但却十分优雅的石材建筑系统 [29]，可以用于学校、住宅，以及其他类型的单层建筑（图 19.5 ）。

图 19.4　建筑师自己的住宅，新古尔纳村，位于埃及卢克索（Luxor）附近，哈桑·法赛设计，1948 年。资料来源：阿卡汗建筑奖／格林·霍尔斯（Glyn Halls）提供

图 19.5　石材建筑系统，叙利亚，拉伊夫·穆哈纳（Raif Muhanna）和齐亚德·穆哈纳（Ziad Muhanna）设计，1990 年。资料来源：阿卡汗建筑奖／拉伊夫·穆哈纳和齐亚德·穆哈纳／卡姆兰·爱迪尔（Kamran Adle）提供

但是，当涉及要开发更多的城市建筑类型的时候，区域性建筑就开始暴露出了很多问题，这是因为传统建筑并没有为这种新的需求提供清晰的模式范本。现在，在发展中国家的城市中，大部分的建筑类型都是从别的地方引进的，要么是殖民时期遗留下来的，要么就是在后来的开发模式下产生的。任何发展战略的调整，以及南方与北方地区经济秩序的重整，似乎都无法改变这种趋势。从本质上讲，现代的建筑类型，例如大学、医院、政府大楼、写字楼以及旅馆等等，都是社会发展过程中社会秩序日益复杂化的产物。相对于僵化、集权式的规划，分散式管理作为另一种替选方案，其本身就是一项更为灵活、能够更加积极回应各种状况的政策，可以用来解决复杂的社会问题。[30] 然而，尽管这种模式有可能会减少对大规模或超高层建筑的需求，但这并不会抹杀掉这类建筑重要的功能。

然而，就算现代建筑不可避免，但我们仍然可以对它们进行适当的调整，使之适应当地特定的气候条件、基地状况以及社会情况。如果我们能够为传统建筑形式的元素塑造出新的用途，那么这些传统的元素也可以运用到现代建筑当中来。一些国外的和当地的建筑师，已经向世人展现了一种独特的技巧，创造出了一种混杂的地域性建筑，这类建筑能够同时反映出现代与传统的影响。[31] 其中一些优秀的作品，其建造成本非常高昂，这是不可避免的，因为设计这些项目的建筑师通常都会被赋予一种职责，他们的设计不仅要满足项目的功能要求，还要展现出他们的国家或是私人业主伟大的文化抱负。这类项目包括由亨宁·拉尔森（Henning Larsen）设计的利雅得的外交部[32]，以及由奥姆尼亚（Omrania）设计，同样坐落在利雅得的图瓦克宫（Tuwaiq Palace），即从前的外交俱乐部（图 19.6a 和 图 19.6b）[33]，这两栋建筑都综合了泛伊斯兰的特色。在这些项目中，既有材料上的混杂，也有技术上的混杂。在技术混杂方面，具有开创精神的工程师弗雷·奥托（Frei Otto）设计了一种先进的张力结构，创造了传统形式与现代技术伟大的融合，整栋建筑看起来好像是小心翼翼地探入了城市边缘的沙漠景观之中。其他的建筑师也发展出了一种以低能源策略为基础的地方主义，并对当地的气候条件作出了有效的回应，将现代与传统的建筑材料和技术明智地结合在一起。苏梅特·朱姆塞（Sumet Jumsai）设计的，位于泰国曼谷附近的法政大学（Thammasat University，图 19.7）[34]；比马尔·哈斯慕克·C·帕特尔（Bimal Hasmukh C. Patel）设计的，位于印度艾哈迈达巴德（Ahmedabad）的印度创业发展机构[35]，以及帕耶特建筑事务所（Payette Associate）设计的，位于巴基斯坦卡拉奇的阿卡汗大学和医院综合楼项目[36]，都是这一类建筑富有价值的典范，具有广泛的应用潜力。

实施

尽管从原则的角度看是合理的，但经济与生态均衡发展的倡导者们也不得不承认，这种模式在方法论和政治上存在着一些严重的问题，阻碍了其真正的实施。这些问题可

图 19.6a　图瓦克宫（Tuwaiq Palace），利雅得，由奥姆尼亚（Omrania）、弗雷·奥托（Frei Otto）和英国标赫建筑事务所（Buro Happold）设计，1985 年。建筑外观展示了拉伸的屋顶。这栋建筑之前被称为"外交俱乐部"，是位于利雅得市郊外交区的中心文化设施。资料来源：奥姆尼亚提供

图 19.6b　图瓦克宫首层平面图。这栋建筑的功能空间被设计为线性结构，在沙漠的边缘围合形成了一个"绿洲"。资料来源：阿卡汗建筑奖／奥姆尼亚提供

图 19.7　泰国曼谷附近的法政大学，由苏梅特·朱姆塞（Sumet Jumsai）设计，1986 年。湖泊和河道的设计是为了控制洪涝灾害，这样的设计类似于该地区历史上殖民地的做法。资料来源：© 作者

能发生在数据收集与分析领域，或是更为严重的，要说服中央的规划机关以及当前状况的既得利益者们为当地的弱势民众作出一定的让步。同样，有效的公众参与所需要的体系与技术通常也是缺乏的，必须要在现场临时创建。在现有的经济和文化结构中，对本地区的同质性与理论上对自给自足的需求也是难以达成的，因为这些结构常常会对区域的生态造成破坏。当这一类方法应用在城市化区域时，诸如此类的问题就会尤为明显，因为这些地区并不存在同质性与自给自足。国家发展规模的确定，以及稀缺资源的分配，这些领域都需要持续高水平的宏观调控。作出一定的妥协是不可避免的，无论是理念上还是实践上的目标都要进行一定的调整，以适应当前的现状。在区域层面上，越来越侧重于非均质的发展模式，并重视基层代表作为媒介的作用，在集权政府和当地民众之间进行沟通协调。[37]

尽管完全实现自给自足可能是不现实的，但是通过适当的技术应用，还是可以显著提高自给自足的程度。这类项目之所以能够获得广泛的成功，在一定程度上可以归功于这种方法的经济学逻辑。在发展中国家，很多地区的状况都在日益恶化，这种做法的重要性也就随之日益明显，当然，与这种方法在实施上的便利性也有一定的关系。因为这种方法主要应用于小规模、实用性高的项目，可以很容易得到可观的汇报，所以它可以适用于大多数需求的状况，而不必要进行复杂的调查，或是生态发展政策所规定的均质

化的努力。适用技术同自建方式的结合，也有助于缓解城市贫困人口的住房问题。受新一波移民潮的影响，农村居民不断逃离更为糟糕的农村生活环境，来到城市当中，从而使城市贫困人口的数量不断攀升。[38] 然而，从长远来看，只有沿着经济与生态均衡发展的方向，发展新的农村开发政策，才能有效地阻止这一趋势的发展。在发展中国家，城市的命运同农村的命运是紧密相连的，这就如同南方不发达国家同北方发达国家紧密联系在一起的命运一样。

无论是在南方的不发达国家还是在北方的发达国家，虽然都出现了不少高品质的区域性建筑的案例，但是它们在整个建筑环境中所占的比例仍然很小；这是一种非常重要的迹象，暗示着另一种替选方案的可能性，但却也只是一种迹象而已。大量"正常的"建筑依然是狭隘的全球文化价值观与远程控制生产体系的囚徒，它们都是国家消费主义的象征。因此，任何迈向规范化地方主义的转变，其先决条件都是生产体系也要发生相应的改变，比如说，以经济与生态均衡发展以及适用技术为特征的地方化的生产方式。

最后要强调的是，文化交流可能是积极的，也可能是消极的，它既可以引导文化形式的创新，也可能导致文化形式的倒退，这里所谓的文化形式就包含区域性建筑的混杂形式（上文中描述的建筑，以及其他地区的建筑）。[39] 这并不是文化交流本身的错误，真正的问题在于：当前国际化的文化交流形式，是建立在不平等的政治与经济基础之上的。因此，对提高经济自给自足程度的需求，不应该对跨越地缘界限、自由而又富有创造力的思想交流造成阻碍，这些交流的内容包括适用技术与先进技术的转移，以及其他相关的革新。

文化类型学

经济与生态均衡发展、适用技术和建筑的地方主义，都代表了迈向重要的文化解放运动的潮流，脱离西方的统治，转向相对自治的区域文化。然而，在这三个领域当中，每一个领域的发展都依赖着其他两个领域广泛的实施与成功。例如，经济与生态的均衡发展需要适用的技术和建造方法，这样才能将原则转化为落实在环境上的真实结果。从另一个角度来看，建筑的地方主义既需要生态敏感的发展政策，也需要包含综合技术在内的适用技术，这样才能将一种示范性的运动转变为一种规范化的建筑模式。

将所有这些新兴的替代发展形式汇聚起来，可以被归类为"生态文化"，这与以西方为主导的、企业经营的社会所代表的全球消费文化（目前占统治地位）形成了鲜明的对比。这两种当代的文化类型都可以被放在更广阔的历史视角当中，再加上另外两种文化类型："传统文化"与"殖民文化"（表19.1）。这四种文化类型以及它们各自所界定的特征，说明了不同形式的建筑和经济文化发展的主要形式之间的相互关系。

表 19.1　展示了四种主要的文化类型及其各自定义的特征

	传统文化	殖民文化	消费文化	生态文化
技术时代	前工业（以手工艺为基础）	早期工业（以机器为基础）	后期工业（以自动化和信息化为基础）	后工业（以计算机和网络为基础）
文化差异	单一（高度一体化与本地化）	多种（接触到第二种文化）	单一（西方至上）	多种（以不同文化的相互交流为基础）
外部交流	局限而缓慢（本地贸易与移民）	全球化但缓慢（海上与陆上）	全球化而迅速（航空与电讯）	全球化，即时（互联网）
创新水平	传统压倒一切（变化率难以记录）	零星的跳跃（需要官方批准）	持续但集中（研究和效益都集中在北方）	持续而分散（研究和效益扩散至全球范围）
社会角色	专业化，稳定（一生）	专业化但可变（晋升、派驻海外等）	专业化但可变（晋升、裁员、再培训等）	基于不断变化的技能和持续教育、培训的多重角色
决策结构	基本上都是等级制与家长制，也有明显的例外（例如，马来的农民社会）	等级制与家长制（殖民地与大都市中心的依存关系）	合作与家长制（受民主与市场引导机制影响），以短期目标为主导	参与性，以性别平等与可持续性目标为基础，全球与地方相结合的"自上而下"的结构
生产体系	自给自足（略有盈余），劳动力密集	集中（大量出口盈余），资本及劳动力密集	集中大规模生产（资本与能源密集），用于大规模消费	分散、灵活的生产体系（中高级技术）
定居点模式	以农村和乡村为基础	城市与农村（城乡差异巨大）	北部以城市或郊区为主，南部以城市或农村为主	以城市或"远郊"为主，取决于公共/私人交通间的平衡
建筑形态	与社会形态和气候同构	混合的功能与混杂的建筑形态（文化交流的产物），部分受气候影响	与气候无关的模糊/灵活的建筑形态	根据地点、用途和气候条件量身定制

资料来源：© 作者

　　一般来说，我们可以看出，同质性（homogeneity）主要是第一种和第三种文化类型定义的特性，但也有可能会存在于第四种文化类型的地方层面当中。然而，传统文化的内在同质性可能会存在很大的差异，它代表着一种同典型消费主义文化的全球均质化完全不同的整合形式。从这个角度来看，消费主义文化所代表的是一种倒退的趋势，虽然这种文化形式可能有利于集中控制国际贸易，但却会耗尽地区的人口资源，以及全世界各种各样、不可取代的文化资源。关于这一点，我们可以采用一种生态学的隐喻来说明：正统的发展，对储存在"文化基因库"当中的人类知识构成了严重的危害，这同生物自然的基因库是一样的道理。

　　矛盾的是，相较于现在的发展策略，殖民文化表现出一种相对复杂的全球化演变模式，在这种模式下，尽管西方帝国主义列强仍然处于统治地位，但各种不同的文化却大多都可以共存，也并没有丧失其主要的特征。[40] 最后一种类型，生态文化，它所倡导的是一种更深入、更积极、朝向全球复杂性的发展与进化，它将建立在互补的地区与国际文化的基础之上，摆脱西方列强的主导与统治。它具有同传统文化相类似的生态价值，尽管在很多情况下，它无法实现与传统文化同等程度的自给自足，甚至结果可能并不尽人意，但是，它标志着朝向文化多样性与公平性的一种非常重要的转变。

新理性

反过来，通过前面的论述我们可以明显看出，在南方发展中国家，任何实现规范化生态文化的可能性，都要在很大程度上依赖于北方发达国家相应的结构与文化变革，因为只有这样，才能充分解放必需的资源与能源，并落实适合的生产体系。最好的情况是，前景好坏参半。有较为悲观的观察人士认为，在南方与北方的关系问题上，我们可能已经迈入了一个新的，甚至是更为严峻的阶段，这是一种"超级剥削"的过程，通过这种剥削方式，北方的发达国家为了解决他们目前所面临的经济问题，进一步疯狂地扩张，并控制南方发展中国家宝贵的经济资源。[41]

如果说真正的转变来临了，那么最有可能发生的情况就是北方的发达国家由于自己的行为，而受到了自我毁灭性的后果。渐渐地，即使是北方发达国家的规划人员和经济学者们也开始认识到，很多相同的经济政策长期以来对环境产生了严重的影响，这无论是对于北方还是南方来说，都是极为有害的。尽管里约热内卢地球峰会的结果是令人失望的，但这次会议却还是标志着政府和公众对于发展、贫困和环境破坏问题之间复杂相互关系的认识，达到了一个新的水平。[42]尽管目前确实受到条件所限，但是经济与生态均衡发展的概念，以及可持续性发展的相关理念，可能是一种最有效的"启发式工具"，激发人们对于新的开发模式的思考。[43]这些理念已经鼓励开发部门在战略性思维习惯上进行了调整，由之前严格的中央规划和资本密集型项目，转向了灵活的规划体系，开发可再生能源，并对农村地区的发展和务实的、生态敏感的项目给予更多的关注。[44]

同样的文化变革也出现在北方发达国家，尽管仍处于实验性质的阶段。起源于20世纪60年代和70年代的"绿色政治"（green politics），现行的策略被认为是走向"易于生存的社会"（conserver society）[45]，包含一些类似的发展战略，适用于北方工业化与城市化的地区。在北方发达国家，越来越多具有能源意识的"绿色建筑"[46]运动蓬勃兴起，进一步证明了他们对环境问题认真严谨的态度，很多规划人员和建筑师都正在承担起他们对于环境的责任。同时，基于分散型的生产与消费模式、混合的土地使用、改善公共交通，以及提高社区对于地方事务的控制能力，有关可持续性发展，或是"绿色城市"的提议已经成型。在理想的情况下，新的聚落模式将会由步行化的"城中村"（urban villages）组成，容纳当地工作、居住与商业的需求，再通过整个地区的大众运输系统，将类似的城市次中心以及专门的设施联系在一起。[47] 这些构想除了适用于北方发达地区以外，也同样可以应用于南方比较发达的地区与城市化的地区。

以上这些（还有其他的一些）创新的战略为人们提供了一些希望，即北方发达国家的决策者们可能会采取一些更广泛而必要的政治与经济行动，将全球生态文化从一种可能性转变为真正的现实。环境危机越严重，这个目标就会被越多人认同，它绝不仅是一些激进思想家的奇思怪想，事实上，它是一种全球发展的新理性。

注释

1　Abel, C. (1993b). 'Ecodevelopment : toward a development paradigm for regional architec ture'. In *Traditional Dwellings and Settlements Working Papers Series*, *Vol.* 44. Proceedings of the 1992 Conference of the International Association for the Study of Traditional Environments, 8–11 October, Paris, University of California, Berkeley, pp. 2–31.

2　Galtung, J., Heiestad, T. and Ruge, E. (1979). *On the Decline and Fall of Empires : The Roman Empire and Western Imperialism Compared*. HSDRGPID-1/UNUP-53, The United Nations University, Tokyo.

3　For example, Bernstein, H., ed. (1973). *Underdevelopment and Development*. Penguin Books, Harmondsworth. Also Clark, A. and Chng, N., ed. (1977). *Questioning Development in Southeast Asia*. Select Books, Singapore. Also Clements, K. P. (1980). *From Right to Left in Development Theory*. Occasional Paper No. 61, Institute of Southeast Asian Studies, Singapore. Also George, S. (1988). *A Fate Worse Than Debt*. Penguin Books, Harmondsworth. Also Rist, G. (1979). *Development Theories in the Social Looking Glass: Some Reflections from Theories to 'Development'*. HSDRGPID-4/UNUP-56, United Nations University, Tokyo. Also Trainer, T. (1989). *Developed to Death*. Green Print, London.

4　有关马来半岛严峻局势的详细内容，可参见 CAP (1982). *Development and the Environmental Crisis*. Consumers' Association of Penang, Georgetown.

5　自 20 世纪 80 年代中期以来，国际社会就一直存在着"温室气体"排放的危险，这是一种广泛存在的国际化共识：

> 1985 年 10 月，在奥地利菲拉赫（Villach），由世界气象组织（World Meteorological Organization，简称 WMO）、联合国环境规划署（the UN Environment Programme，简称 UNEP）和国际科学理事会（the International Council of Scientific Unions，简称 ICSU）共同组织了关于气候变化和导致温室效应气体问题的会议。在这次会议上，来自 29 个国家（包含工业化国家和发展中国家）的科学家们对温室效应的状况进行了回顾，他们普遍认为，必须要将气候变化视为一种"可信而极有可能发生"的状况。
>
> ——世界环境与发展委员会（1987 年）.《我们共同的未来》（Our Common Future）.
>
> 牛津大学出版社，牛津，P.175

6　UNEP（1976）. *Ecodevelopment.* UNEP/GC/80, United Nations Environment Programme.

7　布伦特兰委员会（Brundtland Commission）由格罗·哈莱姆·布伦特兰（Gro Harlem Brundtland）主持，他将可持续性发展定义为："在不影响子孙后代满足自身需求的前提下，满足当前需求的发展。"[世界环境与发展委员会（1987 年），第 43 页]然而，"可持续性发展"这个概念在很久之前就已经出现了，并与 1972 年由芭芭拉·沃德（Barbara Ward）创立的国际环境与发展研究所的工作密切相关。参见 Ward, B. and Dubos, R.（1972）. *Only One Earth : The Care and Maintenance of a Small Planet.* Penguin Books, Harmondsworth. Also Holmberg, J., ed.（1992）. *Policies for a Small Planet.* Earthscan, London.

8　UNEP（1976）, p. 1.

9　Bartelmus, P.（1986）. *Environment and Development.* Allen & Unwin, London.

10　UNEP（1976）, p. 2.

11　Schumacher, E. F.（1973）. *Small Is Beautiful : Economics as Though People Mattered.* Harper & Row, New York.

12　Clark, W.（1976）. 'Big and/or little? Search is on for the right technology'. *Smithsonian Magazine*, Vol 7, No. 4, pp. 43–48. Also Darrow, K. and Saxenian, M.（1986）. *Appropriate Technology Sourcebook.* Volunteers in Asia, Stanford. Also Bender, T.（1977）. *Rainbook : Resources in Appropriate Technology.* Schocken Books, New York. Also Dickson, D.（1974）. *Alternative Technology and the Politics and Technical Change.* Fontana/Collins, London.

13　Darrow, K. and Saxenian, M.（1986）, p. 55.

14　Ramachandran, G. and Gupta, D. K.（1952）. 'The village industries movement'. In *The Economics of Peace : The Cause and the Man*（George, S. K. ed.）, pp. 225–236, All India Village Industries Association, Mumbai.

15　McRobie, G.（1982）. *Small Is Possible.* Abacus, London.

16　Ward, P., ed.（1982）. *Self-Help Housing.* Mansell Publishing, London. Also Turner, J.（1976）. *Housing by People : Towards Autonomy in Building Environments.* Pantheon Books, New York. Also Abel, C.（1993a）. 'An architect for the poor'. In *Companion to Architectural Thought*（Farmer, B. and Louw, H. eds）, pp. 56–58, Routledge, London. Also in the same volume, Anzorena, J.（1993）. 'Informal housing and the barefoot architect', pp. 59–62.

17　For details see Steele, J., ed.（1994）. *Architecture for Islamic Societies Today.* The Aga Khan Award for Architecture/Academy Editions, London, pp. 60–71.

18　Bookchin, M.（1980）. *Toward an Ecological Society.* Black Rose Books, Montreal. Also Bookchin, M.（1974）. 'Liberatory technology'. In *Man-Made Futures*（Cross, N., Elliot, D. and Roy, R. eds）, 320–332, Hutchinson/The Open University Press, London.

19　Bookchin, M.（1980）, p. 37.

20　See Bartelmus, P.（1986）. *Environment and Development.*

21　参见第 2 章、第 4 章。

22　参见第 5 章。

23　参见第 16 章。

24　Lim, J. Y.（1987）. *The Malay House：Rediscovering Malaysia's Indigenous Shelter System*. Institute Masyarakat, Pulau Pinang.

25　Lim, J. Y.（1987）, p. 4. 参见第 16 章。

26　详细内容可参见 Steele, J., ed.（1992）. *Architecture for a Changing World*. The Aga Khan Award for Architecture/Academy Editions, London, pp. 140–153.

27　Fathy, H.（1973）. *Architecture for the Poor*. The University of Chicago Press, Chicago.

28　For example, see Noweir, S.（1982）. 'Weisa Wasef's Museum, Harania'. *Mimar*, No. 5, 50–53. Also ADAUA（1983）. 'Building toward community'. *Mimar*, No. 7, pp. 35–51. Also El-Miniawys（1983）. 'Maader Village, M'sila'. *Mimar*, No. 8, pp. 9–11.

29　详细内容可参见 Steele, J., ed.（1992）, pp. 156–163.

30　有关城市规划与设计其他可供实施的模式，可参见第 20 章。

31　参见第 17 章。Also Abel, C.（1988a）. 'Model and metaphor in the design of new building types in Saudi Arabia'. In *Theories and Principles of Design in the Architecture of Islamic Societies*（Sevccenko, M. B. ed.）, pp. 169–184, The Aga Khan Program for Islamic Architecture, Cambridge, MA.

32　Abel, C.（1985）. 'Henning Larsen's hybrid masterpiece'. *The Architectural Review*, Vol. CLXXVIII, July, pp. 30–39. 参见第 17 章。

33　详细内容可参见 Curtis, W.（1986）. 'Diplomatic Club, Riyadh'. *Mimar*, No. 21, pp. 20–25.

34　详细内容可参见 Jumsai, S.（1986）. 'Thammasat University New Campus, Rangsit'. *Mimar*, No. 20, pp. 34–42.

35　详细内容可参见 Steele, J., ed.（1992）, pp. 188–199.

36　Abel, C.（1989b）. 'The Aga Khan University and Hospital complex：a critical appraisal'. Atrium, No. 6, pp. 24–31. Also Payette, T. M.（1988）. 'Designing the Aga Khan Medical Complex'. In *Theories and Principles of Design in the Architecture of Islamic Societies*（Sevccenko, M. B. ed.）, pp. 161–168, The Aga Khan Program for Islamic Architecture, Cambridge, MA. See also Chapter 17.

37　Bartelmus, P.（1986）. *Environment and Development*.

38　Ghosh, P. K., ed.（1984）. *Urban Development in the Third World*. Greenwood Press, Westport.

39　参见第 16 章、第 17 章。

40　应该强调的是，这是一个存在着争议的问题。有关殖民主义对地域性建筑产生消极影响的相反论点，可参见 Mumtaz, K. K.（1985）. *Architecture in Pakistan*. A Mimar Book, Singapore.

41　Frank, A. G.（1978）. 'Superexploitation in the Third World'. *Two Thirds*, Vol. 1, No. 2, pp. 15–28.

42　本次会议主要问题总结，参见 Third World Network, eds（1992）. *Earth Summit Briefings*. Third World Network, Penang. Also Strong, M. F.（1992）. 'The challenge of environment and development'. *Journal of the World Food Programme*, No. 20, April–June, pp. 17–20.

43　Bartelmus, P.（1986）. *Environment and Development*.

44　在世界银行的相关倡议中，全球环境基金 Global Environmental Facility，简称（GEF）于 1990

年建立，旨在帮助保护"全球公地"，具体目标是保护臭氧层、限制温室气体排放、保护生物多样性和减少国际水域的污染。Holmberg, J., ed.（1992），p. 298. 类似于全球环境基金的其他全球性项目也得到了区域政策的大力支持，旨在保护人类共同遗产，以及管理共同的资源。相关内容可参见 the World Bank/The European Investment Bank（1990）. *The Environmental Program for the Mediterranean*. The World Bank.

45　Valaskakis, K. et al.（1979）. *The Conserver Society：A Workable Alternative for the Future*. Harper & Row, New York.

46　Vale, B. and Vale, R.（1991）. *Green Architecture.* Thames & Hudson, London.

47　Kelbaugh, D., ed.（1989）. *The Pedestrian Pocket Book.* Princeton Architectural Press, New York.

第 20 章 亚洲城市的未来：
来自东方的观点

节选自"亚洲设计论坛"（Asia Design Forum）第 9 期论文，马来西亚吉隆坡，1998 年 6 月 13—14 日。首次发表于本书第二版，2000 年

在西方，当建筑学的学生们在研究城市发展与形态的时候，一直都拥有完善的理论系统和经验知识；而在发展中国家，对于世界发展的相关研究却落后于实际的发展速度——实际的发展速度相当之快，仿佛不可驾驭一般。到 21 世纪初期，在亚洲将会出现更多人口超过 2000 万或 3000 万的超大型城市（图 20.1），这样的统计数据本身就很是令人担忧。[1] 对规划人员和其他决策者而言，他们所面临的困难并不仅仅是城市发展的速度或是规模，还有缺乏可以同西方理论工具相提并论的合适的模式范本，来协助他们解决发展过程中所出现的各种异常现象，进而为他们带来具有可行性的解决方案。在这种情况下，发展中国家的理论家们禁不起诱惑，直接照方抓药，借用西方的模式[2]来解释和处理本国的问题，而本国的城市发展与西方发达国家相比，无论是历史还是现代都存在着本质的区别。特别是很多发展中国家在当前的城市规划中普遍缺乏公开的、批判性的讨论，而这只会使情况变得越来越糟。

因此，亚洲的规划人员任何有意识地努力打破这种僵局，针对他们自己的历史和文化，开创出另一种城市规划与设计的方法，哪怕只能解决一部分的问题，也是值得鼓励的。下面对四位亚洲建筑师 - 规划师的主要理念和他们所设计的城市项目案例进行了讨论与对比。其中一位来自印度，一位来自马来西亚，另外两位来自新加坡，他们都以不同的方式在其所在的地区，寻求适宜的方式来解决一些最棘手的问题。除了其中的一个人以外，另外三个人在国外的主要成就都集中在建筑设计，而不是城市规划与理论，但是他们在开发计划和城市化发展方面的集体贡献是非常重要的。每一位建筑师都将他们居住与工作所在城市的殖民地历史当作自己的起点（而这些城市长久以来的持续成长，早已超出了它们历史的结构与界限），他们都或多或少地从可持续发展的生态模型当中找到了灵感，并且也都受到了各自地区文化多元化的历史和多样性的启发。他们都在试图应对亚洲城市庞大的人口增长问题，以及随之而来的高密度与基础设施不足等问题。

然而，除了对这些共同的起源和问题的认识以外，根据每一位理论家不同的兴趣，以

图 20.1 中国香港，一座超密度的城市。资料来源：© 作者

及在他们所侧重的领域所能获得的经济与自然资源，他们各自的方法既有类似之处，同时也存在着相当的差别。他们所设计出来的建筑模式，没有一个可以称为是纯粹乡土的或是亚洲的，都是东方与西方思想与价值观的融会贯通，反映了从早期以来一直持续不断的跨文化交流过程。这种现象本身就暗示了，他们拒绝用简单化的方案来解决问题，以及渴望同世界打交道的意愿，这与过去极端概念化的城市规划与设计是完全不同的。

查尔斯·柯里亚和新孟买规划

作为一名著名的建筑师以及 RIBA（英国皇家建筑师学会）金质奖章获得者，查尔斯·柯里亚（Charles Correa）自 20 世纪 60 年代初就开始投身于孟买（Bombay，现在叫作Mumbai）地区的城市规划，其中涉及了有关亚洲城市发展和社会不平等的一些最重要的问题。因此，他的理念与设计项目主要集中针对南亚，以及东亚部分尚不发达的地区，例如菲律宾和印度尼西亚群岛（Indonesian archipelagos）等。[3]

对柯里亚来说，最迫在眉睫需要解决的问题就是社会与结构的不平衡，而这些失衡是由于贫困的农村人口为了寻求工作机会而大量涌入城市所造成的。这些人都汇聚在古老而比较富裕的城市中心周遭，住在违建的棚户区里，人数与日俱增。就像约翰·特纳（John Turner）以及其他的城市贫民支持者一样[4]，柯里亚在这些贫民史诗般的生存斗争中既看到了积极的一面，同时也看到了消极的一面。这些贫民渴望为自己和家人创造更好的生活，摆脱极端的穷苦与贫困。同时他也承认，这种从农村到城市的人口迁移，对于缓解农村的经济社会压力作出了贡献，因为农村地区已经无法再负荷人口的增长。

尽管大量农业人口从农村地区迁移到城市，投身到工业化的经济洪流当中是不可避免的，但是这样的迁移却也为那些古老的城市以及陈旧的基础设施带来了无法承受的压力，它们无法应对大量涌入的新增人口。从更宏观的角度来看，柯里亚认为，唯一可行的长期解决方案，就是通过国家政策进行土地改革，并且对农村建设给予经济支持，来阻止和控制农业人口的外流，再加上城市与工业的分散化，将经济发展的重担转移到更多的新兴中型城市当中。通过这些做法，将会从本地区最大限度地吸收从农村涌入城市的移民，并将这些人从已经过分拥挤的大规模主要城市，转移到这些新区。

柯里亚承认，作为对印度领袖甘地早期提出的在乡村层级上进行的农村改革的回应[5]，印度政府所采取的第一项政策所取得的进展是缓慢的。然而，由于政府的激励措施，农村改革已经在印度全国范围内开始进行了，其中 10 万到 100 万人口的中型城市发展速度，已经超过了老牌的城市中心。然而，尽管这些新兴城市分散了全国大部分的人口增长压力，但在那些主要的大城市中还是存在着累积了数十年的老问题：失去控制的膨胀，以及极端的贫富两极分化。

多中心城市

孟买最初是由英国的东印度公司在 17 世纪建立的一个贸易口岸，它是所有这些古老的、前殖民城市中的典型代表。如今，这座城市成了印度的主要金融中心，大部分的商业增长和新的工作场所同政府机构以及其他殖民时期的建筑，都集中在原来港口防波堤的狭窄半岛上（图 20.2）。随着城市沿着两条主要的铁路线，以及通往市中心的公路向北扩展，它与新建的市郊住宅区和主要的贫民棚屋区之间的距离越来越远，这就形成了一个几乎无法通行的瓶颈，无论是富人还是穷人外出工作的交通都极为不便。由于无法负担居住在城市里高昂的费用，也不能在城市附近找到合适的庇护所，所以很多临时工都选择在他们的工作场所附近随便找个地方睡觉，在街道上、楼梯上，或是任何其他可以找到的角落和缝隙里。

柯里亚认为，额外设置棚屋区，即使改善了当地的基础设施支持——所谓的"站点服务"（sites and services）方案，拥有很多支持者[6]——但如果这些新建的站点还是同之前一样，位于远离就业中心与公共交通的闲置用地上，那么对现状也不会有太大的帮助。在附近设立的几座工厂也几乎没有产生什么成效，因为这些工厂总是利用居住在棚户区的贫民们缺乏选择权的劣势，将工人的工资和工作条件压榨到令人无法接受的程度。像中国香港或新加坡那样，进一步提高人口密度也是不可能的，因为他们为穷人提供的高层住宅补贴的成本，已经超出了经济水平相对落后的印度的负担能力。柯里亚拒绝了当时西方现代主义者正统的观念，并得出了自己的结论：对于无论是孟买还是印度广泛存在的住房问题，建筑学上并没有现成的解决之策。必须要从其他的方向寻求出路：

> 长久以来，我们一直都在努力地寻找答案，但是这个问题从一开始就被搞错了方向。解决大多数人的住房问题，并不是一个靠建筑材料或建筑技术创造奇迹的问题，而是重新建立土地使用分配的问题。[7]

柯里亚推断，对孟买来说，最好的策略就是在尚未开发的土地上建立一座全新的城市，在这座新城，就业中心与居住中心可以并肩发展。到 20 世纪 60 年代初期，一个新的工业带和第二个港口已经在港湾的另外一边建立起来了，它与旧城区通过新建的大桥和铁路相连。1964 年，柯里亚和他的两名同事，普拉维纳·梅塔（Pravina Meta）和希里什·帕特尔（Shirish Patel），提议对孟买进行重整，将未来的商业发展逐渐引向对岸次一级的新城市中心，从而巩固这些地区和其他地区的发展（图 20.3）。其他的就业中心和居住区

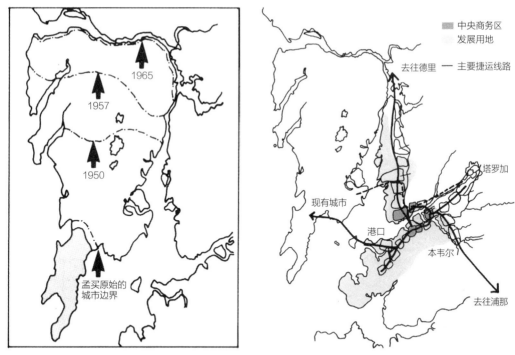

图 20.2　印度孟买。区位图显示了城市边界的扩展过程。资料来源：C·柯里亚，1989 年（左）

图 20.3　新孟买。结构规划。资料来源：C·柯里亚，1989 年（右）

将兴建在政府收购的土地上，并沿海湾创建一座"多中心的城市"。1970 年，政府接受了他们的提案，拨出了 55000 英亩的土地作为新城的建设用地，命名为新孟买，并委任柯里亚协助负责规划和设计工作。

　　在进行新城规划的时候，柯里亚的主要目的就是要让各个阶层的人们都能从发展中有所收益，这一点不仅被纳入了结构规划当中，同时也被纳入了他的模范住宅工程当中。柯里亚一直提倡低层、高密度的聚落模式，他指出，兴建高层建筑除了要追加高额的建造成本与维护成本以外，节省下来的土地同联排式住宅或是其他紧凑型住宅相比，实际上并没有人们想象中的那么多。[8] 除此之外，亚洲的传统建筑类型，例如东亚和其他地区同时兼具商业功能与居住功能的店屋，可以包容更丰富的功能性以及小规模的活动，这些对于贫困阶层来说都是非常重要的，同时对于城市的特性也是相当重要的。新城中设置了等级式的公共交通与城市节点，低层高密度的住宅区像珠子一样，沿着公交线路串联在一起（图 20.4）。它们依次接入联结主要城市节点的大众捷运（MRT）系统，该系统沿着海岸和海湾的三个方向以线性方式延伸，并最终汇合于新的商业中心。主要的城市活动和工作场所聚集围绕在这些交通枢纽周边，所有人都可以很方便地到达这些地方。

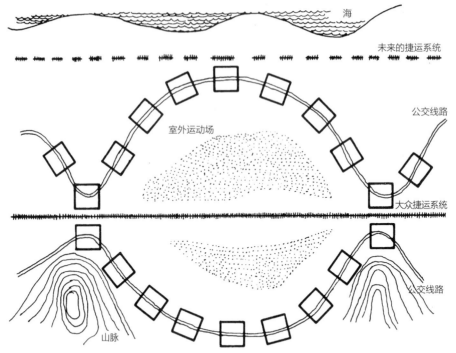

图 20.4　新孟买。概念草图，展示了居住区和公共交通系统的组合联结模式。资料来源：C·柯里亚，1989 年

人人平等的计划

　　然而,柯里亚的社会项目中的平等主义本质,在他的示范项目"增量住宅"(incremental housing) 中成为最明显的焦点。这个项目坐落在新孟买靠近主要中央区的一个区域,名为贝拉坡（Belapur）,是针对各收入阶层的人们设计的（图 20.5）,并于 20 世纪 80 年代中期建成。[9] 柯里亚之所以反对高层住宅模式,其中一个主要原因就在于这种住宅模式巩固了现有阶级与收入分化的壁垒,将人们通过土地与空间的使用状况和财富的多寡划分为不同的族群。在贝拉坡,柯里亚采用低层高密度组团的形式,将大小不一的住宅单元混杂在一起,不同收入阶层的人们都可以在这里建造自己的房子,每个居住者都能够根据自己的经济水平与愿望毗邻而居,这同全世界所有传统密集型住宅模式是一样的。

　　至于细节的设计,柯里亚以印度南部乡村的庭院式住宅为范本,设计了"透天的"（open-to-sky）多功能空间。每个地块之间设置了保护性质的边界区,可以确保住户的私密性,也便于每栋住宅都可以独立发展,而不会干扰到旁边的邻居。一系列从小到大组团式的共享空间,有助于营造一种场所感,并将每一个住宅单元都纳入一个更大的聚落环境当中。同样,等级式的空间为社会不同阶层的人们提供了相互交往的机会,并可以通过交通枢纽以及更大的城市节点,同主要的城市中心相连。

图 20.5 在新孟买贝拉坡的"增量住房"，查尔斯·柯里亚设计。资料来源：© 查尔斯·柯里亚事务所

1991 年，由州政府成立，负责新孟买建设开发的公司，要求柯里亚为乌尔韦（Ulwe）的新城中心制定一份详尽的土地使用规划和城市设计指南（图 20.6a 和图 20.6b），并为各种收入水平的群体提供 1000 套示范住宅单元。这套规划涉及了各种各样的环境问题，从集水区的管理到中央商务区的仔细推敲，从逻辑上讲，该项目实现了柯里亚所构想的可持续发展的城市模式。和他的"增量住房"策略相同，构成 CBD（中央商务区）的中型规模城市区块被分解为很多大小不等的地块和建筑，让大投资者和小投资者都有机会独立于他们的邻居，发展自己的事业版图。综合却又不失灵活性的设计准则以地方城市模式为基础，确保了建设开发的整体统一性，包括沿主要街道立面布置的拱廊。适宜的建筑高度限制和街区之间宽阔的间距，有助于空气穿过内庭流通——这是在孟买亚热带气候条件下一个重要的考虑因素。到 20 世纪 90 年代中期，新孟买已经发展成为一个人口超过百万的繁荣城市；虽然还未达到预计的目标人口 200 万（市政府还没有如柯里亚预期的那样迁移到新城当中），但已经吸引了来自旧城的很多人口。

杨经文与生物气候城市

马来西亚建筑师杨经文的城市设计理论，来自"生物气候"（bioclimatic）原理，而他的建筑也是同样以这个原理为基础塑造的。[10] 他认为，聚落模式应该同单体建筑

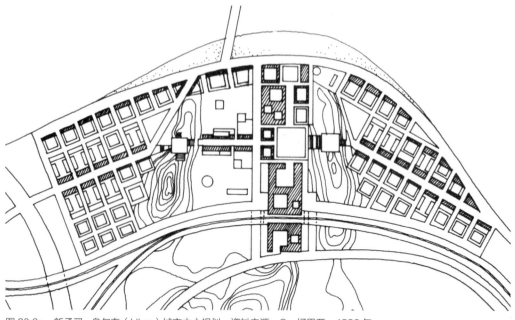

图 20.6a   新孟买。乌尔韦（Ulwe）城市中心规划。资料来源：C·柯里亚，1996 年

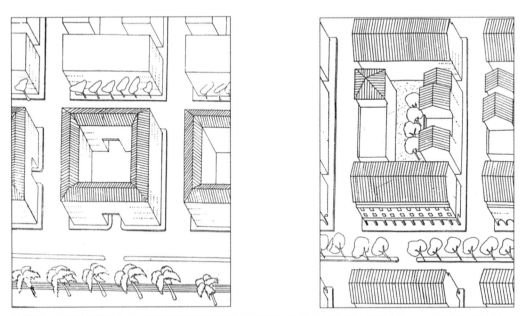

图 20.6b   乌尔韦的城市中心。不同的街区类型既适合小投资者，也适合大投资者。资料来源：C·柯里亚，1996 年

一样，要适应其所在的自然景观与生物圈环境，并对当地的气候及其循环作出回应。
受故乡马来西亚热带传统建筑的启发，杨经文的设计一般都会避免直接套用本土的建
筑形式，而是从本土建筑当中吸收气候控制的相关经验，并根据现代的需求以及建筑

类型来调整传统的技术。除了参照本土建筑这些原始资料以外，他还在建筑当中逐渐增加了很多先进的技术，用来分析建筑的性能和能源使用效率，以应对日益复杂与多样化的项目要求。[11]

同柯里亚一样，杨经文早期关于城市设计的思想，在很大程度上受到了紧凑型城市模式、多功能建筑，以及吉隆坡和亚洲其他城镇与城市建造方式的强烈影响。正是出于这些原因，他也同样倾向于提高城市密度，因为这样做可以提高公共交通系统和基础设施的使用效率，节约能耗，同时使城市的生活更加富足。然而，与柯里亚不同的是，杨经文对于高层建筑这种建筑形式并不反对，他认为高层建筑有利于缓解来自商业以及其他领域的压力。虽然从原则上讲他对于高层建筑这一建筑类型持接受的态度，但是却对马来西亚高层建筑传统的设计方法持不认同的态度，认为它们忽视了当地的特性，而这种建造方式是对土地使用的浪费。通常，这些高层建筑从沿街面向后退缩，占据着从前殖民别墅的大规模地块，它们的存在对于街面景观没有作出任何贡献，而那不计其数的通道与零散分布的停车场，甚至使街面景观变得更加凌乱与破碎不堪。

他认为，马来西亚真正需要的是一种将现代的高层建筑融入更密集、更多样化的城市模式之中的方法，只有这样才能恢复传统的步行环境，将人行道还给行人（图 20.7）。在其最早发表的一篇论文"热带走廊城市"（Tropical Verandah City）中，他对于店屋拱廊（也可以称为"verandahway"）的传统概念进行了抽象，将其变成了一种"城市组织原则"，即通过一系列拱廊通道将众多建筑物连接在一起。同柯里亚一样，杨经文也注意到，之前的殖民主义建筑都具有同样的设计原则，即在沿街面设置拱廊通道，他认为新的拱廊通道不仅可以为行人提供遮蔽物，使他们免受烈日曝晒与暴雨的侵袭，同时也是沿街面一种统一的城市元素，可以将所有不同造型、不同尺度的建筑整合在一起。同样，这种设有顶棚的通道也可以用于停车场的入口，这样，停车场就可以不显眼地隐藏于一般建筑的地面层之上或之下。因此，城市的基础设施、气候控制和城市美学问题，都可以通过这种简单却有效的设施来解决，它为经典的店屋提供了非凡的吸引力，同时也增强了这座城市的热带风情。

除了从当地的建筑当中汲取灵感以外，杨经文还使用了"热带城市花园"这个隐喻，暗示将自然元素引入这个东南亚城市的核心地带，进一步增强其热带特性，并有助于改善城市的小气候。举例来说，他指出，西方对于城市景观美化的做法，常规上都是将注意力集中在广场和公园等开放空间的储备上。而杨经文也鼓励发展适宜的开放性空间以及景观中的自然特色，他建议亚洲的城市设计师应该进一步充分利用热带植物生长迅速而又枝叶繁茂的特点，将每一处的阳台和屋顶空间都利用起来，创建出一种连续的城市绿化。这将有助于为建筑物提供遮蔽、吸收温室气体，并普遍提升人文精神，与更为传统的城市公园和广场相辅相成。

图 20.7　马来民族统一机构（UMNO）政党总部大厦，乔治城，槟榔屿，由哈姆扎（Hamzah）和杨经文设计，1994 年。从设有拱廊的中国店屋看向大厦的景观。资料来源：©T·R·哈姆扎和杨经文

垂直的城市设计

　　杨经文有关城市设计理念的发展，与他已建成与尚未建成的高层建筑项目方案的演变密切相关。因此，他为热带地区所做的高层建筑设计，已经变成了他所谓的"垂直城市设计"[12] 的缩影与实验平台，这是一种超高层都市化的新方法，其街道景观中蕴含着独特的空间特色与社会风情（图 20.8a 和图 20.8b）。一般来说，他所有的超高层建筑

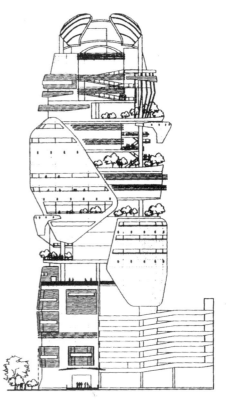

图 28.8a　Hitechniaga 公司办公大楼，马来西亚吉隆坡，由 T·R·哈姆扎（T. R. Hamzah）和杨经文设计，1994 年。立面展现出开放性的空中花园，以及不同功能的外檐系统。资料来源：©T·R·哈姆扎和杨经文（左）

图 28.8b　立面图（右）

都有一个共同的特征，就是设有一个大面积的"空中广场"，上面精心种植着绿色植物，其作用与特性就相当于公共的或是半公共的开放空间——等同于地面广场的空中城市聚会场所——这样的设计在打破了建筑巨大的体量同时，还为居住者们提供了方便到达的休闲娱乐空间。

在更实际的层面上，杨经文对作用于单体超高层建筑的冷却与通风一类的气候控制技术进行了扩展，将其运用到街道层建筑之间的空间当中，这样几栋建筑物就可以动态地结合在一起改变附近的微气候。利用控制论的控制系统，他设想未来的"生物气候学城市"（bioclimatic city）就像是一个活的有机体；是一种"风道和冷却装置"，来满足居住者的需求，就如同人体的运作一般：

> 生物气候学城市就像是人类的身体一样，会对周围环境的变化作出相应的反应。比如，它会像人体一样，通过四肢（散热）或是自我平衡系统来冷却身体，维持其器官的稳定。同样，热带城市也可以利用冷却层以及内平衡原理，来维持一种舒适的水平。[13]

他对于建筑师的责任也有类似的定义与扩展，认为建筑师不仅要使自己的建筑内部拥有舒适的环境，还要对周遭的建筑与空间的环境作出正向的影响：

> 在生物气候学城市中，建筑师的任务是识别与设计出新的结构、设备和空间，以保护与改善当地的城市环境，满足并提高现有生物气候控制层次的标准。因此，随着城市的发展和变化，又会增加新的控制层次，这些不同的层次可以在既有的层次上三维叠加，成为为城市提供冷却与遮蔽的活的有机体。[14]

在他最近的城市设计项目中，例如马来西亚新山市（柔佛巴鲁，Johor Baharu）的重建规划项目"JB 2005"（图 20.9），杨经文设计的建筑从外观上看是一系列高迪式的大大小小塔楼造型的集合，上面自由悬挂着用来遮阳的张拉结构天棚，或是围绕着螺旋形的阶梯和走道，随处可见的开口暴露出内部的骨架结构。随着杨经文对于建筑与气候之间关系探索的不断深入，他的作品也越来越呈现出奇异的特征，这是对热带气候特征的回应。杨经文是一位成功的作家和关于生物气候建筑的理论学家（在这一领域他拥有博士学位），同时也是唯一的一位投身于"绿色"摩天大楼研究的建筑师，是亚洲最具影响力的建筑师之一，尽管身处所谓的"外围"地区，但他还是拥有了越来越多的国际化创作实践。

郑顺庆和热带大城市

作为一名土生土长的新加坡人，郑顺庆（Tay Kheng Soon）[15]却对自己国家的正统规划方法与城市设计方法提出了严肃的批评，他认为发展中国家持续依赖于西方的概念和顾问并没有什么好处：

图 20.9 生物气候城市。马来西亚新山市（柔佛巴鲁，Johor Baharu）的重建规划项目"JB 2005"，由 T · R · 哈姆扎（T. R. Hamzah）和杨经文设计。资料来源：哈姆扎和杨经文，1994 年

　　今天，我们有了新的工业园区、公共住宅区和自由贸易区，但它们却都是以北方的模式为范本改造而来的。在发展中国家，只有改造和适应，却没有根本的检视与审查。所以，我们如今在热带地区建设了大都市，但却没有意识到热带地区城市生活的潜力，这是因为我们从来都没对从北方发达地区承袭来的有关城市规划的教条与概念进行任何根本的审查（……）到目前为止，热带地区的城市规划没有任何本质的东西。[16]

　　郑顺庆的直言不讳使他在新加坡的保守势力中恶名昭彰。作为一名年轻的建筑师，他在新加坡对于超高层建筑策略的其他替选方案的探索中不断受挫，于是在 1974 年搬到了马来西亚的吉隆坡，在那里，他发现当地政府对于他的理念给予了更多的认可。在吉隆坡，他为当地的低收入人群设计并建造了两个实验性的住宅项目，都是低层高密度住宅，这就表明，正如柯里亚在印度所经历的一样，低层住宅的建造成本远低于高层住宅。为了形成

一种具有代表性的典型模式，郑顺庆的设计必须要对殖民时期的建筑法规进行一些重大的修改，因为当时的建筑法规仍然是以英国的传统做法为基础设计的。

另一种策略

十多年以后，郑顺庆又回到了新加坡，并创建了他现在的事务所，Tengarra 建筑事务所。他发现，自己可以从另一个角度对官方的政策提出反对意见。到 20 世纪 80 年代中期，这个小岛国的人口已经增长到 260 万，预计到 2015 年将增长到 320 万。但是郑顺庆估计，实际的人口增长速度可能会更快，有可能会比同期预计数字还要多 100 万。他认为，如果政府坚持现有的人口扩张政策，环岛建设更多的新兴城镇，那么其结果将会对自然环境造成无法修复的破坏。他改变了早期建设高密度住宅的立场，而采取了更为激进的策略，主张提高现有城市中心的密度，特别是在首都城市，集中现有的未开发土地，并减少对额外基础设施的需求。

在不断强化关于城市建设策略概念的同时，郑顺庆还建造了很多具有明显城市特色的建筑项目，这种做法就像杨经文一样，利用建筑设计来探索关于城市环境更加宏观的概念。同一时期，他也开始关注政府所呼吁的有关国家建筑特色的问题，特别是在马来西亚，从本质上讲属于一个多元文化的地区，在那里，人们将国家的建筑特色视为一种具有政治动机的、可能会引起分裂的民族认同标志。和杨经文一样，郑顺庆也主张要创建一种根植于热带环境的现代建筑，这种建筑应该能够在所有东南亚地区引起共鸣。在他一些更大型的项目中，例如位于碧山（Bishan）的技术教育学院（图 20.10）[17]，以及位于新山市（柔佛巴鲁，Johor Baharu）的高尔夫俱乐部 [18]，郑顺庆利用当地温和的气候条件，将分散设置的不同单元之间的空间变成了花园和露天（设有遮蔽物）聚会场所。在那段时期，郑顺庆还研发了其他的一些气候控制装置，他将自己的这些探索称为寻求一种"热带的设计语言"，最终，这些探索又逐渐沿着相同的道路，将他的注意力引回到城市设计项目中来。

城市研讨会

1988 年，郑顺庆与新加坡国立大学建筑教授罗伯特·鲍威尔（Robert Powell）一起，举办了一场关于"智能化热带城市"（Intelligent Tropical City）的城市研讨会。两年前，郑顺庆曾经在日本川崎市（Kawasaki）参加了一次名为"先进信息城市"（Advanced Information City）的国际竞赛。他认为，此次竞赛的主题非常适合于新加坡的现状，因为当时新加坡已经在大力投资信息技术，并将其视为现代基础设施项目中一个关键的部分。举办大学生研讨会的目的，就是要将郑顺庆对于这些信息技术发展的看法，同他有关新加

图 20.10　新加坡碧山技术教育学院，Akitek Tengarra II 设计，1993 年。透过露天集会空间看向建筑物的景观。
资料来源：© 作者

坡扩展的理念，以及热带地区城市设计的具体问题汇整在一起。

　　研讨会团队提议，将毗邻新加坡滨海湾（Marina Bay）的一片填海造地的区域，开发成一个超高密度的多功能区，可以容纳预计增长的 100 万人口的一半。该区域的总容积率高达 12.5：1，其建筑密度和垂直划分功能分区的模式同中国香港非常相似[19]，这是一种功能复杂，看似"无序"的模式，是之前新加坡较为保守的规划人员从未采用过的一种模式。类似于巨型城市的概念，郑顺庆将这个项目想象成一种"巨型的店屋"，所有的居民都住在塔楼的高层部分，而低层则用于商业和市政活动。受新加坡严格的分区法规限制——鉴于早期曾经与规划编制爆发过冲突，所以这个界限是郑顺庆不愿意去跨越的——他将 IT 产业从综合功能中剔除了出去，尽管他本来是希望这一行业也可以一同并入综合功能之中的。但是，他也提出了一个替选方案，将高校中以 IT 为导向的科系重新安置在新区内，延续在川崎城市设计中"IT 校园"的思路。

现实的检验

　　一年之后出现了一个重大的转机，城市规划过程开始向私人事务所开放，市区重建局（Urban Redevelopment Authority，简称 URA）邀请郑顺庆为位于甘榜武吉士区（Kampung Bugis）一片面积为 72 公顷的土地起草一个开发方案（图 20.11），该基地

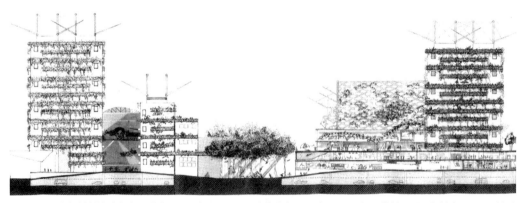

图 20.11　新加坡甘榜武吉士区重建项目，由 Tengarra 建筑事务所设计，1989 年。横剖面图。资料来源：R · 鲍威尔（Powell, R.），1997 年

位于城市中心附近两条河流的交汇之处。郑顺庆将这个项目视为一次机会，可以将一些来自新加坡国立大学研讨会上的理念付诸实践来检验，并在实践过程中对这些理念进行必要的修正。除了进行更为深入与多样的建筑研究之外，新的设计中还出现了悬挂着的垂直绿化景观，这与杨经文的设计有些相似。新方案的主要改变在于建筑密度的下调，将总容积率降低到 4.5 ：1，该数据仍然远高于新城所规定的净容积率上限 2.8 ：1，但是相较于之前在研讨会上提出的方案，已经降低了很多。这个新的方案最终给人的印象，仍然是一个拥挤但却充满活力的热带大都会，这样的形象与新加坡的地位和地理位置都是相吻合的。然而，尽管这个方案充满着吸引力，郑顺庆也在努力地将他的理念转化为实际的提案，但是当地的规划局还是认为方案太过激进，最终还是决定采纳新加坡本国专业人员设计的，传统的低层高密度方案。

　　后来，在一次设计竞标中，郑顺庆获得了成功，尽管这次的成功微不足道，但是对于他的设计理念来说，这却可能意味着一次重大的胜利。他的竞标作品是为新加坡住宅与发展委员会（Singapore Housing and Development Board，简称 HDB）设计的一座住宅综合体，位于蔡厝港（Choa Chu Kang）（图 20.12），并于 1997 年完成。虽然在投标时报出了最高价，但是他的设计由于在体块的进深和形态上都独树一帜，从而受到一致的好评，并允许将容积率的上限从 2.8 ：1 调整到 3 ：1。郑顺庆认为，采用类似的模式但更有效的设计方法，可以将容积率提高到 3.5 ：1，如果这种方法能够被当作通则广泛采用，那么将会显著提升新加坡的住宅密度，而且还不会损害到环境品质。郑顺庆还承接了其他一些海外项目，包括在中国的城市总体规划和在菲律宾的低收入住宅，这些项目的实施，为他的设计理念在新的、更多样化的氛围中提供了更富有挑战性的实践检验。

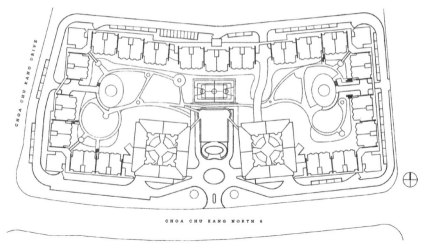

图 20.12　新加坡蔡厝港住宅综合体平面图，由 Tengarra 建筑事务所设计，1997 年。资料来源：R·鲍威尔（Powell, R.），1997 年

刘太格和星座城市

　　作为团队中最有经验的规划师，刘太格在新加坡的城市开发与城市性格塑造中扮演了关键性的角色。[20] 他在 1969 年至 1989 年，担任新加坡住宅与发展委员会（HDB）负责人期间，审查过超过 50 万项住宅单元的设计，这是东亚历史上规模最大、延续时间最长的国家住宅计划之一。在接下来的三年时间，他又领导市区重建局（URA），对新加坡的概念性规划进行了重大的修正，这是国家未来建设发展的蓝图。从那时起，他一直与新加坡最老牌的事务所之一——拉格伦·斯夸尔建筑事务所（Raglan Squire and Partners，简称 RSP）合作，以私人公司的立场对地区发展产生了重大的影响，并担任过北京和其他很多城市的规划顾问，他曾参与过的项目遍及中国与亚洲。

　　面对新加坡早期统一模式的高层住宅，以及衍生出来的规划政策的批评声浪，刘太格指出，新加坡新城镇的建筑与城市设计的模式越来越丰富，在这种情况下，类似于郑顺庆和林少伟（William Lim）[21]——另一位当地建筑师的领军人物——这样的私人事务所，现在在城市建设中扮演着越来越重要的角色（图 20.13）。这些因素和其他的一些变化，使新兴城镇由过去的以仿照欧洲住宅社区为荣，转变为现在的相对自给自足以及多样化的小型城市，人口多达 30 万。

　　刘太格曾经在新加坡和中国都有过工作经历，受此影响，他对于城市结构的思想也发生了很明显的转变，现在越来越将关注的焦点集中在亚洲大城市中的一些特殊问题上。在刘太格看来（他的观点同柯里亚很接近），亚洲规划人员的出路在于对大型城市进行彻底的重建，打破以旧城内核为中心的体块，将未来的发展点和中央商务区分散开来，从而打

图20.13 新加坡淡宾尼士北（Tampines North）社区中心，由林少伟建筑事务所（William Lim Associates）设计，1983年。这是一个紧凑型的"村庄"，综合用途的建筑物通过开放式的拱廊和车道相连。资料来源：© 林少伟建筑事务所

造出他所谓的"星座城市"（constellation city）。尽管他承认，超大型城市拥有更高的经济和文化收益，而且这些城市能够为居民提供的选择也更加广泛，但是刘太格认为，城市规模一旦超过了某一特定的规模——他将这个规模暂定为人口300万——那么就会增加通行的困难以及其他一些实际的问题，而这些困难甚至会掩盖优势，进而影响到人们的生活品质，甚至使城市难以维系其基本的功能。但是，他认为即使是规划良好的小城市，比如说新加坡的首都，也存在着它自己的问题：

> 尽管政府在提供优越的公共交通和路网建设方面作出了巨大的努力，对私家车也进行了一定的限制；虽然尽力将城市的中央商务区（CBD）功能分散布置到边远的地区，但是中央地区的交通堵塞问题却仍然没有得到缓解，甚至有愈演愈烈的趋势。[22]

刘太格承认，虽然政府一直都在努力，增加新城镇人口，并提供更多的奖励机制来鼓励居民疏散，但是仍然有越来越多的商业人士和其他公务人员宁愿自己开车，不辞劳苦地跨越政府精心设置的层层阻碍，也要挤进首都来工作（他们并没有居住在首都）。这就意味着，对任何一个拥有卫星城市的大都市来说，都存在着一个规模的上限，这样才能确保一定的生活品质；同样，也存在着一个规模的下限（这是同等重要的），一旦低于这个下限，就不可能会吸引商业活动和一些其他的活动，而这些活动对于一个城市的经济发展和文化福祉都是至关重要的。

城市组团

或许人们会认为，上述这些观察结果支持了郑顺庆所提出的城市发展策略，即反对人口疏散，并在城市边界线之内进一步提高建设密度。然而，刘太格却得到了一个完全不同的结论："事后看来，对人口疏散的努力本应该更大胆一些。"[23]他解释道，如果要说有什么区别的话，新加坡的规划者们应该寻求数量更少，但规模更大的新城市中心，并提供足够多且丰富的吸引力因素，这样才能与旧城相互抗衡。

新加坡目前人口总数为 300 万，这个数字是根据概念性规划得出的最合适的人口数，而根据郑顺庆的预测，到"X"年人口数将增长到 400 万（这里"X"指的是人口数达到预测数字的那一年）。刘太格认为，这样的新加坡"很难称得上是一个大规模的城市"[24]。但是，他仍然相信，这个城邦之国，拥有很多城市节点，都通过高效的大众捷运系统串联在一起（图 20.14），可以为更大规模的城市建设提供宝贵的经验。虽然目前的城市节点规模都还比较小，但是刘太格认为，将这些节点同中心链接的思路是正确的。展望未来，刘太格提出了一种新的概念性规划构想，即更加紧凑、规模更大的地区城市中心体系，每一个地区城市中心都可以容纳 50 万到 80 万人口，最终

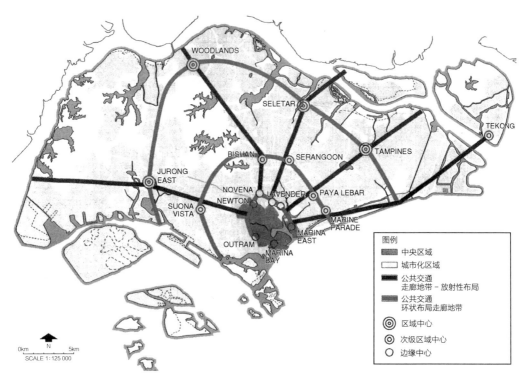

图 20.14　概念规划方案,新加坡,市区重建局,1991 年。示意图显示了沿着大众捷运系统分布的"星座"式的区域中心。
资料来源：市区重建局

新加坡将会发展成为一座模范的星座城市（虽然与刘太格在其他地区的规划相比，新加坡的规模还是属于偏小的）。[25] 基于这些经验，他对于自给自足的城市中心，提出了一个更具普遍意义的人口下限标准，即在这个相互链接的系统之内，每一个中心的人口数都不应低于 150 万。

> 最理想的状态，就是人们可以享受大城市所带来的便利同时，也不存在大城市相关的弊病（……）要实现这一点，有一种可能性，就是将一座大规模的城市组建成星座城市。这样的城市由很多自给自足的卫星城市组成，每个卫星城市的人口约为 150 万到 300 万之间，相互之间的间隔（至少）有 30—50 公里，但最远不会超过 100 公里。每座卫星城市在日常运作的功能上都是独立的，但是在特定的文化、科学与商业协作方面却保持着相互之间的联系。基本上，所有卫星城市的地位都可能是平等的，但也有可能会有一个城市占主导地位，具体的情况取决于其历史背景。[26]

刘太格指出，德国西部由小型城市与中型城市组成的组团，其中包括波恩（Bonn）、科隆（Cologne）、杜塞尔多夫（Dusseldorf）和法兰克福（Frankfurt），就是一个合理安排城市结构的很好的例证（图 20.15）。虽然每座城市都有自己的特色，但是密集而高效的高速公路和往返于市郊的通勤火车将这些城市都串联起来，使它们可以像一个综合的城市一样发挥作用。看到这样的景象，刘太格不免质疑：我们为什么不利用如今的高铁和其他大众运输系统，创造出类似的城市群呢？他又补充道：在亚洲的大城市当中，已经包含了太多相互竞争的商业节点，它们的分布方式决定了彼此之间会产生相互的破坏。但是，如果我们能以一种更为理性的方式来定位这些商业中心，并适当地调整其规模，那么它们就可以像一个系统一样协同作业，并在功能上形成互为补充的关系（图 20.16a 和图 20.16b）。如果每个城市之间都用绿化带作为隔离，并使它们之间的距离保持在建议的合理范围之内，那么居住在这些城市的人们，他们无论是去往自然环境还是城市中心都将是十分方便的。刘太格认为，这样的城市结构是一种更加和谐、更加适于持续发展的方式，它会为人们提供所有经济与文化方面的优势，而这种优势一般都是超大型城市才独有的。

改变的力量

所有这些不同的思想和项目，最吸引人的地方就在于，这四位城市规划专家都坚定地信奉人类发展的规模和复杂性，而早期的建筑师和规划师们却对此望而却步，无论是西方

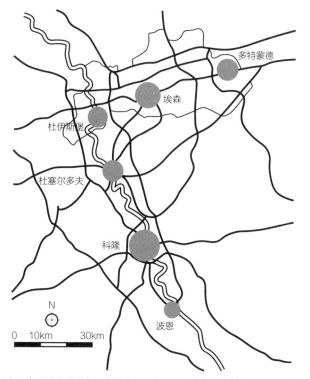

图 20.15　德国由小型城市和中型城市串联在一起构成的城市组团示意图。资料来源：刘太格提供

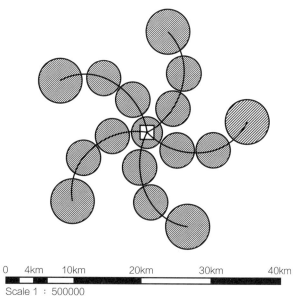

Scale 1 ：500000

图 20.16a　星座城市，刘太格设计。概念性草图显示了一个 250 万人口的城市，由一些相互连接的新城镇组成，每个城镇的人口数约为 15 万—40 万。资料来源：© 刘太格

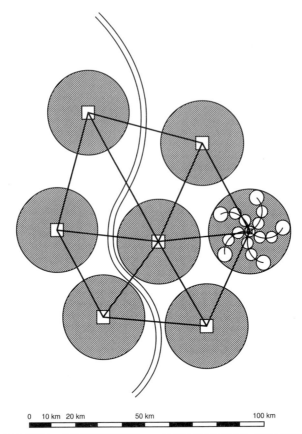

0　10 km　20 km　　　　50 km　　　　　　　100 km

图 20.16b　星座城市，刘太格设计。概念性草图显示了一个人口数达到 1200 万—2000 万的超大型城市，由一些比较小的城市相互连接而构成，每个小城市的人口数约为 250 万—400 万。资料来源：© 刘太格

还是东方。还有一位来自亚洲的建筑师苏梅特·朱姆赛（Sumet Jumsai），他甚至认为大城市中所有的问题，都是当代亚洲文化的特定产物，每日往返的上班族和其他居民都能够应付自己的处境，这是一种积极的迹象，表现出了本土的创造力，这也是一种需要用激进的方法来解决的问题。[27] 朱姆赛的观点可能属于比较温和与乐观的，但是大都市——什么是大都市，它们预示着怎样的城市未来——毫无疑问，是亚洲发生改变的主导性力量。上述四位建筑理论家的思想与设计方法都来源于这个压倒性的事实，这就如同早期西方建筑师和规划师的思想，都是来源于大量私人汽车和其他流行选择的出现一样的道理。

　　因此，这些主要的城市规划专家们在一般性问题解决方案上的共识是非常重要的。亚洲的城市发展有一个地方性的特征，同时这也是其他地区发展中国家城市发展中存在的通病，即城市的增长——新加坡除外——总是先于基础设施的建设，之后再以非常高昂的成本将这些缺少的基础设施安插进去。柯里亚和刘太格都曾经强调过公共交通和城市形态的综合等级制度的必要性，这是他们提出的所有其他主张的结构性基石。[28] 通过公路、铁路、

巴士、桥梁和渡轮紧密相连，老孟买和新孟买就可以被描述为一个星座城市，尽管新旧城区之间发展不够均衡，但是未来很多星座城市可能就是这个样子的。郑顺庆还提出了自己跨区域建立星座城市的构想，同样通过水上交通与陆上交通相连，新加坡的一些城市可以与毗邻的马来西亚南部的柔佛州（Johore），以及印度尼西亚群岛西北端苏门答腊岛上的廖内省（Riau）共同连成网络。[29] 目前，这三个国家的政治和经济水平都存在着不小的差异，而近期的经济危机又使得这些差距更为明显，所以短期内这样的整合构想是没有办法实现的。但是，从长远来看，郑顺庆提出的区域整合战略对于城市发展是有正面意义的，预示着未来区域间合作与发展的可能模式。

平行并存的城市文化

然而，尽管在总体战略上存在着广泛的共识，但是在城市形态与细节部分却还是存在着明显的差异。考虑到后殖民时期城市发展的混乱与竞争性的影响，这样的状况也是在预料当中的。举例来说，杨经文将亚洲的城市划分为几种不同的类型[30]，每一种都有其自身的形态特点：像北京和东京这样的"古都"（ancient cities），已经实现了现代化；像吉隆坡和新加坡这样的"后殖民主义城市"（post-colonial cities），它们的形态是由过去的殖民历史所塑造的；"非殖民地城市"（non-colonized cities）如曼谷（Bangkok）；"郊区城市"（dormitory cities）如马来西亚的必打灵查亚市（Petaling Jaya，简称 PJ）和日本的埼玉县（Saitama）；"即时城市"（instant cities）或称为"新城"，如中国的深圳；还有"过渡城市"（transitional cities），其中有很多违章的棚户区和其他非正规的住所。最后，他还列举了以媒体为基础的"虚拟城市"（virtual cities），由远程通信系统构成，可以存在于世界任何一个地方。

尽管这样的划分确实有其实用价值，但却掩盖了一个更为复杂的现实，那就是在亚洲的大城市中，同一区域内常常会同时包含很多种城市类型，每一种类型都以重叠或是其他复杂的方式与其他的类型结合在一起，而每一种类型都拥有自己的城市文化，这些城市文化各有不同，但彼此之间又存在着千丝万缕的关联。近期的开发与项目建设导致城市的形态又发生了剧烈的变化，而这只会让情况变得更为复杂。马来西亚新建成的联邦首都布特拉再也（Putrajaya，也称太子城），被刻意规划为一座现代化的花园城市，而它新建的国会中心——却令人吃惊地选用了这样一种象征性的造型——仿照了历史上吉隆坡殖民主义建筑的式样。"多媒体超级走廊"（multimedia supercorridor）或称为"数码城市"（cybercity），是马来西亚最值得骄傲的规划之一，在吉隆坡和新国家机场间延伸 50 公里，太子城的功能和地理位置都决定了它将会成为未来虚拟城市的一个关键的核心，其设计宗旨就是要使马来西亚能够在国际 IT 领域拥有一个重要的位置。[31]

在很多亚洲城市的外围边缘地区，都自发形成了许多商业与公寓建筑群，这部分区域就更难划分其城市类型了。从西方理论的角度来看，它们既不属于低密度的花园城市，也不属于高密度的中央商务区，对于这些不均匀分布的定居点，更为准确的说法应该是将其描述为"分散型高层城市"（dispersed high-rise city）的一个组成部分（图 20.17），这是现实存在的一种亚洲城市形态，它既能反映出本地市场的力量——相较于西方国家，这些地区的居民更容易接受高层住宅这种居住形式——同时又反映出了亚洲城市化进程中混乱的能量。展望未来，这里有诺曼·福斯特为东京设计的 840 米高的千禧塔（图 20.18），还有小一号的类似项目"M"塔。随着亚洲超大型城市的发展，类似这种"垂直的城镇"虽然现在还只是存在于电脑屏幕上，但不久的将来就会变为真实的场景。

经济与社会焦点

通过以上这些项目和创新我们可以看到，尽管亚洲的建筑师和规划师们并不缺乏丰富的想象力与活力，但是却始终没有创造出一种明确的亚洲城市的模式，这就使我们不免怀疑："用一种模式套用所有情况"是否可行或可取的，甚至可以适用于特定的气候区域。然而，我们上文中所介绍的四位建筑师是与众不同的，特别是在面对亚洲大城市中复杂的经济与社会问题，以及不同人群的特殊需求方面，更是有其独到之处。他们之所以会有这样的独

图 20.17　以吉隆坡为中心，周围散布着高层建筑的城市。从 310 米高的 Telekom 塔楼上看向城市中心的景观。资料来源：© 作者

到之处，部分原因可能要归咎于他们不同的专业背景，其中柯里亚和刘太格是两位经验丰富的规划师，而郑顺庆和杨经文所关注的课题和作品则主要集中在建筑和设计领域。虽然杨经文所提出的"游廊城市"（Verandah City）更适合于城市模式，但是他最近所提出的、在技术上更为进步的生物气候学城市却更令人兴奋，但它所传达的是一种更具专属性的形象。举例来说，我们很难看出那些低收入族群是如何适应这些项目的，或是郑顺庆早期雄心勃勃的规划（他后期的作品比较谦逊，更有希望落实），就更不用说那些居住在经济适用房的通勤族们了。这些模式对于新加坡和日本这样的经济发达地区可能更容易接受，但是却很难成为整个亚洲地区的一种通用模式。

现比之下，柯里亚和刘太格的城市规划经历表明，关于就业中心和经济适用房的规划，才是一种更为务实的方法，倘若没有这种方法，任何一种整体的城市规划都无法落实，无论是"绿色的"还是其他的。柯里亚和刘太格都将规划和城市设计视为经济与社会发展的主要推动力量，并且认为城市的结构和空间形式最终都要服务于经济与社会发展这一终极目标。他们二人在宏观规划政策和人口分散策略上也达成了广泛的共识，尽管使用的是不同的术语——"多中心城市"和"星座城市"——但这两种解决方案（就算不是完全相同）却是非常相似的。

但是，柯里亚和刘太格在其他一些方面的做法却存在很大的差别，特别是他们对于不同社会活动和社会群体混杂布局的态度，以及每一种方式所需要的聚落模式和建筑类型的选择。新加坡严格的西式城市分区制度和新城区的设计法规，通常是为了将工作场所和居住区相互隔离开[32]，而新孟买的城市规划

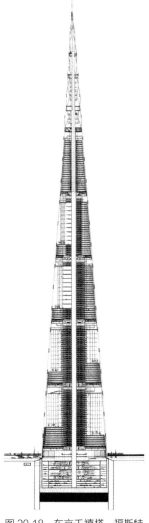

图 20.18　东京千禧塔，福斯特事务所设计，1989 年。剖面图显示了垂直"城市"的分割情况。资料来源：© 福斯特事务所

和聚落模式则可以将这两种功能混合起来，无论在什么情况下，只要经济活动的规模和类型许可，就可以同居住功能混杂在一起。举例来说，柯里亚复杂的土地使用政策和增量建造计划，不仅鼓励社会融合，而且还打算在非正式的或"集市经济"（bazaar economy）[33]中创造就业机会，他认为集市经济是更大规模亚洲城市经济体系中的一个核心部分，同更为先进的商业和工业具有同等重要的地位。在柯里亚看来，除了交通系统和住宅、商业和工业的分布，还有城市自身的模式、结构和维护，这些都是城市经济整体中不可分割的部分。建筑类型、建筑技术和材料的多样性，旨在最大限度地提高民众的参与度，小到个人

手工艺者、承包人和自建业主，而不再像一般的官方项目一样，只有最大型的建筑公司才有资格参与。

我们谈论这些并不是要低估生态与气候因素考量的重要性，也不是要低估杨经文和郑顺庆建筑革新的重要性，相反，这些因素正在变得越来越具有紧迫性。但是，若想要将生态模型应用于城市建设这样大的规模，那就需要将它与其他更综合的发展模型整合在一起，或者是将其自身扩展，把同样的经济与社会考量一并纳入进来。[34] 从这个角度来看，柯里亚的多维规划方式是非常具有说服力的。新孟买的聚落模式以及当地建筑类型的选择都是设计者刻意为之的安排，在设计过程中充分考虑到了经济与社会的影响，其深入程度甚至不逊于对当地热带气候适应性的思考。最重要的是，在有目的的树立市集经济与其他行业体系并行发展的同时——这里所谓的"其他行业"中包括孟买目前著名的大批软件编程人员——柯里亚采用了结构的平行发展模式，或称为"二元经济"（dual-economy），这是亚洲城市区别于西方城市的一个特别之处，所有的文化复杂性与区域特性全都与之相关。[35]

城市发展模式

所有这些考量和优先思考的重点都指向一种新型的城市规划与设计模式，这种模式更直接地适合于亚洲的发展中社会，也可以将其称为"发展中城市"（development city）。这种模式建立在公平发展的积极战略基础之上，与那些未经规划的亚洲大城市中负面特征形成了鲜明的对比，如下所列。

未经规划的大城市……

1. 其典型特征是缺乏战略性和前瞻性规划，大多是以随机的方式发展；

2. 对自然环境和当地的微气候具有大规模、破坏性和危害健康的影响；

3. 是对人力资源的浪费，同时也是对土地、能源、雨水和其他自然资源的浪费；

4. 大部分居民都无法接触到自然；

5. 由几种不同的、平行并存的城市形式和文化组成，一部分是历史的，一部分是现代的，它们之间的相互联系是随意而有限的；

6. 采用一种等级制或是放射形的结构与成长模式，不断增加原有城市中心的压力，并限制了各个次级中心之间的直接联系；

7. 城市的成长速度远高于其基础设施的建设速度，基础设施严重不足；

8. 对大多数人来讲，居住区和就业中心之间的距离十分遥远，从而导致了通勤时间增长，交通系统拥挤；

9. 迫使其最新的移民和低收入族群居住在城市的边缘，在社会上孤立无援，远离主要的就业中心；

10. 根据居民的收入和社会阶级的不同，区分居民点的格局和住宅的类型，限制社会融合，加剧两极分化；

11. 造价不同的各种建筑类型不够充足，无法满足居民多样化的需求，限制了社会与经济的向上发展；

12. 平价的公共交通工具配置不足，限制了人们到达城市设施的便利性；

13. 有几个大型的、相互竞争的商业中心，位置分布不均匀，相互之间的联系也不紧密；

14. 建筑工程都集中在几家最大型的建设公司手中；

15. 在适当的地方缺乏售价比较低廉的空间，限制了小规模商业和其他个体经济的发展；

16. 城市设计标准和建筑法规不够完善，或是执行不力；

17. 具有贫富两极分化的特点，从而决定了不平等的就业、教育与文化的机会。

经过规划的发展中城市……

1. 其典型特征是长期规划和战略性控制的发展模式；

2. 对自然环境和当地的微气候具有重大但却可控及可持续发展的影响；

3. 充分利用人力资源，大量但却高效地使用土地、能源、雨水以及其他自然资源；

4. 合理安排人口分布，使大部分人可以很方便地到达城市绿化带；

5. 由若干个不同的、平行并存的城市形态与文化组成，一部分是历史的或传统的，一部分是现代的，它们彼此之间的联系是多元化的；

6. 具有分层控制的结构和城市发展模式，由大小不一的星座城市组成，每个城市中心之间拥有直接而高效的联系；

7. 城市发展和其基础设施建设同步进行，基础设施的规划在其他开发行为之前；

8. 使居住区和就业中心之间的距离最小化，这些就业中心的分布遍及所有星座城市，其中包括地方工业和小型产业；

9. 通过积极的土地使用政策与住宅政策，使新移民和低收入族群平均分布于星座城市中；

10. 通过采用高密度、混合的聚落模式和住宅类型，促进社会融合，将各种收入水平的族群和社会阶层整合在一起；

11. 通过增量式的设计策略，从自建住宅到灵活的公寓以及商业建筑，鼓励社会和经济的向上发展；

12. 通过均匀分布与价格低廉的公共交通体系，方便城市便利设施的使用；

13. 尽量为多数消费者提供多个大型、平均分布的商业中心以供选择；

14. 鼓励增量式的建造方式和低成本的构造技术，使小型公司和创业者也有机会参与其中；

15. 通过采用综合使用土地的政策和增量式的分块设计，为小规模的商业和其他私人创业提供便利；

16. 强制执行可持续发展的城市设计标准和建筑法规，以确保能源和自然资源的有效利用，以及对社会有益的建设模式；

17. 其特点是平等的就业、教育与文化的机会。

分层控制的结构

从总体上来看，无论是在新孟买还是新加坡，尽管完整的发展中城市还处在建设当中，但是上述特征中的绝大部分都已经开始显现出来，或是正处于一种形式或另一种形式的建设当中。虽然我们拒绝极端自由主义的发展方式，但也并不提倡任何一种陈旧的模式与僵化刻板的总体规划。发展中城市当中，相互关联紧密的节点和城市功能的分层控制结构，构成了一种在本质上非常灵活的成长和调整策略，鼓励个体经济与私人业者的主动性，并且会考虑到在功能和资源分配中出现的意料之外，但又不可避免的问题。同样，增量式的设计策略与指导方针构成了大部分城市物质与空间肌理的基础，无论是专业人员还是非专业人员，都有机会参与其中，并提出自己的解释。

最重要的是，对经济与社会发展的强烈关注，使我们意识到，过去那些对于几何造型和形式模型的追求，其实是使建筑师和规划师们偏离了正确的轨道，尽管这是一份迟来的领悟但却非常重要，它为世界其他地区和亚洲一样的大城市建设提供了很有价值的经验与教训。如果我们认为，西方长期的影响已经走到了终点，那么将这里讨论的四位亚洲城市规划专家的创新思想与作品，再加上更多我们所熟悉的、非常具有发展前途的建筑原创作品，视为一个真正的非西方城市学派的开端，就没有什么可惊讶的了。

注释

1　从 1970 年到 1990 年期间，全球人口数超过 500 万的城市从 8 个剧增到 31 个，其中有 21 个属于亚洲。最大规模的城市是日本东京，其人口数已经达到了 3000 万。根据预测，截至 2020 年，将会有超过 3000 万的人口，以及超过半数以上的亚洲人口城市化，或是相较于 1970 年的城市化水平（23%）增长一倍以上。相关内容可参见 Liu, T. K.（1998）. 'From megacity to constellation city：towards sustainable Asian cities'. 以及 Paper presented to the Conference on India, Southeast Asia and the United States：New Opportunities for Understanding and Cooperation, 30

January–1 February, Singapore. 有关亚洲城市扩张的经济和政治背景，可参考 Chan, H. C.（1997）. *The New Asia-Pacific Order.* Institute of Southeast Asian Cities, Singapore.

2　历史上最具影响力的西方城市发展理论和模型，可参考 Hall, P.（1988）. *Cities of Tomorrow.* Blackwell, Oxford.

3　The following summary is based on Correa, C.（1980）. 'New Bombay'. *Process*, No. 20, pp.108–118；Correa, C.（1989）. *The New Landscape：Urbanization in the Third World.* Mimar/Butterworth Architecture, London. Also Correa, C.（1996）. *Charles Correa.* Thames & Hudson, London.

4　Turner, J.（1976）. *Housing by People：Towards Autonomy in Building Environments.* Pantheon Books, New York. For an overview of self-build housing and the 'informal sector', see Ward, P. ed.（1982）. *Self-Help Housing.* Mansell Publishing, London. For regular reports by activists on related works and projects, see *SELAVIP Newsletter：Journal of Low-Income Housing in Asia and the World.* Pagtambaya Foundation, Inc. E-mail：pagtamba@durian.usc.edu.ph.

5　For a summary of the origins and growth of Gandhi's rural reforms, see Ramachandran, G. and Gupta, D. K.（1952）. 'The village industries movement'. In *The Economics of Peace：The Cause and the Man*（George, S. K. ed.）, pp. 225–236. All India Village Industries Association, Mumbai. While middle- and upper-income groups have generally benefited from India's economic development, the rural poor targeted by Gandhi's village reform movement have made relatively little progress since independence and have fallen even further behind in recent years. See Ainger, K. I.（1999）. 'The meek fight for their inheritance'. *Guardian Weekly*, 21 February, p. 23.

6　For an introduction, see Goethert, R.（1985）. 'Sites and services'. *The Architectural Review*, Vol. CLXXVIII, No. 1062, pp. 28–31. See also, Anzorena, E. J.（1996）. 'New approaches in the Orangi Pilot Project（OPP）'. *SELAVIP Newsletter*, April, pp. 59–62.

7　Correa, C.（1989）, p. 46.

8　根据 20 世纪 60 年代英国对胡克新城（Hook New Town）的研究，柯里亚认为，城市发展所需要的大部分土地都被划分给了非住宅用地，例如工业、商业、基础设施建设等。因此，对于相同人口数的城市或城镇来说，任何一种降低住宅密度的做法对城市土地总需求量的影响都不会很大。

9　See also Correa, C.（1985）. 'The new landscape'. *Mimar*, No. 17, pp. 34–40.

10　The following summary is based on Yeang, K.（1986）. *The Tropical Verandah City：Some Urban Design Ideas for Kuala Lumpur.* Asia Publications, Kuala Lumpur. Also Hamzah, T. R., and Yeang, K.（1994）. *Bioclimatic Skyscrapers.* Elipsis, London. Also Yeang, K.（1996）. *The Skyscraper Bioclimatically Considered：A Design Primer.* Academy Editions, London. Also Yeang, K.（1998b）. 'The Malaysian city of the future：some physical planning and urban design ideas'. *Architecture Malaysia*, Vol. 10, No. 2, pp. 70–75. Also Yeang, K.（1998a）. 'Designing the green skyscraper'. *Building Research and Information*, Vol. 26, No. 2, pp. 122–141.

11　For a recent example of Yeang's approach and techniques, see Schaik, L. Van（1998）. 'Big chill'. *RIBA International*, May, pp. 6–11.

12 参见第 21 章。

13 Hamzah, T. R. and Yeang, K.（1994）. p. 135

14 Hamzah, T. R. and Yeang, K.（1994）. p. 135.

15 The following summary is based on Tay, K. S.（1989）. *Mega-Cities in the Tropics：Towards an Architectural Agenda for the Future*. Institute of Southeast Asian Studies, Singapore. Also Tay, K. S. and Powell, R.（1991）. 'The intelligent tropical city'. *Singapore Institute of Architects Journal*, November/ December, pp. 32–37. Also Tay, K. S., Powell, R. and Chua, B. H.（1991）. 'Planning the city in the tropics：the intensified nodal strategy'. *Singapore Institute of Architects Journal*, January/February, pp.21–31. Also Powell, R.（1997）. *Line Edge and Shade：The Search for a Design Language in Tropical Asia*. Page One, Singapore.

16 Tay, K. S.（1989）, pp. 3–4.

17 详细内容可参考 Abel, C., guest ed.（1994b）. 'Southeast Asia'. *The Architectural Review*, Vol. CXCVI, September, pp. 68–71. 参见第 18 章。

18 详细内容可参考 Abel, C., guest ed.（1994b）, pp. 42–45.

19 有关中国香港独特的城市特征以及混合土地使用模式的相关讨论，可参考 Tao, H.（1980）. 'Hong Kong：a city prospers without a plan'. Process, No. 20, pp. 84–88.

20 The following summary is based on Liu, T. K.（1988）. 'Overview of urban development and public housing in Singapore'. Paper presented to the *Workshop on Housing and Urban Development*, Singapore, 20–23 September. Also Liu, T. K.（1991）. 'Implementing the Concept Plan'. Paper pre-sented to the *City Trans-Asia 1991 Conference*, 17 September, Singapore. Also Liu, T. K.（1996）. 'Asian cities at the crossroads'. Paper presented to the *International Conference on Asia：Redefining the City*, 18–20 October, Tokyo. Also Liu, T. K.（1998）. 'From megacity to constellation city：towards sustainable Asian cities'. In *Megacities, Labour, Communications*（Toh, T. S. ed.）, pp. 3–26, Institute of Southeast Asian Studies, Singapore. See also Lim, W. S. W.（1983）. 'Public housing and community development：the Singapore experience'. *Mimar*, No. 7, pp. 20–34. Also Wong, K. W. and Yeh, S. H. K., eds（1985）. *Housing a Nation：25 Years of Public Housing in Singapore*. Maruzen Asia, Singapore；Building and Social Housing Foundation（1993）. *Cities of the Future：Successful Housing Solutions in Singapore and Surabaya*. Building and Social Housing Foundation, Singapore.

21 林少伟的作品实例，可参考 Abel, C., guest ed.（1994b）, pp. 62–67.

22 Liu, T. K.（1998）, p. 12.

23 Liu, T. K.（1998）, p. 14.

24 Liu, T. K.（1998）, p. 16.

25 Liu, T. K.（1991）. Also Urban Redevelopment Authority（1991）. *Living the Next Lap：Towards a Tropical City of Excellence*. Urban Redevelopment Authority, Singapore.

26 Liu, T. K.（1998）, p. 14.

27 Jumsai, S.（1994）. 'Bangkok and East Asian Megacities'. Paper presented to the OECD-Australia Conference on Cities and the New Global Economy, Melbourne.

28　柯里亚以城市结构上的"层次"（hierarchies），特别描述了他的土地使用计划和交通规划。然而，新孟买多中心式的规划连同复杂的土地混合使用，可以更准确地描述为"分层结构"（*heterarchical* structures）。

29　Powell, R.（1997），p. 33.

30　Yeang, K.（1998b）.

31　Jacques, M.（1997）. 'Malaysia takes a leap into future'. *Guardian Weekly*, 6 April, p. 23 ; also Fuller, T.（1997）. 'Malaysia's wired "Supercorridor"'. *International Herald Tribune*, 15–16 November, pp.1 and 6. For a discussion of the Malaysian government's development plans, of which the Supercorridor is a key part, see Hamid, A. S. A., ed.（1993）. *Malaysia's Vision 2020*. Pelanduk Publications, Kuala Lumpur.

32　尽管官方的政策是隔离不同的城市功能，但在新加坡，家庭手工业持续蓬勃发展，企业家可以在任何地方开展工作。参见第 18 章。

33　参见第 18 章。

34　参见第 19 章。

35　参见第 18 章。

第 21 章　脆弱的居所：
论澳大利亚的景观

首次发表于《建筑学＋城市主义》（Architecture ＋ Urbanism），2007 年 8 月，澳大利亚建筑特殊问题专栏。[1] 本次改编增加了原版中没有的两个项目，由 Troppo 建筑师事务所设计

如果说要选出一栋建筑，它是由澳大利亚设计师设计的，并且能够代表这个国家的精神，那么大多数建筑师的选项中可能都会包含一个项目，那就是由格伦·马库特（Glenn Murcutt）设计的一栋处于偏远地区的住宅，它坐落在一片广阔而不规则的土地上，或者按照澳大利亚当地人的说法——"灌木丛"（bush）。这栋住宅骨架轻盈，外面是波纹金属板制成的屋顶，一旁放置着水箱，看起来就像是乡下随处可见的农舍，它们仿佛在这片土地上盘旋着，并没有打算永久扎根在这个地方（图 21.1）。虽然这里所选出的作品在其他方面都有很大的不同，无论是在建筑形式上还是在材料施工上，但它们都有一个明显的特征，就像是马库特的标志性住宅一样，都是一种孤傲的存在，或者说，它们只是暂时的落脚于一片广袤无垠的自然景观之中。

城市化的人口

鉴于绝大多数澳大利亚人都生活在城市里——而且他们当中的大部分都集中在首都以及周边的一些大城市，例如悉尼、墨尔本、布里斯班和珀斯（Perth）——这听起来或许有些怪异，假如不是讽刺的话，可以说任何一栋位于乡下的住宅，由马库特或是其他建筑师设计，都能够代表这个地球上都市化程度最高的国家的精神。然而，如果说澳大利亚的城市化已经是一个不争的事实，那么伟大的澳大利亚梦想就是能够居住在自己的一片土地上属于自己的房子里，这和伟大的美国梦想极其类似，都是来源于历史、神话，以及一些理性的标准。在 20 世纪 50—60 年代，澳大利亚建筑师与评论家罗宾·博伊德（Robin Boyd）[2] 撰写了很多文章，而在同时期，英国的评论家们也在《建筑评论》（The Architectural Review）期刊上号召"愤怒"（Outrage）运动，谴责大众的媚俗品位，并对战后几十年间郊区建筑所表现出来的平庸进行了抨击（图 21.2）。但是，与英国的评论家们所关心的是较小规模的土地不同，罗宾·博伊德认识到澳大利亚幅员辽阔，城市的居住密度极低，从更深层次来看，这里可以满足移民对于宽阔空间的向往，以及在自然景

图 21.1 亨里克·尼古拉斯（Henric Nicholas）农舍，欧文山（Mt Irvine），格伦·马库特设计，1980 年。照片由马克斯·潘恩（Max Paine）摄影。资料来源：© 埃里克·赛恩斯（Eric Sierins）

加州别墅　　　　　　　　　　　　　　　　　　住宅正立面

图 21.2 在澳大利亚流行的"加州别墅"和"现代"风格的住宅，罗宾·博伊德（Robin Boyd）绘制资料来源：© 罗宾·博伊德基金会

观中建立自己家园的需求，这里的建筑像北美洲一样，基本上不会受到外在的限制。

类似的，现代澳大利亚最初属于英国的殖民地，直到 20 世纪一直都被英国和其他欧洲移民所统治，但有一点很重要，即无论是澳大利亚早期的聚落模式还是后来的城市化发展，都是遵循美国的历史模式和形式建造的，而没有效仿欧洲。澳大利亚和美国除了国土面积和

移民背景相似以外，这两个国家还都存在着两种截然不同又相互矛盾无法调和的文化，它们彼此冲击碰撞——移民者的文化和当地土著居民的文化——这两种文化间的碰撞为后一种文化带来了灾难性的后果。在澳大利亚，存在于两种文化之间巨大的鸿沟甚至比美国的情况还要严重。美洲的土著部落拥有农业文化，他们有复杂的建筑传统，比如美国西南部的普韦布洛印第安村落[3]，以及中部平原著名的游牧民族部落；但是澳大利亚的土著居民却都是以狩猎和采集为生，当地人除了用一种树皮和一种小树苗搭建最简单的临时住所以供栖身以外，他们再没有任何需求或渴望。土著居民的特性根植于自然景观当中，是一种纯粹的象征，同时也是一种更深层面的东西。[4] 在美洲大陆，其中大部分地区都是适于居住和耕种的土地，吸引了一波又一波来自欧洲的移民；而与美洲的情况不同，澳大利亚的内陆地区大部分都是干旱的荒漠，这样的环境就迫使移居者们必须要依附在比较富饶的沿海地区，这里可以方便到达主要的港口，通过这些港口，人们得以来到这片土地并获得必要的生活供给。

典型的澳大利亚民居

因此，当移民者早期建造定居点和城镇的时候，除了从进口的模式中提取一些资料作为参考之外，并没有什么明确的指导方针，而这些进口的模式包括诸如欧洲人的排屋和新古典教堂，以及所有常见的、被市民和殖民地居民引以为傲的外部标志。然而最终，更适合于当地状况的居住形式还是慢慢出现了。澳大利亚幅员辽阔，其国土范围从南部的温带跨越到北部的热带地区，这样落差巨大的气候变化条件决定了，将单一的解决方案强行套用于全国范围是无法令人满意的，这进而加速了居住形式的演变。恰逢当时的殖民政府推行分散城市人口的积极政策，因为他们担心从第一次世界大战战场上回到故乡的士兵，会效仿俄国的先例，在自己的国家发动社会革命。[5] 正是在这样的背景下，独立式住宅的出现成了澳大利亚居住建筑的原型。殖民政府的这些政策最初得到了民众大力的支持，因为民众们很高兴有机会可以获得更多的生活空间。后来，大量电车和铁路的修建与扩展使这些政策的落实成为可能，这些交通系统从城市中心向外延伸，而新的低密度定居点也沿着交通系统的所到之处随之形成。

大约在同一时期，受专业建筑设计师的影响，更复杂的住宅建筑形式开始出现。20 世纪 20 年代，新首都城市堪培拉的规划师沃尔特·伯利·格里芬（Walter Burley Griffin，出生于美国），同时兼任建筑师和开发商，在城堡崖（Castlecrag）——位于悉尼港北部海岸线的一处多岩石的区域——设计并建造了一系列的平顶住宅（图 21.3），使用了当地的石材并结合了他自己发明的连锁混凝土砌块系统。[6] 受到之前的导师和老板——弗兰克·劳埃德·赖特——的强烈影响，他所设计的这些住宅建筑，代表了将郊区住宅类型同景观相结合的第一次尝试。

图 21.3　里维特住宅（Rivett House），城堡崖，沃尔特·伯利·格里芬设计，1928 年。在宣传手册"城堡之家"（Castlecrag Homes）中，最初平顶设计的透视图。资料来源：感谢迪恩斯（Deans）和巴特哈姆（Batterham）家族提供，沃尔特·伯利·格里芬学会收藏

　　在昆士兰的北部和其他热带地区，正在演变出一种非常独特的非永久性住宅，而这种住宅类型主要是受这些地区极端的气候条件影响而形成的。[7] 木框架结构的昆士兰住宅（图 21.4）最早形成于 20 世纪初期，它结合了印度以及东南亚殖民建筑和本土建筑的共同特点。其最主要的特征是由波纹金属板制成的斜尖屋顶，四周环绕着带有遮蔽的游廊，每座房子都从地面架高起来以便通风，同时也可以免受爬行动物以及洪水的危害。除了采用轻型的结构骨架之外，很多房子都是由预制构件组装而成的，这些构件由工业化程度更

图 21.4　昆士兰（Queensland）住宅，伍伦贡（Wollongong），新南威尔士州。虽然起源于昆士兰，但是在新南威尔士州的南部地区也可以看到这种住宅类型的变种。资料来源：© 新荷兰出版社（New Holland Publishers）/ 雷·乔伊斯（Ray Joyce）

高的南部各州生产，再运输到这里，安装或拆卸都很简便，并可以根据业主的需求或是工作机会的变动，在任何地方重新组装。

郊区的模式

第二次世界大战标志着一个转折点，这不仅体现在澳大利亚与母国的关系上，而且在国内，也体现在建筑师对澳大利亚住宅的概念与设计标准产生了日益明显的影响力上。继新加坡沦陷之后，时任澳大利亚总理的柯廷（Curtin）在国际舞台上公开发表宣言，宣布澳大利亚的对外政策发生了根本的转变，从之前在患难的时候依靠英国的力量转变为依靠美国的力量寻求庇护，从而确立了本文中描述过的文化趋势的走向，而正是这样的文化塑造了这个国家的城市面貌。随着汽车的售价降低，汽车变得越来越普及，电车和铁路之间的土地逐渐被盖满了房屋，形成了今天我们熟悉的郊区模式。最终，电车也被淘汰了，取而代之的是更加便利的高速公路，这是对美国城市发展史的效仿。[8]

正如博伊德所评价的，这些新建的房子大多都是缺乏想象力的进口风格的复制品。然而，博伊德的负面评价并不能代表全部的设计。现在仍旧流行的加州小平房（Californian Bungalow，图 21.5），它凸出的屋檐和遮阳门廊就很适合悉尼郊外的气候，就如同适应洛杉矶——这种建筑形式的发源地——的气候一样。[9] 从 1936 年至 1955 年去世，贝尼·波奈特（Beni Burnett）在北部热带地区设计的住宅，也显著提高了该地区的住宅建筑品质（图 21.6）。[10] 波奈特之前曾经在马来西亚工作，受当地殖民建筑与本土建筑融合的启发，

图 21.5 "加州小平房"，伍伦贡，新南威尔士州。资料来源：© 作者

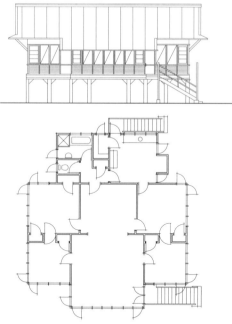

图 21.6　达尔文住宅，贝尼·波奈特设计，1940 年。"S"形住宅立面图和平面图。资料来源：D·布里奇曼（Bridgman, D.），1996 年

他引进了很多种创新的元素，其中并没有哪一项是特别引人注目的，但是它们整合在一起就创造出了一种独特的混合式建筑。在建筑外围设置游廊和阴影墙，可以增加使用空间，同时又便于通风，波奈特将严谨对称的平面布局和灵活的室内空间结合在一起，巧妙地融合了相互矛盾的主题，对后来的澳大利亚建筑师产生了深远的影响。

新品

　　1948 年，哈里·赛德勒（Harry Seidler）来到悉尼，进一步推动了澳大利亚不同类型住宅建筑的发展。虽然赛德勒在维也纳出生并长大，但他后来曾到北美学习，师从国际式建筑大师马塞尔·布劳耶（Marcel Breuer）并担任学徒的经历，促使他对独立式住宅和开放性的空间产生了热爱，而这样的建筑形式正是他的第二故乡澳大利亚理想的住宅形式。[11] 经常有人批评说，赛德勒将包豪斯的现代主义引入了澳大利亚，他早期的作品大多都像布劳耶在新英格兰的住宅一样，将建筑从地面架高起来以获得更好的视野（图21.7）。但是，将建筑架高的这种做法在气候比较寒冷的新英格兰并没有太大的意义，这一地区的房子一般都是直接坐落在地面上，这样才能获得更好的保温隔热效果。无论是波奈特的住宅还是马库特后期的设计，都是采用直接将建筑物坐落在地面上的做法，而赛德勒设计的架高住宅，却使建筑周围的冷空气流动对室内环境产生了非常大的影响。波

图 21.7　梅勒（Meller）住宅，位于悉尼附近的城堡崖（Castlecrag），哈里·赛德勒设计，1950 年。资料来源：© 哈里·赛德勒基金会

奈特所受的外来影响主要源自英国在东南亚建设的殖民地，而赛德勒的建筑则是吸取了百家之长。在他的导师当中，对他影响最深刻的包括巴西建筑师奥斯卡·尼迈耶（Oscar Neimeyer），在赛德勒移居澳大利亚之前就曾跟随这位导师一起工作，此外还有他在北半球的现代主义导师。于是，赛德勒的作品所表现出来的是一种南半球的现代主义风格，但却又具有自己的特点：纯净的白色同澳大利亚的自然景观形成强烈的反差，但也同样反映出炎热的南部气候以及当地强烈的阳光。

平面类型

　　半个多世纪之后，在澳大利亚几位主要建筑师的作品当中，表现出截然不同的传统和对自然景观不同的态度，他们之间形成了极端的矛盾与紧张关系，我们在这里选择了一些具有代表性的例子。值得注意的是，下面介绍的所有设计师都对平面的类型表现出深入的研究与熟练的操作——这一传统主要承袭自赛德勒和马库特，他们都是伟大的住宅规划艺术大师，但也可以追溯到波奈特与其精心推敲的规划方案。其中的一个极端，位于澳大利亚北部热带地区的金斯利－邱（Kingsley-Khoo）住宅（图 21.8a 和图 21.8b，Troppo

图 21.8a　金斯利 – 邱（Kingsley-Khoo）住宅，澳大利亚北部地区百丽泉（Berry Springs），Troppo 建筑师事务所
设计，1997 年。资料来源：© 帕特里克·宾汉 – 霍尔（Patrick Bingham-Hall）

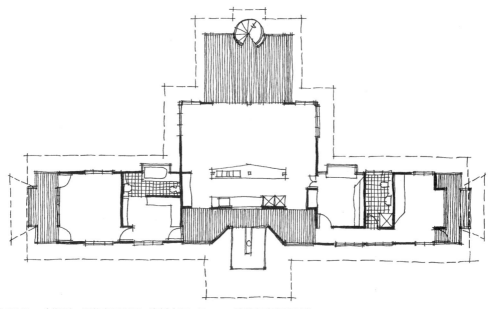

图 21.8b　金斯利 – 邱住宅平面图。资料来源：Troppo 建筑师事务所提供

建筑师事务所设计），被有意识地设计成"热带殖民地的种植园之家"[12]，沿袭了波奈特住宅模型中对称的平面造型、轻型的结构骨架以及开放性的空间。大面积的遮阳露台从起居空间向外延伸到苍翠的风景当中，这是一种很普遍的做法。

　　由艾尔代尔·佩德森·胡克（Iredale Patterson Hook）建筑师事务所设计的羊舍（图21.9a 和图 21.9b），线性伸展的平面造型，同样也表达了澳大利亚人对于自然景观的回应，还有肖恩·葛德赛（Sean Godsell）建筑师事务所设计的海滨别墅（图 21.10a 和图 21.10b），都可以清晰地看出马库特最为钟爱的平面类型的印记。马库特本人已经验证

图 21.9a　羊舍，维多利亚温泉区，艾尔代尔·佩德森（Iredale Pederson）建筑事务所设计，2005 年。从东北方向看向建筑物的景观。资料来源：© 艾尔代尔·佩德森建筑事务所 / 香农·麦格拉斯（Shannon McGrath）

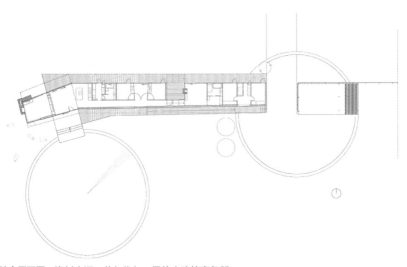

图 21.9b　羊舍平面图。资料来源：艾尔代尔·佩德森建筑事务所

图 21.10a　圣安德鲁斯（St Andrews）海滨别墅,维多利亚莫宁顿半岛（Mornington Peninsula）,肖恩·葛德赛（Sean Godsell）建筑师事务所设计, 2006 年。从南向观看建筑物的景观。资料来源 : © 厄尔·卡特（Earl Carter）

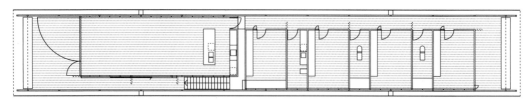

图 21.10b   圣安德鲁斯海滨别墅，二层平面图。资料来源：肖恩·葛德赛建筑师事务所提供

了他这种平面布局的好处，将所有的房间都沿着同一条轴线一字排列，这样不仅有利于在狭窄的结构当中获得自然通风，同时也完美地诠释了澳大利亚无限延伸的自然景观。IPH 建筑师事务所设计的羊舍，建筑物跨越平坦的红土地向远方的地平线延伸，好像要将地平线拉近一般。这座建筑物非常长，而走廊的设计又使得这一特点更加夸张——走廊看起来就像是西部电影里的木板路——它在建筑物的一侧从头到尾贯通始终。在建筑物的一端树立着一个巨大的烟囱，更加深了"孤独的农场主"这样的形象，将建筑物牢牢地锚固在土地之上。葛德赛设计的海滨别墅也同样有着夸张的平面造型，但它被架高悬空于地面，直指向大海。建筑框架和轻型的外墙板都由氧化铁制成，未经雕琢的表面使整栋建筑物从近处看好像一座光滑的、可以住人的雕像。但是，从远处看，它明显的锈迹斑斑又好像是一座废弃的矿井，或是一些其他的工业考古遗迹。

另一个极端，由 Durbach Block 建筑师事务所的赛德勒引进的，国际化的"巴西风格"（Brazilian），他设计的霍尔曼（Holman）住宅（图 21.11a 和图 21.11b）相当引人注目。这座建筑坐落于一片高高的悬崖边缘，俯瞰太平洋，它有着蜿蜒的圆弧形平面和精心设计的外观，展现出轻盈与通透的特征，挑战了人们对澳大利亚建筑普遍的看法。芬兰建筑大师阿尔瓦·阿尔托[13] 经常用来区分不同使用功能的双重几何造型的平面布局形式（图 21.12）也被巧妙地运用于这座建筑，当居住者走向外面开阔的海洋时，建筑内部直线形的服务空间就会转化为连续曲线形的起居空间，悬挑于大海之上。然而，所有由于周围的景观以及设有遮蔽的院落为人们带来的暂时的安全感，都尽数被支撑着起居空间的细脚伶仃的支柱所破坏——这样的设计是刻意为之的，这种令人毛骨悚然的姿态是对地心引力的挑战。

约翰·沃德尔（John Wardle）设计的葡萄园住宅（图 21.13a 和图 21.13b），以及杰克逊·克莱门茨·布罗斯（Jackson Clements Burrows）设计的斯参克岬（Cape Shank）住宅，这两个项目都具有同 Durbach Block 建筑师事务所的作品一样雕塑般的品质，但是又分别对各自不同的基地状况作出了回应。葡萄园的平面类型与霍尔曼住宅很类似，都是采用了双重几何造型，但是在功能的安排上却是相反的：葡萄园住宅中矩形的部分，对应着室外一排排的葡萄藤架，是明亮的起居空间，具有开阔的视野；而弯曲的夯土墙围合而成的空间则用作卧室与浴室。

图 21.11a　霍尔曼住宅，悉尼，新南威尔士州，Durbach Block 建筑师事务所设计，2005 年。从北方看向起居室的景观。
资料来源：© 布雷特·博德曼（Brett Boardman）

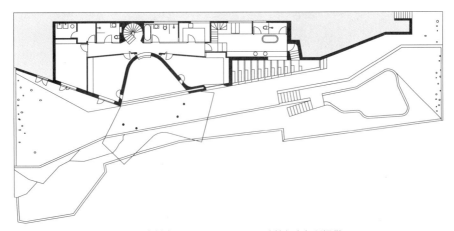

图 21.11b　霍尔曼住宅，一层平面图。资料来源：Durbach Block 建筑师事务所提供

　　葡萄园住宅稳稳扎根于土地上，墙体也多采用实心墙，给人一种罕见的平静与稳定的感觉——这样的品质部分来源于建筑与工作葡萄园在空间上以及功能上的联系，这是一种孤独的隐士的姿态。维多利亚斯参克岬（Cape Shank）住宅也希望自己能够成为风景中

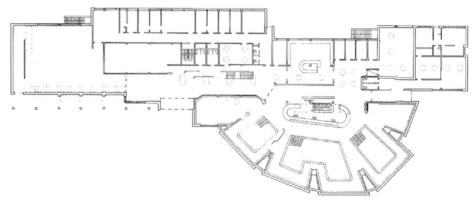

图 21.12　罗瓦涅米（Rovaniemi）图书馆平面图，阿尔瓦·阿尔托设计，1968 年。双重几何造型的平面布局是阿尔瓦·阿尔托建筑的特点。资料来源：© 阿尔瓦·阿尔托博物馆

图 21.13a　葡萄园住宅，维多利亚（Victoria）莫宁顿半岛，约翰·沃德尔（John Wardle）建筑师事务所设计，2004 年。带有葡萄园的建筑景观。资料来源：© 特雷弗·米恩（Trevor Mein）

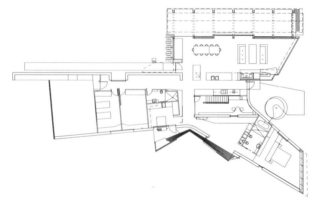

图 21.13b　葡萄园住宅平面图。资料来源：约翰·沃德尔建筑师事务所提供

图 21.14　斯参克岬（Cape Shank）住宅，维多利亚斯参克岬，杰克逊·克莱门茨·布罗斯（Jackson Clements Burrows）设计，2006 年。从下方仰视建筑的景观，可以看到向外突出的起居空间。资料来源：© 约翰·格林斯（John Gollings）

一处永久的存在，但是它的设计更加激进，很明显想要成为周围一片灌木丛中的主角，这一大片灌木丛一直延伸到很远的地方。设计师将两个不同的使用功能呈一定角度布置，其中起居空间从山顶上向外探出，伸向森林以外的荒野，这样的造型极具挑战性。

可持续发展的错觉

　　纵观这些各异的设计方法，以上介绍的所有建筑师都赞同所谓的现代主义的经典价值，关于这一点，通过他们对于基地环境的回应、对建筑材料仔细的筛选和处理，以及清晰的平面类型就可以有所了解。霍尔曼住宅中脆弱的柱脚，或是斯参克岬住宅中充满自信的悬臂，这些建筑的姿态都是比较罕见的，常常不能被世俗的文化所接受。另外还有一些其他的特征与现代主义无关——至少，与初期的现代主义无关——例如高水平的工艺以及对细节高品质的塑造，都使这些建筑独树一帜。

　　然而，令人遗憾的是，随着澳大利亚住宅建筑的日趋成熟，这种探索的游戏也逐渐走向了终结，经过长期的奋斗，建筑师们终于向澳大利亚的景观妥协了。出现这样的结果，并不在于单个项目存在什么问题，或是它们的设计师能力不足，而是在于独立式住宅这种建筑类型本身，以及为了支持这种低密度聚落模式而需要的能源密集型的基础设施建设。[14]这种敏感的设计对自然景观作出了积极的回应，它们很适合被拍摄成摄影作品，于是这些建筑就给人们造成了一种可持续发展的假象，但是真实的情况却并非如此。有一个案例可以表现出更进步的思想，那就是位于昆士兰的汤斯维尔（Townsville），由 Troppo 建筑师事务所设计的拉瓦拉克军营（Lavarack Barracks，图 21.15），虽然它是专门为军队人员建造的，但却为中等密度的聚落模式提供了一个很不错的范本，同时也保留了独栋住宅中所有的热带特色。

我们仍然需要探索更为大胆的应对措施。经过两个多世纪不计后果的疾步发展，澳大利亚一直都在超额透支着它的可居住土地和自然资源，已经快要到了山穷水尽的地步，而随着全球变暖的气候影响逐渐加剧，该国的状况也变得更糟。[15] 很多澳大利亚的规划人员和环保人士现在都认为，对于城市开发来说，真正的可持续发展战略中必须包含大幅提高人口密度，这就需要从之前的私人汽车向公共交通进行根本性的转变——这样的战略直接挑战了伟大的澳大利亚梦想，而在这些设计中所体现出来的就正是这种梦想。面对这些新的挑战，澳大利亚的建筑师们会如何应对，还有待观察，但毫无疑问，这是值得一看的。

图 21.15　拉瓦拉克军营，昆士兰州汤斯维尔，Troppo 建筑师事务所设计，2001 年。这可能是热带地区中等密度住宅的一个更具广泛意义的模型。资料来源：© 帕克里克·宾汉 – 霍尔（Patrick Bingham-Hall）

注释

1　Abel, C.（2007a）.'A fragile habitation : coming to terms with the Australian landscape'. *Architecture and Urbanism no. 443*, August, pp. 66–73.

2　Boyd, R.（1960）. *The Australian Ugliness.* Penguin Books, Camberwell.

3　Dozier, E. P.（1970）. *The Pueblo Indians of North America.* Holt, Rinehart & Winston, New York.

4　Rapaport, A.（1977）.'Australian Aborigines and the definition of place'. In *Shelter*, *Sign and ymbol*（Oliver, P. ed.）, pp. 38–51. Overlook Press, New York.

5　Myers, P.（1995–1996）.'Australia's grid-suburbia : temporary housing in a permanent land-scape'. *B Architectural Magazine*, No. 52/53, pp. 71–77.

6　Kabos, A., Walker, M. and Weirick, J.（1994）. *Building for Nature : Walter Burley Griffin and Castlecrag.* Walter Burley Griffen Society, Sydney.

7　Saini, B. and Joyce, R.（1982）. *The Australian House : Homes of the Tropical North.* New Holland, Chatswood.

8　Forster, C.（1999）. *Australian Cities : Continuity and Change.* Oxford University Press, Melbourne.

9　Butler, Graeme（1992）. *The Californian Bungalow in Australia : Origins, Revival, Source Ideas for Restoration.* Lothian Books, Melbourne.

10　Bridgman, D.（1995–1996）. Shadows and space : the domestic architecture of Beni Burnett'. *B Architectural Magazine*, No. 52/53, pp. 18–25.

11　Abel, C.（2003a）. *Harry Seidler : Houses and Interiors*, Vols 1 and 2. Images Publishing, Melbourne.

12　Goad, P.（2005）. *Troppo Architects.* Pesaro Publishing, Sydney, p. 68. For more examples of the Queensland residential tradition, see Spence, R.（1986）.'Rex Addison in Queensland'. *The Architectural Review*, Vol. CLXXX, November, pp. 66–74.

13　有关阿尔托对不同平面几何造型的运用，详见 Porphyrios, D.（1979）.'Heterotopia : a study in the ordering sensibility of the work of Alvar Aalto'. In *Alvar Aalto : Architectural Monographs 4*, pp. 8–19. Academy Editions, London.

14　澳大利亚人均温室气体排放量比其他任何发达国家都要多，这主要是由于城市人口密度非常低，以及对于私人汽车的高度依赖所造成的。相关内容可参见第 22 章。

15　Abel, C.（2005）.'Too little, too late? The fatal distractions of "feel-good" architecture'. *Architectural Review Australia*, No. 092, pp.78-81.

第 22 章　重塑垂直田园城市

首次发表于 2010 年出版的第二期《高层建筑与城市住区理事会国际期刊》（International Journal of the Council for Tall Buildings and Urban Habitat），原标题为"垂直花园城市：迈向一种新的城市拓扑学"（The Vertical Garden City：towards a new urban topology）[1]

> 建筑师们放弃了过去一个世纪以来带有缺陷的城市愿景，并将注意力集中在新的生产技术和其他更加紧迫的问题上，这是可以理解的。但是，现在设计师们终于掌握了在数字时代"如何"生产，接下来需要将注意力集中到生产"什么"的问题上，重新构想现代城市的面貌，直面这个世纪紧迫的挑战。
>
> ——作者，P.355

田园城市遗产

谈到建筑或是城市主义，再没有另外一个概念能像"田园城市"一样，可以在大众心目中引起强烈的共鸣。自 19 世纪以来，影响我们对城市生活和城市形态的看法最为深刻的有几位伟大的人物，经过对他们的分析，彼得·霍尔（Peter Hall）[2] 毫不犹豫地提名了田园城市的缔造者埃比尼泽·霍华德（Ebenezer Howard），认为他是"整个故事中最重要的一位。"[3] 然而，正如霍尔所解释的那样，尽管霍华德的声名远播——或许正是因为他的名声——但他的理念却被大众误解了。霍华德的规划并不仅仅是一种以人口分散为目的的实物计划，他在"卫星城市"中重新安置工业生产和就业中心，将这些功能建立在远离城市中心的地价低廉的农地之上，这不仅是一份城市规划图，同时也是一份关于社会与经济改革的激进的蓝图，其主旨就在于促进地方管理和自治。居民们共同拥有土地，而土地增值后的新价值也会回流到社区，居民们将利用合作社、工会，以及类似的自治机构提供的经费来建设自己的家园，进而促进地区整体经济的发展。霍尔补充道："在约翰·梅纳德·凯恩斯（John Maynard Keynes）和富兰克林·德拉诺·罗斯福（Franklin Delano Roosevelt）执政 40 年之前，霍华德就已经找到了可以让社会走出经济衰退困局的解决之道。"[4]

这是一幅很著名的同心新城镇图，它大大激发了规划师和建筑师的想象力，但即使是这样，霍尔还是认为，霍华德的理念在很大程度上被世人误解了。在霍华德的著作《明日：一条通向真正改革的和平之路》（Tomorrow：A Peaceful Path to Real Reform）[5]
第一版中，发表了他的多中心"社会城市"原始图以及随后发表的图解（图 22.1a 和图
22.1b），图中绘制了六个城镇构成一个圆形围绕着一个中心城市，其中周围的城镇人口
数都是 32000 人，而中心城市人口数约为 58000 人，所有这些城市都通过地方自治的运
河、铁路和公路相连，中间跨越农村地区。正如霍华德所设想的，紧凑的新城镇围绕着城
市核心这样的整体布局，可以容纳 25 万人口，这样的人口密度属于中等水平。这一概念
被认为是一个二维的图表，从那时起就一直都被解读为"郊外"住宅区和半自治化的新城
镇[6]，后来，霍华德田园城市的概念就被剥除了其社会意义，而被单纯视为一种物质的和
空间的规划。铁路和运河构成的网络是霍华德战略中的一个重要特征，而它也遭遇了同样
的命运，被后来发展起来的汽车取而代之。相反，这样的解读却正是弗兰克·劳埃德·赖
特个人所憧憬的"广亩城市"（Broadacre），这是一种极端低密度的城市规划构想，即在
1 英亩的土地上只安置一户人家[7]，在战后的几年时间里，廉价的土地和汽油似乎可以取
之不尽、用之不竭，使得这种构想进一步发酵，这就是美国梦的最佳体现。

　　勒·柯布西耶拒绝低密度的城市模式，主张用公共住宅代替私人住宅，他对于霍华德
的愿景有着自己的解读，即要创造一系列的项目构成"垂直的城市花园"，其中所有的建
筑都是建造在公共用地上的高层建筑。[8] 然而，勒·柯布西耶反向的解读，并没有能够阻
止人们对越来越低的城市密度的向往。现在，霍华德为我们留下的宝贵文化遗产已经变成

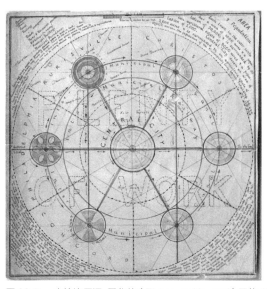
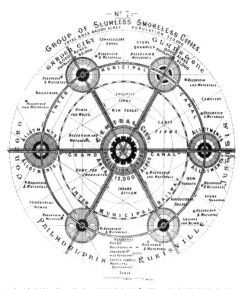

图 22.1a　由埃比尼泽·霍华德（Ebenezer Howard）于约 1890 年绘制的"无贫穷无烟城市组"图。注意图中的文字：
"大量的工作机会"。资料来源：© 赫特福德郡（Hertfordshire）档案室和地方研究机构（左）
图 22.1b　已出版的"社会城市"图，作者埃比尼泽·霍华德，1898 年。资料来源：埃比尼泽·霍华德（1898 年；
2003 年）（右）

了遍及全世界数不清的田园小区，严重依赖于私人汽车，这种居住模式的发展与维护将会逐渐把自然资源消耗殆尽，并改变地球的气候环境。将霍华德与勒·柯布西耶的愿景结合在一起，这是一种很少见的城市发展战略，它以基础设施建设为导向，目前也只有新加坡，其所有高密度的新城都通过环形地铁系统联系在一起，形成"星座"城市[9]，与霍华德所构想的多中心城市有着很多的相似之处。

伟大的澳大利亚梦想的终结

在澳大利亚的城市中，分散型低密度的聚落模式，比任何其他地方都更能反映出霍华德被误解的构想所带来的负面影响。由于地大物博的自然条件，早期的澳大利亚人同来自北美洲的移民一样，都对于开放式的郊外生活方式，以及私人汽车所带来的个体自由产生了极大的热情。[10] 然而，长期的干旱、肥沃农地的缩减、爆发越来越频繁的森林大火、脆弱而地势低洼的海岸线，以及褪色的珊瑚礁，终于让澳大利亚人相信——虽然在政治上他们拒绝承认——他们的大陆在全球变暖的趋势中是特别脆弱的。[11]

在很多方面，澳大利亚人都站在了气候变化的最前沿，这主要是由于他们自己的所作所为而造成的。在所有发达国家中，澳大利亚的人均温室气体排放量是最高的，达到了每年 20.58 吨，甚至还超过了美国的 19.78 吨。[12] 澳大利亚是世界上最大的煤炭输出国，该国的经济结构与全球变暖，以及如何阻止进一步的气候变化都有着密不可分的联系。[13] 美国著名作家贾雷德·戴蒙德（Jared Diamond）[14] 在他的著作中，用了整整一章的篇幅来介绍澳大利亚与其环境恶化的历史，描述了之前文明的消逝，以及当今世界所面临的类似危机，整个国家都陷入了风雨飘摇、岌岌可危的境地，这样的描述是令人恐慌与不安的。虽然澳大利亚的国土面积很大，但是其中适合居住以及适合耕种的区域面积却相对有限。在所有人口中，有将近 60% 的人都集中生活在五座主要的城市中，这五座城市都位于靠近海岸线的地方，当初第一个殖民地定居点也是建立在那里。同样，肥沃的土地也集中在少数的几个区域里，其中最大的一处位于维多利亚州的墨累达令盆地（Murray-Darling Basin），澳大利亚绝大部分农产品都产自那里。但即使是这样，那个地区也同样常常面临干涸。曾经使人印象深刻的墨累河（Murray River）现在水量也大幅减少，有的时候只有涓涓细流——这些都是多年干旱与过度使用河水灌溉干涸农田所产生的综合后果。而在该地区施行的大量消耗水资源的煤炭开采计划，也只会让问题变得更加严重。[15] 根据戴蒙德的说法，澳大利亚其他的自然资源也正在发生着同样的变化：

澳大利亚一直以来都在"开采"着它的可再生能源，就好像它们本就是应该被开采的材料。这也就是说，这些可再生能源被过度开采的速度，已经超过了它们可再生的速度，于是，它们就变得越来越少。按照目前的开采速度，澳大利亚的森林和渔业，将会在煤炭和石油储备消耗殆尽之前就先一步消失，这是很具讽刺意义的，因为前者属于可再生资源，而后者却不是。[16]

高层建筑的创新

然而，并非澳大利亚所有的消息都是负面的。在人口压力和环境问题的推动下，现在很多地方规划部门都正在实施城市整合与密集化的策略。[17]墨尔本和珀斯都广泛修建了的轻轨系统，而悉尼最近完成了罗斯山镇中心（Rouse Hill Town Center）的开发建设（图 22.2），这是一个位于西北部郊区的紧凑型样板开发项目，计划会从那里开通一条主要的铁路线通往城市。[18]开放型的街道和车道，车辆管制，大型和小型商店以及公寓混合布置（图 22.3），以及大量的地下停车场，为罗斯山镇提供了一种具有可行性的替选方案，可以取代通常的商业与住宅规划模式。[19]在 2009 年，悉尼新建的公寓数量，首次超过了新建的独栋住宅数量，其中很多公寓都是建在郊外公共交通系统附近，那里，将是未来人口集中增长的地区。[20]

但是，在很大程度上，澳大利亚的建筑设计和城市规划还是被限制在一个传统的、高

图 22.2　罗斯山镇中心（Rouse Hill Town Center），艾伦·杰克（Allen Jack）＋柯蒂耶（Cottier）建筑师事务所设计，2008 年。朝西向的鸟瞰图，显示了左侧靠近高速公路的地方，规划了快车车站以及未来的火车站。相邻的地块为中密度的住宅预留地。资料来源：艾伦·杰克＋柯蒂耶建筑师事务所提供

图 22.3　罗斯山镇中心。沿着主要街道和步行街看向右侧的景观。资料来源：© 罗恩·特纳（Rowan Turner）

度受限的城市框架内发展，这是由市场经济决定的，而全世界的情况也都是如此。然而近年来，随着数字技术在设计领域的发展，各式各样的新形式与新结构不断涌现[21]，但是各种规模不同、密度不同的建筑以及独立的区块内，基本的空间和土地使用格局却几乎没有什么变化。与此同时，建筑师和城市规划师不得不接受一个现实，那就是他们的角色受到了越来越大的约束，制约了他们对于城市生活形态与品质实施专业影响的能力，因为面对着日益膨胀的私人利益，公共领域被压缩得越来越小。[22]

最近，在高层建筑的创新中，集中体现了城市设计师们在设计方法上存在的问题与缺点，当然也有他们的成就。自斯基德莫尔－奥因斯－梅里尔（Skidmore Owings and Merrill）（图 22.4）以及杨经文（图 22.5）和诺曼·福斯特（Norman Foster）（图 22.6）开创先河之后，优雅的空中花园和天井已经成了高层办公大楼的共同特征，将首层抬高，并用一些半公共的区域打破高层建筑的内部空间。[23] 就像在他之前的澳大利亚建筑师哈利·赛德勒（Harry Seidler）一样[24]，福斯特也成功地在他的高层建筑以及民用建筑中对公共空间进行了扩展和加强，在悉尼以及其他地方的高层办公大楼底层和比较高的楼层，创建了聚会广场和都市客房（图 22.7），颇受大众喜欢。[25] 杨经文也主张"垂直城市设计"，自成一格，并引入了一个全新的词汇"绿色摩天大楼"，开辟出一种对城市建设思考的新方式。[26]

图 22.4　国家商业银行，沙特阿拉伯吉达省（Jeddah），斯基德莫尔－奥因斯和梅里尔（Skidmore Owings and Merrill）设计，1982 年。看向一个嵌入式的空中花园，可以看到上方三角形的通风孔，有利于空气流动。资料来源：阿卡汗建筑奖/SOM 建筑师事务所提供（左上）

图 22.5　梅那拉·梅西加尼亚（Menara Mesiniaga）大楼，马来西亚吉隆坡，T·R·哈姆扎（T. R. Hamzah）和杨经文设计，1992 年。开放的空中花园景观。资料来源：©T·R·哈姆扎和杨经文（右上）

图 22.6　德国商业银行，法兰克福，福斯特建筑师事务所设计，1997 年。从办公空间看向高层的中庭，以及密闭的空中花园。资料来源：© 奈杰尔·杨（Nigel Young）/ 福斯特建筑师事务所（左下）

图 22.7　菲利普大街 126 号，悉尼，福斯特建筑师事务所设计，2005 年。看向"集装空间"（Assembly）内部，这是一个露天的半公共空间，位于高层办公大楼的下方，面向街道（街道位于摄影师的后方）。资料来源：福斯特建筑师事务所 / 奈杰尔·杨提供（右下）

　　尽管这些设计都很有创意，但它们却还是受到垂直尺度和规划限制的制约。受 20 世纪早期科幻小说当中情节的影响，以及 20 世纪 60 年代日本新陈代谢派（Metabolists）和建筑电讯派（Archigram）设计的超级建筑（megastructure）启发[27]，一种新型的高层建筑在世纪之交诞生了，它由两个或多个结构体组成，相互之间通过高层的桥梁，或是其他的空间元素相互联结。[28] 这一类建筑当中的第一个，同时也是人们最为熟悉的项目，就是由西萨·佩利（Cesar Pelli）设计的位于吉隆坡的双子星塔（图 22.8），两座高层塔楼由一个简单的天桥相连，提供了相互之间的交流通道和另一条可供选择的逃生

图 22.8　马来西亚双子星塔，吉隆坡，西萨·佩利（Cesar Pelli）设计，1994—1998年。仰视图，看向连接双塔的天桥。资料来源：© 作者

路线。还有更加大胆的设计，例如斯蒂文·霍尔（Steven Holl）在北京设计的作品——当代万国城（图 22.9），他利用一些多功能的公共"人行天桥"将好几栋高层建筑联系在一起；而由 OMA 建筑师事务所（Office of Metropolitan Architecture）和英国奥雅纳工程顾问公司（Arup）共同设计的北京中央电视台（CCTV）总部大楼（图 22.10），同样将水平元素和垂直元素融合在一起，构成了一个独特的空间与结构的连续体。[29]

我们可以想象得到，如果欠缺了先进的数字技术，所有这些项目都是不可能实现的，先进的数字技术为高层建筑在其横向维度上赋予了新的意义。然而，尽管涌现出了这么多的创新之作，但是它们为整个城市所增添的新型形态与空间，也只不过是很小的一部分。这些项目树立在城市中就好像是几座巨大的雕塑，而不同元素之间的外部空间却几乎没有什么自己的特征。类似的，还有建筑师尝试复兴勒·柯布西耶"垂直花园城市"的构想，比如 Mori（莫里）在东京的项目[30]，也只是在一片开阔的空地上单调重复着一栋栋独立的塔楼。真正的三维城市栖息地的构想，有可能会为很多大城市的沿街景观创造出高品质多样化的空间，但这仍然是一个引人注目却又难以捉摸的前景。

垂直建筑工作室

尽管霍华德最初的设想可能已经被扭曲得面目全非，但是他对于社会议题的关注，以及通过发展大众交通体系集中城市增长，进而捍卫自然景观的承诺，在如今却拥有比霍华德的时代更加重要的意义。几十年来，面对各式贪婪的经济与社会势力，建筑师和其他设计师们的专业作用和愿景已经被大幅削弱，现在是时候重新调整他们的地位，并拓宽他们的视野了。建筑师们已经放弃了过去一个世纪以来带有缺陷的城市愿景，并将注意力集中到新的生产技术和其他更为紧迫的问题上来，这是可以理解的。但是，现在设计师们终于掌握了在数字时代"如何"生产，接下来需要将注意力集中到生产"什么"的问题上，重新构想现代城市的面貌，直面这个世纪紧迫的挑战。

针对这一目标，笔者创建了"垂直建筑工作室"（Vertical Architecture STudio，简称 VAST），旨在着重研究高层建筑和城市设计中的新形式。工作室最初于 1994 年

图 22.9　北京当代万国城，斯蒂文·霍尔（Steven Holl）建筑师事务所，2009 年。资料来源：© 斯蒂文·霍尔建筑师事务所 /Shu He

图 22.10 北京中央电视台总部办公楼，2009 年。资料来源：©OMA 建筑师事务所 / 菲利普 · 鲁特（Philippe Ruault）

开始，创立于英国诺丁汉大学，后于 2006 年在悉尼大学（简称 USYD）建筑学院形成现在的巡回形式。自那时起，工作室一直都在内布拉斯加州（Nebraska）的林肯大学（简称 UNL）建筑学院运作，最近才来到位于悉尼的新南威尔士大学（简称 UNSW），在那里，学生们在工作室完成毕业设计项目。虽然在设计上一样抱持着非凡的热情，但与早期的超级建筑项目不同——超级建筑的目的在于沿着类似的路线创造一种整体城市建筑的愿景——而垂直建筑工作室的项目则旨在应对多中心的城市集中化战略，将高层建筑特别发展成为城市的节点，从而由低层建筑向高层建筑转变。[31] 正是由于这样的目的，迄今为止，工作室的所有项目都坐落在城市中心区的大型地块上，毗邻铁路和其他大众运输系统，这样的战略位置和尺度就决定了它需要大规模的解决方案。每一个项目都和悉尼的第一个项目一样，在学生们进行设计的时候，同一基地的高密度再开发规划已经被制定出来了，甚至已经在建设当中，这样就为学生们的工作提供了有价值的信息来源和实践基准，同时又不会妨碍他们探索自己的方法。考虑到这些项目的复杂性，而学生们之前又没有什么实践经验，所以工作室强制性施行团队合作，每一个类似的项目实践皆是如此。[32]

尽管每一个项目所处的位置不同，但垂直建筑工作室所有的项目都遵循着一套共同的原则，即设计一种典型的垂直花园城市，它以一种新型的城市拓扑结构为基础，同时合并了适于居住的平面以及功能性的建筑类型。除了这些原则之外，相较于特殊的建筑造型，工作室更加侧重于通用的解决方案、结构逻辑以及节能特性（位于悉尼的项目得到了英国奥雅纳工程顾问公司工程师们的鼎力支持)，尽管如此，但也并不排斥非正交的几何图形或其他图标式的造型。最关键的一点是，根据基地和项目的规模，会鼓励学生们同时对水平和垂直两种空间维度进行研究，这两个维度是同等重要的。同样，也要特别关注开放性空间和封闭性空间的营造，同时提高地面层和高层空间的生活品质。

　　垂直建筑工作室第一个项目有两个备选方案，而这两个方案的对比说明了一些关键性的问题。那块基地的形状很奇怪——这是迄今为止工作室所处理的所有项目当中规模最小的一个地块，但这却并不意味着难度也最小——基地由两块相邻的地块组成，位于悉尼商业和娱乐中心区的对面。受到该基地分为两部分这样的特征启发，有一组学生设计了两座造型不对称的高塔，其顶部连接在一起，不同于传统塔楼和裙房的布置方式，在街道层的下方打通了一个大型的广场（图 22.11a 和图 22.11b）。另一个小组专注于在建筑中间的高度上创建一个"次级地面"（ secondary ground ），他们精心地安排相邻的结构，以便在上面的楼层和下面的楼层都能创造出一个大型的、带有遮蔽的开放空间（图 22.12 ）。虽然第一个方案的设计思路源自基地独一无二的特性，并表现出雕塑一般的品质，但是第二个方案却着眼于一般性的城市解决方案，说明三维的拓扑结构和空间矩阵这种形式很容易扩展，可以适应其他更大规模的基地。

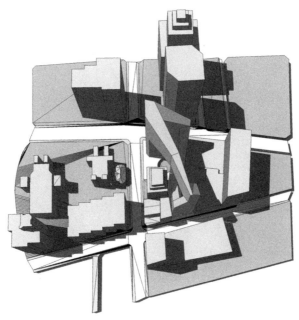

图 22.11a　悉尼 Regents Place 项目，垂直建筑工作室，2006 年。由悉尼大学学生马什（Marsh ）、穆萨维（ Moussawei ）和阮（ Nguyen ）设计。项目和基地鸟瞰图。资料来源 : 作者 / 悉尼大学

图 22.11b　悉尼 Regents Place 项目，垂直建筑工作室，2006 年。由悉尼大学学生马什（Marsh）、穆萨维（Moussawei）和阮（Nguyen）设计。由广场仰视建筑。资料来源：作者 / 悉尼大学

图 22.12　悉尼 Regents Place 项目，垂直建筑工作室，2006 年。由悉尼大学学生雷恩（Renn）、沃特曼（Waterman）和莱特森（Wrightson）设计。鸟瞰图，显示了高层广场。资料来源：作者 / 悉尼大学

垂直农场

在每一个项目进行的同时，学生们还对当地的能源以及粮食生产情况也进行了调查。第二年，有一组学生在悉尼大学硕士课题中探讨了一个关于高层建筑"捕风器"（Windcatcher）的项目，他们研究了在类似的情况下使用垂直的风力涡轮机，并利用铲形叶片将自己的设计成果制造出来，以获得尽可能多的风能（图 22.13）。自 2008 年以来，大量的垂直农场项目也被纳入工作室的研究课题当中。现在已经有很多国家都受到了干旱和粮食产量下降的威胁，而在将来，全球变暖对于粮食生产的影响恐怕会给广大消费者带来更加严重的打击。随着燃料价格的不断上涨，从海外进口粮食的成本也不断攀升，而这些粮食出口国本身可能也会因为气候变化而面临严峻的压力。[33] 就像能源分布形态一样，缩短粮食生产基地和消耗区域之间的距离是有利的，在全世界范围内皆是如此，但是在北美洲地区，生产者和消费者之间却常常间隔着很远的距离。[34] 随着燃料成本的上升和替代能源的减少，将来在地价昂贵的城市中进行粮食生产的经济效益也会有越来越大的上升空间，这一点是毋庸置疑的。人们越来越多地使用密集型农作技术，例如水培法和气栽法等，大大提高了粮食生产的效能，并减少对于水资源和耕地的需求量，最终也会有助于降低成本。[35] 然而，除了一些特别补贴的项目或是实验性质的项目以外，由于专为这一类特定目的而设计的建筑需要相当高的资本投资，所以在一段时期内，在城市中进行大规模垂直农场的开发还是会受到一定的限制。

在垂直建筑工作室的垂直农场项目中，我们的方法是在大规模、综合用途的开发项目

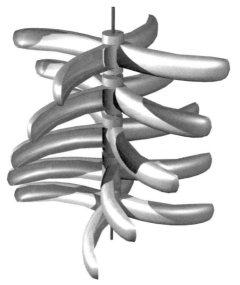

图 22.13　"捕风器"（Windcatcher）项目，悉尼东达令港（East Darling Harbor），由悉尼大学的 Alburgawi、Dethlefswen 和 Tahir 设计，2007 年。用铲形叶片制成的垂直风力涡轮机细部构造。资料来源：作者 / 悉尼大学

中为粮食生产打造灵活的空间，在这样的空间中，有些功能需要的资本额比较高，而也有些功能需要的资本额比较低，这样就产生了相互抵消的机会。我们已经在林肯大学和新南威尔士大学的一些项目中，结合现场的水收集系统和发电机设备，再同风力涡轮机整合在一起。例如，有一个团队在林肯大学，利用内布拉斯加州（Nebraska）风力发电的有利条件（该州自豪地将自己描述为未来"风力发电的沙特阿拉伯"），在他们所设计的综合用途开发项目中各个垂直元素之间的开放空间内，安置了很多组垂直轴风力发电机，也可以称为"风力竖琴"（wind harps）（图 22.14），与之前在悉尼大学的团队为他们的"捕风器"项目所设计的涡轮机组有异曲同工之妙。林肯大学的另一个设计团队提案了一个常规性的基础设施设计，包括农业塔和风力涡轮机，同城市网格中多功能空间区块相结合，这样的设计可以扩展到整个林肯市。

多维空间结构

垂直建筑工作室最近在新南威尔士大学进行的很多项目，也都是这一系列当中最具挑战性与成果的项目，其中还包含了大量实验性质的设计。位于悉尼港（Sydney Harbor）布朗格鲁区（Barangaroo）的滨水基地，是自奥林匹克公园以来该市开发的面积最大的棕色地带（指城中旧房被清除后可盖新房的区域——译者注）。学生们的设计主要集中于

VIEW OF PLATFORM LEVEL

图 22.14　多用途开发项目，西部干草市场，林肯市，内布拉斯加州（Nebraska），垂直建筑工作室，2008 年。由林肯市内布拉斯加大学布朗（Brown）、纳尔逊（Nelson）和巴责夫（Patzlaff）设计。鸟瞰图显示了建筑当中集成的垂直风力涡轮机。资料来源：作者 / 林肯大学

一个高层建筑的街区，他们可以放开思路、自由地制定规划方案，探索一种多维度的垂直花园城市的空间结构。根据工作室之前的项目所确立的设计原则，在很多案例当中，垂直元素之间的水平向连接是非常重要的，这也是一个项目的成败之所在。其中一个设计方案由一系列高塔组成，在这些高塔之间，上方和下方都有水平构件相连，另有一个"之"字型狭长的结构用作展览厅和市场，其上方是高架的公共停车场（图 22.15）。另一套方案中既有中高层建筑，又有超高层建筑。第一部分（中高层建筑）由一系列相互连接的办公室和公寓组成，而另一部分（超高层建筑）则由不同高度、相互连接的、扭曲的塔楼组成（图 22.16）。第一个设计以规则的六边形几何造型为基础，而另一个设计则利用了链接结

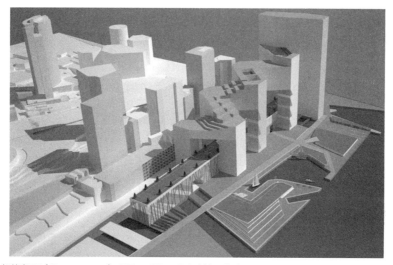

图 22.15　布朗格鲁区（Barangaroo）项目，悉尼，垂直建筑工作室，2009 年。由新南威尔士大学曼（Man）、克里斯汀（Kriste）和何（Ho）设计。鸟瞰图，显示了高架的线性停车场。资料来源：作者 / 新南威尔士大学

图 22.16　布朗格鲁区项目，悉尼，垂直建筑工作室，2009 年。由新南威尔士大学雷（Lei）、郭（Guo）和郑（Zheng）设计。从悉尼港看向建筑物的景观。资料来源：作者 / 新南威尔士大学

构之间紧密的视觉效果和空间关系，营造出了一个丰富的空间矩阵（图 22.17）。这两个设计方案中都安排了大量空间用于密集型的粮食生产，这也是该项目的设计指南所要求的。还有一些学生，像上文中介绍的林肯大学设计项目一样，也对滨水区有利的风力条件进行了充分的利用，在他们的设计中增加了大型的集成风力涡轮机组。

垂直建筑工作室在新南威尔士大学的最后一个项目，坐落在一片 6 公顷的棕地上，靠近悉尼主要的交通枢纽中央车站，更名为"中央公园"，目前正由福斯特建筑师事务所负责进行总体规划。工作室发展出了很多种新型的城市拓扑学解决方案，但是其中有一套方案尤其激进，它设计了一系列引人注意的高层公寓建筑，就像是绿色的"群山"（山丘和山谷）耸立在下面的办公空间之上；在整个建筑群中部，还设计了一个连贯的公共大厅。另外一个具有代表性的项目由一些相互交替的"L"形元素构成，并在中间层围绕着开放的天井，建造了一个架高的花园（图 22.18）。

公共领域的扩展

这些设计都有其独到之处，但也又引发了新的问题，即关注在未来城市中这一类建筑综合体的本质和适宜性，以及它们的拓扑学变体。诺利（Nolli）的著名的罗马图底地图，在过去的一些年中对像柯林·罗（Colin Rowe）这样的设计师和理论学家产生了非常重要的影响[36]，但就空间关系和二维平面关系来说，它却并不是一个合适的模型，单靠地面层的平面无法准确地描述出高层的空间及体量变化。数字化的电影，它不像静止的图像一样可以合并重要的时间维度，但事实证明，对于描述动态的空间和平面体验来说，它是最

图 22.17　布朗格鲁区项目，悉尼，垂直建筑工作室，2009 年。由新南威尔士大学诺（Nor）、特纳（Turner）和王（Wang）设计。高架的露天广场、综合用途塔楼之间的联系，以及垂直农场。资料来源：作者 / 新南威尔士大学

图 22.18　"中央公园"项目，悉尼，垂直建筑工作室，2010 年。由新南威尔士大学诸（Che）、戴维（Davey）和桑托斯（Santos）设计。高层开放的天井和空中花园，交通核设置在拐角处，以绿色的墙壁围合。资料来源：作者/新南威尔士大学

可信赖的一种方式（有可能也是唯一的一种方式）。同样的，在一个迷宫一样的空间里穿行，每一个交叉点或是节点都提供了一个潜在的选项，你可以选择向上移动，也可以选择向下移动，或是向别的什么方向移动，这就好像是通过网络空间讨论一个人的路径，可供选择的网站有很多，你可以从一个网站跳转到另一个网站，这与传统的城市体验是不同的。[37]

　　然而，未来垂直花园城市的发展与成功，最终还是要依赖于城市公共用地的大幅扩展，而目前，这些领域还是私人所有。建设用地已经越来越少，扩展公共领域是一个相当复杂的问题，其中土地私有制，以及对居住空间和运输系统的控制是其中最主要的问题。

　　如上述项目所建议的那样，那么在城市的拓扑结构中，有什么样的机会可以使具有可行性的公共空间和便利设施在各个方向都得到延伸呢？在此之前或许是不太可能的，但在如今地震的影响、气候的变迁，以及波及全球的金融危机汇聚在一起形成了一个潜在的新形势，这种新形势下，在生活的各个方面扩展公共责任不仅是合理的，而且将公共利益提高到私人利益之前也是势在必行的，这一点非常重要，甚至已经影响到了人类实际的生存问题。[38] 所以，这并不是不切实际的空谈。设想一下，在一座垂直花园城市中，所有的基础设施以及地面层以上的共享空间的建设和维护都是由政府机构负责的，比如说街道、铺面，以及地下预埋的服务设施等，它们的建设与维护的费用都来自税收机构，或是以合适的形式转包。

　　在这方面，粮食和水资源短缺的状况会影响到未来的发展以及城市的形态，而气候变迁又进一步加剧了这些资源短缺的程度，这些都有可能会引发经济与政治的潮流转向支持垂直农场建设，迫使政府部门一定要在城市当中划拨出足够的空间来进行粮食生产，以保

证必要的供给。各式各样的工厂一直都被认为是城市经济中不可分割的一个组成部分，而现在由于"清洁"工业的发展，人们更容易接受将这些工厂安置在日常生活的附近。从城市健康生活和经济福祉各个层次思考，在不久的将来，密集型地方粮食生产也终将会成为城市经济中一个重要的组成部分。

总而言之，现在正是最好的时机，对霍华德最初的作品和意图进行重新评估。尽管二维的平面规划可能已经跟不上时代发展的潮流，但是霍华德有关公众与专业人士都该为城市生活形态和品质的塑造负起责任的主张，不管是在过去还是现在，都有着非凡的意义。

注释

1   Abel, C. (2010). 'The Vertical Garden City : towards a new urban topology'. *International Journal of the Council for Tall Buildings and Urban Habitat*, 2010 Issue II, pp. 20–30.

2   Hall, P. (1996). *Cities of Tomorrow : An Intellectual History of Urban Planning and Design Since 1880*. Blackwell, Oxford.

3   Hall, P. (1996), p. 87. Howard's best known work is Howard, E. (1902). *Garden Cities of Tomorrow*. Swan Sonnenschein, London. See also Fishman, R. (1982). *Urban Utopias in the Twentieth Century : Ebenezer Howard, Frank Lloyd Wright, Le Corbusier*. The MIT Press, Cambridge, MA.

4   Hall, P. (1996), p. 94.

5   Howard, E. (1898). *Tomorrow : A Peaceful Path to Real Reform*. Swan Sonnenschein, London. A Facsimile edition with commentaries by Peter Hall and Colin Ward and a postscript by Dennis Hardy is also available. See Howard, E. (2003). *Tomorrow : A Peaceful Path to Real Reform*. Routledge, Oxford.

6   See Hall, P. (1996). Also Choay, F. (1969). *The Modern City : Planning in the 19th Century*. Braziller, New York. Also Galantay, E. Y. (1975). *New Towns : Antiquity to the Present*. Braziller, New York.

7   Fishman, R. (1982). *Urban Utopias In the Twentieth Century*. Also Sergeant, J. (1976). *Frank Lloyd Wright's Usonian Houses : The Case for Organic Architecture*. Witney Library of Design, New York.

8   Fishman, R. (1982). Also Besset, M. (1987). *Le Corbusier : To Live with the Light*. The Architectural Press, London.

9   Liu, T. K. (1998). 'From megacity to constellation city : towards sustainable Asian cities'. In *Megacities, Labour, Communications* (Toh, T. S. ed.), pp. 3–26, Institute of Southeast Asian Studies, Singapore. 相关讨论可参见第 20 章。

10   Forster, C. (1999). *Australian Cities : Continuity and Change*. Oxford University Press, Melbourne. 参见第 21 章。

11   Spratt, D., and Sutton, P. (2008). *Climate Code Red : The Case for Emergency Action*. Scribe, Melbourne. Also Flannery, T. (1994). *The Future Eaters*. Reed New Holland, Sydney.

12　数据来源：美国能源信息署（Energy Information Agency，简称 EIA），2008 年

13　Manning, P.（2009）. 'How Australia blew its chance to alleviate global warming'. *Sydney Morning Herald*, 12–13 September, p. 6.

14　Diamond, J.（2005）. *Collapse：How Societies Choose to Fail or Survive*. Allen Lane, amberwell.

15　Sheehan, P.（2009）. 'Rudd's Green credentials a lot of hot air'. *Sydney Morning Herald*, 21 December, p. 21.

16　Diamond, J.（2005）, p. 378.

17　McManus, P.（2005）. *Vortex Cities to Sustainable Cities：Australia's Urban Challenge*. University of New South Wales Press, Sydney.

18　Harding, L.（2008）. 'Rouse Hill town centre'. *Architecture Australia*, May-June, pp. 97–109.

19　值得注意的是罗斯山镇中心是一个完全私人所有并负责管理的开发项目，包括街道、车道和其他的开放空间，更准确地来说，这些区域应该被描述为"半公共区域"，它不同于澳大利亚其他地方老城区中的公共空间。

20　NSW Government（2005）. *City of Cities：A Plan for Sydney's Future*. Department of Planning, Sydney.

21　Kolarevic, B., ed.（2003）. *Architecture in the Digital Age：Design and Manufacturing*. Spon Press, New York. Also Leach, N., Turnbull, D. and Williams, C., eds（2004）. *Digital Tectonics*. Wiley Academy, Chichester.

22　Cuthbert, A.（2006）. *The Form of Cities：Political Economy and Urban Design*. Blackwell, Oxford. Also Madanipour, A.（2003）. 'Why are the design and development of public spaces significant for cities?' In *Designing Cities：Critical Readings in Urban Design*（Cuthbert, A. ed.）, pp. 139–151, Blackwell, Oxford. Also Zukin, S.（1996）. 'Space and symbols in an age of decline'. In *Re-presenting the City：Ethnicity, Capital and Culture in the 21st-Century Metropolis*（King, A. ed.）, pp. 43–59, Macmillan Press, Basingstoke.

23　Abel, C.（1997）. 'Prime objects'. In *Architecture and Identity：Responses to Cultural and Technological Change*, pp. 182–193, The Architectural Press, Oxford. Also in 2nd edn, 2000, pp. 178–189.

24　Frampton, K. and Drew, P.（1992）. *Harry Seidler：Four Decades of Architecture*. Thames & Hudson, London.

25　Abel, C.（2009）. 'High-rise and Genius Loci'. In *Norman Foster：Works 5*（Jenkins, D. ed.）, 430–441, Prestel, Munich.

26　参见第 20 章。

27　参见第 1 章。

28　Abel, C.（2003b）. *Sky High：Vertical Architecture*. Royal Academy of Arts, London. Also Wood, A.（2003）. 'Pavements in the sky：the skybridge in tall buildings'. *Architectural Research Quarterly*, Vol. 7, pp. 325–332.

29　OMA（2008）. 'Challenging preconceptions of the high-rise typology'. Paper presented to the Council of Tall Buildings and Urban Habitat, 8th World Congress.

30　Mori Building（2009）.'Vertical Garden City'. www.mori.co.jp/en/company/urban_design/ vgc. html.

31　参见第20章，特别是结尾部分对于"发展中城市"模式的设计原则的介绍。

32　就像作者所做的其他实验性研究一样（参见第6章），所有的学生设计团队都是由自己选择的，最终的成果也由大家共享——这样的合作模式可以激励所有的学生（能力比较强的和能力比较弱的）都能尽其所能。

33　Vidal, J.（2009）.'Hunger is worst threat from climate change'. *Guardian Weekly*, 10–16 July, pp. 1–2.

34　Despommier, D. and Ellingsen, E.（2008）.'The vertical farm : the skyscraper as vehicle for a sustainable urban agriculture'. Paper presented to the Council on Tall Buildings and Urban Habitat （CTBUH）8th World Congress. Also Koc, M., MacRae, R., Mougeot, L. J. A., and Welsh, J., eds （1999）. *For Hunger-proof Cities : Sustainable Urban Food Systems*. International Development Research Centre, Ottawa. Also Viljoen, A., ed.（2005）. *Continuous Productive Urban Landscapes*. The Architectural Press, Oxford.

35　Herbert & Herbert, RIRDC.（2001）. *Hydroponics as an Agricultural Production System*. Rural Industries Research and Development Corporation, Sydney.

36　Rowe, C. and Koetter, F.（1978）. *Collage City*. The MIT Press, Cambridge, MA.

37　Abel, C.（2004a）.'Cyberspace in mind'. In *Architecture, Technology and Process*（Abel, C. ed.）, pp. 33–60, The Architectural Press, Oxford.

38　Monbiot, G.（2006）. *Heat : How to Stop the Planet Burning*. Allen Lane, Camberwell. Also Sherman, D., and Smith, J. W.（2007）. *The Climate Change Challenge and the Failure of Democracy*. Praeger, Westport.

后　记　关于同一性的场论笔记

　　1982 年，我曾为一本与本书同名的论文集撰写了一篇导言（那本论文集直到 1997 年才全部完成，首次出版），以下内容就节选自这篇导言，并进行了一定的修改。我将这篇文章收录到这个版本，是想成为一个反思性质的后记，突出一些贯穿全书的哲学性主题。

　　像这样的跨越了很多年才完成的论文集，通常都会反映出作者思想上一些明显的发展变化，即使只对一种主要思想的演变进行了详细的说明。除了一些比较具体的理论和实践问题之外，本书所收录的这些论文一方面强调了一些具有广泛争议性的思想的主要发展演变，剖析事物之间的关系，例如对控制论和系统理论的讨论；另一方面，也对一些具有争议性的问题和含义进行了分析，例如关于语言学与文化相对主义的讨论。前者所强调的是所有事物的内在统一，而后者则提倡这样一种世界观，即认为世界是由各种不同的文化现象所组成的。

　　虽然可能有人会认为这两种方法是完全不同的，但是有一种哲学，例如伯特尔·奥尔曼（Bertell Ollman）[1] 提出的"内在关系"（internal relations）哲学告诉我们，这两种方法之间其实并不一定存在严重的矛盾，其中每一种方法都会在另一种方法中有所反映。举例来说，两种观点通常都赞同所谓意义的"场论"，而正如本书中所描述的，随着精神哲学的相对发展，场论理论也变得越来越流行起来。因此，所有的人类现象也都在它们各自的"语义场"（semantic fields）中存在着一定程度的相互联结。而这两种方法最主要的区别则在于其理念的本体论顺序。文化相对主义者的语义场属于他（或她）研究的主体：这个主体最好是一种具有明确定义的文化，或是该文化的某一方面，同其他的文化具有明显的区别。在这个"整体"当中，所有的事物之间都是相互关联的，我们只有"深入"文化本身当中，透过某种类似于"移情作用"的过程，或是波兰尼（Polanyi）所谓的"内心留置"（indwelling），才能获得对这种文化正确的理解。为了避免极端相对主义将评价标准只局限于内部标准所产生的弊病，本书提出了"批判相对主义"的建议，即应该参照不同的文化形式进行相互评价，而这就对分析人员的客观性提出了更高水平的要求，并要求他们具备更广博的知识。

　　相反，研究内在关系的哲学家和学者，他们将包含所有人类和自然现象的完整世界作为研究的起点，并认为万事万物之间都存在相互的关联性。以此为出发点，他（或她）开始从整体中筛选出一些特定的相互关系进行研究，而研究的基础就是分析它们将会揭示出一个怎样的整体。在这样的世界观中，不存在什么独立的"事物"，只有"相互关系"。因此，建筑也是一种关系，就像使用建筑的人也是一种关系一样，它们二者在内部都是相互关联的。换句话说，无论是建筑还是人，它们都是彼此的延伸，或是同一个整体中的不同方面，都可以通过对另一部分的研究而获得理解。

显然，如果每一个"事物"都是一种关系，而事物之间的每一种联系都只是关系与关系之间的联系，那么就不可能会存在什么恒久不变的观念，哪怕是对客观存在的物理对象也是如此；但是，我们所谓的对象都要依赖于某种特定的关系作为背景，而这个背景则是我们选择的——根据我们自己特定的目的、利益以及当下的具体状况——作为我们的观点。这似乎也是相对主义的一种形式，可惜那些极端相对主义者根本感知不到更大的整体，只将自己的目光局限在他（或她）正在关注的特定文化或其他现象上。相比之下，批判相对主义在接受了另外一种世界观的存在和必要性的同时，还接受了一个更大的整体的存在，尽管这个整体有时会表现得朦朦胧胧，但却一直都是存在的，我们所有的观点都来源于这个更大的整体。因此，批判相对主义与内在关系哲学之间，最本质的区别之一就在于起点的差异，而在此之后，这两种思维方式是存在相互交叉的。

内在关系的哲学为什么会招致某些人如此恶毒的批评呢，正如奥尔曼所承认的，这一点并不难理解。这种观点认为世间万物都是彼此相互联系的，因此在本质上是不可分割的，这样的观点虽然很接近于东方的哲学，但却似乎否定了对事物（也包含建筑与人在内）的孤立性和差异性的常规印象。举例来说，如果我们朝一个人踢一脚，那我们得到的反应绝对不同于朝一栋建筑踢一脚。但是，如果我们想要理解人类经验中一些更为微妙的问题，那么常规性的印象并不是一个最可信赖的指南，在这种情况下，它们非常容易将人们引入歧途。针对所有自然界和人类之间根本的互联性，通过进行一种本体论的思考，推崇内在关系哲学的哲学家和学者们得以摆脱固定类别的思维，而固定类别的思维模式尽管也非常普遍，但它却无法明确定义人类感知的局限性，或是现实的终极内涵。

因此，在我们普遍接受的划分世界的方法之外，还有无数种可能的方法。我们要做的并不是去探寻那些我们已经了解了的事物之间的联系，这样做只能证明这种联系确实存在，相反，内在关系哲学鼓励我们将对那些联系的假设作为研究的起点，或者说得更准确一些，是将那些存在着"内部关联性"的事物作为起点，然后去探究这些事物当初为什么是彼此分离的。

因此，无论是批判相对主义还是内在关系哲学，它们提出的主要问题都可以归结为个性化的问题，或者说，我们为什么会选择一种划分现实的方法，而没有从一些假设尚未定义范围的可能性中选择其他的方法。在关于人与建筑之间常规性的划分中，我们会提出这样的问题："我们在定义一个人是什么的时候，为什么要将他（或她）与其所在的建筑分离开，或是与相关的建筑生产过程分离开呢？"事实上，正如贯穿本书的理念，我们根本没有理由将人类从他们所居住的建筑中分离出来，或是从任何其他重要的文化形式中分离出来。而分离却恰恰是一种具有代表性的普遍倾向，特别是在西方的传统思想中，会将各种现象划分为不同的类别，并将其作为一种切实可行的方法，来处理我们所看到的周遭世界，或是我们认为自己所看到的世界。

我们并不是要否认现实，也不是要否定那些看待事物的方法的有效性——事实远非如此。我们依赖于那些深植于人类语言中的分类系统，并将某种秩序强加于我们周遭的世界。与此同时，这还意味着我们承认一种独立的现实世界的存在，它甚至超越了我们作为众多物种中的人类的存在，尽管我们是一个非常有天赋的物种，可以去观察与创造现实世界。我们谦卑地接受，我们所知的、并用来指导一生的秩序——正如波兰尼所解释的，通常是无意识的——只是暂时性的，并且还容易出错；它虽然只是个权宜之计，但却也是一个至关重要的框架，在我们找到更有效的理解事物的方法之前，它仍然可以引领我们继续前行。

因此，从某种意义上来说，无论是批判相对主义还是内在关系的哲学，它们都有一个共同点，那就是这两种哲学都会促使我们走出一些先入为主的局限，进而去思考其他的现实世界与不同的观点。这和其他任何事情一样，都相当于是道德上的禁令。在这种情况下，我们所关注的是思想的道德问题，这种思想将人类从他们所居住和使用的建筑中分离出来，最重要的是，将人与建筑的生产方式分隔开来。我们这里所秉持的观点是，将人与建筑视为相互分离的个体，这种观点对建筑与社会品质造成了重大的伤害，因为如果我们将人类视为一种给定的个体，而将建筑视为另一种给定的个体，那么我们就忽略或低估了在个人和社会特性的形成过程中，建筑生产所发挥的重要作用。

因此，本书中所提出的"建筑即特性"这一概念具有双重含义。首先，它指的是有关建筑的概念，这同人类其他主要的文化表现形式是一样的，在建筑中，我们可以找到所有目前所知的人性和社会领域中更根本的东西——崇尚内在关系的哲学家将其描述为找到"局部中的整体"。其次，它解释了为什么我们应该把建筑作为一种独特的文化形式来讨论，因为它拥有自己的内部逻辑和标准。在这种情况下，我们可以在对建筑品质以及相关的生活方式产生威胁的因素中，找到那些指导我们以这种特定的方式划分世界的东西，其形式是那些已经过时的宣扬实证主义合理性的学校教育，以及在很多后现代主义文化中大力宣扬的没有价值的极端相对主义。

因此，建筑作为一种高端的文化形式，我们在这里强调其具有相对的自主性，其存在要依赖于对一种文化价值或价值体系的保护，而这种文化价值或价值体系并非是建筑的全部，但却可以说是建筑历史传统所具备的特性。价值与建筑在传统上所表现出来的人类文化的特性有关，它允许人类具有个性化，相较之下，这与那些宣扬能够以标准的形式解决所有建筑问题的理论形成了鲜明的对比，现在这些宣扬普遍性解决方案的理论依然存在，尽管在表面装扮了各式各样的外衣。因此，价值本身，或者至少是对价值的认知，只有当它们受到了威胁的时候，才会变成将建筑从其他文化现象中分离出去的理由。如果这种威胁消失了，或是得到了明显的抑制，那么建筑很可能就会重新回归到我们的意识知觉层级之下，迫使我们将建筑同其他互有关联的人类现象和自然现象结合在一起，而这些都是我们能够感知到的东西。

注释

1　B·奥尔曼（Ollman）（1971 年），异化：马克思在资本主义社会中的人性观（Alienation：Marx's Conception of Man in Capitalist Society），剑桥大学出版社。奥尔曼对于内在关系哲学有着特殊的兴趣，这一理论可以向前追溯到德国古典唯心主义哲学家黑格尔（Hegel）、荷兰唯物主义哲学家斯宾诺莎（Spinoza），以及早期的希腊哲学家巴门尼德（Parmenides）。在马克思的著作中，他主要阐述了劳资双方复杂的社会关系的本质，而他坚持认为在一般的文献作品中，对这个问题尚无充分的认识："从这样的解释中可以看出，马克思在他的论述中所面临的问题，并不是如何将各个独立的部分整合起来，而是在无处不在的社会整体中，如何划分出个性化的单元。"同前，第 25 页。在同一本书中，通过随后对哲学本身漫长的讨论，我们可以明显看出，相较于马克思的著作，奥尔曼认为哲学具有更多的相关性。

参考文献

Abel, C. (1965). 'Expanding house system'. *Arena: The Architectural Association Journal*, Vol. 81, December, pp. 140–141.

Abel, C. (1966). 'Ulm HfG, Department of Building'. *Arena: The Architectural Association Journal*, Vol. 82, September, pp. 88–90.

Abel, C. (1968a). *Adaptive Urban Form: A Biological Model*. Unpublished thesis, AA School of Architecture, London.

Abel, C. (1968b). 'Evolutionary planning'. *Architectural Design*, Vol. XXXVI, December, pp. 563–564.

Abel, C. (1969a). 'A comeback for universal man?' *Architectural Design*, Vol. XXXIX, March, pp. 124–125.

Abel, C. (1969b). 'Ditching the dinosaur sanctuary'. *Architectural Design*, Vol. XLV, August, pp. 419–424.

Abel, C. (1969c). 'Mobile learning stations'. *Architectural Design*, Vol. XXXIX, March, p. 151.

Abel, C. (1972). 'Cultures as complex wholes'. *Architectural Design*, Vol. XLII, December, pp. 774–776.

Abel, C. (1979). 'The language analogy in architectural theory and criticism: some remarks in the light of Wittgenstein's linguistic relativism'. *Architectural Association Quarterly*, Vol. 12, December, pp. 39–47.

Abel, C. (1981a). 'Architecture as identity: the essence of architecture'. In *Semiotics 1980*. Proceedings of the Fifth Annual Meeting of the Semiotic Society of America, 16–19 October, Lubbock (Herzfeld, M. and Lenhart, M. eds), pp. 1–11, Plenum Press, New York.

Abel, C. (1981b). 'The function of tacit knowing in learning to design'. *Design Studies*, Vol. 2, October, pp. 209–214.

Abel, C. (1981c). 'Vico and Herder: the origins of methodological pluralism'. In *Design: Science: Method* (Jacques, R. and Powell, J. eds), pp. 51–61, Westbury House, Guildford.

Abel, C. (1982a). 'The case for anarchy in design research'. In *Changing Design* (Evans, B., Powell, J. and Talbot, R. eds) pp. 295–302, John Wiley & Sons, London.

Abel, C. (1982b). 'The role of metaphor in changing architectural concepts'. In *Changing Design* (Evans, B., Powell, J. and Talbot, R. eds), pp. 325–343, John Wiley & Sons, Chichester.

Abel, C. (1984). 'Living in a hybrid world: built sources of Malaysian identity'. In *Design Policy: Vol. 1, Design and Society*, Proceedings of the 1982 Design Research Conference, London, 20–23 July (Langdon, R. and Cross, N. eds), pp. 11–21, The Design Council.

Abel, C. (1985). 'Henning Larsen's hybrid masterpiece'. *The Architectural Review*, Vol. CLXXVIII, July, pp. 30–39.

Abel, C. (1986a). 'A building for the Pacific Century'. *The Architectural Review*, Vol. CLXXIX, April, pp. 54–61.

Abel, C. (1986b). 'Ditching the dinosaur sanctuary: seventeen years on'. In *CAD and Robotics in Architecture and Construction*. Proceedings of the 1986 Joint International Conference at Marseilles, 25–27 June, Kogan Page, London, pp. 123–132.

Abel, C. (1986c). 'Regional transformations'. *The Architectural Review*, Vol. CLXXX, November, pp. 37–43.

Abel, C. (1986d). 'Work of El-Wakil'. *The Architectural Review*, Vol. CLXXX, November, pp. 52–60.

Abel, C. (1988a). 'Model and metaphor in the design of new building types in Saudi Arabia'. In *Theories and Principles of Design in the Architecture of Islamic Societies* (Sevccenko, M. B. ed.) pp. 169–184, The Aga Khan Program for Islamic Architecture, Cambridge, MA.

Abel, C. (1988b). 'Modern architecture in the Second Machine Age'. *Architecture and Urbanism*, May, pp. 11–22.

Abel C. (1988c). 'Return to craft manufacture'. *The Architects' Journal: Information Technology Supplement*, 20 April, pp. 53–57.

Abel, C. (1989a). 'From hard to soft machines'. In *Norman Foster, Vol. 3* (Lambot, I. ed.), pp. 10–19, Watermark, Chiddingfold.

Abel, C. (1989b). 'The Aga Khan University and Hospital complex: a critical appraisal'. *Atrium*, No. 6, pp. 24–31.

Abel, C. (1991a). *Renault Centre: Norman Foster*. Architecture Design and Technology Press, London.

Abel, C. (1991b). 'The essential tension'. *Architecture and Urbanism*, July, pp. 28–47.

Abel, C. (1993a). 'An architect for the poor'. In *Companion to Architectural Thought* (Farmer, B. and Louw, H. eds), pp. 56–58, Routledge, London.

Abel, C. (1993b). 'Ecodevelopment: toward a development paradigm for regional architecture'. In *Traditional Dwellings and Settlements Working Papers Series, Vol. 44*. Proceedings of the 1992 Conference of the International Association for the Study of Traditional Environments, 8–11 October, Paris, University of California, Berkeley, pp. 2–31.

Abel, C. (1994a). 'Localization versus globalization'. *The Architectural Review*, Vol. CXCVI, September, pp. 4–7.

Abel, C., guest ed. (1994b). 'Southeast Asia'. *The Architectural Review*, Vol. CXCVI, September, pp. 26–86.

Abel, C. (1995). 'Globalism and the regional response: educational foundations'. In *Educating Architects* (Pearce, M. and Toy, M. eds), pp. 80–87. Academy Editions, London.

Abel, C. (1996a). 'Space, place and cyberspace: metaphorical extensions of mind and body'. Paper presented to the *Design Dialogue II: A Meeting of Metaphors*, University College London, 17 May.

Abel, C. (1996b). 'Visible and invisible complexities'. *The Architectural Review*, Vol. CXCIX, February, pp. 76–83.

Abel, C. (1997). 'Prime objects'. In *Architecture and Identity: Responses to Cultural and Technological Change* (Abel, C. ed.), pp. 182–193, The Architectural Press, Oxford.

Abel, C. (1998). 'Architectural education and the virtual practice'. *Environments by Design*, Winter 1997/1998, pp. 71–85.

Abel, C. (2003a). *Harry Seidler: Houses and Interiors*, Vols 1 and 2. Images Publishing, Melbourne.

Abel, C. (2003b). *Sky High: Vertical Architecture*. Royal Academy of Arts, London.

Abel, C. (2004a). 'Cyberspace in mind'. In *Architecture, Technology and Process* (Abel, C. ed.), pp. 33–60, The Architectural Press, Oxford.

Abel, C. (2004b). 'Electronic ecologies'. In *Norman Foster: Works 4* (Jenkins, D. ed.), pp. 12–29, Prestel, London.

Abel, C. (2005). 'Too little, too late? The fatal distractions of "feel-good" architecture'. *Architectural Review Australia*, No. 092, pp. 78–81.

Abel, C. (2007a). 'A fragile habitation: coming to terms with the Australian landscape'. *Architecture and Urbanism*, August, pp. 66–73.

Abel, C. (2007b). 'Virtual evolution: a memetic critique of genetic algorithms in design'. In *Techniques and Technologies*. Proceedings of the Fourth International Conference of the Association of Architecture Schools, 27–29 September 2007, Australia, University of Technology Sydney (Orr, K. and Kaji-O'Grady, S. eds). http://epress.lib.uts.edu.au/research/bitstream/handle/2100/461/Abel_Virtual%Evolution.pdf?sequence=1, accessed 2 October 2007.

Abel, C. (2009). 'High-rise and Genius Loci'. In *Norman Foster: Works 5* (Jenkins, D. ed.), pp. 430–441, Prestel, Munich.

Abel, C. (2010). 'The Vertical Garden City: towards a new urban topology'. *International Journal of the Council for Tall Buildings and Urban Habitat*, 2010 Issue II, pp. 20–30.

Abel, C. (2015). *The Extended Self: Architecture, Memes and Minds*. Manchester University Press, Manchester.

Abraham, C. E. R. (1979). 'Impact of low-cost housing on the employment and social structure of urban communities'. In *Public and Private Housing in Malaysia* (Tan, S. H. and Hamzah, S. eds), pp. 209–266, Heinemann Educational Books (Asia), Kuala Lumpur.

Ackerman, J. (1966). *Palladio*. Penguin Books, Harmondsworth.

ADAUA (1983). 'Building toward community'. *Mimar*, No. 7, pp. 35–51.

Ainger, K. I. (1999). 'The meek fight for their inheritance'. *Guardian Weekly*, 21 February, p. 23.

Al–Hathloul, S. A., Al-Hussayen, M. A. and Shuaibi, A. M. (1975). *Urban Land Utilization Case Study: Riyadh, Saudi Arabia*. Unpublished research paper, Urban Settlement Design Program, Massachussetts Institute of Technology.

Alexander, C. (1964). *Notes on the Synthesis of Form*. Harvard University Press, Cambridge, MA.

Allen, G., Lyndon, D. and Moore, C. (1974). *The Place of Houses*. Holt, Rinehart & Winston, New York.

Ando, T. (1990). *Tadao Ando*. Architectural Monographs 14. Academy Editions/St Martin's Press, London.

Antonelli, P. (1995). *Mutant Materials in Contemporary Design*. The Museum of Modern Art, New York.

Anzorena, E. J. (1993). 'Informal housing and the barefoot architect'. In *Companion to Architectural Thought* (Farmer, B. and Louw, H. eds), pp. 59–62, Routledge, London.

Anzorena, J. (1996). 'New approaches in the Orangi Pilot Project (OPP)'. *SELAVIP Newsletter*, April, pp. 59–62.

Appleyard, D. (1979). 'Home'. *Architectural Association Quarterly*, Vol. 11, March, pp. 4–20.

Archer, B. (1968). 'Extracts from the structure of the design process'. Unpublished paper, Royal College of Art, London.

Argan, G. (1969). *The Renaissance City*. George Braziller, New York.

Arik, M. O. (1985). *Turkish Art and Architecture*. Turkish Historical Society Press, Ankara.

Arnell, P. and Bickford, T., eds (1984). *James Stirling: Buildings and Projects*. The Architectural Press, London.

Aron, R. (1959). 'Relativism in history'. In *The Philosophy of History in Our Time* (Meyerhoff, H. ed.), pp. 152–161, Doubleday, New York.

Ashby, W. R. (1962). 'Principles of the self-organizing system'. In *Principles of Self-Organization* (Von Foerster, H. and Zopf, Jr., G. W. eds), pp. 255–278, Pergamon Press, London.

Ashby, W. R. (1964). *An Introduction to Cybernetics*. Methuen, London.

Aunger, R. (2000). *Darwinizing Culture: The Status of Memetics as a Science*. Oxford University Press, Oxford.

Awang, A. B. H. (1992). 'Kuala Lumpur – towards becoming an intelligent city'. *Majallah Akitek*, September/October, pp. 63–67.

Ball, P. (2009). *Nature's Patterns: A Tapestry in Three Parts: Vol. 1, Shapes*. Oxford University Press, Oxford.

Ballinger, H. A. (1968). 'Machines with arms'. *Science Journal*, Vol. 4, No. 10, pp. 58–65.

Banham, R. (1960a). 'Stocktaking'. The Architectural Review, Vol. CXXVII, February, pp. 93–100.

Banham, R. (1960b). *Theory and Design in the Machine Age*. The Architectural Press, London.

Banham, R. (1965). 'A clip-on architecture'. *Architectural Design*, Vol. XXXV, November, pp. 534–535.

Banham, R. (1969). 'Pop-non pop 2'. *Architectural Association Quarterly*, Vol. 1, No. 2, pp. 56–74.

Banham, R. (1981). *Design by Choice*. Ed. P. Sparke, Academy Editions, London.

Banham, R. and Suzuki, H. (1985). *Contemporary Architecture of Japan, 1958–1984*. The Architectural Press, London.

Banham, R., Price, C., Hall, P. and Barker, R. (1969). 'Non-plan'. *New Society*, 20 March, pp. 435–443.

Barbour, I. G. (1974). *Myths, Models and Paradigms*. Harper & Row, New York.

Barnett, H. G. (1953). *Innovation: The Basis of Cultural Change*. McGraw Hill, New York.

Barrett, T. and Pruitt, S. (1994). 'Corporate virtual space'. In *Cyberspace: First Steps* (Benedikt, M. ed.), pp. 383–409, The MIT Press, Cambridge, MA.

Barrett, W. (1962). *Irrational Man: A Study in Existential Philosophy*. Doubleday, New York.

Bartelmus, P. (1986). *Environment and Development*. Allen & Unwin, London.

Bateson, G. (1972). *Steps Towards an Ecology of Mind*. Ballantine Books, New York.

Beamish, J. and Ferguson, J. (1985). *A History of Singapore Architecture: The Making of a City*. Graham Brash, Singapore.

Beer, S. (1962). 'Toward the cybernetic factory'. In *Principles of Self-Organization* (Von Foerster, H. and Zopf, Jr., G. W. eds), pp. 25–89, Pergamon Press, London.

Beer, S. (1967). *Cybernetics and Management*. The English Universities Press, London.

Beer, S. (1968). 'Machines that control machines'. *Science Journal*, Vol. 4, No. 10, pp. 89–94.

Bender, T. (1977). *Rainbook: Resources in Appropriate Technology*. Schocken Books, New York.

Benjamin, A. (1988). 'Derrida, architecture and philosophy'. In *Deconstruction in Architecture* (Papadakis, A. C. ed.), pp. 8–11, Architectural Design Profile No. 72, Academy Editions, London.

Benjamin, A. (1993). *Re-working Eisenman*. Academy Editions/Ernst & Sohn, London.

Berggren, D. (1962). 'The use and abuse of metaphor, I'. *The Review of Metaphysics*, Vol. 16, No. 12, pp. 243–244.

Berlin, I. (1976). *Vico and Herder*. Random House, New York.

Bernstein, B. (1970). *Class, Codes and Control: Vol. 1*. Routledge & Kegan Paul, London.

Bernstein, H., ed. (1973). *Underdevelopment and Development*. Penguin Books, Harmondsworth.

Bertalanffy, L. von (1950). 'The theory of open systems in physics and biology'. *Science*, Vol. 111, No. 13, January, pp. 23–29.

Bertalanffy, L. von (1968). *General System Theory: Foundations, Development, Applications*. George Braziller, New York.

Bertalanffy, L. von (1969). 'Chance or law'. In *Beyond Reductionism: New Perspectives in the Life Sciences* (Koestler, R. and Smythies, J. R. eds), pp. 56–84, Hutchinson, London.

Besset, M. (1987). *Le Corbusier: To Live with the Light*. The Architectural Press, London.

Blackmore, S. (1999). *The Meme Machine*. Oxford University Press, Oxford.

Blackmore, S. (2005). *Consciousness: A Very Short Introduction*. Oxford University Press, Oxford.

Blakeslee, S. and Blakeslee, M. (2007). *The Body Has a Mind of its Own*. Random House, New York.

Blumer, H. (1969). *Symbolic Interactionism*. Prentice-Hall, Englewood Cliffs.

Bonta, J. P. (1979). *Architecture and Its Interpretation*. Rizzoli, New York.

Bookchin, M. (1974). 'Liberatory technology'. In *Man-Made Futures* (Cross, N., Elliot, D. and Roy, R. eds), pp. 320–332, Hutchinson/The Open University Press, London.

Bookchin, M. (1980). *Toward an Ecological Society*. Black Rose Books, Montreal.

Boyd, R. (1960). *The Australian Ugliness*. Penguin Books, Camberwell.

Bredariol, C. S. (1979). 'Ecodevelopment in urban areas of the State of Rio de Janeiro'. *Ecodevelopment News*, No. 11, pp. 12–20.

Brewer, R. (1964). 'Where numerical control stands in industry today'. *New Scientist*, Vol. 22, No. 397, pp. 794–797.

Bricken, M. (1994). 'Virtual worlds: no interface to design'. In *Cyberspace: First Steps* (Benedikt, M. ed.), pp. 363–382, The MIT Press, Cambridge, MA.

Bridgman, D. (1995–1996). 'Shadows and space: the domestic architecture of Beni Burnett'. *B Architectural Magazine*, No. 52/53, pp. 18–25.

Broadbent, G. (1980). 'The deep structures of architecture'. In *Signs, Symbols and Architecture* (Broadbent, G., Bunt, R. and Jencks, C. eds), pp. 119–168, John Wiley & Sons, Chichester.

Brodie, R. (1996). *Virus of the Mind: The New Science of the Meme*. Hay House, Carlsbad.

Brodsky, J. (1980). 'Continuity and discontinuity in style: a problem in art historical methodology'. *Journal of Aesthetics and Art Criticism*, Vol. 39, No. 1, pp. 28–37.

Brown, J. A., Brown, M. Y. and Regan, J. (2013). 'N00bs, M00bs and B00bs: an exploration of identity formation in Second Life'. In *Women and Second Life: Essays on Virtual Identity, Work and Play* (Baldwin, D. and Achterberg, J. eds), pp. 45–62, McFarland & Co., Jefferson.

Building and Social Housing Foundation (1993). *Cities of the Future: Successful Housing Solutions in Singapore and Surabaya*. Building and Social Housing Foundation, Singapore.

Butler, Graeme (1992). *The Californian Bungalow in Australia: Origins, Revival, Source Ideas for Restoration*. Lothian Books, Melbourne.

Burry, M. (2003). 'Between intuition and process: parametric design and rapid prototyping'. In *Architecture in the Digital Age: Design and Manufacturing* (Kolarevic, B. ed.), pp. 54–57, Taylor & Francis, Abingdon.

Camp, N. Van (2009). 'Animality, humanity and technicity'. *Transformations*, No. 17. www.transformationsjournal.org/journal/issue_17/article_06.shtml (accessed 7 July 2010).

Campagno, A. (1995). *Intelligent Glass Façades*. Artemis, Zurich.

Cantacuzino, S., ed. (1985). *Architecture in Continuity*. Aga Khan Award for Architecture/Aperture, New York.

Canter, D. (1977). *The Psychology of Place*. St Martin's Press, New York.

CAP (1982). *Development and the Environmental Crisis*. Consumers' Association of Penang, Georgetown.

Capra, F. (1975). *The Tao of Physics*. Fontana/Collins, London.

Caroll, J. B. (1956). *Language Thought and Reality: Selected Writings of Benjamin Lee Whorf*. The MIT Press, Cambridge, MA.

Cassirer, E. (1955). *The Philosophy of Symbolic Forms: Vol. 1, Language*. Yale University Press, New Haven.

Cassirer, E. (1962). *An Essay on Man*. Yale University Press, New Haven.

Chan, H. C. (1997). *The New Asia-Pacific Order*. Institute of Southeast Asian Cities, Singapore.

Choay, F. (1969). *The Modern City: Planning in the 19th Century*. Braziller, New York.

Chomsky, N. (1965). *Aspects of the Theory of Syntax*. The MIT Press, Cambridge, MA.

Clark, A., ed. (2011). *Supersizing the Mind: Embodiment, Action and Cognitive Extension*. Oxford University Press, Oxford.

Clark, A. and Chng, N., eds (1977). *Questioning Development in Southeast Asia*. Select Books, Singapore.

Clark, A. and Chalmers, D. (1998). 'The extended mind'. *Analysis*, No. 58, pp. 10–23.

Clark, W. (1976). 'Big and/or little? Search is on for the right technology'. *Smithsonian Magazine*, Vol 7, No. 4, pp. 43–48.

Clements, K. P. (1980). *From Right to Left in Development Theory*. Occasional Paper No. 61, Institute of Southeast Asian Studies, Singapore.

Cohen, L. Z. (1980). 'A sensible analysis of language and meaning in architecture'. *Design Methods and Theories*, Vol. 14, No. 2, pp. 58–65.

Collins, P. (1965). *Changing Ideals in Modern Architecture, 1750–1950*. Faber & Faber, London.

Collins, P. (1980). 'The language analogy in architecture'. Introductory address to the *68th Annual Meeting of American Collegiate Schools of Architecture*, San Antonio, 19–22 April.

Collymore, R. (1994). *The Architecture of Ralph Erskine*. Academy Editions, London.

Conway, D., guest ed. (1969). 'What did they do for their theses? What are they doing now?' *Architectural Design*, Vol. XXXIX, March, pp. 129–164.

Cooke, C. (1984). *Chernikhov: Fantasy and Construction*. Architectural Design Profile, AD Editions, London.

Cooke, C. (1988). 'The lessons of the Russian avant-garde'. In *Deconstruction in Architecture* (Papadakis, A. ed.), pp. 13–15, Academy Editions, London.

Co-op Himmelblau (1983). *Architecture is Now*. Rizzoli, New York.

Coplestone, F. S. J. (1959). *A History of Philosophy: Vol. 6, Part II, Kant*. Doubleday, New York.

Cooper, C. (1974). 'The house as symbol of the self'. In *Designing for Human Behaviour: Architecture and the Behavioural Sciences* (Lang, J., Burnette, C., Moleski, W. and Vachon, D. eds), pp. 130–146. Dowden, Hutchinson & Ross, Stroudsburg.

Corbusier, Le (1927). *Towards a New Architecture*. The Architectural Press, London.

Correa, C. (1980). 'New Bombay'. *Process*, No. 20, pp. 108–118.

Correa, C. (1985). 'The new landscape'. *Mimar*, No. 17, pp. 34–40.

Correa, C. (1989). *The New Landscape: Urbanization in the Third World*. Mimar/Butterworth Architecture, London.

Correa, C. (1996). *Charles Correa*. Thames & Hudson, London.

Creswell, K. A. C. (1958). *A Short Account of Early Muslim Architecture*. Lebanon Bookshop, Beirut.

Crosbie, M. J. (1995). 'The schools: how they're failing the profession'. *Progressive Architecture*, September, pp. 47–51, 94, 96.

Cross, A. (1983). 'The educational background to the Bauhaus'. *Design Studies*, Vol. 4, No. 1, pp. 43–52.

Curtis, W. (1986). 'Diplomatic Club, Riyadh'. *Mimar*, No. 21, pp. 20–25.

Cuthbert, A. (2006). *The Form of Cities: Political Economy and Urban Design*. Blackwell, Oxford.

Darrow, K. and Saxenian, M. (1986). *Appropriate Technology Sourcebook*. Volunteers in Asia, Stanford.

Darwin, C. (1859; 1972). *On the Origin of Species*. Atheneum, New York.

Davey, P. ed. (1989), The Architectural Review, Vol. CLXXXV. No. 1109, pp. 23–87.

Davidson, C. (1965). 'Jean Prouve: l'habitation de notre epoque'. *Arena: Journal of the Architectural Association*, Vol. 81, December, pp. 128–129.

Davies, M. (1994). 'Changes in the rules'. In *Visions for the Future*, Architectural Design Profile No. 104, pp. 20–23.

Dawkins, R. (1982; 1999). *The Extended Phenotype*. Oxford University Press, Oxford.

Dawkins, R. (1989, 2nd edn). *The Selfish Gene*. Oxford University Press, Oxford.

DeLanda, M. (2006). *A New Philosophy of Society: Assemblage Theory and Social Complexity*. Continuum, London.

Dennett, D. C. (1996). *Darwin's Dangerous Idea: Evolution and the Meanings of Life*. Penguin Books, London.

Despommier, D. and Ellingsen, E. (2008). 'The vertical farm: the skyscraper as vehicle for a sustainable urban agriculture'. Paper presented to the Council for Tall Buildings and Urban Habitat (CTBUH) 8th World Congress.

Diamond, J. (2005). *Collapse: How Societies Choose to Fail or Survive*. Allen Lane, Camberwell.

Dicken, P. (1992, 2nd edn). *Global Shift: the Internationalization of Economic Activity*. Paul Chapman, London.

Dickens, P. M. (1992). 'Rapid prototyping'. Unpublished paper, Institution of Mechanical Engineers Seminar on Rapid Prototyping Systems, London, 18 December.

Dickens, P. M. (1994). 'Rapid prototyping – the ultimate in automation'. *Journal of Assembly Automation*, Vol. 14, No. 2, pp. 10–13.

Dickson, D. (1974). *Alternative Technology and the Politics and Technical Change*. Fontana/Collins, London.

Distin, K. (2005). *The Selfish Meme*. Cambridge University Press, Cambridge.

Downs, R. and Stea, D. (1977). *Maps in Minds*. Harper & Row, New York.

Dozier, E. P. (1970). *The Pueblo Indians of North America*. Holt, Rinehart & Winston, New York.

Eco, U. (1980). 'Function and sign: the semiotics of architecture'. In *Signs, Symbols and Architecture* (Broadbent, G., Bunt, R. and Jencks, C. eds), pp. 11–69, John Wiley & Sons, Chichester.

Eden, J. F. (1967). 'Metrology and the module'. *Architectural Design*, Vol. XXXVII, March, pp. 148–150.

Ehrenkrantz, E. D. (1956). *Modular Number Pattern*. Alec Tiranti, London.

Eisenman, P. (1993). 'Folding in time: the singularity of Rebstock'. In *Folding in Architecture* (Lynn, G. guest ed.), pp. 22–27, Architectural Design/Academy Editions, London.

El-Miniawys (1983). 'Maader Village, M'sila'. *Mimar*, No. 8, pp. 9–11.

Emrick, M. (1976). 'Vanishing Kuala Lumpur: the shophouse'. *Majallah Akitek*, Vol. 2, June, pp. 29–36.

England, R. (1969). 'Vernacular to modern'. *The Architectural Review*, Vol. CXLVI, July, pp. 45–48.

England and England (1969). 'Four tourist hotels'. *The Architectural Review*, Vol. CXLVI, July, pp. 52–56.

Erickson, B. (1995). 'The rules of transformation'. *Building Design*, No. 1208, 17 February, p. 19.

Erikson, E. H. (1968). *Identity Youth and Crisis*. W. W. Norton, New York.

Erzen, J. (1989). 'Sinan as anti-classicist'. *Muqarnas*, Vol. 5, pp. 70–85.

Etzioni, A. (1962). 'The dialectics of supranational unification'. *American Political Science Review*, Vol. 56, pp. 927–935.

Fathy, H. (1973). *Architecture for the Poor*. University of Chicago Press, Chicago.

Feigenbaum, E. A. and Feldman, J. (1963). *Computers and Thought*. McGraw-Hill, New York.

Feigenbaum, L. (1986). 'Advances in computer science and technology'. Unpublished lectures given at the National University of Singapore, 24–25 March.

Feyerabend, P. (1975). *Against Method*. Verso, London.

Fisher, N. (1993). 'Construction as a manufacturing process'. Unpublished inaugural lecture at the University of Reading, 18 May.

Fishman, R. (1982). *Urban Utopias In the Twentieth Century: Ebenezer Howard, Frank Lloyd Wright, Le Corbusier.* The MIT Press, Cambridge, MA.

Flavell, J. H. (1963). *The Developmental Psychology of Jean Piaget.* Van Nostrand Reinhold, New York.

Flannery, T. (1994). *The Future Eaters.* Reed New Holland, Sydney.

Foerster, H. von and Zopf, Jr., G. W., eds (1962). *Principles of Self-organization.* Pergamon Press, London.

Ford, B. and D'Amato, J. (1978). *Animals that Use Tools.* Julian Messner, New York.

Forster, C. (1999). *Australian Cities: Continuity and Change.* Oxford University Press, Melbourne.

Frampton, K. (1983). 'Towards a critical regionalism: six points for an architecture of resistance'. In *The Anti-Aesthetic: Essays on Postmodern Culture* (Foster, H. ed.), pp. 16–30, Bay Press, Washington.

Frampton, K. (1992, 3rd edn). *Modern Architecture: A Critical History.* Thames & Hudson, London.

Frampton, K. and Drew, P. (1992). *Harry Seidler: Four Decades of Architecture.* Thames & Hudson, London.

Frank, A. G. (1978). 'Superexploitation in the Third World'. *Two Thirds*, Vol. 1, No. 2, pp. 15–28.

Friedman, Y. (1975). *Toward a Scientific Architecture.* The MIT Press, Cambridge, MA.

Froehlich, L. (1981). 'Robots to the rescue'. *Datamation*, Vol. 27, January, pp. 84–96.

Fuller, T. (1997). 'Malaysia's wired "Supercorridor"'. *International Herald Tribune*, 15–16 November, pp. 1 and 6.

Futagawa, Y. and Itoh, T. (1972). *The Classic Tradition in Japanese Architecture: Modern Versions of the Sukiya Style.* Weatherhill/Tankosha, New York/Tokyo.

Gadamer, H. G. (1976). *Philosophical Hermeneutics.* University of California Press, Berkeley.

Galantay, E. Y. (1975). *New Towns: Antiquity to the Present.* Braziller, New York.

Galbraith, J. K. (1966). 'The Reith lectures, 1: the new industrial state'. *The Listener*, 17 November, pp. 711–714.

Galbraith, J. K. (1967). *The New Industrial State.* Mentor, New York.

Galtung, J., Heiestad, T. and Ruge, E. (1979). *On the Decline and Fall of Empires: The Roman Empire and Western Imperialism Compared.* HSDRGPID- 1/UNUP-53, The United Nations University, Tokyo.

Gans, H. (1967). *The Levittowners: Ways of Life and Politics in a New Suburban Community.* Pantheon Books, New York.

Gardiner, A. (1927). *Egyptian Grammar.* Oxford University Press, Oxford.

George, S. (1988). *A Fate Worse Than Debt.* Penguin Books, Harmondsworth.

Ghosh, P. K., ed. (1984). *Urban Development in the Third World.* Greenwood Press, Westport.

Giedion, S. (1967, 5th edn). *Space, Time and Architecture.* Harvard University Press, Cambridge, MA.

Gill, J. H. (2010). *Deep Postmodernism: Whitehead, Wittgenstein, Merlau-Ponty and Polanyi.* Humanity Books, New York.

Gille, B. (1978). *Histoire des Techniques.* Gallimard, Paris.

Glenn, E. S. (1966). 'A cognitive approach to the analysis of cultures and cultural evolution'. *General Systems Yearbook*, Vol. 11, pp. 115–131.

Glymph, J. (2003). 'Evolution of the digital design process'. In *Architecture in the Digital Age: Design and Manufacturing* (Kolarevic, B. ed.), pp. 102–120, Taylor & Francis, Abingdon.

Goad, P. (2005). *Troppo Architects.* Pesaro Publishing, Sydney.

Goethert, R. (1985). 'Sites and services'. *The Architectural Review*, Vol. CLXXVIII, No. 1062, pp. 28–31.

Goffman, E. (1967). *Interaction Ritual.* Doubleday, New York.

Goldstine, H. H. (1972). *The Computer from Pascal to von Neumann.* Princeton University Press, Princeton.

Goodall, J. (1986). *The Chimpanzees of Gombe: Patterns of Behaviour.* Harvard University Press, Cambridge, MA.

Gottman, J. (1961). *Megalopolis.* The MIT Press, Cambridge, MA.

Gottman, J., ed. (1967). *Geographers Look at Urban Sprawl.* John Wiley & Sons, Chichester.

Gray, J. (2002). *Straw Dogs: Thoughts on Humans and Other Animals.* Granta Books, London.

Greene, J. (1969). 'Lessons from Chomsky'. *Architectural Design*, Vol. XXXIX, No. 9, pp. 489–490.

Greenfield, S. (2008). *ID: The Quest for Identity in the 21st Century.* Sceptre, London.

Greenfield, S. (2011). 'Virtual worlds are limiting our brains'. *Sydney Morning Herald*, 21 October.

Greenhaigh, M. (1978). *The Classical Tradition in Art*. Duckworth, London.

Gregory, M. and Carroll, S. (1978). *Language and Situation*. Routledge & Kegan Paul, London.

Gregory, R. L. (1970). *The Intelligent Eye*. Weidenfeld & Nicholson, London.

Gropius, W. (1964). '1926: principles of Bauhaus production (Dessau)'. In *Programs and Manifestos of Twentieth Century Architecture* (Conrads, U. ed.), pp. 95–97, The MIT Press, Cambridge, MA.

Gropius, W., Tange, K. and Ishimoto, Y. (1960). *Katsura: Tradition and Creativity in Japanese Architecture*. Yale University Press, New Haven.

Grube, E. J. (1978). 'What is Islamic architecture?' In *Architecture of the Islamic World: Its History and Social Meaning* (Michell, G. ed.), pp. 10–14, William Morrow, New York.

Haire, M. (1959). 'Biological models and empirical histories of the growth of organizations'. In *Modern Organization Theory* (Haire, M. ed.), pp. 272–306, Wiley & Sons, New York.

Hall, A. (1996). 'Heralding the intelligent wall'. *Building Design*, 22 March, p. 20.

Hall, E. T. (1959). *The Silent Language*. Doubleday, New York.

Hall, E. T. (1969). *The Hidden Dimension*. Anchor Books, New York.

Hall, E. T. (1977). *Beyond Culture*. Anchor Books, New York.

Hall, P. (1966). *The World Cities*. Weidenfeld & Nicholson, London.

Hall, P. (1966, updated edn). *Cities of Tomorrow: An Intellectual History of Urban Planning and Design Since 1880*. Blackwell, Oxford.

Hall, P. (2014, 4th edn). *Cities of Tomorrow: An Intellectual History of Urban Planning and Design Since 1880*. Wiley/Blackwell, Oxford.

Hall, S. (1991). 'The local and the global: globalization and ethnicity'. In *Culture Globalization and the World System* (King, A. D. ed.), pp. 19–39, Macmillan, New York.

Hamid, A. S. A., ed. (1993). *Malaysia's Vision 2020*. Pelanduk Publications, Kuala Lumpur.

Hamzah, T. R. and Yeang, K. (1994). *Bioclimatic Skyscrapers*. Ellipsis, London.

Harding, L. (2008). 'Rouse Hill Town Centre'. *Architecture Australia*, May–June, pp. 97–109.

Harre, R. (1972). *The Philosophies of Science*. Oxford University Press, Oxford.

Harrison, A. (1994). 'Intelligence quotient: smart tips for smart buildings'. *Architecture Today*, No. 46, March, pp. 34–41.

Hawkes, T. (1977). *Structuralism and Semiotics*. Methuen & Co, London.

Heidegger, M. (1971). *Poetry, Language, Thought*. Trans. Albert Hofstadter. Harper & Row, New York.

Heidegger, M. (1977). *The Question Concerning Technology and Other Essays*. Trans. William Lovitt. Harper & Row, New York.

Hensel, M., Menges, A. and Weinstock, M., eds (2004). *Emergence: Morphogenetic Design Strategies*. Wiley Academy, Chichester.

Herbert & Herbert, RIRDC. (2001). *Hydroponics as an Agricultural Production System*. Rural Industries Research and Development Corporation, Sydney.

Heskett, J. (1980). *Industrial Design*. Oxford University Press, Oxford.

Hester, M. B. (1967). *The Meaning of Poetic Metaphor*. Mouton & Co, The Hague.

Hinssen, P. (1995). 'Life in the digital city'. *Wired*, Vol. 1, January, pp. 53–55.

Hirst, P. H. (1975). 'Liberal education and the nature of knowledge'. In *The Philosophy of Education* (Peters, R. S. ed.), pp. 87–111, Oxford University Press, Oxford.

Hoag, D. (1977). *Islamic Architecture*. Harry N. Abrams, New York.

Hodges, H. A., ed. (1944). *Wilhelm Dilthey*. Oxford University Press, Oxford.

Holmberg, J., ed. (1992). *Policies for a Small Planet*. Earthscan, London.

Howard, E. (1898). *Tomorrow: A Peaceful Path to Real Reform*. Swan Sonnenschein, London.

Howard, E. (1902). *Garden Cities of Tomorrow*. Swan Sonnenschein, London.

Howard, E. (2003). *Tomorrow: A Peaceful Path to Real Reform*. Routledge, Oxford.

Howell, R. W. and Vetter, H. J. (1976). *Language in Behaviour*. Human Sciences Press, Dordrecht.

Idris, S. M. (1984). 'A framework for design policies in Third World development'. In *Design Policy: Vol. 1, Design and Society*. Proceedings of the 1982 Design Research Conference, London, 20–23 July (Langdon, R. and Cross, N. eds), pp. 22–27, The Design Council.

Inoue, M. (1985). *Space in Japanese Architecture*. Weatherhill, New York/Tokyo.

International Council for Building Research, Studies and Documentation-CIB, eds (1966). *Towards Industrialized Building: Proceedings of the Third CIB Congress, Copenhagen, 1965*. Elsevier, Amsterdam.

Iredale, R. (1968). 'Putting artisans on tape'. *New Scientist*, Vol. 37, No. 584, pp. 353–355.

Jablonka, E. and Lamb, M. (2005). *Evolution in Four Dimensions: Genetic, Epigenetic, Behavioural and Symbolic Variation in the History of Life*. The MIT Press, Cambridge, MA.

Jacobson, M. (1971). 'Max Jacobson interviews Christopher Alexander'. *Architectural Design*, Vol. XLII, December, pp. 768–770.

Jacques, M. (1997). 'Malaysia takes a leap into future'. *Guardian Weekly*, 6 April, p. 23.

Jayawardene, S. (1986). 'Bawa: a contribution to cultural regeneration'. *Mimar*, No. 19, pp. 47–67.

Jencks, C. (1974). 'A semantic analysis of Stirling's Olivetti Centre Wing'. *Architectural Association Quarterly*, Vol. 6, No. 2, pp. 13–15.

Jencks, C. (1975). 'The rise of post-modern architecture'. *Architectural Association Quarterly*, Vol. 7, April, pp. 3–14.

Jencks, C. (1977). *The Language of Post-Modern Architecture*. Wiley Academy, London.

Jencks, C. (1980). 'The architectural sign'. In *Signs, Symbols and Architecture* (Broadbent, G., Bunt, R. and Jencks, C. eds), pp. 71–118, John Wiley & Sons, Chichester.

Jencks, C. (1995). *The Architecture of the Jumping Universe*. Academy Editions, London.

Jencks, C. and Baird, G. (1969). *Meaning in Architecture*. George Braziller, New York.

Johnson, P. (2010). *Second Life, Media and the Other Society*. Peter Lang, New York.

Jessup, H. (1984). 'The Dutch colonial villa, Indonesia'. *Mimar*, No. 13, pp. 35–42.

Johnson, P. and Wigley, M., eds (1988). *Deconstructivist Architecture*. The Museum of Modern Art, New York.

Jones, P. B. (1978a). *Hans Scharoun*. Gordon Fraser, London.

Jones, P. B. (1978b). 'Organic versus classic'. *Architectural Association Quarterly*, Vol. 10, January, pp. 10–20.

Jones, P. B. (1988). 'University Library, Eichstatt, West Germany'. *The Architectural Review*, Vol. CLXXXIII, No. 1093, pp. 28–40.

Jumsai, S. (1986). 'Thammasat University New Campus, Rangsit'. *Mimar*, No. 20, pp. 34–42.

Jumsai, S. (1994). 'Bangkok and East Asian Megacities'. Paper presented to the OECD-Australia Conference on Cities and the New Global Economy, Melbourne.

Kabos, A., Walker, M. and Weirick, J. (1994). *Building for Nature: Walter Burley Griffin and Castlecrag*. Walter Burley Griffen Society, Sydney.

Kahn, H. and Wiener, A. J. (1967). 'The next thirty-three years: a framework for speculation'. *Daedalus*, Vol. 96, No. 3, pp. 705–732.

Kaplan, D. and Manners, R. A. (1972). *Culture Theory*. Prentice-Hall, Englewood Cliffs.

Katz, J. (1995). 'The age of Paine'. *Wired*, Vol. 1, No. 1, pp. 64–69.

Kelbaugh, D., ed. (1989). *The Pedestrian Pocket Book*. Princeton Architectural Press, New York.

Kelly, G. (1963). *A Theory of Personality: The Psychology of Personal Constructs*. W. W. Norton, New York.

Kelly, K. (1994). *Out of Control*. Fourth Estate, London.

Kerr, P. (1995). *Gridiron*. Chatto & Windus, London.

Khadem, M. (n.d.) 'The architecture of the Aga Khan University and the Aga Khan University Hospital, Karachi, Pakistan: a summary statement'. Unpublished consultative paper by Payette Associates. Undated.

Kidron, B. (2013). 'Just one more click', *Guardian*, 14 September.

King, A. D. (1976). *Colonial Urban Development*. Routledge & Kegan Paul, London.

Kirsh, D. and Maglio, P. (1994). 'On distinguishing epistemic from pragmatic action'. *Cognitive Science*, No. 18, pp. 513–549.

Koc, M., MacRae, R., Mougeot, L. J. A. and Welsh, J., eds (1999). *For Hunger-proof Cities: Sustainable Urban Food Systems*. International Development Research Centre, Ottawa.

Koestler, A. (1964). *The Act of Creation*. Macmillan, New York.

Kohl, H. (1965). *The Age of Complexity*. Mentor, New York.

Kolarevic, B., ed. (2003). *Architecture in the Digital Age: Design and Manufacturing*. Spon Press, New York.

Kow, L. H. (1978). *The Evolution of the Urban System in Malaya*. University of Malaya Press, Kuala Lumpur.

Knevitt, C. (1983). *Connections*. Lund Humphries, London.

Krier, L. (1978). 'Urban transformations'. *Architectural Design*, Vol. XLVIII, April, pp. 218–221.

Krier, R. (1979). *Urban Space*. Rizzoli, New York.

Kroll, L. (1986). *The Architecture of Complexity*. Batsford, London.

Kuban, D. (1974). *Muslim Religious Architecture*. E. J. Brill, Leiden.

Kuban, D. (1987). 'The style of Sinan's domed structures'. *Muqarnas*, Vol. 4, pp. 72–97.

Kubler, G. (1940). *The Religious Architecture of New Mexico: In the Colonial Period and Since the American Occupation*. University of New Mexico Press, Albuquerque.

Kubler, G. (1962). *The Shape of Time: Remarks on the History of Things*. Yale University Press, New Haven.

Kuchiba, M., Tsubouchi, Y. and Maeda, N. (1979). *Three Malay Villages: A Sociology of Paddy Growers in West Malaysia*. University of Hawaii Press, Honolulu.

Kuhn, T. S. (1962). *The Structure of Scientific Revolutions*. University of Chicago Press, Chicago.

Kuhn, T. S. (1977). *The Essential Tension: Selected Studies in Scientific Tradition and Change*. University of Chicago Press, Chicago.

Kuhne, G. (1969). 'Pure form'. *Architectural Design*, Vol. XXXIX, February, pp. 89–90.

Kuran, A. (1987). *Sinan*. Institute of Turkish Studies/ADA Press Publishers, Ankara.

Laing, R. D. (1961). *Self and Others*. Penguin Books, Harmondsworth.

Laing, R. D., Phillipson, H. and Lee, A. R. (1966). *Interpersonal Perception*. Tavistock Publications, London.

Laland, K. N. and Odling-Smee, J. (2000). 'The evolution of the meme'. In *Darwinizing Culture: The Status of Memetics as a Science* (Aunger, R. ed.), pp. 121–141, Oxford University Press, Oxford.

Lambot, I., ed. (1989). *Norman Foster*, Vols 2 and 3. Watermark, Chiddingfold.

Landau, R. (1968). *New Directions in British Architecture*. Studio Vista, London.

Landau, R., guest ed. (1969). 'Despite popular demand … AD is thinking about architecture and planning'. *Architectural Design*, Vol. XXXIX, September, pp. 478–514.

Landau, R., guest ed. (1972). 'Complexity'. *Architectural Design*, Vol. XLII, October, pp. 608–647.

Lasch, C. (1978). *The Culture of Narcissism: American Life in An Age of Diminishing Expectations*. W. W. Norton, New York.

Lawrence, A. (1995). 'Agents of the net'. *New Scientist*, 15 July, No. 1986, pp. 34–37.

Leach, E. (1970). *Levi-Strauss*. Fontana/Collins, London.

Leach, N., ed. (2002). *Designing for a Digital World*. Wiley Academy, Chichester.

Leach, N., Turnbull, D. and Williams, C., eds (2004). *Digital Tectonics*. Wiley Academy, Chichester.

Leatherdale, W. H. (1974). *The Role of Analogy, Model and Metaphor in Science*. North Holland/American Elsevier, Amsterdam and New York.

Lewin, K. (1951). *Field Theory in Social Science*. Harper & Row, New York.

Lim, J. Y. (1981). 'The traditional Malay house – a forgotten housing alternative'. Unpublished paper presented at the *Seminar on Appropriate Technology, Culture and Lifestyle in Development*, Universiti Sains Malaysia, Penang, 3–7 November.

Lim, J. Y. (1987). *The Malay House: Rediscovering Malaysia's Indigenous Shelter System*. Institute Masyarakat, Pulau Pinang.

Lim, W. S. W. (1983). 'Public housing and community development: the Singapore experience'. *Mimar*, No. 7, pp. 20–34.

Lindblom, C. E. (1959). 'The science of "muddling through"'. *Public Administration Review*, Vol. 19, No. 2, pp. 79–88.

Liu, T. K. (1988). 'Overview of urban development and public housing in Singapore'. Paper presented to the *Workshop on Housing and Urban Development*, Singapore, 20–23 September.

Liu, T. K. (1991). 'Implementing the Concept Plan'. Paper presented to the *City Trans-Asia 1991 Conference*, 17 September, Singapore.

Liu, T. K. (1996). 'Asian cities at the crossroads'. Paper presented to the *International Conference on Asia: Redefining the City*, 18–20 October, Tokyo.

Liu, T. K. (1998). 'From megacity to constellation city: towards sustainable Asian cities'. In *Megacities, Labour, Communications* (Toh, T. S. ed.), pp. 3–26, Institute of Southeast Asian Studies, Singapore.

Logan, R. K. (2007). *The Extended Mind: The Emergence of Language, the Human Mind and Culture*. Toronto University Press, Toronto.

Lovelock, J. (1979). *Gaia*. Oxford University Press, Oxford.

Luggen, W. W. (1991). *Flexible Manufacturing Cells and Systems*. Prentice-Hall, Englewood Cliffs.

Lynch, A. (1996). *Thought Contagion: How Belief Spreads Through Society*. Basic Books, New York.

Lynch, K. (1960). *The Image of the City*. The MIT Press, Cambridge, MA.

Lynn, G., ed. (1993). *Folding in Architecture*. Architectural Design Profile No. 102.

Lynn, G. (2004a). 'The structure of ornament'. In *Digital Tectonics* (Leach, N., Turnbull, D. and Williams, C. eds), pp. 62–68, Wiley Academy, Chichester.

Lynn, G. (2004b). Unpublished lecture at the Town Hall, Sydney, organized by the Year of the Built Environment 2004, NSW Secretariat, 28 September, Academy Editions, London.

MacDonald, W. L. (1976). *The Pantheon*. Allen Lane, London.

McGee, T. G. (1967). *The Southeast Asian City*. G. Bell & Sons, London.

McGee, T. G. (1971). *The Urbanization Process in the Third World: Explorations in Search of a Theory*. G. Bell & Sons, London.

McLuhan, M. (1964). *Understanding Media: The Extensions of Man*. Routledge & Kegan Paul, London.

McManus, P. (2005). *Vortex Cities to Sustainable Cities: Australia's Urban Challenge*. University of New South Wales Press, Sydney.

McRobie, G. (1982). *Small Is Possible*. Abacus, London.

McVeigh, T. (2012). 'Internet addiction even worries Silicon Valley'. *Observer*, 29 July.

Madanipour, A. (2003). 'Why are the design and development of public spaces significant for cities?' In *Designing Cities: Critical Readings in Urban Design* (Cuthbert, A. ed.), pp. 139–151, Blackwell, Oxford.

Mahadevapura Team (1979). 'The Mahadevapura ecodevelopment project'. *Ecodevelopment News*, No. 11, pp. 3–11.

Mandelbaum, D. G., ed. (1929). *Selected Writings of Edward Sapir*. University of California Press, Berkeley.

Mandelbaum, M. (1967). *The Problem of Historical Knowledge*. Harper & Row, New York.

Manning, P. (2009). 'How Australia blew its chance to alleviate global warming'. *Sydney Morning Herald*, 12–13 September, p. 6.

Manser, J. (1995). 'Hadid bemuses New Yorkers'. *Building Design*, No. 1207, 10 February.

March, L. (1967). 'Homes beyond the fringe'. *RIBA Journal*, Vol. 74, No. 8, pp. 334–337.

Masterman, M. (1970). 'The nature of a paradigm'. In *Criticism and the Growth of Knowledge* (Lakatos, I. and Musgrave, A. eds), pp. 59–89. Cambridge University Press, Cambridge.

Mead, G. H. (1934). *Mind, Self and Society: From the Standpoint of a Social Behaviorist*, ed. Charles W. Morris, University of Chicago Press, Chicago.

Meltzer, B. N., Petras, J. W. and Reynolds, L. T. (1975). *Symbolic Interactionism*. Routledge & Kegan Paul, London.

Merleau-Ponty, M. (1962). *Phenomenology of Perception*. Trans. Colin Smith. Routledge & Kegan Paul, London.

Metzinger, T. (2009). *The Ego Tunnel: The Science of the Mind and the Myth of the Self*. Basic Books, New York.

Michell, G., ed. (1978). *Architecture of the Islamic World: Its History and Social Meaning*. William Morrow, New York.

Miller, J. G. (1965). 'Living systems: basic concepts'. *Behavioural Science*, Vol. 10, No. 3, pp. 193–237.

Mingers, J. (1995). *Self-producing Systems: Implications and Applications of Autopoiesis*. Plenum Press, New York.

Mitchell, W. J. (1995). *City of Bits*. The MIT Press, Cambridge, MA.

Monbiot, G. (2006). *Heat: How to Stop the Planet Burning*. Allen Lane, Camberwell.

Mori Building (2009). 'Vertical Garden City'. www.mori.co.jp/en/company/urban_design/vgc.html.

Morris, J., Allen, C., Tindall, G., Amery, C. and Stamp, G. (1986). *Architecture of the British Empire*. Weidenfeld & Nicolson, London.

Muir, T. and Rance, B., eds (1995). *Collaborative Practice in the Built Environment*. E. & F. N. Spon, Oxford.

Mumford, L. (1952). *Art and Technics*. Columbia University Press, New York.

Murray, P. (1978). *The Architecture of the Italian Renaissance*. Schocken Books, New York.

Mumtaz, K. K. (1985). *Architecture in Pakistan*. A Mimar Book, Singapore.

Myers, P. (1995–1996). 'Australia's grid-suburbia: temporary housing in a permanent landscape'. *B Architectural Magazine*, No. 52/53, pp. 71–77.

Naisbitt, J. (1994). *Global Paradox: The Bigger the World Economy, the More Powerful its Smallest Players*. Nicholas Brealey, London.

Nasir, A. H. (1984). *Mosques of Peninsula Malaysia*. Berita Publishing, Kuala Lumpur.

Negroponte, N. (1970). *The Architecture Machine*. The MIT Press, Cambridge, MA.

Negroponte, N. (1975). *Soft Architecture Machines*. The MIT Press, Cambridge, MA.

Negroponte, N. (1995). *Being Digital*. Hodder & Stoughton, London.

Norberg-Schulz, C. (1980). *Genius Loci: Towards a Phenomenology of Architecture*. Rizzoli, New York.

Noweir, S. (1982). 'Weisa Wasef's Museum, Harania'. *Mimar*, No. 5, pp. 50–53.

NSW Government (2005). *City of Cities: A Plan for Sydney's Future*. Department of Planning, Sydney.

O'Connor, R. A. (1983). *A Theory of Indigenous Southeast Asian Urbanism*. Institute of Southeast Asian Studies, Singapore.

Okawa, N. (1975). *Edo Architecture: Katsura and Nikko*. Translation by Woodhull, A. and Miyamoto, A. Weatherhill/Heibonsha, New York/Tokyo.

Ollman, B. (1971). *Alienation: Marx's Conception of Man in Capitalist Society*. Cambridge University Press, Cambridge.

OMA (2008). 'Challenging preconceptions of the high-rise typology'. Paper presented to the Council of Tall Buildings and Urban Habitat, 8th World Congress.

Osborne, M. (1979). *Southeast Asia*. George Allen & Unwin/Heinemann Educational Books (Asia), Kuala Lumpur.

Palladio, A. (1738; 1965). *The Four Books of Architecture*. Dover Publications, New York.

Papadakis, A. C., ed. (1988). *Deconstruction in Architecture*. Architectural Design Profile No. 72. Academy Editions, London.

Parfit, D. (1979). 'Personal identity'. In *Philosophy As It Is* (Honderich, T. and Burnyeat, M. eds) pp. 183–211, Pelican Books, Harmondsworth.

Pask, G. (1975). 'Aspects of machine intelligence'. In *Soft Architecture Machines* (Negroponte, N. ed.), pp. 6–31, The MIT Press, Cambridge, MA.

Pask, G. (1976). *Conversation Theory*. Elsevier, Amsterdam.

Pawley, M. (1993). *Future Systems: The Story of Tomorrow*. Phaidon Press, London.

Payette, T. M. (1988). 'Designing the Aga Khan Medical Complex'. In *Theories and Principles of Design in the Architecture of Islamic Societies* (Sevccenko, M. B. ed.), pp. 161–168, The Aga Khan Program for Islamic Architecture, Cambridge, MA.

Pepchinski, M. (1995). 'The building breathes'. *Architectural Record*, No. 10, pp. 70–71.

Peursen, C. A. Van (1970). *Ludwig Wittgenstein: An Introduction to His Philosophy*. E. P. Dutton, New York.

Piano, R. (1989). *Renzo Piano*. Rizzoli, New York.

Polanyi, M. (1958). *Personal Knowledge: Towards a Post-Critical Philosophy*. University of Chicago Press, Chicago.

Polanyi, M. (1966). *The Tacit Dimension*. Doubleday, New York.

Polanyi, M. and Prosch, H. (1975). *Meaning*. University of Chicago Press, Chicago.

Popper, K. R. (1959). *The Logic of Scientific Discovery*. Hutchinson, London.

Popper, K. R. (1963). *Conjectures and Refutations*. Routledge & Kegan Paul, London.

Popper, K. R. (1970). 'Normal science and its dangers'. In *Criticism and the Growth of Knowledge* (Lakatos, I. and Musgrave, A. eds), pp. 51–58, Cambridge University Press, Cambridge.

Porphyrios, D. (1979). 'Heterotopia: a study in the ordering sensibility of the work of Alvar Aalto'. In *Alvar Aalto: Architectural Monographs 4*, pp. 8–19, Academy Editions, London.

Powell, R. (1997). *Line Edge and Shade: The Search for a Design Language in Tropical Asia*. Page One, Singapore.

Prijotomo, J. (1984). *Ideas and Forms of Javanese Architecture*. Gadjah Mada University Press, Yogyakarta.

Proshansky, H. M. (1976). 'Environmental psychology and the real world'. *American Psychologist*, Vol. 31, No. 4, pp. 303–310.

Prouvé, J. (1966). 'Address delivered at the symposium of the Union Internationale des Architects, Delft, The Netherlands, 6–13 September 1964'. In *Towards Industrialized Building* (International Council for Building Research, Studies and Documentation-CIB eds), p. 95, Elsevier, Amsterdam.

Ramachandran, G. and Gupta, D. K. (1952). 'The village industries movement'. In *The Economics of Peace: The Cause and the Man* (George, S. K. ed.), pp. 225–236, All India Village Industries Association, Mumbai.

Rapaport, A. (1968). 'The personal element in housing: an argument for open-ended design'. *RIBA Journal*, Vol. 75, No. 7, pp. 300–307.

Rapaport, A. (1977). 'Australian Aborigines and the definition of place'. In *Shelter, Sign and Symbol* (Oliver, P. ed.), pp. 38–51, Overlook Press, New York.

Rappaport, R. A. (1968). *Pigs for the Ancestors*. Yale University Press, New Haven.

Rattenbury, K. (1995). 'In glorious technicolour'. *Building Design*, No. 1205, 27 January, pp. 12–14.

Richards, J. M., Serageldin, I. and Rastorfer, D. (1985). *Hassan Fathy*. Concept Media/The Architectural Press, London.

Rist, G. (1979). *Development Theories in the Social Looking Glass: Some Reflections from Theories to 'Development'*. HSDRGPID- 4/UNUP-56, United Nations University, Tokyo.

Rivoira, C. T. (1918). *Moslem Architecture*. Oxford University Press, Oxford.

Rohe, M. Von (1969). 'A latter day temple in Berlin'. *Architectural Design*, Vol. XXXIX, February, pp. 79–88.

Rose, H. and Rose, S. (2012). *Genes, Cells and Brains*. Verso, London.

Rosen, L. R. (2012). *iDisorder: Understanding Our Obsession with Technology and Overcoming Its Hold on Us*. Palgrave Macmillan, London.

Ross, W. D., ed. (1959). *The Works of Aristotle*. The Clarendon Press, London.

Rossi, A. (1982). *The Architecture of the City*. The MIT Press, Cambridge, MA.

Rowe, C. (1975). *Five Architects: Eisenman, Graves, Gwathmey, Hejduk, Meier*. Oxford University Press, Oxford.

Rowe, C. (1976). *The Mathematics of the Ideal Villa and Other Essays*. The MIT Press, Cambridge, MA.

Rowe, C. and Koetter, F. (1978). *Collage City*. The MIT Press, Cambridge, MA.

Rudofsky, B. (1964). *Architecture Without Architects*. Museum of Modern Art, New York.

Ryle, G. (1949). *The Concept of Mind*. Barnes & Noble, London.

Saad, I. (n.d.). *Competing Identities in a Plural Society: The Case of Peninsula Malaysia*. Occasional Paper No. 63, Institute of Southeast Asian Studies, Singapore.

Sabra, A. I. (1983). 'The exact sciences'. In *The Genius of Arab Civilization: Source of Renaissance* (Hayes, J. R. ed.), pp. 147–169, Eurabia, London.

Said, E. W. (1983). 'Opponents, audiences, constituencies'. In *The Anti-Aesthetic: Essays on Postmodern Culture* (Foster, H. ed.), pp. 137–138, Bay Press, Seattle.

Saini, B. and Joyce, R. (1982). *The Australian House: Homes of the Tropical North*. New Holland, Chatswood.

Schaik, L. Van (1998). 'Big chill'. *RIBA International*, May, pp. 6–11.

Scholfield, P. H. (1958). *The Theory of Proportion in Architecture*. Cambridge University Press, Cambridge.

Schon, D. (1963). *The Displacement of Concepts*. Tavistock, London.

Schumacher, E. F. (1973). *Small Is Beautiful: Economics as Though People Mattered*. Harper & Row, New York.

Scruton, R. (1979). *The Aesthetics of Architecture*. Princeton University Press, Princeton.

Scully, Jr., V. (1960). *Frank Lloyd Wright*. Mayflower, London.

Scully, Jr., V. (1961). *Modern Architecture*. George Braziller/Prentice-Hall, New York.

Seaman, B. (1995). 'The future is already here'. *Time Special Issue: Welcome to Cyberspace*, Spring, pp. 30–33.

Sennett, R. (1970). *The Uses of Disorder*. Vintage Books, New York.

Sergeant, J. (1976). *Frank Lloyd Wright's Usonian Houses: The Case for Organic Architecture*. Witney Library of Design, New York.

Sergeant, J. and Mooring, S., eds (1978). *Bruce Goff*. AD Profiles 16, Vol. 48, No. 10.

Sheehan, P. (2009). 'Rudd's green credentials a lot of hot air'. *Sydney Morning Herald*, 21 December, p. 21.

Sheenan, T. (1996). 'The smart option'. *Building Design*, No. 1267, 31 May, p. 28.

Sherman, D. and Smith, J. W. (2007). *The Climate Change Challenge and the Failure of Democracy*. Praeger, Westport.

Shumaker, R. W., Walkup, K. R. and Beck, B. B. (2011). *Animal Tool Behaviour*. John Hopkins University Press, Baltimore.

Simmons, G. B. (1978). 'Analogy in design: studio teaching models'. *Journal of Architectural Education*, Vol. 31, No. 3, pp. 18–20.

Smith, J. (2007). 'Coevolving memetic algorithms: a review and progress report'. In *IEEE Transactions on Systems Management and Cybernetics – Part B*, Vol. 37, pp. 6–17.

Spence, R. (1986). 'Rex Addison in Queensland'. *The Architectural Review*, Vol. CLXXX, November, pp. 66–74.

Sperber, D. (2000). 'An objection to the memetic approach to culture'. In *Darwinizing Culture: The Status of Memetics as a Science* (Aunger, R. ed.), pp. 163–173, Oxford University Press, Oxford.

Spratt, D. and Sutton, P. (2008). *Climate Code Red: The Case for Emergency Action*. Scribe, Melbourne.

Stea, D. (1974). 'Architecture in the head: cognitive mapping'. In *Designing for Human Behaviour* (Lang, J., Burnette, C., Moleski, W. and Vachon, D. eds), pp. 157–168, Halsted Press, London.

Steadman, P. (1979). *The Evolution of Designs*. Cambridge University Press, Cambridge.

Steele, J., ed. (1992). *Architecture for a Changing World*. The Aga Khan Award for Architecture/Academy Editions, London.

Steele, J., ed. (1994). *Architecture for Islamic Societies Today*. The Aga Khan Award for Architecture/Academy Editions, London.

Steiner, G. (1975). *After Babel: Aspects of Language and Translation*. Oxford University Press, Oxford.

Stiegler, B. (1998). *Technics and Time, I: The Fault of Epimetheus*. Trans. Richard Beardsworth and George Collins. Stanford University Press, Stanford.

Stierlin, H. (1979). *Encyclopedia of World Architecture, Vol. 1*. Macmillan Press, London.

Stringer, P. (1970). 'Architecture as education'. *RIBA Journal*, Vol. 77, No. 1, pp. 19–22.

Strong, M. F. (1992). 'The challenge of environment and development'. *Journal of the World Food Programme*, No. 20, April–June, pp. 17–20.

Sullivan, M. (1985). *Can Survive, La: Cottage Industries in High-rise Singapore*. Graham Brash, Singapore.

Summerson, J. (1969, 5th edn). *Architecture in Britain: 1530–1830*. Penguin Books, Harmondsworth.

Summerson, J. (1963). *The Classical Language of Architecture*. The MIT Press, Cambridge, MA.

Suzuki, S., Yoshida, T. and Veno, T. (1986). 'Construction robots in Japan'. Paper presented at *The Second Century of the Skyscraper: Third International Conference of the Council on Tall Buildings and Urban Habitat*, Chicago, 6–10 January.

Talib, K. (1984). *Shelter in Saudi Arabia*. Academy Editions/St Martin's Press, London.

Tan, D. E. (1975). *A Portrait of Malaysia and Singapore*. Oxford University Press, Oxford.

Tang, C. A. and Yeo, K. H. (1976). 'Old row houses of Peninsula Malaysia'. *Majallah Akitek*, Vol. 2, June, pp. 22–28.

Tao, H. (1980). 'Hong Kong: a city prospers without a plan'. *Process*, No. 20, pp. 84–88.

Tay, K. S. (1989). *Mega-Cities in the Tropics: Towards an Architectural Agenda for the Future*. Institute of Southeast Asian Studies, Singapore.

Tay, K. S. and Powell, R. (1991). 'The intelligent tropical city'. *Singapore Institute of Architects Journal*, November/December, pp. 32–37.

Tay, K. S., Powell, R. and Chua, B. H. (1991). 'Planning the city in the tropics: the intensified nodal strategy'. *Singapore Institute of Architects Journal*, January/February, pp. 21–31.

Taylor, B. B. (1984). *Charles Correa*. Concept Media, Singapore.

Taylor, B. B. (1986). *Geoffrey Bawa*. Concept Media, Singapore.

Third World Network, eds (1992). *Earth Summit Briefings*. Third World Network, Penang.

Thompson, D'Arcy (1966). *On Growth and Form*. Cambridge University Press, Cambridge.

Thompson, W. I. (1985). *Pacific Shift*. Sierra Club Books, San Francisco.

Trainer, T. (1989). *Developed to Death*. Green Print, London.

Tschumi, B. (1988). 'Parc de la Villette, Paris'. In *Deconstruction in Architecture* (Papadakis, A. ed.), pp. 33–39, Academy Editions, London.

Tuan, Yi-Fu. (1977). *Space and Place: The Perspective of Experience*. Edward Arnold, London.

Turbayne, C. (1971). *The Myth of Metaphor*. University of South Carolina Press, Columbia.

Turkle, S. (1984). *The Second Self: Computers and the Human Spirit*. Simon & Schuster, New York.

Turkle, S. (2011). *Evocative Objects: Things We Think With*. The MIT Press, Cambridge, MA.

Turner, J. F. C. (1976). *Housing by People: Towards Autonomy in Building Environments*. Pantheon Books, New York.

Tylor, E. B. (1871). *Primitive Cultures: Researches Into the Development of Mythology Philosophy Religion Art and Custom, Vol. 1*. John Murray & Sons, London.

Tzonis, A. and Lefaivre, L. (1981). 'The grid and the pathway: an introduction to the work of Dimitris and Susana Antonakakis'. *Architecture in Greece*, 15, pp. 164–178.

UNEP (1976). *Ecodevelopment*. UNEP/GC/80, United Nations Environment Programme.

Urban Redevelopment Authority (1991). *Living the Next Lap: Towards a Tropical City of Excellence*. Urban Redevelopment Authority, Singapore.

Vaccari, A. (2009). 'Unweaving the program: Stiegler and the hegemony of technics'. *Transformations*, No. 17. www.transformationsjournal.org/journal/issue_17/article_08.shtml (accessed 7 July 2010).

Valaskakis, K., Sindell, P. S., Smith, J. G. and Fitzpatrick-Martin, I. (1979). *The Conserver Society: A Workable Alternative for the Future*. Harper & Row, New York.

Vale, B. and Vale, R. (1991). *Green Architecture*. Thames & Hudson, London.

Venturi, R. (1966). *Complexity and Contradiction in Architecture*. The Museum of Modern Art, New York.

Venturi, R., Brown, D. S. and Izenour, S. (1972). *Learning from Las Vegas*. The MIT Press, Cambridge, MA.

Vidal, J. (2009). 'Hunger is worst threat from climate change'. *Guardian Weekly*, 10–16 July, pp. 1–2.

Viljoen, A., ed. (2005). *Continuous Productive Urban Landscapes*. The Architectural Press, Oxford.

Wan, B. (1984). 'The Malay house: learning from its elements, rules and changes'. In *Design Policy: Vol. 1, Design and Society*. Proceedings of the 1982 Design Research Conference, London, 20–23 July (Langdon, R. and Cross, N. eds), pp. 28–33, The Design Council.

Ward, B. and Dubos, R. (1972). *Only One Earth: The Care and Maintenance of a Small Planet*. Penguin Books, Harmondsworth.

Ward, P., ed. (1982). *Self-Help Housing*. Mansell Publishing, London.

Wardi, P. S. (1981). 'The Malay house'. *Mimar*, No. 2, pp. 55–63.

Waters, F. (1963). *Book of the Hopi*. Ballantine Books, New York.

Watkin, D. (1977). *Morality and Architecture*. Clarendon Press, Oxford.

Webber, M. M. (1964). 'The urban place and the nonplace urban realm'. In *Explorations into Urban Structure* (Webber M. M., Dyckman, J. W., Foley, D. L., Guttenberg, A. Z., Wheaton, W. L. C. and Wurster, C. B. eds), pp. 79–153, University of Pennsylvania Press, Philadelphia.

Webber, M. M. (1968). 'The post-city age'. *Daedalus*, Vol. 97, No. 4, pp. 1093–1099.

Weiner, N. (1948). *Cybernetics*. The MIT Press, Cambridge, MA.

Weiner, N. (1961, 2nd edn). *Cybernetics: or Control and Communication in the Animal and the Machine*. The MIT Press, Cambridge, MA.

Weiner, N. (1968). *The Human Use of Human Beings: Cybernetics and Society*. Sphere Books, London.

White, B. A. (2007). *Second Life: A Guide to Your Virtual World*. QUE, Indianapolis.

Whitstone, D. (1982). *Colonialism, the PWD and Early Kuala Lumpur*. Unpublished thesis, Polytechnic Central London.

Whittaker, W. L. (1986). 'Construction robotics: a perspective'. In *CAD and Robotics in Architecture and Construction*. Proceedings of the 1986 Joint International Conference at Marseilles, 25–27 June, Kogan Page, London, pp. 105–112.

Whittick, A. (1940). *Eric Mendelsohn*. Faber & Faber, London.

Whorf, B. L. (1956). *Language Thought and Reality*. The MIT Press, Cambridge, MA.

Wilson, F. R. (1999). *The Hand: How Its Use Shapes the Brain, Language and Human Culture*. Vintage Books, New York.

Wilson, R. (1967). 'Annual report January 1984: Ideal Building Corporation'. *Architectural Design*, Vol. XXXVII, No. 4, pp. 158–159.

Williams, C. (2004). 'Design by Algorithm'. In *Digital Tectonics* (Leach, N., Turnbull, D. and Williams, C. eds), pp. 78–85, Wiley Academy, London.

Williamson, D. T. N. (1967). 'New wave in manufacturing'. *American Machinist*, 11 September, pp. 143–154.

Williamson, D. T. N. (1968). 'A better way of making things'. *Science Journal*, Vol. 4, No. 6, pp. 53–59.

Winch, P. (1958). *The Idea of a Social Science and its Relation to Philosophy*. Routledge & Kegan Paul, London.

Winstedt, R. (1947). *The Malays: A Cultural History*. Routledge & Kegan Paul, London.

Wise, C. (2004). 'Drunk in an orgy of technology'. In *Emergence: Morphogenetic Design Strategies* (Hensel, M., Menges, A. and Weinstock, M. eds), pp. 54–57, Wiley Academy, Chichester.

Wittgenstein, L. (1953, 3rd edn). *Philosophical Investigations*. Trans. G. E. M. Anscombe, Macmillan, New York.

Wittgenstein, L. (1958, 3rd edn). *The Blue and Brown Books*. Harper & Row, New York.

Wollheim, R. (1975). *Art and its Objects*. Penguin Books, Harmondsworth.

Wolters, O. W. (1982). *History, Culture and Region in Southeast Asian Perspectives*. Institute of Southeast Asian Studies, Singapore.

Wood, A. (2003). 'Pavements in the sky: the skybridge in tall buildings'. *Architectural Research Quarterly*, Vol. 7, pp. 325–332.

Woolard, F. G. (1952). 'The advent of automatic transfer machines and mechanisms'. *Mechanical Handling*, Vol. 39, No. 5, pp. 207–215.

Woolard, F. G. (1957). 'Automation and the designer'. *Engineering Designer*, March, pp. 11–15.

Wong, K. W. and Yeh, S. H. K., eds (1985). *Housing a Nation: 25 Years of Public Housing in Singapore*. Maruzen Asia, Singapore.

World Bank/The European Investment Bank (1990). *The Environmental Program for the Mediterranean*. The World Bank.

World Commission on Environment and Development (1987). *Our Common Future*. Oxford University Press, Oxford.

Worthington, J. (1967). 'What's wrong with the American city is that we view it through European eyes'. *Arena*, March, Vol. 82, No. 910, pp. 210–213.

Yeang, K. (1986). *The Tropical Verandah City: Some Urban Design Ideas for Kuala Lumour*. Asia Publications, Kuala Lumpur.

Yeang, K. (1996). *The Skyscraper Bioclimatically Considered: A Design Primer*. Academy Editions, London.

Yeang, K. (1998a). 'Designing the green skyscraper'. *Building Research and Information*, Vol. 26, No. 2, pp. 122–141.

Yeang, K. (1998b). 'The Malaysian city of the future: some physical planning and urban design ideas'. *Architecture Malaysia*, Vol. 10, No. 2, pp. 70–75.

Young, D. (2007, 2nd edn). *The Discovery of Evolution*. Cambridge University Press, Cambridge.

Zevi, B. (1949). *Towards an Organic Architecture*. Faber & Faber, London.

Zevi, B. (1957). *Architecture as Space*. Horizon Press, New York.

Zevi, B. (1978). *The Modern Language of Architecture*. University of Washington Press, Seattle.

Zucchi, B. (1992). *Giancarlo de Carlo*. Butterworth Architecture/Elsevier, Oxford.

Zukin, S. (1996). 'Space and symbols in an age of decline'. In *Re-presenting the City: Ethnicity, Capital and Culture in the 21st-Century Metropolis* (King, A. ed.), pp. 43–59, Macmillan Press, Basingstoke.